Human Resource Management in China

大陸台商
人力資源管理

丁志達◎著

序

人事主管在中國的地位，要遠遠超過西方，因為受聘進入公司的員工都會覺得欠他一份人情。

　　——《與龍共舞》作者　麥健陸（James McGregor）

　　1978年5月，中共的領導人鄧小平說：「我們必須擺脫桎梏我們精神上的枷鎖。」中國終於跨出了邁向現代化與市場經濟道路的第一步。1992年歲首，他動身南巡，發表了許多振聾發聵的講話，勇敢地為改革開放大業護航。如今，中國大陸已成為世界經濟大國。

　　1994年4月，設在日本東京的利庫魯特研究所，發表一篇對中國大陸投資的166家日本企業經商面臨的問題調查。總結報告內容指出，日商在中國大陸為「勞務和人事問題」傷腦筋的企業最多數，認為「各種費用及物價猛漲」居第二位，而對「法規及制度未建立或缺失」有三分之一的日商面臨問題。但在2008年起，中國大陸陸續出台了「勞動合同法」、「就業促進法」、「勞動爭議調解仲裁法」、「社會保險法」等重要勞動法規，如今到大陸的投資者，已無法再鑽勞動法律的漏洞而能節省「人事成本」的支出，因為大陸勞動法規有關勞動關係的「遊戲規則」已大致完備。

　　2007年10月15日，中共國家主席胡錦濤在中國共產黨第十七次全國代表大會上的談話中提到：「勞動就業、社會保障、收入分配、教育衛生、居民住房、安全生產、司法和社會治安等方面關係群眾切身利益的問題仍然較多，部分低收入群眾生活比較困難；思想道德建設有待加強；黨的執政能力同新形勢新任務不完全適應，對改革發展穩定一些重大實際問題的調查研究不夠深入；一些基層黨組織軟弱渙散；少數黨員幹部作風不正，形式主義、官僚主義問題比較突出，奢侈浪費、消極腐敗現象仍然比較嚴重。」由此可知，改革開放後的中國大陸，仍須面對無可爭論的內部問題並須加以解決。

　　由於台商赴大陸投資已有相當的一段時間，所遭逢的問題林林總總，不勝枚舉，而讓台商最感棘手的莫過於大陸職工的管理問題。大陸是社會主義的共產國家，特有的社會主義制度形成一個異於台灣的勞動文化，諸如強調「工人是領導階級」、「工人是國家主人翁」的階級觀念，勞動政策偏袒於保護勞動者，這都會影響到大陸台商在人力資源管理運作上的策略與方向。

　　本書旨在提供給大陸台商在人力資源管理策略上的正確方向與實務上的具體作法，以期在人事管理的工作上，獲得事半功倍之效。本書共分十七單元，先從大陸勞動人事管理宏觀面來論述，再以微觀面來探討大陸勞動政策法規、招聘與甄選、勞動合同管理、集體合同管理、教育體制與職業培訓、工作時間與休息休假、女職工和未成年工特殊保護、勞動安全衛生與職業災害、薪酬管理制度、社會保險制度、職工管理、離職管理、工會與黨組織、勞動爭議處理、台籍幹部管理，並以大陸知名企業人力資源管理現況作為總結。

　　本書體系完整，去蕪存菁，敘述詳明，書中提供大量實用的範例、圖表、法規，可現學現用。個人深信本書的參考應用價值頗高，堪為大陸台商難得一見的一本人力資源管理的工具書，亦適合於大專院校人資、勞工、大陸研究等系所採用為相關課程的教科書，效益必鉅。

　　1992年起，個人就被服務於台灣國際標準電子公司（Alcatel Taisel）的人資處長蔡武雄指派到大陸各地（上海、瀋陽、杭州、福州、南京、南昌、廣州）參與成立辦事處與設廠工作，並負責主持各地區職工之招募作業與人事管理制度之設計事宜；1996年，中華企業管理發展中心李裕昆董事長除了投入鉅資出版個人所撰寫的《大陸勞動人事管理實務手冊》外，並定期在中華企管講授「大陸台商人力資源管理實務」的課程達十二年之久；1999年，個人服務於新竹科學園區內的智捷科技公司，很榮幸獲得總經理謝金生博士的指派，前往南京市籌備成立南京研究發展中心的任務；2001年，承蒙精策管理顧問公司王逄昌總經理的厚愛，指派個人參與安徽省煙草專賣局人力資源項目的顧問群成員之一；2007年至2008年，在漢邦企管顧問公司史芳銘會計師的邀約下，定期對其在大陸台商的客戶群做一系列有關大陸勞動人事管理專題的研討；2009年，個人接受廈門正航軟件

公司市場行銷部經理史國炳先生的推薦，擔任其「公益講座」的講師，在廈門、漳州、深圳、東莞等地巡迴演講；同年並接受重慶共好管理顧問公司吳正興總裁的邀請，開始定期前往重慶向「人力資源總監班」的學員講授人力資源管理的系列課程。如今，在新版的《大陸台商人力資源管理》一書問市之際，謹向所有曾在大陸人力資源管理領域提攜過的貴人們敬禮致意。

　　此次承蒙揚智文化事業公司慨允協助出版，謹向葉總經理忠賢、閻總編輯富萍暨全體工作同仁敬致衷心的謝忱。又，台南應用科技大學應用英文系助理教授王志峯博士、丁經岳律師、內人林專女士、詹宜穎小姐、丁經芸小姐等人對本書資料的蒐集與整理，提供協助與分類，亦在此一併致謝。

　　由於本人學識與經驗的侷限，疏漏之處，在所難免，尚請方家不吝賜教是幸。

丁志達　謹識

目　錄

圖目錄

表目錄

法規目錄

範例目錄

第一章

大陸勞動人事管理

> 學習的是馬列主義，建設的是社會主義，歌唱的是共產主義，嚮往的是資本主義。
>
> ～大陸順口溜

　　台商赴中國大陸地區投資，始自1987年政府開放探親之後，當時許多中小企業面臨台灣投資環境的劇變，新台幣大幅升值，土地與生產成本增加，企業不得不另覓投資地點。由於當時政府並沒有開放對大陸的投資，因此許多企業是以個人名義到大陸投資設廠，而且幾乎都是以中小企業為主（如**表1-1**）。

　　這種情形在1990年9月政府開放對大陸間接投資以後有了重大變化，不僅申請赴大陸投資的企業增加很多，而且投資金額也成長很快。1990年代中期以後，除了投資金額的成長外，投資的內涵也起了相當大的變化。首先是投資企業由中小企業轉變為大型企業；投資產業由傳統勞力密集產業轉變為高科技產業；投資地區由華南地區轉移到華東地區，現在又進一步往華中、大西北及東北地區發展。隨著大陸加入世界貿易組織（World Trade Organization, WTO）之後，台商在大陸也逐漸由外銷轉為內外銷並重

表1-1　大陸台商經營策略

階段	年份	定位與經營策略	考量因素	代表地區
I	1978～1987	簡單型來料加工	工資低廉 免稅獎勵	深圳
II	1988～1997	OEM（原始設備製造）完整供應鏈	土地及勞動力充沛	珠江三角洲
III	1998～2007	世界工廠	產業群聚	長江三角洲
IV	2008～	全球連結／當地市場	法令鬆綁 制度透明	全中國
備註	OEM（Original Equipment Manufacturer的縮寫）原指由採購方提供設備和技術，由製造方提供人力和場地，採購方負責銷售，製造方負責生產的一種現代流行生產方式，但是經常由採購方提供品牌和授權，允許製造方生產貼有該品牌的產品。

資料來源：杜紫宸，〈風雲再起：台商經緯大陸創新思維〉，2008年台商回台投資研討會，經濟部主辦（2008/09/01）。

的經營模式，而且投資方式也已由合資轉變為以獨資為主（經濟部投資業務處編，2004）。

第一節　中國地理與人口

1945年第二次世界大戰結束後不久，中國內戰全面爆發，中華民國國軍在與中國共產黨的對抗中失利，中央政府及其軍隊退守至台灣、澎湖、金門、馬祖等島嶼，爾後中國共產黨在1949年10月1日另成立「中華人民共和國」，聲稱其已取代中華民國成為中國唯一政府；而中華民國政府則以台灣為根據地，繼續聲稱「中華民國」政府為中國之合法政府。

一、省級行政區

大陸是華人世界普遍對中華人民共和國實際統治區域或其政府的一種簡稱，此地區不包括香港、澳門，以及中華民國政府實際統治管轄的台灣地區。

大陸行政區分為二十二個省份、五個自治區、四個直轄市和二個特別行政區（如**表1-2**）。

表1-2　中華人民共和國省級行政區劃

直轄市（簡稱）		北京市（京）、上海市（滬）、天津市（津）、重慶市（渝）
華北地區	河北省（冀）	石家莊（人民政府駐地）、唐山、秦皇島、邯鄲、邢台、保定、張家口、承德、滄州、廊坊、衡水
	山西省（晉）	太原（人民政府駐地）、大同、陽泉、長治、晉城、朔州、晉中、運城、忻州、臨汾、呂梁
	內蒙古自治區（內蒙）	呼和浩特（人民政府駐地）、包頭、烏海、赤峰、通遼、鄂爾多斯、呼倫貝爾、巴彥淖爾、烏蘭察布、興安、錫林郭勒、阿拉善
東北地區	遼寧省（遼）	瀋陽（人民政府駐地）、大連、鞍山、撫順、本溪、丹東、錦州、營口、阜新、遼陽、盤錦、鐵嶺、朝陽、葫蘆島
	吉林省（吉）	長春（人民政府駐地）、吉林、四平、遼源、通化、白山、松原、白城、延邊

（續）表1-2　中華人民共和國省級行政區劃

東北地區	黑龍江省（黑）	哈爾濱（人民政府駐地）、齊齊哈爾、雞西、鶴崗、雙鴨山、大慶、伊春、佳木斯、七台河、牡丹江、黑河、綏化、大興安嶺
華東地區	江蘇省（蘇）	南京（人民政府駐地）、無錫、徐州、常州、蘇州、南通、連雲港、淮安、鹽城、揚州、鎮江、泰州、宿遷
	浙江省（浙）	杭州（人民政府駐地）、寧波、溫州、嘉興、湖州、紹興、金華、衢州、舟山、台州、麗水
	安徽省（皖）	合肥（人民政府駐地）、蕪湖、蚌埠、淮南、馬鞍山、淮北、銅陵、安慶、黃山、滁州、阜陽、宿州、巢湖、六安、亳州、池州、宣城
	福建省（閩）	福州（人民政府駐地）、廈門、莆田、三明、泉州、漳州、南平、龍岩、寧德
	江西省（贛）	南昌（人民政府駐地）、景德鎮、萍鄉、九江、新餘、鷹潭、贛州、吉安、宜春、撫州、上饒
	山東省（魯）	濟南（人民政府駐地）、青島、淄博、棗莊、東營、煙台、濰坊、威海、濟寧、泰安、日照、萊蕪、臨沂、德州、聊城、濱州、菏澤
中南地區	河南省（豫）	鄭州（人民政府駐地）、開封、洛陽、平頂山、焦作、鶴壁、新鄉、安陽、濮陽、許昌、漯河、三門峽、南陽、商丘、信陽、周口、駐馬店
	湖北省（鄂）	武漢（人民政府駐地）、黃石、襄樊、十堰、荊州、宜昌、荊門、鄂州、孝感、黃岡、咸寧、隨州、恩施
	湖南省（湘）	長沙（人民政府駐地）、株洲、湘潭、衡陽、邵陽、岳陽、常德、張家界、益陽、郴州、永州、懷化、婁底、湘西
	廣東省（粵）	廣州（人民政府駐地）、深圳、珠海、汕頭、韶關、佛山、江門、湛江、茂名、肇慶、惠州、梅州、汕尾、河源、陽江、清遠、東莞、中山、潮州、揭陽、雲浮
	廣西壯族自治區（桂）	南寧（人民政府駐地）、柳州、桂林、梧州、北海、防城港、欽州、貴港、玉林、百色、賀州、河池、來賓、崇左
	海南省（瓊）	海口（人民政府駐地）、三亞
西南地區	四川省（川／蜀）	成都（人民政府駐地）、自貢、攀枝花、瀘州、德陽、綿陽、廣元、遂寧、內江、樂山、南充、宜賓、廣安、達州、眉山、雅安、巴中、資陽、阿壩、甘孜、涼山
	貴州省（貴／黔）	貴陽（人民政府駐地）、六盤水、遵義、安順、銅仁、畢節、黔西南、黔東南、黔南

（續）表1-2　中華人民共和國省級行政區劃

西南地區	雲南省 （滇／雲）	昆明（人民政府駐地）、曲靖、玉溪、保山、昭通、麗江、普洱、臨滄、文山、紅河、西雙版納、楚雄、大理、德宏、怒江、迪慶
	西藏自治區（藏）	拉薩（人民政府駐地）、昌都、山南、日喀則、那曲、阿里、林芝
西北地方	陝西省 （陝／秦）	西安（人民政府駐地）、銅川、寶雞、咸陽、渭南、延安、漢中、榆林、安康、商洛
	甘肅省 （甘／隴）	蘭州（人民政府駐地）、嘉峪關、金昌、白銀、天水、武威、張掖、平涼、酒泉、慶陽、定西、隴南、臨夏、甘南
	青海省 （青）	西寧（人民政府駐地）、海東、海北、黃南、海南、果洛、玉樹、海西
	寧夏回族自治區（寧）	銀川（人民政府駐地）、石嘴山、吳忠、固原、中衛
	新疆維吾爾自治區（新）	烏魯木齊（人民政府駐地）、克拉瑪依、吐魯番、哈密、和田、阿克蘇、喀什、克孜勒蘇柯爾克孜、巴音郭楞蒙古、昌吉、博爾塔拉蒙古、伊犁哈薩克、塔城、阿勒泰
港澳	香港特別行政區、澳門特別行政區	
說明	一級行政區：4個直轄市、22個省、5個自治區、2個特別行政區 地級行政區：17個地區、276個地級市、30個自治州、3個盟縣級行政區： 1,464個縣、117個自治縣、342個縣級市、803個市轄區、49個旗、3個自治旗、2個特區（貴州省）、1個林區（湖北的神農架林區）	

資料來源：新華通訊社（2010/12），《2010年中華人民共和國年鑑》，中華人民共和國年鑑社出版，頁14。

二、人口

　　根據中華人民共和國國家人口和計劃生育委員會官員，出席北京舉行的「第三屆人口與發展論壇」說，以中國年均八百多萬人口的速度增長，預測2015年中國人口總量將達十四億人（按：2010年11月1日零時為標準時點進行了第六次全國人口普查，大陸地區總人口數為1,370,536,875人）；2020年將達十四點五億人；2033年前後，人口總規模將達十五億人左右。2005年至2020年期間，20至29歲婦女生育數量將形成一個高峰，將使出生率和出生人數顯著增加（如表1-3）（《聯合報》，2009/12/18）。

5

表1-3　2000-2050年人口年齡結構變動預測　　　　　　　　　　　　　單位：萬人%

年份	0-14歲		15-64歲		65歲以上	
	人口數	百分比	人口數	百分比	人口數	百分比
2000	28979	22.89	88793	70.15	8811	6.96
2005	27227	20.75	93822	71.42	10321	7.86
2010	26018	19.13	98300	72.28	11688	8.59
2015	27263	19.36	99681	70.79	13874	9.85
2020	27391	18.96	99652	69.00	17384	12.04
2025	26316	18.32	99815	68.30	21010	13.69
2030	23966	16.35	98797	67.42	23780	16.23
2035	22197	15.19	95334	65.25	28564	19.55
2040	21980	14.86	91233	62.89	31853	21.96
2045	22302	15.58	88804	62.02	32075	22.40
2050	22068	15.38	85752	62.96	32341	23.07

資料來源：田雪原（2009），《中國人口政策60年》，社會科學文獻出版社，頁373。

三、氣候

　　大陸幅員遼闊，跨緯度較廣，距海遠近差距較大，加之地勢高低不同，地形類型及山脈走向多樣，因而氣溫降水的組合多種多樣，形成了多種多樣的氣候（如**表1-4**）（新華通訊社，2010）。

表1-4　大陸主要城市氣溫（A：℃）、雨量（B：mm）及降雨日數（C：日）

城市	氣候	1月	2月	3月	4月	5月	6月	7月	8月	9月	10月	11月	12月
北京	A	-4.6	-2.2	4.5	13.1	19.8	24.0	25.8	24.4	19.4	12.4	4.1	-2.7
	B	3.0	7.4	8.6	19.4	33.1	77.8	192.5	212.3	57.0	24.0	6.6	2.6
	C	2.0	3.1	4.1	4.6	5.9	9.7	14.1	13.2	6.8	5.0	3.7	1.6
天津	A	-4.0	-1.6	5.0	13.2	20.0	24.1	26.4	25.5	20.8	13.6	5.2	-1.6
	B	3.1	6.0	6.4	21.0	30.6	69.3	189.8	162.4	43.4	24.9	9.3	3.6
	C	1.8	2.6	3.4	4.7	5.5	9.1	13.2	11.6	6.4	4.2	3.5	2.1
上海	A	3.5	4.6	8.3	14.0	18.8	23.3	27.8	27.7	23.6	18.0	12.3	6.2
	B	44.0	62.6	78.1	106.7	122.9	158.9	134.2	126.0	150.5	50.1	48.8	40.9
	C	9.0	10.6	13.1	13.4	14.5	13.7	11.5	9.9	12.0	8.3	7.9	7.9
重慶	A	7.5	9.5	14.1	18.8	22.1	25.2	28.6	28.5	23.8	18.6	13.9	9.5
	B	19.7	19.5	39.3	89.7	157.8	166.4	142.4	138.4	136.3	97.3	47.8	25.0
	C	9.5	9.3	11.2	13.4	17.7	15.5	11.1	10.8	13.9	16.4	13.5	10.1
大連	A	-4.9	-3.4	2.1	9.1	18.5	19.4	23.0	20.9	20.6	13.6	5.8	-1.3
	B	7.6	7.7	12.5	35.8	43.9	86.1	175.6	153.0	68.5	35.6	21.6	10.8
	C	3.7	3.0	4.1	5.8	6.7	9.4	13.1	10.6	7.2	5.5	5.3	4.1

（續）表1-4　大陸主要城市氣溫（A：℃）、雨量（B：mm）及降雨日數（C：日）

城市	氣候	1月	2月	3月	4月	5月	6月	7月	8月	9月	10月	11月	12月
青島	A	-1.2	0.1	4.5	10.2	15.7	20.0	23.9	25.1	21.4	15.9	8.8	2.0
	B	10.2	13.4	21.7	42.7	48.2	102.4	179.4	163.7	104.3	47.5	31.1	11.1
	C	3.7	4.4	4.9	7.7	7.5	10.5	14.4	11.2	7.8	5.5	5.5	4.0
廈門	A	12.6	12.6	15.0	19.1	23.1	26.1	28.4	28.2	27.0	23.3	19.4	15.2
	B	37.3	66.9	76.5	124.0	154.7	207.1	150.4	144.0	96.3	32.1	27.8	26.1
	C	8.3	10.9	13.0	13.3	16.5	16.8	10.0	11.7	8.1	4.2	4.6	5.4
福州	A	10.5	10.7	13.4	18.2	22.1	25.5	28.5	28.2	26.0	21.7	17.5	13.1
	B	49.8	76.3	120.0	149.7	207.5	230.2	112.0	160.5	131.4	41.5	33.4	31.6
	C	10.9	13.4	16.4	16.7	19.0	17.1	9.7	13.0	12.3	6.9	7.3	8.1
廣州	A	13.3	14.4	17.9	21.9	25.6	27.2	28.4	28.1	26.9	23.7	19.4	15.2
	B	36.9	54.5	80.7	125.0	293.8	287.8	212.7	232.5	189.3	69.2	37.0	24.7
	C	8.0	10.7	14.2	15.1	18.7	20.0	16.2	16.4	13.0	6.5	5.6	5.8
杭州	A	3.8	5.1	9.3	15.4	20.5	24.3	28.6	28.0	23.3	17.7	12.1	6.3
	B	62.2	88.7	114.1	130.4	179.9	196.2	126.5	136.5	177.6	77.9	54.7	54.0
	C	10.9	13.0	15.4	15.5	16.8	14.9	12.3	12.5	13.3	9.7	9.5	9.9
南京	A	2.0	3.8	8.4	14.8	19.9	24.5	28.0	27.8	22.7	16.9	10.5	4.4
	B	30.9	50.1	72.7	93.7	100.2	167.4	183.6	113.3	95.9	46.1	48.0	29.4
	C	7.7	9.6	10.8	12.0	11.2	11.8	12.4	11.2	10.3	7.7	8.2	6.8
蘇州	A	3.4	4.6	8.9	14.8	19.5	24.0	28.5	28.0	23.4	17.9	12.1	6.0
	B	42.3	64.0	85.3	115.0	122.5	150.3	120.9	133.9	132.2	57.6	48.9	38.5
	C	9.4	12.0	13.7	14.0	14.6	13.3	11.2	11.4	12.0	8.2	8.1	8.0
成都	A	5.5	7.5	12.1	17.0	20.9	23.7	25.6	25.1	21.2	16.8	11.9	7.3
	B	5.9	10.9	21.4	50.7	88.6	111.3	235.5	234.1	118.0	46.4	18.4	5.8
	C	6.0	7.7	10.9	13.8	16.1	15.9	17.4	15.5	16.2	15.2	8.3	5.7
桂林	A	7.9	9.1	13.2	18.4	23.0	26.2	28.3	27.7	25.6	20.7	15.1	10.2
	B	56.9	75.1	128.0	282.3	353.8	311.7	231.7	169.9	63.6	98.4	74.9	54.0
	C	13.6	14.3	18.8	20.9	20.2	17.9	15.4	15.4	8.6	9.5	9.6	11.0
昆明	A	7.7	9.6	13.0	16.5	19.1	19.5	19.8	19.1	17.5	14.9	11.3	8.2
	B	11.6	11.2	15.2	21.1	93.0	183.7	212.3	202.2	119.5	85.0	38.6	13.0
	C	4.3	4.1	4.9	5.9	12.1	18.9	21.2	21.2	15.6	14.6	7.5	4.3
海口	A	17.2	18.2	21.6	24.9	27.4	28.1	28.4	27.7	26.8	24.8	21.8	18.7
	B	23.6	30.4	52.0	92.8	182.6	241.2	206.7	239.5	302.8	172.4	97.6	38.0
	C	9.2	10.1	10.2	11.0	16.3	16.3	14.3	16.4	16.1	12.2	9.6	8.6
武漢	A	3.0	5.0	10.0	16.1	21.3	25.7	28.8	28.3	23.3	17.5	11.1	5.4
	B	34.9	59.1	103.2	140.0	161.9	209.5	156.2	119.4	76.2	62.9	50.5	30.7
	C	8.1	10.2	13.3	14.4	14.1	12.3	9.7	8.1	8.6	8.9	9.3	9.8
西安	A	-1.0	2.1	8.1	14.1	19.1	25.2	26.6	25.5	19.4	13.7	6.6	0.7
	B	7.6	10.6	24.6	52.0	63.2	52.2	99.4	71.7	98.3	62.4	31.5	6.7
	C	4.3	5.5	6.9	8.9	9.6	8.4	10.9	8.9	12.0	9.9	7.2	4.1

（續）表1-4　大陸主要城市氣溫（A：℃）、雨量（B：mm）及降雨日數（C：日）

城市	氣候	1月	2月	3月	4月	5月	6月	7月	8月	9月	10月	11月	12月
合肥	A	2.1	4.2	9.2	15.5	20.6	25.0	28.3	28.1	22.9	17.0	10.6	4.6
	B	31.8	49.8	75.6	102.0	101.8	117.8	174.1	119.9	86.5	51.6	48.0	29.7
	C	7.9	8.9	11.5	12.3	11.6	10.5	12.5	9.9	10.5	7.7	8.1	7.0
敦煌	A	-9.3	-4.1	4.5	12.4	18.3	22.7	24.7	23.5	17.0	8.7	0.2	-7.0
	B	0.8	1.6	1.2	2.9	1.6	6.7	12.1	5.3	1.8	1.0	1.1	0.7
	C	1.1	1.7	0.8	1.2	1.2	2.6	3.9	2.6	0.8	0.7	1.0	1.4
蘭州	A	-6.9	-2.3	5.2	11.8	16.6	20.3	22.2	21.0	15.8	9.4	1.7	-5.5
	B	1.4	2.4	8.3	17.4	36.2	32.5	63.8	85.3	49.1	24.7	5.4	1.3
	C	1.9	2.5	3.9	6.3	8.4	9.2	11.9	11.5	10.9	6.5	2.6	1.5
瀋陽	A	-12.0	-8.4	0.1	9.3	16.9	21.5	24.6	23.5	17.2	9.4	0.0	-8.5
	B	7.2	8.0	12.7	39.9	56.3	88.5	196.0	168.5	82.1	44.8	19.8	10.0
	C	4.3	4.0	5.0	6.9	9.4	12.0	14.7	11.8	7.1	7.1	5.2	3.7
濟南	A	1.4	1.1	7.6	15.2	21.8	26.3	27.4	26.2	21.7	15.8	7.9	1.1
	B	6.3	10.3	15.6	33.6	37.7	78.6	217.2	152.4	63.1	38.0	23.8	8.6
	C	2.7	3.9	4.5	6.0	5.5	7.9	14.8	11.8	7.0	5.2	7.4	3.5
哈爾濱	A	-19.4	-15.4	-4.8	6.0	14.3	20.0	22.8	21.1	14.4	5.6	-5.7	-15.6
	B	3.7	4.9	11.3	23.8	37.5	77.9	160.0	97.1	66.2	27.6	6.8	5.8
	C	6.2	5.6	5.7	6.9	10.4	12.9	15.6	12.6	11.2	2.6	5.5	6.3
拉薩	A	-2.3	1.1	4.5	8.3	12.3	15.4	15.1	14.3	12.7	8.2	2.3	-1.7
	B	0.2	0.5	1.5	5.4	25.4	77.1	129.5	138.7	56.3	7.9	1.6	0.5
	C	0.5	0.6	1.6	3.8	9.3	14.7	19.6	21.3	14.2	3.8	0.7	0.4
呼和浩特	A	-13.1	-9.0	-0.3	7.9	15.3	20.1	21.9	20.1	13.8	6.5	-2.7	-11.0
	B	3.0	6.4	10.3	18.0	26.8	45.7	102.1	126.4	45.9	24.4	7.1	1.3
	C	2.5	2.8	3.7	4.3	6.2	8.6	13.4	12.8	8.4	4.9	2.4	1.7
烏魯木齊	A	-10.7	-7.7	-0.4	8.4	14.9	19.2	20.9	19.9	14.2	6.3	-2.1	-8.3
	B	0.9	0.9	1.2	1.3	3.7	17.1	18.5	11.8	7.2	0.6	0.4	1.0
	C	2.3	1.2	1.2	1.3	2.0	4.2	5.9	5.3	3.2	0.4	0.8	2.5

資料來源：高孔廉主編（2010），《大陸旅行實用手冊》，財團法人海峽交流基金會編印，頁37-40。

四、新經濟區域規劃

　　2009年以來，國務院先後批覆了「關於支持福建省加快建設海峽西岸經濟區的若干意見」、「關中—天水經濟區發展規劃」、「江蘇沿海地區發展規劃」、「橫琴總體發展規劃」、「遼寧沿海經濟帶發展規劃」、「促進中部地區崛起規劃」和「中國圖們江區域合作開發規劃綱要」等七

個經濟區域規劃，布局從東部、南部沿海，延伸到中部、西部、東北等地（如**表1-5**）。

表1-5　中國大陸七大經濟區域

區域	範圍
橫琴總體發展規劃	以廣東的廣州、深圳、佛山、江門、東莞、中山、惠州和肇慶市為主體，輻射泛珠江三角洲區域。
海峽西岸經濟區	以福建為主，包括浙江溫州、麗水、衢州、金華、台州、江西上饒、鷹潭、撫州、贛州、廣東梅州、潮州、汕頭、汕尾、揭陽。
中部地區	山西、安徽、江西、河南、湖北、湖南六省。
江蘇沿海地區	連雲港、鹽城、南通三個港口中心城市。
關中—天水經濟區	陝西西安、銅川、寶雞、咸陽、渭南、楊凌、商洛部分縣、甘肅天水。
遼寧沿海經濟帶	大連長興島臨港工業區、營口海產沿海產業基地、遼西州灣經濟區、丹東產業園區、大連花園口工業園區，及大連、丹東、營口、錦州、盤錦、葫蘆島六市所轄的二十一個縣、市、區。
圖們江區域	吉林省長春市、吉林市部分區域、延邊朝鮮族自治區。

資料來源：賴錦宏（2009），〈七大經濟區域〉，《聯合報》（2009/12/18，A20版）。

 # 第二節　勞動人事管理策略

　　中國大陸建國以來，是一個典型的共產主義社會，早期大部分的經濟是以國營企業為主體，生產指標是以國家的政策需要為依歸，並不是以市場的需要為導向，因此生產過剩或生產非所需則常有可能發生（如**表1-6**）。

表1-6　九色中國

1.黃土地（京、津、河北、河南、山西和陝西），占國土10%，人口為全國27%，人均收入＄3,855（美元，以下同），中央控制嚴，雖礦產豐富，靠燃煤，空氣汙染嚴重也持續缺水；人民戰鬥力超強。 2.後門（港、澳、廣東和海南），人口8%，人均＄6,910；歷代貶官至此，人民敢冒險；中共政策試驗田，包括特區、一國兩制和賭博。 3.都會區（滬、江、浙），人口11%，人均＄6,406，年輕有朝氣，高樓大廈層出不窮，是中國櫥窗。

（續）表1-6 九色中國

4. 後方（四川），人口8%，人均＄2,363，面積等同法國；汶川地震才揚名國際；農產豐富自足，一向人才外流，建設剛起步。

5. 十字路口（安徽、江西、湖南和湖北），人口8%，人均＄2,402，為上述四區通衢和爭戰中心；長江流域多資源，卻流向沿海地區；人才亦然，貢獻許多開國功臣如辛亥革命先烈和毛澤東，但鮮少回饋本土。

6. 香格里拉（雲、貴和廣西），人口10%，人均＄1,770，中國的風景明信片，梯田、峰巒和少數民族，貧窮落後；連接「金三角」，毒品從鴉片轉為菸草，流毒全國。正興建國際通道，前途有望。

7. 生鏽的履帶（東三省），人口8%，人均＄3,724，蘇聯式重工業區，鐵飯碗導致產業落後，高失業率；大連轉為對日貿易港，成改革希望。

8. 前線（內蒙、寧夏、甘肅、青海、新疆和西藏），面積54%，人口6%，收入＄2,928；多沙漠、荒原和雪山，富礦產；長期威脅中土，近年「開發西部」，讓蒙、維、藏族憂慮土地和生活方式被漢化，頗多動亂。

9. 海峽（台灣和福建），土地2%，人口4%，收入＄9,432；福建背山面海，習慣移民討海，現在仍精於人口走私；台海兩岸經貿互吸但政治有異，這110公里海峽的未來將影響中國最鉅。

資料來源：北京清華大學經管學院客座教授Patrick Chovanec，The Nine Nations of China，《美國大西洋月刊》（Atlantic）2009年11月份／引自：陳若曦，〈九色中國〉，《聯合報》聯合副刊（2009/12/07，D3版）。

　　由於大陸是社會主義的國度，「中華人民共和國憲法」第一條規定：「中華人民共和國是工人階級領導的、以工農聯盟為基礎的人民民主專政的社會主義國家。」國家的勞動政策也偏向於保護勞動者，特有的社會制度形成異於外商企業的勞動文化，因此台商唯有了解大陸勞動環境、制度、文化及特色，才能掌握實況且進入狀況，進而規劃企業的人力資源需求與人事管理策略（如表1-7）。

表1-7 台商投資大陸前的可行性評估

考慮面	評估要點
本業	・是否本業外移至大陸經營。 ・是否跨業去大陸經營。 ・是否與人合作共同經營。
本人	・是否本人親自去管理經營。 ・是否與合夥人合作輪流去經營管理。 ・是否委託台籍幹部或大陸幹部去管理經營。

（續）表1-7　台商投資大陸前的可行性評估

考慮面	評估要點
本金	・是否自己有足夠資金可作投資。 ・是否找別人合夥投資。 ・是否找投資者提供資金。 ・是否向本國銀行／民間／大陸銀行借款投資。
本事	・對於大陸投資優缺點分析清楚。 ・對於大陸投資具有哪些成功因素。 ・對於大陸投資其家人／員工支持度多少。 ・對於大陸投資遇到困難時，有哪些心理準備。 ・不成功便成仁，對於大陸投資萬一失敗時的應變方案如何。
本領	・在大陸投資是否可以融入與應付社會習性和官僚文化的大環境。 ・對於大陸員工的作事態度和工作特性如何去領導統御。 ・對投資地區相關困難是否有克服解決能力。 ・如何在大陸投資又兼顧台灣企業順利相輔相成的發展。

資料來源：何語（2008），〈台商在大陸投資困境與克服方針〉講義，台北市進出口商業同業公會編印，頁3。

一、國際觀的台商幹部

　　企業的成敗，與領導者的作風息息相關。駐外台籍幹部（台幹）的甄選不當，不僅對個人身心造成重創，也會對企業造成相當龐大的成本支出與損失。

　　台商遴選台幹到大陸工作，台幹必須在人格上具有「以身作則」、「敬業樂群」、「任勞任怨」、「謹言慎行」的特質；在管理技巧上，必須能「容納不同價值觀的大陸職工的思維模式」、「解決問題」、「協調溝通」、「處理危機」的智慧與能力；在技術上要能讓大陸職工「信服」的「獨門看家絕活」，才能讓大陸職工上行下效，營造良好的組織氣候，奠定長遠勞動和諧的基礎。這類型人才的儲備，是台商到大陸投資前先要「投資」的人事成本，當台商的事業在大陸擴充時，不會有人才斷層、後繼無人可派赴任的困境出現。

二、遵守大陸勞動法規

　　台商到大陸投資，基本上是一種海外投資，台商身為「跨國企業」的一分子，遵守當地國的法規，是天經地義，責無旁貸的義務，也是台商在「異域」能永續經營的不二法門，尤其是對被奉為「國家主人翁」的大陸職工，台商熟悉與遵守大陸的勞動人事政策法規，是維持勞動關係和諧的磐石。

三、建立人事管理制度

　　台商在赴大陸投資做可行性評估時，除重視資金調度、技術轉移、行銷通路、設廠條件與投資地點外，勞動人事管理制度也要跟著「動」起來。當投資案決定後，人事管理制度要跟著設備、技術、資金一起「跨海」同行；如果等到設廠完成，急需招募大陸職工準備量產時，還無法將勞動條件明確告知應徵者，則在沒有人事管理制度為背景下所錄用的職工，爾後將會與用人單位在勞動權利與義務的認知上產生落差，甚至發生「雞同鴨講」的各說各話，而使勞動關係惡質化，對管理造成莫大傷害。

　　跨國企業的「母公司」，必然有一套行之有年的人事規章制度。設計大陸地區的人事規章制度，必須以母公司的典章制度為藍本，再融入當地的勞動人事法規，並參考投資地已具經營規模企業的內部管理制度加以制定。

四、人事專員現場指導

　　「人」的良窳，決定企業的興衰。「本土化」是跨國企業的終極目標，但不能因本土化而脫離了母公司企業經營的方針與企業文化。要達到這個目的，最保險的方法，就是在投資初期，企業要派遣有建立人事管理制度經驗的專業人員前往大陸培訓與輔導當地僱用的人事管理人員，將這一套人事管理制度的制定背景、精神、目的與內容移植過去，讓「未來人事工作的接班人」循序漸進地學習到母公司的人事管理方法與技巧，並

灌輸以「法、理、情」的人事管理思維模式，以改變大陸職工普遍存在「情、理、法」的陋習，將這些本地的人事管理者「洗腦」到認同母公司的管理文化後，就可將「人事管理權」下放給他們掌舵，以落實當地人管理當地人的策略，而母公司人事主管也就可以「隔海」用電話、網路傳遞資訊來遙控、追蹤，偶爾再前往當地稽核指導，而不需常駐當地變成台幹。

人力資源工作有感

　　光陰荏苒，一轉眼，我加入阿爾卡特（Alcatel）集團成為杭州阿爾卡特通訊系統有限公司（Alcatel-Hangzhou）的一員已數月。這幾個月的時間在人的一生中並不算長，但在我的職業生涯中，卻是另一個里程碑。這段時間裡從事的人力資源工作，不僅轉變了我以前的某些舊觀念，更注入了許多全新的理念，而且讓我接受許多新的挑戰，從當初的門外漢到現在適應這份工作，喜愛這份工作，並逐漸地勝任這份工作，這都得感謝台灣國際標準電子公司（Alcatel-Taisel）人力資源前輩蔡武雄處長及丁志達先生對我熱情的關懷及殷切的鼓勵，並將「人力資源」的真意作了一番精闢的講述，促使我下決定將我的職業生涯定位為人力資源管理的工作上。

　　開始的工作，是在公司成立伊始，等所招聘的員工到位後，製作個人檔案，辦理保險、福利等，雖然工作比較繁雜瑣碎，但值得欣慰的是我能為大家實實在在地辦點事，讓大家一進公司，就能感受到這是一家井然有序的大團體，使大家安心於系統培訓，沒有後顧之憂。這同時也給我與大家庭中的每一成員接觸的機會，提高了我的協調能力，大家相互溝通，十分融洽。一個月後，我發現我的生活中注入了新的內容，使我更有活力了，我所共事的同仁是一群勤懇、負責、熱情、富有朝氣的年輕人，這更增添了我工作的信心。

　　現在我已深入參與招聘作業，尤其是參加全杭州市人才交流大會。在會場擺下攤臺招募賢才。由於本公司在杭州已頗有名氣，兩天之中就有兩百人報名應聘。這不禁使我想起當初我也在此列，而現在

我卻是坐在桌子的另一邊面談應徵者，這一角色的互換，對我來說真的很有意義，但還需要累積更多的經驗，因為要在短短幾分鐘內判斷出一個人的人格特質。經過主管一段時間的帶領，並針對幾個具體典型事例的分析講述，我慢慢地有所感悟，對人的評價也較為客觀了。而且還可以從和別人的交談中發現他們的優點，不斷地改善自己，真的很榮幸得到這麼好的成長機會。

為了使人力發揮更好的作用，凝聚同仁的向心力，並建立起杭州阿爾卡特通訊系統公司特有的企業文化，一個高效、嚴謹、氣氛融洽、和諧的「Family」，為此，我們更安排了系列性的訓練課程，透過小組研討方式並進行結論報告，取得一致的共識。希望能藉此激勵大家齊心努力，發揮自己最大的能量，同時達到一加一大於二的綜效，而這些課程的安排對我來說也都是第一次的經驗。

這段時日的學習鍛鍊，我毅然接受了挑戰，也適應了全新的工作，更從工作中深深體會到這份工作對公司的重要性，強化專業知識的迫切性及準確掌握各項制度的必要性。緊張的工作之餘，也體會到人力資源工作的種種樂趣，在不斷的學習和自我要求中成長，希望能很快成為優秀的Alcatel的一員。

資料來源：王瑾（1995），〈全新的工作、全新的挑戰：人力資源工作有感〉，
Alcatel Taisel News（October, 1995）。

五、拒絕關說用人策略

成立合資公司，對台商的人事管理而言，最頭痛的問題，就是要從中方手中接下一批不想錄用的人，但又怕傷和氣而不敢回絕。處理這一棘手問題，在合資合同談判時，有關「職工」這一章的內容，就必須有所堅持，但也不能拒人千里之外。拿捏之間，可設法在章程內規定，一個職缺必須要有三至五位的應徵者面試，然後再擇優錄用，同時也要加考外語能力，以防止「假證件」的魚目混珠。用類似這種「技巧」的用人策略，使

中方要推薦的人知難而退，斷絕無限制招朋引類，硬塞到合資公司來工作的人。

六、透明化的勞動合同

大陸勞動合同制度，從1980年代中期開始試點，在1990年代得到大力推行。自2008年1月1日起施行了「中華人民共和國勞動合同法」，訂定勞動合同，成為建立勞動關係上最重要的書面文件。

簽訂勞動合同的條款內容，除要能參照投資地區的人力資源和社會保障部門提供的範本外，更要將企業的用人特質與紀律要求，列入條款內。例如高科技產業，要約束職工保守用人單位的商業、技術等機密；接受培訓的職工，要簽訂服務期；勞力密集的產業，則要加強廠紀廠規的規範，以保障投資者的合法權益。

七、激勵性的薪酬策略

大陸「低廉」的勞動成本，是台商到大陸投資的「最愛」之一，但具有「中國特色的社會主義」下的「廣大」職工，一切向「錢」看，則是普遍存在的事實。因此，台商對大陸職工薪資設計上，必須格外謹慎。

採用「浮動薪資制」，它既能實踐社會主義所強調的「多勞多得，少勞少得，不勞不得」的理想，更能用來激勵有幹勁與積極性的職工。

八、社會保險值得關注

社會主義所揭櫫的理想，就是生在共產社會裡的每一個人從出生到死亡，國家「統包」解決。所以，大陸社會保險、福利與補貼的費用就變吃重的，國家財源有限，只好把這項重擔在改革開放後逐步轉嫁給各用人單位來負責。自2011年7月1日起施行的「中華人民共和國社會保險法」，值得台商多加以關注其規定的內容要項。

大陸的社會保險及福利，包括基本養老保險、基本醫療保險、失業保險、工傷保險、生育保險、住房基金提撥等。這種非工資性的支出就占

了每位職工每月實領收入的40%至50%以上，繳給當地社保機構統籌運用或直接存入職工個人戶頭。

台商對大陸職工薪酬的規劃要有長遠的考慮，而不是解決一時。如果低效率、高工資，台商也就不必千里迢迢的去大陸投資，自討苦吃。

九、培訓本土化接班人

在大陸實行的一胎化人口政策的效應，以及這一代父母親重視下一代子女教育投資，大陸人民的素質已逐年提升上來。這批接受過中、高等教育的職工，也會逐步的覺醒到要「當家作主」（當主管），要「奪權」（經營管理權）。因此，對於大陸職工的本土化接班，應該要一步一步的落實，做好人才培訓工作。培訓職工要花很多的時間與費用，但是今日不做，明日企業要「宏圖大展」時，會因「蜀中無大將」而後悔不已。

十、重視安全衛生環境

台商到大陸投資必須遵守勞動安全衛生法規，進而健全勞動安全規程和標準，來防止意外事故的發生。否則，一場大火，一次職業災害的發生，都會造成企業形象、財物以及職工流失的莫大傷害，甚至導致歇業、關廠、破產。企業如因不重視工作環境的安全衛生而發生的災害的後果，投資成果將付之東流，空忙一場。如果不幸造成職工傷亡案件或危害公共安全被起訴，雇主甚至還會「吃上官司」而有「牢獄之災」，那真是「賠了夫人又折兵」，後悔為何要到大陸來「受罪」。

十一、善意面對工會組織

「中華人民共和國勞動法」第七條規定：「勞動者有權依法參加和組織工會。」從法令制定的位階來看，台商企業內成立工會是遲早的事。

培植對企業向心力高的職工去籌組工會，對以後工會的內部運作，較能掌握先機，防範未然。提升工會幹部的素質與對企業經營的認同感，讓工會幹部在企業內扮演促進勞動關係和諧的積極角色，而不是「勞動爭議」的「導演者」。

　　社會主義的特色之一，就是「工會與黨」密切掛勾，這個「黨」就是「中國共產黨」，台商赴大陸投資設廠，不可不知，而「中華人民共和國工會法」是必讀的一份最重要的勞動管理文件之一。

十二、暢通職工申訴管道

　　長期又不變的工作內容，最會使得職工產生職業倦怠感。如果企業內沒有暢通的申訴管道，職工「鬱積」多時似是而非的想法就會引爆，並會感染給周遭的工作夥伴，導致管理者的困擾與不安。

　　建立企業內健全的申訴溝通管道，可以針對職工個人的「心事」透過輔導、諮商來加以紓解其心中不滿或不安；如果的確是用人單位要改善的勞動條件，也能及早規劃，訂出改善時間表，或告訴該職工目前用人單位不能接受其想法的原因，讓職工有被尊重的感覺，勞動爭議就會消弭於無形。

　　讓職工願意透過申訴溝通管道來化解問題，則職工求助工會出面的機率就相對減低，為什麼有些用人單位的工會是「花瓶」而不是「帶刺的薔薇」，主要的原因，是用人單位內部有暢通的溝通管道，用來取代工會所要扮演的角色。

十三、勞資和諧雙贏策略

　　「勞動法」、「勞動合同法」既然成為各用人單位勞動人事管理制度設計的「尺標」，台商唯有在提高職工的勞動生產力、建立職工正確的勞動價值觀、加強外派人員的管理技巧等方面多加把勁，以及跟在同一投資地點的台商之間多所聯繫，或加入當地台商協會，多方「通氣」，掌握「官方」在人事管理動態的資訊，以做好「未雨綢繆」的準備。

第三節　建立和完善規章制度

　　規章制度，是勞動關係相互制約的最重要的內容之一，是明確勞動條件、規範勞動關係的主要機制，也是簽訂勞動合同的基本依據。

　　廣義的規章制度，是指用人單位為了維護其企業經營活動的秩序而制定，並頒布實施的書面的規劃、程序、條例及規定的綜合，是用人單位內職工必須遵守的行為準則；而在勞動關係中所稱的規章制度，是指用人單位根據國家法律、法規並根據用人單位的經營理念制定的，明確勞動條件、調整勞動關係、規範勞動關係當事人行為的各種規章制度的總稱，又稱僱用規則、工作規則、就業規則或從業規則等（余敏、彭光華，2009）。

一、規章制度的架構

　　完善的制度規章規範，應由適應條件、行為模式和行為後果等三部分所構成。「適應條件」是指制度規範中所規定的有關適用該制度規範的條件的那一部分而言。「行為模式」是制度規範中關於允許做什麼、禁止做什麼和必須做什麼的規定；制度規範的最直接的目的就是指引員工的行為，因此，行為模式是制度規範中最基本的要素，是核心部分。「行為後果」是制度規範規範中對遵守或違反規範的行為給予的一種肯定（獎勵）或否定（懲罰）的評價（如**表1-8**）。

表1-8　設計規章制度的架構

主題	內容
總則	它是指在全部規章制度中有共同性的規定。 一是制定目的。表明制定本規章制度的原因和宗旨，作為將來適用規章制度的參考依據。 二是適用範圍。一個規章制度必須有明確、有效的適用物件（對象）。 三是定義規定。一個規章制度為了實務中的應用，往往創造很多特殊的辭彙；為防止這些詞語在實際應用中被誤解，規章制度需要在總則中明確特殊辭彙的涵義。
主題	主題部分的多少視需要規定內容的多少而定。
附則	其一為爭議處理。規定將來使用規章制度的過程中如產生爭議該如何解決。 其二是施行程序。通常都規定公布的機構以及實施的日期。 其三是對廢止規章制度的註明。如果隨著新的規章制度頒布，有廢止的規章，則需要在附則中明確需要廢止規章的名稱，方便事後查詢。
附件	一項規章制度為了方便閱讀，往往不把部分內容放入正文，而是在附件或者附表中予以表明。

資料來源：余敏、彭光華（2009），〈架設維護和諧勞動關係的「紅綠燈」〉，《HR人力資源》（2009/02），頁65-66。

規章制度不但要做到容易讓職工方便閱讀，而且還要能吸引職工去閱讀，就必須用最簡潔的字句，盡量少用形容詞或修飾詞，以主動的語氣來代替被動的語法，做到一個句子一個意思，同時要盡量使用「應當」、「必須」、「禁止」等帶有強制意味的詞語，避免使用「不可以」、「盡量」等口語化和建議性的詞語。

二、制度規範的合法性

用人單位內部的制度規範如果是依法制定的，具有約束力，受法律保護；如果是違法的制度，非但不能證明用人單位的行為有理，反而作為判定用人單位行為違法的證據。例如「勞動合同法」中對勞動者提供專項培訓費用（第二十二條）、競業限制條款的違約金支付問題（第二十三條）做了明確規定，用人單位在制度規定中，就不得違法要求職工在勞動合同履行後解除（終止）勞動合同時，全額支付違約金或約定的其他違約金（如**表1-9**）。

「最高人民法院關於審理勞動爭議案件適用法律若干問題的解釋（二）」（自2006年10月1日起施行）第十六條規定：「用人單位制定的內部規章制度與集體合同或者勞動合同約定的內容不一致，勞動者請求優先適用合同約定的，人民法院應予支持。」也就是說，規章制度與勞動合同的內容有衝突時，法院採用的判案標準完全是依照「勞動者請求」。為了避免用人單位在日後勞動爭議申訴或訴訟中處於被動地位，在制定規章制度時，應避免規章制度與勞動合同的規定相牴觸。

三、制度規範的制定程序

「勞動法」第四條規定，「用人單位應當依法建立和完善規章制度，保障勞動者享有勞動權利和履行勞動義務。」「勞動合同法」再重申這一規定時，對用人單位制定規章制度的內容和程序，做了更細化、更明確的要求。

表1-9　構建和諧勞動關係的規章制度管理體系

關鍵環節	對應的規章管理制度
簽訂環節	・「人員關係界定管理規定」 ・新聘人員填寫「入職聲明」 ・簽訂「勞動合同書」或「勞務協議」 ・根據需要簽訂「保密協議」 ・根據需要簽訂「競業限制協議」
終止／解除環節	・「待崗競聘管理規定」 ・「離崗掛編管理規定」 ・「離職管理規定」
續訂環節	・「續訂勞動合同書」
履行／變更環節	・「勞動關係管理規定」 ・「招聘入職管理規定」 ・「考勤／請休假管理規定」 ・「培訓管理規定」 ・「薪酬管理規定」 ・「績效考核管理規定」 ・「加班管理規定」 ・「醫療期管理規定」 ・「女職工『三期』管理規定」 ・「員工違紀管理規定」

資料來源：張馳、凌晨（2007），〈矩陣創建和諧──勞動關係管理新思維〉，《人力資源管理雜誌》，第266期，頁30。

　　根據「勞動合同法」第四條的規定，規章制度的制定程序，主要包括以下三方面：

1. 制度規範應當採取經職工代表大會或全體職工討論的方式提出和擬定（制度規範的擬定程序）。
2. 制度規章應當採取與工會或者職工代表平等協商的方式確定（制度規範的決策程序）。
3. 制度規範在執行過程中存在不適當之處的，應當採取與工會或者職工代表平等協商的方式予以修改完善（制度規範的修改完善程序）。

法規1-1　「勞動合同法」規定建立規章制度作業

　　用人單位應當依法建立和完善勞動規章制度，保障勞動者享有勞動權利、履行勞動義務（第一款）。

　　用人單位在制定、修改或者決定有關勞動報酬、工作時間、休息休假、勞動安全衛生、保險福利、職工培訓、勞動紀律以及勞動定額管理等直接涉及勞動者切身利益的規章制度或者重大事項時，應當經職工代表大會或者全體職工討論，提出方案和意見，與工會或者職工代表平等協商確定（第二款）。

　　在規章制度和重大事項決定實施過程中，工會或者職工認為不適當的，有權向用人單位提出，通過協商予以修改完善（第三款）。

　　用人單位應當將直接涉及勞動者切身利益的規章制度和重大事項決定公示，或者告知勞動者（第四款）。

資料來源：「勞動合同法」第四條（2008年1月1日起施行）。

四、制度規章的公示

　　制度規章制定以後，必須透過公示或告知程序，對職工具有約束力，否則無效。制度規章制定的告示作法有：

1.將制度規範作為勞動合同的附件，雙方簽字。
2.將制度規範以文本印發形式下發給每一位職工簽收。
3.用人單位對全體職工進行內部制度規範的專門培訓，職工並在培訓簽到簿上簽章。

　　對於規章制度及制度執行過程中使用的各類表單，用人單位要保留勞動者確認的文字意見說明，做到依法公示告知，實現制度規定的法律效力，真正成為用人單位與職工雙方勞動關係存續期間的行為準則（張馳，2009）。

五、制度規章的執行結果

制度規章制定貴在執行，執行以後就會有執行結果。將執行結果運用於職工勞動關係管理的前提條件是執行結果已經送達職工本人，沒有送達職工本人的執行結果無效，對職工本人的勞動關係管理不具有約束性。

制度規範執行結果送達的方式有：

1. 以書面的形式將制度規範的執行結果，當面通知職工本人，並由其簽收文件。
2. 採取郵寄的方式送達制度規範的執行結果，以雙掛號回執聯上註明的收件日期為送達日期（劉軍勝，2008）。

規章制度是勞動者與用人單位之間勞動關係的基本規範，通過規定勞動者的工作紀律等內容，對勞動者具有規範的作用。當規章制度的內容做到全面、具體、明確時，就可以預防勞動爭議的發生；對於法律沒有明確規定的問題，在不與法律衝突且符合公平合理原則的情況下，企業應盡量在內部規章制度中加以明確；出現勞動爭議後，也可以作為勞動爭議處理的依據，節約爭議處理成本。

第四節　勞動人事管理實務作業

大陸中央與地方所頒布施行的政令繁瑣，和台灣地區大相逕庭。因而台商在規劃人事管理制度時，必須了解當地的聘用制度、管理制度、人才本土化、照顧職工生活等細節，要依法行事，且要符合經營的宗旨，始能建立一套行之有效的勞動人事規章（如圖1-1）。

台商在大陸投資，所牽涉的人力資源管理的因應之道有：

一、人力確保方面

人力資源的規劃，通常是因應公司的策略，如果公司的營運策略有

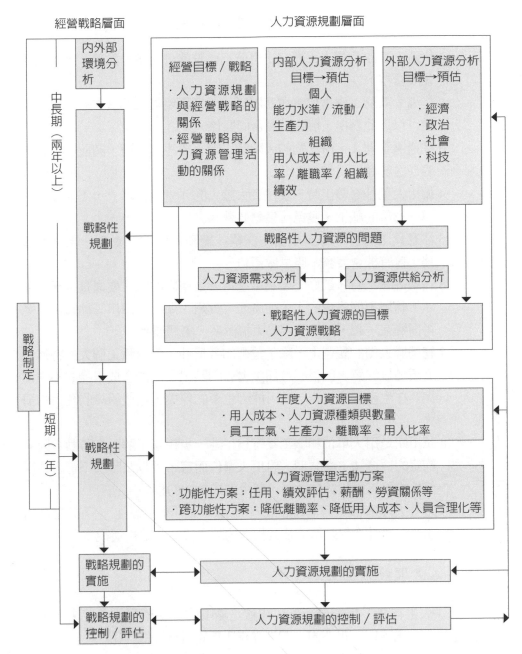

圖1-1　戰略制定與人力資源管理過程關係圖

資料來源：諶新民主編（2005）。《員工招聘成本收益分析》，廣東經濟出版社，頁39。

所調整，公司的人力也要因應策略的變動而做配合。

1. 大陸人工比台灣人工便宜，但並不代表就可「多多益善」，員額還是要管控。

2. 指導大陸職工應當如實填寫履歷，一旦發現職工履歷作假，用人單位可以以此為由，解除勞動合同關係。

3. 在遴選管理人、財、物的大陸職工時，要注意品德，請記得「請神容易送神難」這句話。

4. 僱用大量基層職工時，要注意大陸人的「省籍情結」，不要集中用單一省份的職工，避免「集體要脅」。

5. 注意員工舞弊，像業務員、採購、總務、財會、倉庫、司機等職務，較有機會舞弊，應早做預防。

6. 在聘僱職工時，最好不要集中選用背景相同的人、要盡量多元化求才。聘用不同省份的人，如廣西、貴州、湖南、四川等地職工，免得同鄉在一起，人多就容易大搞派系，集體要脅。

7. 在基層人力的甄選上，除了技術的考量外，對於職工個人的特質也必須加以注意，因為一位煽動力強的職工，可能造成組織的不安，尤其在生產線上工作，更可能因生產的停擺，造成組織的莫大的損失。

8. 試用期是用人單位和職工雙方為了進一步相互了解而在勞動合同中約定的「合法」觀察期，對用人單位而言，可以及時與不符合錄用條件的職工解除勞動合同，避免造成更大的損失。

9. 遵守大陸有關人事管理的法律規定，如「勞動法」、「勞動合同法」、「社會保險法」及其相關的配套法律、法規與規章。

二、人力開發方面

「人生有涯，學海無涯」，知識是無限的，從學習的角度來看，培訓是人力資源管理上重要的一環，具有「承先啟後」的作用。

1. 重視職工試用期間的考核。

2.職工培訓從生活習慣做起，改變其吃大鍋飯、不求效率、個人衛生
習慣的生活方式。

3.培育大陸幹部，逐步推動「本土化」人才培養訓練，用當地專業人
才，以大陸人來管理大陸人。

4.重視公平的人事考核制度，加強績效考核，解決混水摸魚、得過且
過的做事心態。

5.創造管理績效競賽之環境，實施目標管理。

三、人力報償管理

在人力資源管理制度中，報償管理直接關連到用人單位與職工間的
互動關係，也牽涉到勞動成本與獲利的關係，而勞動爭議的產生，絕大部
分都與報酬給付認知上的不同有關連。

1.工資是人事管理上的「敏感地帶」，在「加薪容易，減薪難」的條
件下，企業要妥善因應，不可匆忙決定。

2.在規劃福利措施，千萬不要一下子給職工太多的福利，要細水長
流，讓大陸職工不時看到有新增加的娛樂和福利措施，不能有「滿
漢全席」的思維，如果傾巢而出，就會有後繼無力的反效果出現。

3.有關企業集體福利方面，例如職工的喜慶賀禮、喪事慰問金、獨生
子女滿月賀禮、各種集體旅行費用、各種娛樂體育活動經費、職工
參加各種社會比賽優勝獎勵金等，均可加以規劃與推展，以促進團
隊合作。

4.依法要為職工加入社會保險。

四、人力維持管理

企業生產的潛力和未來發展所仰賴的因素是多重的，勞動關係的和
諧是其中之一。和諧的勞動關係，是每家企業應努力追求的，尤其在人力
資源策略的運用上，這種和諧合作關係是非常重要的條件。

1.企業在執行人事管理作業時，會因不同的地區、文化、習慣與規定

而產生差異的管理標準與結果，這一點要牢記在心。

2.需要建立一套符合企業文化的人事管理制度，又需兼顧及大陸勞動環境特色、大陸勞動法令規範下的管理模式。

3.制定符合當地人力資源和社會保障部門對現行勞動條件規定要求。

4.修改完善績效管理、薪酬發放、勞動管理等方面的基礎制度，確保用人單位用工中按勞計酬，優勝劣汰和以人為本的價值觀得到體現。

5.不違法，遵守強制性的勞動法律、規章規定。

6.建立多層次的溝通管道（杜絕打小報告的惡習），有效疏導職工的誤解及緊張的勞動關係。

7.注意企業內的工會組織與黨組織的需求及其形成與發展。

8.重視人性化管理，有功獎賞，有過規勸，不要涉入政治鬥爭的漩渦。盡快建立和完善勞動協商機制，預防勞動爭議的產生。

9.做好職工檔案管理工作，確保各項管理文件的舉證責任。

五、派外人員的管理

人力資源管理制度沒有絕對的好與壞，最重要的是適合當地社會的需要，因地制宜，而甄選合適的派外人員將決定跨國企業的發展走向。

1.台商派外人員（主管與技術人員）必須敬業負責，並且也需要以身作則，與大陸職工站在同一陣線，減少彼此之矛盾，以達到「上行下效」的效果。

2.台幹擔任主管者要加強「管理能力」、「解決問題能力」、「溝通協調能力」和「文化調適能力」，看大陸職工的優點（孔雀開屏）及投其所好（人際關係），俾能隨時應付、化解「突發事件」於無形。

3.台商要妥善關懷派外人員的家庭，使外派人員獲得家庭的支持與信賴，以免其有後顧之憂。

4.經常派遣相關業務人員（稽核、財會、人資人員）赴大陸投資地區了解台幹的工作、生活情況與需求，並協助其解決問題外，並需要

台幹能提供給母公司最新的當地經營相關訊息。

5.全盤規劃台幹的任期，應依派駐人員的層級、工作性質和大陸公司的營運狀況而定，不應過長也不宜太短，並有明確的前程規劃，使其不致有脫離母公司核心的疏離感。

6.派外人員要遵守當地的法律規定，如禁賭、禁娼、禁止攜入色情書刊與光碟等違禁品；同時，要慎重處理男女之間的感情關係，避免被敲竹槓、當冤大頭，甚至造成法律糾紛。

7.堅持政治禁忌的三不政策：「不討論」、「不批判」、「不參加」。

台商在勞動人事管理方面，應強調制度化與人性化之管理，使職工能長期樂意為企業效命，並觀摩當地其他成功企業的作法，多學習，台商在大陸的企業才能生意興隆，績效長青。

結　語

台商到海外投資，就是要「守法」，從「法」中去找生機，而不是從「法」中去找投機，尤其在使用當地「人力資源」時，更應該遵守當地的勞動法規，在「法」的規範下，企業才能永續經營。有守法（知法而不玩法）的企業，才有守法的職工（何語，2008）。

第二章
勞動政策法規

　　共產黨像太陽，照到哪裡哪裡亮；共產黨的政策像月亮，初一、
十五不一樣。

～大陸順口溜

　　台商到大陸經營事業，就是要利用當地的「人力資源」來創造企業
的利潤。要管理「當地人」，就要設計一套「合法」、「合理」、「合
情」的人事管理規章、制度，用來規範當地僱用職工的紀律。因此，了
解、熟悉當地政府所規定的勞動法規，才不會制定出一些「水土不服」的
辦法而觸法（如**表2-1**）。

表2-1　　「勞動法」（大陸地區）與「勞動基準法」（台灣地區）之比較

項目	勞動法（大陸地區）	勞動基準法（台灣地區）
施行日期	1995年1月1日	1984年8月1日
章節	13章107條	12章86條
工會組織	・勞動者有權依法參加和組織工會（第七條）。	・未規定
童工	・禁止用人單位招用未滿十六週歲的未成年人（第十五條）。	・十五歲以上未滿十六歲之受僱從事工作者，為童工（第四十四條）。
勞動合同	・建立勞動關係應當訂立勞動合同（第十六條）。	・勞動契約，分為定期契約及不定期契約（第九條）。
試用期	・試用期最長不得超過六個月（第二十一條）。	・未規定
營業秘密	・勞動合同當事人可以在勞動合同中約定保守用人單位商業秘密的有關事項（第二十二條）。	・未規定
集體合同	・集體合同由工會代表職工與企業簽訂；沒有建立工會的企業，由職工推舉的代表與企業簽訂（第三十三條）。	・未規定
工作時間	・每日工作時間不超過八小時，平均每週工作時間不超過四十四小時的工時制度（第三十六條）。 ・國務院公告改為每週工時為四十小時。	・勞工每日正常工作時間不得超過八小時，每二週工作總時數不得超過八十四小時（第三十條）。

（續）表2-1 「勞動法」（大陸地區）與「勞動基準法」（台灣地區）之比較

項目	勞動法（大陸地區）	勞動基準法（台灣地區）
國定假日	11日	19日
加班時數	・一般每日不得超過一小時；特殊原因每日不得超過三小時，但是每月不得超過三十六小時（第四十一條）。	・雇主延長勞工之工作時間連同正常工作時間，一日不得超過十二小時。延長之工作時間，一個月不得超過四十六小時（第三十二條）。
加班費計算	・平日延長工作時間支付不低於工資的150%的工資報酬。 ・休息日工作支付不低於工資的200%的工資報酬。 ・法定休假日工作支付不低於工資的300%的工資報酬（第四十四條）。	・延長工作時間在二小時以內者，按平日每小時工資額加給三分之一以上。再延長工作時間在二小時以內者，按平日每小時工資額加給三分之二以上。依第三十二條第三項規定，延長工作時間者，按平日每小時工資額加倍發給之（第二十四條）。
產假	・不少於九十天的產假（第六十二條）。	女工分娩前後，應停止工作，給予產假八星期（第五十條）。
社會保險與福利	・退休。 ・患病、負傷。 ・因工傷殘或者患職業病。 ・失業。 ・生育（第七十三條）。	・退休（第六章）。 ・職業災害補償（第七章）。
勞動爭議	・用人單位與勞動者發生勞動爭議，當事人可以依法申請調解、仲裁、提起訴訟，也可以協商解決（第七十七條）。	・未規定

資料來源：作者整理。

第一節 勞動法淵源

　　法律規範的表現形式，即通常所稱的法律淵源。由於制定和頒布的機構不同，它們分別被賦予不同的名稱，不同的法律地位，不同的法律效力。大陸勞動法規因「政出多門」，因而，台商到大陸投資必須清楚勞動法的立法淵源，才不致於「不知法而犯法」。

　　法律淵源是法學的一個術語，一般是指法律規範的具體表現形式，

不同的法律形式可以表現不同的效力等級。例如全國人民代表大會（全國人代會）及其常務委員會頒布的基本法與法律；國務院頒布的行政法規；國務院各部委頒布的規章、辦法等，它以不同的法律形式表現出效力的等級（如圖2-1）。

勞動法的形式

中共的勞動法表現形式，按其立法主體、法律效力不同，可分為憲法、勞動法律、勞動行政法規、地方性勞動法規、勞動規章、經批准生效的國際勞動公約等，均是構成勞動法的形式。

(一)憲法

憲法在勞動法的所有法律表現形式中居於最高地位，是國家根本大法，具有最高的法律效力，一切基本法、行政法規和地方法規都不得與其相牴觸，在憲法中有關的勞動問題的規定，構成全部勞動法的立法基礎。目前中共施行的「中華人民共和國憲法」（以下簡稱「憲法」）係1982年12月4日由中共第五屆人代會第五次會議通過，同日公告公布施行；在1988年、1993年、1999年及2004年做過四次修正。

在「憲法」中有關涉及勞動關係的條文，構成勞動法的立法基礎，所有其他勞動法律形式都要根據「憲法」確定的勞動法基本原則，不可與「憲法」相牴觸，否則無效。

(二)全國人代會及其常務委員會制定的法律

全國人代會及其常務委員會通過的法律，通常在「法」字命名前冠上「中華人民共和國」國號，例如「中華人民共和國婦女權益保障法」（全國人代會通過）；「中華人民共和國勞動法」（全國人代會常務委員會通過）、「中華人民共和國勞動合同法」（全國人代會常務委員會通過）、「中華人民共和國勞動爭議調解仲裁法」（全國人代會常務委員會通過）、「中華人民共和國社會保險法」（全國人代會常務委員會通過）等。

全國人民代表大會	修改憲法，制定、修改刑事、民事、國家機構的和其他的基本法律。
全國人民代表大會常務委員會	制定和修改廢除當由全國人民代表大會制定的法律以外的其他法律；在全國人民代表大會閉會期間，對全國人民代表大會制定的法律進行部分補充和修改；解釋法律。
國務院	根據憲法和法律，制定行政法規。
省、自治區、直轄市人民代表大會及其常務委員會	根據本行政區域的具體情況和實際需要，在不同憲法、法律、行政法規相抵觸的前提下，制定地方性法規。
較大的市的人民代表大會及其常務委員會	根據本市的具體情況和實際需要，在不同憲法、法律、行政法規和本省、自治區的地方性法規相牴觸的前提下，制定地方法規，報批准後施行。
經濟特區所在地的省、市的人民代表大會及其常務委員會	根據全國人民代表大會的授權決定，制定法規，在經濟特區範圍內實施。
民族自治地方的人民代表大會	依照當地民族的政治、經濟和文化的特點，制定自治條例和單行條例，報批准後生效。 依照當地民族的特點，對法律和行政法規的規定作出變通的規定，但不得違背法律或者行政法規的基本原則，不得對憲法和民族區域自治法的規定以及其他有關法律、行政法規專門就民族自治地方所作的規定作出變通規定。
國務院各部、委員會、中國人民銀行、審計署和具有行政管理職能的直屬機構	根據法律和國務院的行政法規、決定、命令、在本部門的權限範圍內，制定部門規章。
省、自治區、直轄市和較大的市的人民政府	根據法律、行政法規和本省、自治區、直轄市的地方性法規，制定地方政府規章。
中央軍事委員會	根據憲法和法律制定軍事法規，在武裝力量內部實施。

圖2-1　立法體系

註：1.較大的市是指省、自治區的人民政府所在地的市，經濟特區所在地的市和經國務院批准的較大的市。
　　2.法的效力等級：憲法＞法律＞行政法規＞地方性法規、部門規章、地方政府規章；地方性法規＞本級和下級地方政府的規章；部門規章＝地方政府規章。（＞表示效力高於，＝表示效力相等）
　　3.司法解釋是最高人民法院對審判工作中具體應用法律問題和最高人民檢察院對檢察工作中具體應用法律問題所作的具有法律效力的解釋，司法解釋與被解釋的有關法律規定一並作爲人民法院或人民檢察院處裡案件的依據。
資料來源：《中華人民共和國勞動合同法》，中國法制出版社（2008），頁首。

33

(三)國務院頒布的勞動行政法規

　　勞動行政法規作為勞動法的一種法律形式，位階低於憲法、勞動基本法、勞動法律，但高於地方性勞動法規、勞動規章的地位。

　　國務院是中共的最高國家行政機構，國務院根據「憲法」和法律規定行政措施，制定行政法規，頒布決定和命令。國務院頒布了大量的勞動法規，是當前中共調整勞動關係的主要依據。「女職工勞動保護規定」、「國務院關於職工工作時間的規定」、「全國年節及紀念日放假辦法」等，均由國務院頒布，是勞動法令規範最主要的形式。

(四)國務院各部委制定的勞動規章

　　國務院所屬各部委員會根據法律和行政法規、決定、命令，有權在本部門、委員會職權範圍內單獨或聯合各部、委，發布命令、指示和規定，例如2008年9月18日人力資源和社會保障部公布施行的「企業職工帶薪年休假實施辦法」、2009年1月1日公布施行的「勞動人事爭議仲裁辦案規則」、2011年5月1日起施行的「企業年金基金管理辦法」，係由人力資源和社會保障部、中國銀行業監督管理委員會、中國證券監督管理委員會、中國保險監督管理委員會聯合下發的通知等，都是調整勞動關係的重要規範。

(五)地方性勞動法規

　　中共「憲法」第一百條規定，「省、直轄市的人民代表大會和它們的常務委員會，在不同憲法、法律、行政法規相牴觸的前提下，可以制定地方性法規，報全國人民代表大會常務委員會備案。」例如2009年5月21日深圳市第四屆人民代表大會常務委員會第二十八次會議修正的「深圳市員工工資支付條例」，其法律效力只在其管轄的地區內生效。

(六)最高人民法院發布的司法解釋

　　由最高人民法院所作的解釋。例如「最高人民法院關於審理勞動爭議案件適用法律若干問題的解釋（三）」（法釋〔2010〕12號）。

(七)工會組織的規範性文件

工會本身不具有立法權，不能發布法律、法規，但工會有權積極參與立法活動，工會制定的經政府部門認可或與國務院有關部、委聯合公布的勞動問題的規範性文件，亦屬於勞動法的淵源，具有法律效力和約束力。例如1995年8月17日全國總工會制定的「工會參加平等協商和簽訂集體合同試行辦法」等規範性文件，也是勞動法的法律形式。

(八)國際勞動公約與建議書

國際勞工組織通過勞動公約和建議書屬於國際勞動法的範疇，其中經過中共批准的勞動公約和建議書，具有法律效力，也就成為中共勞動法形式的組成部分。

1984年5月30日中共承認「舊中國政府」批准的十四種國際勞動公約，例如「制定最低工資確定辦法公約」、「工業企業中實行每週休息公約」、「確定准許使用兒童於工業的最低年齡公約」等，以及中共建國成立後陸續批准的國際勞動公約，例如1987年10月批准的「殘疾人職業康復和就業公約」，都納入制定勞動法的範圍。

第二節　勞動關係

勞動關係，又稱為勞資關係，是指勞動者與用人單位（包括：各類企業、個體工商戶、事業單位等）在實現勞動過程中建立的社會經濟關係。

一、勞動關係的適用對象

從廣義上講，生活在城市和農村的任何勞動者與任何性質的用人單位之間因從事勞動而結成的社會關係都屬於勞動關係的範疇。

從狹義上講，現實經濟生活中的勞動關係是指依照國家勞動法律法規規範的勞動法律關係，即雙方當事人是被一定的勞動法律規範所規定和確認的權利和義務聯繫在一起的，其權利和義務的實現，是由國家強制力來保障的。

　　勞動法律關係的一方（勞動者）必須加入某一家用人單位，成為該單位的一員，並參加單位的生產勞動，遵守單位內部的勞動規則；而另一方（用人單位）則必須按照勞動者的勞動數量或質量給付其報酬，提供工作條件，並不斷改進勞動者的物質文化生活（中華人民共和國中央人民政府網站）。

二、勞動關係的建立

　　勞動法中有關勞動關係的規定，是勞動法的主要內容。通過訂立勞動合同與集體合同來建立勞動關係，使用人單位能夠根據生產經營和工作崗位的特點，在勞動力市場上選擇必要數量、相應素質的勞動者；同時也要使勞動者能夠根據自身素質、意願和市場的薪酬價格信息選擇用人單位。

法規2-1　確立勞動關係成立的要項

一、用人單位招用勞動者未訂立書面勞動合同，但同時具備下列情形的，勞動關係成立。

(一)用人單位和勞動者符合法律、法規規定的主體資格。

(二)用人單位依法制定的各項勞動規章制度適用於勞動者，勞動者受用人單位的勞動管理，從事用人單位安排的有報酬的勞動。

(三)勞動者提供的勞動是用人單位業務的組成部分。

二、用人單位未與勞動者簽訂勞動合同，認定雙方存在勞動關係時可參照下列憑證：

(一)工資支付憑證或記錄（職工工資發放花名冊）、繳納各項社會保險費的記錄；

(二)用人單位向勞動者發放的「工作證」、「服務證」等能夠證明身分的證件；

(三)勞動者填寫的用人單位招工招聘「登記表」、「報名表」等招用記錄；

(四)考勤記錄；

(五)其他勞動者的證言等。

其中，(一)、(三)、(四)項的有關憑證由用人單位負舉證責任。

資料來源：原勞動和社會保障部發布的「關於確立勞動關係有關事項的通知」（2005年5月25日執行）。

　　「勞動合同法」第七條規定：「用人單位自用工之日起即與勞動者建立勞動關係。」即使用人單位沒有與勞動者訂立勞動合同，只要用人單位對該勞動者存在用工行為，則雙方之間就建立了勞動關係，勞動者就享有勞動法律、法規規定的權利。

三、勞動關係的法律特徵

　　在勞動法中，對勞動關係作了明確的界定，是指勞動者與用人單位之間在勞動過程中發生的關係。主要包括以下三個法律特徵：

1. 勞動關係是在現實勞動過程中所發生的關係，與勞動者有著直接的聯繫。
2. 勞動關係的雙方當事人，一方是勞動者，另一方是提供生產資料的勞動者所在用人單位。
3. 勞動關係的一方勞動者，要成為另一方所在用人單位的成員，要遵守用人單位內部的勞動規則以及有關制度。

四、勞動關係的基本內容

　　「勞動法」從法律的角度確立和規範勞動關係，是調整勞動關係，以及與勞動關係有密切聯繫的其他關係的法律規範。主要內容包括以下幾項：

1. 勞動者與用人單位之間在工作事項、休息時間、勞動報酬、勞動安全、勞動衛生、勞動紀律及獎懲、勞動保護、職業培訓等方面形成的關係。
2. 與勞動關係密不可分的關係，還包括勞動行政部門與用人單位、勞動者在勞動就業、勞動爭議以及社會保險等方面的關係。
3. 工會與用人單位、職工之間因履行工會的職責和職權，代表和維持職工合法權益而發生的關係等。

第三節　「勞動法」導讀

　　中共在1949年建國後，翌年6月公布了「中華人民共和國工會法」，這是中共建國初期的重要勞動法律之一。但中共「中華人民共和國勞動法」（以下簡稱「勞動法」）係在改革開放後才積極規劃，自1979年1月開始起草，經過了十五年的調查研究，反覆論證，先後形成了三十餘稿，終於在1994年7月由第八屆全國人代會常務委員會第八次會議審議通過，於1995年1月1日起施行，結束了中共建國四十年來無勞動基本法的局面，勞動立法已逐漸進入成熟期，形成了以「勞動法」為主體的勞動法律法規體系，並對用人單位和職工雙方權利與義務進行統一規定及制度化管理。

一、「勞動法」的結構和內容

　　「勞動法」共分十三章一百零七條，其內容基本上覆蓋了勞動關係的方方面面，為調整勞動關係以及與勞動關係密切聯繫的一些關係規定了準則。

　　「勞動法」第一條開宗明義指出其立法宗旨：「為了保護勞動者的合法權益，調整勞動關係，建立和維護適應社會主義市場經濟的勞動制度，促進經濟發展和社會進步，根據憲法，制定本法。」「勞動法」一方面對勞動者享有的基本權利做出了全面規定，另一方面對用人單位的義務及其對勞動者權益的保護也規定了相關的措施。對勞動者權益給予法律上的保護，貫穿於「勞動法」之中，給予用人單位在處理勞動關係時，造成極大的壓力。

　　「勞動法」只是調整勞動關係的基本法，為了加強勞動法制，還必須陸續制定相應的單項法規，便於「勞動法」的深入貫徹實施，以建立和諧的勞動關係（如**表2-2**）。

表2-2　「勞動法」配套法規彙總

法規名稱（施行日期）
・關於貫徹執行「中華人民共和國勞動法」若干問題的意見（自1995年1月1日起施行）
・關於企業實行不定期工作制和綜合計算工時工作制的審批辦法（自1995年1月1日起施行）
・企業經濟性裁減人員規定（自1995年1月1日起施行）
・工資支付暫行規定（自1995年1月1日起執行）
・企業職工患病或非因工負傷醫療期規定（自1995年1月1日起施行）
・未成年工特殊保護規定（自1995年1月1日起施行）
・國務院關於職工工作時間的規定（自1996年1月1日起施行）
・工資集體協商試行辦法（自2000年11月8日起施行）
・禁止使用童工規定（自2002年12月1日起施行）
・最低工資規定（自2004年3月1日起實施）
・勞動保障監察條例（自2004年12月1日施行）
・關於確立勞動關係有關事項的通知（自2005年5月25日通知）
・台灣香港澳門居民內地就業管理規定（自2005年10月1日起施行）
・勞動合同法（自2008年1月1日起施行）
・勞動合同法實施條例（自2008年9月18日起施行）
・就業促進法（自2008年1月1日起施行）
・就業服務與就業管理規定（自2008年1月1日起施行）
・全國年節及紀念日放假辦法（自2008年1月1日起施行）
・職工帶薪年休假條例（自2008年1月1日起施行）
・企業職工帶薪年休假實施辦法（自2008年9月18日起施行）
・勞動爭議調解仲裁法（自2008年5月1日起施行）
・城鎮企業職工基本養老保險關係轉移接續暫行辦法（自2010年1月1日起施行）
・流動就業人員基本醫療保障關係轉移接續暫行辦法（自2010年7年1日起施行）
・工傷保險條例（自2010年12月20日修訂施行）
・工傷認定辦法（自2011年1月1日修訂施行）
・企業年金基金管理辦法（自2011年5月1日起施行）
・社會保險法（自2011年7月1日起施行）
・實施「社會保險法」若干規定（自2011年7月1日起施行）
・社會保險基金先行支付暫行辦法（自2011年7月1日起施行）
・社會保險個人權益記錄管理辦法（自2011年7月1日起施行）
・中華人民共和國個人所得稅法實施條例（自2011年9月1日起施行）
・在中國境內就業的外國人參加社會保險暫行辦法（自2011年10月15日起施行）

資料來源：作者自行整理。

二、法律責任

　　「勞動法」的法條明顯偏袒保護勞動者的權益，在第十二章「法律責任」中，對勞動者的約束，僅在第一○二條規定：「勞動者違反本法規定的條件解除勞動合同或者違反勞動合同中約定的保密事項，對用人單位造成經濟損失的，應當依法承擔賠償責任。」而對用人單位違反「勞動法」的罰則就有十三條（第八十九條至一○一條）之多，從給予用人單位警告、責任改正、承擔賠償責任、處以罰款、支付賠償金、經濟補償、連帶賠償責任、加收滯納金、吊銷營業執照、拘留、罰款到依法追究刑事責任。

法規2-2　違反「勞動法」的法律責任

條文	內容
第八十九條	用人單位制定的勞動規章制度違反法律、法規規定的，由勞動行政部門給予警告，責令改正；對勞動者造成損害的，應當承擔賠償責任。
第九十條	用人單位違反本法規定，延長勞動者工作時間的，由勞動行政部門給予警告，責令改正，並可以處以罰款。
第九十一條	用人單位有下列侵害勞動者合法權益情形之一的，由勞動行政部門責令支付勞動者的工資報酬、經濟補償，並可以責令支付賠償金： (一)剋扣或者無故拖欠勞動者工資的； (二)拒不支付勞動者延長工作時間工資報酬的； (三)低於當地最低工資標準支付勞動者工資的； (四)解除勞動合同後，未依照本法規定給予勞動者經濟補償的。
第九十二條	用人單位的勞動安全設施和勞動衛生條件不符合國家規定或者未向勞動者提供必要的勞動防護用品和勞動保護設施的，由勞動行政部門或者有關部門責令改正，可以處以罰款；情節嚴重的，提請縣級以上人民政府決定責令停產整頓；對事故隱患不採取措施，致使發生重大事故，造成勞動者生命和財產損失的，對責任人員比照刑法第一百八十七條的規定追究刑事責任。
第九十三條	用人單位強令勞動者違章冒險作業，發生重大傷亡事故，造成嚴重後果的，對責任人員依法追究刑事責任。

（續）法規2-2 違反「勞動法」的法律責任

第九十四條	用人單位非法招用未滿十六週歲的未成年人的，由勞動行政部門責令改正，處以罰款；情節嚴重的，由工商行政管理部門吊銷營業執照。
第九十五條	用人單位違反本法對女職工和未成年工的保護規定，侵害其合法權益的，由勞動行政部門責令改正，處以罰款；對女職工或者未成年工造成損害的，應當承擔賠償責任。
第九十六條	用人單位有下列行為之一，由公安機關對責任人員處以十五日以下拘留、罰款或者警告；構成犯罪的，對責任人員依法追究刑事責任： (一)以暴力、威脅或者非法限制人身自由的手段強迫勞動的； (二)侮辱、體罰、毆打、非法搜查和拘禁勞動者的。
第九十七條	由於用人單位的原因訂立的無效合同，對勞動者造成損害的，應當承擔賠償責任。
第九十八條	用人單位違反本法規定的條件解除勞動合同或者故意拖延不訂立勞動合同的，由勞動行政部門責令改正；對勞動者造成損害的，應當承擔賠償責任。
第九十九條	用人單位招用尚未解除勞動合同的勞動者，對原用人單位造成經濟損失的，該用人單位應當依法承擔連帶賠償責任。
第一〇〇條	用人單位無故不繳納社會保險費的，由勞動行政部門責令其限期繳納，逾期不繳的，可以加收滯納金。
第一〇一條	用人單位無理阻撓勞動行政部門、有關部門及其工作人員行使監督檢查權，打擊報復舉報人員的，由勞動行政部門或者有關部門處以罰款；構成犯罪的，對責任人員依法追究刑事責任。
第一〇二條	勞動者違反本法規定的條件解除勞動合同或者違反勞動合同中約定的保密事項，對用人單位造成經濟損失的，應當依法承擔賠償責任。
第一〇三條	勞動行政部門或者有關部門的工作人員濫用職權、怠忽職守、徇私舞弊，構成犯罪的，依法追究刑事責任；不構成犯罪的，給予行政處分。
第一〇四條	國家工作人員和社會保險基金經辦機構的工作人員挪用社會保險基金，構成犯罪的，依法追究刑事責任。
第一〇五條	違反本法規定侵害勞動者合法權益，其他法律、法規已規定處罰的，依照該法律、行政法規的規定處罰。

資料來源：「勞動法」第十二章法律責任（自1995年1月1日起施行）。

第四節　勞動者權益保障

　　勞動權益，是指勞動者依照勞動法律、法規規定應該享有的各項權利。有關保護勞動者的合法權益，是指勞動關係中受法律保護的勞動者的權利，包括就業權、取得勞動報酬權、休息休假權、獲得勞動安全衛生保護權、提請勞動爭議處理權等。保護勞動者的合法權益，是制定「勞動法」的首要目的與法律依據。

一、勞動者合法權益項目

　　勞動者的合法權益，在「勞動法」第三條第一款規定，勞動者享有平等就業和選擇職業的權利、取得勞動報酬的權利、休息休假的權利、獲得勞動安全衛生保護的權利、接受職業技能培訓的權利、享受社會保險和福利的權利、提請勞動爭議處理的權利以及法律規定的其他勞動權利。茲簡述如下：

(一)享有平等就業和選擇職業的權利

　　勞動權，是勞動者以獲取勞動報酬為目的依法享有的平等就業和選擇職業的權利。這項權利是依據「憲法」第四十二條規定：「中華人民共和國公民有勞動的權利和義務。國家通過各種途徑，創造勞動就業條件。」而制定。

　　平等就業，是指在就業機會均等和錄用標準相同的條件下，勞動者以平等的身分相互競爭實現就業。「勞動法」第十二條規定：「勞動者就業，不因民族、種族、性別、宗教信仰不同而受歧視。」及同法第十三條規定：「婦女享有與男子平等的就業權利。在錄用職工時，除國家規定的不適合婦女的工種或者崗位外，不得以性別為由拒絕錄用婦女或者提高對婦女的錄用標準。」這些規定保障了勞動者平等就業的權利。

(二)取得勞動報酬的權利

　　勞動報酬，是指勞動者基於勞動關係向用人單位提供一定勞動數量

和質量而獲得的相應的貨幣收入，是勞動者及其家庭生活的主要來源。
「憲法」第六條規定：「社會主義公有制消滅人剝削人的制度，實行各盡
所能，按勞分配的原則。」及同法第四十二條規定：「在發展生產的基礎
上，提高勞動報酬和福利待遇。」

(三)取得休息休假的權利

　　休息休假，是指勞動者在法律規定的工作時間之後，依法享有的恢
復體力、腦力以及用於娛樂和自己支配的必要時間的權利。「憲法」第
四十三條規定，「中華人民共和國勞動者有休息的權利。國家發展勞動者
休息和休養的設施，規定職工的工作時間和休假制度。」

　　「勞動法」在第四章「工作時間和休息休假」共列出十條規定保障
勞動者的休息休假權，例如享有法律規定的休息時間總量的權利；享有在
法定節日休息的權利；享有法律規定的法定休假時間的權利；享有在法律
規定的特定時間內休息的權利。

　　國務院發布的「國務院關於職工工作時間的規定」指出，勞動者每
日工作八小時，每週工作四十小時標準工時制度。

(四)獲得勞動安全衛生保護的權利

　　勞動安全衛生保護，是指勞動者在勞動生產過程中，自己的生命
安全和身體健康能夠得到有效保護的權利。「勞動法」依據「憲法」第
四十二條規定：「國家通過各種途徑，創造勞動就業條件，加強勞動保
護，改善勞動條件。」做出勞動者獲得勞動安全衛生保護的權利之規定。

　　「勞動法」第六章「勞動安全衛生」規定了勞動安全衛生制度，勞
動者有獲得勞動安全衛生保護的權利。同法第五十四條規定，「用人單位
必須為勞動者提供符合國家規定的勞動安全衛生條件和必要的勞動防護用
品，對從事有職業危害作業的勞動者應當定期進行健康檢查。」第五十六
條規定，「勞動者對用人單位管理人員違章指揮、強令冒險作業，有權拒
絕執行；對危害生命安全和身體健康的行為，有權提出批評、檢舉和控
告。」

　　女職工和未成年工特殊保護，在「勞動法」第七章「女職工和未成

年工特殊保護」規定，例如女職工在經期、待孕、孕期、哺乳期禁忌從事的勞動範圍；女職工生育期、哺乳期保護和未成年工禁忌從事的勞動，以及進行健康檢查等的規定。

(五)接受職業技能培訓的權利

職業技能培訓，是指為了培養和提高人民從事各種職業所需要的專門技術、業務知識和實際操作技能為目的的一種培訓制度。「憲法」第四十二條規定，「國家對就業前的公民進行必要的勞動就業訓練。」

「勞動法」第六十六條規定：「國家通過各種途徑，採取各種措施，發展職業培訓事業，開發勞動者的職業技能，提高勞動者素質，增強勞動者的就業能力和工作能力。」以及同法第六十八條規定：「用人單位應當建立職業培訓制度，按照國家規定提取和使用職業培訓經費，根據本單位實際，有計劃地對勞動者進行職業培訓。」說明了勞動者享有法定的職業技能培訓的權利。

(六)享受社會保險和福利的權利

社會保險，係指勞動者因暫時或永久喪失勞動能力或者暫時失去工作崗位，或處於失業時，依法享有的物質幫助的權利。社會福利，是指勞動者依據國家制定的社會福利制度所享有的權利。「憲法」第四十五條規定：「中華人民共和國公民在年老、疾病或者喪失勞動能力的情況下，有從國家和社會獲得物質幫助的權利。國家發展為公民享受這些權利所需要的社會保險、社會救濟和醫療衛生事業。」以及同法第四十二條規定：「在發展生產的基礎上，提高勞動報酬和福利待遇。」

「勞動法」第七十三條規定，勞動者依法享有社會保險待遇，包括退休；患病、負傷；因工傷殘或者患職業病；失業和生育五種。同法第七十六條規定：「國家發展社會福利事業，興建公共福利設施，為勞動者休息、休養和療養提供條件。用人單位應當創造條件，改善集體福利、提高勞動者的福利待遇。」為勞動者享受社會保險及福利的權利，提供了法律保障。

(七)提請勞動爭議處理的權利

提請勞動爭議處理權，是指勞動者在勞動過程中因權益問題與用人單位發生爭議時，享有的請求有關部門對爭議進行調解，仲裁或法院處理的權利。

「勞動法」第七十七條規定：「用人單位與勞動者發生勞動爭議，當事人可以依法申請調解、仲裁、提起訴訟，也可以協商解決。」這是保障勞動者合法勞動權益的有效途徑。

(八)法律規定的其他勞動權利

法律規定的其他勞動權利，主要是指勞動者有依法組織和參加工會的權利，有參與民主管理的權利。勞動者的這些權利，在「憲法」、「勞動法」、「勞動合同法」、「工會法」、「社會保險法」中均有明確規定。例如「勞動法」第七條規定，「勞動者有權依法參加和組織工會。」「工會法」第三條規定，「在中國境內的企業、事業單位、機關中以工資收入為主要生活來源的體力勞動者和腦力勞動者，不分民族、種族、性別、職業、宗教信仰、教育程度，都有依法參加和組織工會的權利。」

勞動者的權利是相對於義務的，有一定限度的，不是絕對的。權利如果超出一定的界線，就會走向反面，也就是說，勞動者在法律規定的範圍內，行使自己的權利是受法律保護的，一旦超出法律的規定，即超出權利的規定，就是違法行為。因此，勞動者必須正確認識和行使自己在勞動方面的權利，不能濫用權利（杭州市勞動局，1994）。

二、勞動者的勞動義務

勞動者享有一定的勞動權利，同時也必須履行一定的勞動義務。「憲法」第五十三條規定，「中華人民共和國公民必須遵守憲法和法律，保守國家秘密，愛護公共財產，遵守勞動紀律，遵守公共秩序，尊重社會公德。」

勞動紀律，是組織社會勞動的基礎，是進行任何共同工作必須的制度。它要求勞動者在共同勞動過程中遵守一定的規則和秩序與聽從工作領

導者的指揮和調度。

「勞動法」第三條第二款規定勞動者應當履行：(1)完成勞動任務；(2)提高職業技能；(3)執行勞動安全衛生規程；(4)遵守勞動紀律和職業道德等勞動義務。

用人單位要落實勞動者的合法權益及要求勞動者履行勞動義務，就必須依照「勞動法」第四條的規定，「用人單位應當依法建立和完善規章制度，保障勞動者享有勞動權利和履行義務。」

第五節　勞動保障監察與年審

勞動監察，是指國家法律授權的機構和人員代表國家對勞動法規的遵守和執行情況進行的監督檢查。

「勞動保障監察條例」（以下簡稱「條例」）（自2004年12月1日起施行）共分五章三十六條，對勞動保障監察的適用範圍、職責義務、監察事項、案件管轄、方式程序、法律責任等方面均作了明確規定（如圖**2-2**）。

一、勞動保障監察範圍

勞動監察機構是勞動行政部門糾正用人單位違法行為的工作機構。「條例」第十一條規定九項具體的勞動保障監察事項，主要是強調建立和維護社會主義市場經濟體制的勞動保障制度。

1.用人單位制定內部勞動保障規章制度的情況。

2.用人單位與勞動者訂立勞動合同的情況。

3.用人單位遵守禁止使用童工規定的情況。

4.用人單位遵守女職工和未成年工特殊勞動保護規定的情況。

5.用人單位遵守工作時間和休息休假規定的情況。

6.用人單位支付勞動者工資和執行最低工資標準的情況。

7.用人單位參加各項社會保險和繳納社會保險費的情況。

8.職業介紹機構、職業技能培訓機構和職業技能考核鑑定機構遵守國

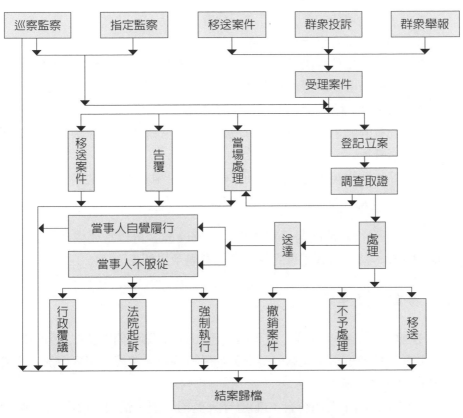

圖2-2　蘇州市勞動保障監察工作程序示意圖

資料來源：〈勞動保障監察工作程序示意圖〉，蘇州市滄浪區人民政府勞動和社會保障局網站（http://www.szcl.gov.cn/SB/ReadNews.aps?NewsID=294）。

家有關職業介紹、職業技能培訓和職業技能考核鑑定的規定的情況。

9.法律、法規規定的其他勞動保障監察事項。

二、勞動保障監察措施

勞動監察是保障勞動法規實施的一種強制性手段，所以「條例」第十五條規定，勞動保障行政部門實施勞動保障監察，有權採取下列調查、檢查措施：

1.進入用人單位的勞動場所進行檢查。

2.就調查、檢查事項詢問有關人員。

3.要求用人單位提供與調查、檢查事項相關的文件資料，並作出解釋和說明，必要時可以發出調查詢問書。

4.採取記錄、錄音、錄像、照相或者複製等方式收集有關情況和資料。

5.委託會計師事務所對用人單位工資支付、繳納社會保險費的情況進行審計。

6.法律、法規規定可以由勞動保障行政部門採取的其他調查、檢查措施。

勞動保障行政部門對事實清楚、證據確鑿、可以當場處理的違反勞動保障法律、法規或者規章的行為有權當場予以糾正。

三、勞動保障年審

勞動保障年審（年審）是人力資源和社會保障部門根據「勞動保障監察條例」按年度對用人單位遵守勞動保障法律、法規、規章情況進行書面檢查的一項措施。

有關年審的主要內容有：(1)遵守人員招聘規定情況；(2)遵守勞動合同規定情況；(3)遵守工作時間和休息休假制度情況；(4)遵守工資支付規定情況；(5)遵守社會保險規定情況；(6)遵守職業介紹規定情況；(7)遵守社會力量辦學情況；(8)遵守勞動保障法律、法規、規章制度的其他情況；(9)遵守分散按比例安排殘疾人就業情況。

結　語

法律是規範社會秩序的，制度是規範用人單位內部管理的，只要用人單位遵紀、守法，就不會感覺到法律對用人單位的制約與束縛。守法的前提是「知法」，台商唯有「守法」、「守紀」，「懂法」不「避法」，才能「趨吉避凶」。

第三章

招聘與甄選

> 領導就是出主意用幹部，主意不對又不會用人，怎麼能打開局面呢？
>
> ～毛澤東語錄

　　人力資源成本是昂貴的，從招聘作業開始，求職者資料的取得、通知面試、擇優錄用、在職培訓、上崗見習，用人單位投入的人力、財力、物力、時間等資源，折合現金，是一筆相當可觀的人事成本費用支出，而找錯人更是禍患無窮，糾紛不斷。

範例 3-1

殼牌和摩托羅拉的用人標準

荷蘭皇家殼牌集團（Royal Dutch Shell）	摩托羅拉公司（Motorola Inc.）
· **分析力（Capacity）** 能夠迅速分析數據在信息不完整和不清晰的情況下能確定主要議題，分析外部環境的約束；分析潛在影響和聯繫，在複雜的環境中和局勢不明確情況下，能提出創造性解決方案。 · **成就力（Achievement）** 設立具有挑戰性的目標，百折不撓，能夠權衡輕重緩急和不斷變化的要求，有勇氣處理不熟悉的問題。 · **關係力（Relation）** 尊重不同背景的人提出的意見，表現誠實正直，有能力感染和激勵他人，能夠透過坦率、直接和清晰的溝通，建立富有成效的工作關係。	· **遠見卓識（Envision）** 對科學技術和公司的前景有所了解，對未來有憧憬。 · **活力（Energy）** 富有創造力，能靈活適應變化，具有凝聚力，能帶領團隊共同進步。 · **執行力（Execution）** 行動迅速、有步驟、有條理、有系統性。 · **果斷（Edge）** 具有判斷力，敢於並且能夠做出正確的決定。 · **道德（Ethics）** 品行端正、誠實、值得信賴、尊重他人、具有合作精神。

資料來源：劉穎（2009），〈讓校園招聘提升企業的美譽度〉，《HR經理人》，第308期（2009/09下半月），頁27。

　　《從A到A⁺》（*Good to Great*）的作者吉姆‧柯林斯（Jim Collins）就指出，能夠成就頂尖地位的企業，最大的關鍵就是「找到對的人上車」，而這就得靠招募與甄選來達成。

第一節　促進就業政策

　　中共自1979年從事改革開放政策以來，挾著廣大的市場腹地及豐沛的人力資源，再加上廉價的勞工成本，迅速聚集一群台商前往大陸投資。大陸法律對促進就業作出了明確規定，也成為其勞動政策的重要一環（如圖3-1）。

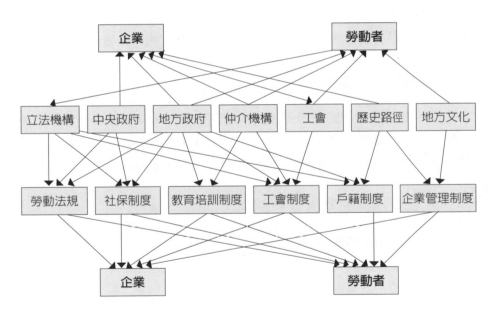

圖3-1　勞動力市場管制制度

資料來源：葉奇、劉衛東，中國大陸地方勞動市場管制研究：以紹興（柯橋鎮）和瀋陽為例，第2屆海峽兩岸經濟地理學學術會議（2006）。

一、「勞動法」

「勞動法」第二章「促進就業」規定勞動就業方針，確定促進就業原則，明確勞動就業途徑，提出照顧特殊族群人員就業，要求提供就業服務，對於保障公民實現勞動就業權有著重要的意義。

二、「勞動合同法」

勞動就業是勞動者實現勞動權的前提，也是「勞動法」的重要組成部分。它是勞動者在勞動關係中享有權利、承擔義務的基礎。

勞動合同是建立勞動關係的依據，明確規定勞動者和用人單位的權利、義務的協定，而「勞動合同法」立法的宗旨，就是要完善勞動合同制度，保護勞動者的合法權益，構建和發展和諧穩定的勞動關係。

三、「就業促進法」

「中華人民共和國就業促進法」第三條指出，「勞動者依法享有平等就業和自主擇業的權利（第一款）。勞動者就業，不因民族、種族、性別、宗教信仰等不同而受歧視（第二款）。」（如圖3-2）

四、「就業服務與就業管理規定」

原勞動和社會保障部爲了加強就業服務和就業管理，培育和完善統一開放、競爭有序的人力資源市場，爲勞動者就業和用人單位招用人員提供服務，根據「就業促進法」等法律、行政法規，制定了「就業服務與就業管理規定」。

「就業服務與就業管理規定」共九章七十七條，其中第三章「招用人員」有詳盡的條文來規範用人單位在招聘勞動者須遵守的規定。

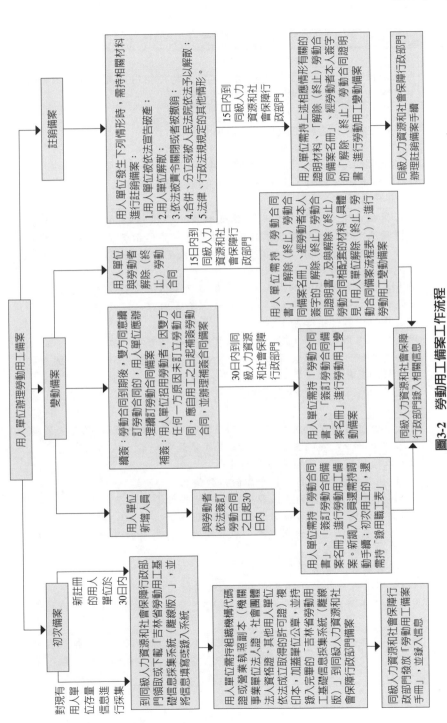

圖3-2　勞動用工備案工作流程

註：「勞動用工備案手冊」進行年檢制度，用人單位應當於每年12月初至次年3月份前，持「勞動用工備案手冊」和填寫完畢的「用人單位勞動用工備案年檢情況表」，到同級人力資源和社會保障行政部門對「手冊」進行年檢。

資料來源：吉林省人力資源和社會保障廳。

53

法規3-1	「就業服務與就業管理規定」有關招用人員的規定
條文	內容
第九條	用人單位依法享有自主用人的權利。用人單位招用人員,應當向勞動者提供平等的就業機會和公平的就業條件。
第十條	用人單位可以通過下列途徑自主招用人員: (一)委託公共就業服務機構或職業中介機構; (二)參加職業招聘洽談會; (三)委託報紙、廣播、電視、互聯網站等大眾傳播媒介發布招聘信息; (四)利用本企業場所、企業網站等自有途徑發布招聘信息; (五)其他合法途徑。
第十一條	用人單位委託公共就業服務機構或職業中介機構招用人員,或者參加招聘洽談會時,應當提供招用人員簡章,並出示營業執照(副本)或者有關部門批准其設立的文件、經辦人的身分證件和受用人單位委託的證明(第一款)。 招用人員簡章應當包括用人單位基本情況、招用人數、工作內容、招錄條件、勞動報酬、福利待遇、社會保險等內容,以及法律、法規規定的其他內容(第二款)。
第十二條	用人單位招用人員時,應當依法如實告知勞動者有關工作內容、工作條件、工作地點、職業危害、安全生產狀況、勞動報酬以及勞動者要求了解的其他情況(第一款)。 用人單位應當根據勞動者的要求,及時向其反饋是否錄用的情況(第二款)。
第十三條	用人單位應當對勞動者的個人資料予以保密。公開勞動者的個人資料信息和使用勞動者的技術、智力成果,須經勞動者本人書面同意。
第十四條	用人單位招用人員不得有下列行為: (一)提供虛假招聘信息,發布虛假招聘廣告; (二)扣押被錄用人員的居民身分證和其他證件; (三)以擔保或者其他名義向勞動者收取財物; (四)招用未滿16週歲的未成年人以及國家法律、行政法規規定不得招用的其他人員; (五)招用無合法身分證件的人員; (六)以招用人員為名牟取不正當利益或進行其他違法活動。
第十五條	用人單位不得以詆毀其他用人單位信譽、商業賄賂等不正當手段招聘人員。
第十六條	用人單位在招用人員時,除國家規定的不適合婦女從事的工種或者崗位外,不得以性別為由拒絕錄用婦女或者提高對婦女的錄用標準(第一款)。

(續) 法規3-1	「就業服務與就業管理規定」有關招用人員的規定
	用人單位錄用女職工，不得在勞動合同中規定限制女職工結婚、生育的內容（第二款）。
第十七條	用人單位招用人員，應當依法對少數民族勞動者給予適當照顧。
第十八條	用人單位招用人員，不得歧視殘疾人。
第十九條	用人單位招用人員，不得以是傳染病病原攜帶者為由拒絕錄用。但是，經醫學鑑定傳染病病原攜帶者在治癒前或者排除傳染嫌疑前，不得從事法律、行政法規和國務院衛生行政部門規定禁止從事的易使傳染病擴散的工作（第一款）。 用人單位招用人員，除國家法律、行政法規和國務院衛生行政部門規定禁止乙肝病原攜帶者從事的工作外，不得強行將乙肝病毒血清學指標作為體檢標準（第二款）。
第二十條	用人單位發布的招用人員簡章或招聘廣告，不得包含歧視性內容。
第二十一條	用人單位招用從事涉及公共安全、人身健康、生命財產安全等特殊工種的勞動者，應當依法招用持相應工種職業資格證書的人員；招用未持相應工種職業資格證書人員的，須組織其在上崗前參加專門培訓，使其取得職業資格證書後方可上崗。
第二十二條	用人單位招用台、港、澳人員後，應當按有關規定到當地勞動保障行政部門備案，並為其辦理「台、港、澳人員就業證」。
第二十三條	用人單位招用外國人，應當在外國人入境前，按有關規定到當地勞動保障行政部門為其申請就業許可，經批准並獲得「中華人民共和國外國人就業許可證書」後方可招用（第一款）。 用人單位招用外國人的崗位必須是有特殊技能要求、國內暫無適當人選的崗位，並且不違反國家有關規定（第二款）。

資料來源：「就業服務與就業管理規定」第三章招用人員（自2008年1月1日起施行）；
整理：丁志達。

■ 第二節 招聘渠道

　　勞動力市場，又稱勞動市場、勞工市場、職業市場、就業市場、求職市場、招聘市場、人力市場等，是指勞工供求的市場。台商在招募職工時，應根據經營的需求與規模，確立組織設置與人員編制，訂出勞動力計畫，呈報所在地區人力資源和社會保障行政部門備案，方可向社會公開招募職工。

一、外部招募渠道

在人力資源招聘的具體操作中，一般採用外部招聘（external job recruiting）和內部招聘（internal job posting）相結合的方法。前者指的是從單位外部尋求人力資源需求滿足的過程，後者則是指在單位內部進行人力資源重組的過程，通常比較高階的職務是優先從企業內部找人，找不到適合的人才會對外招募。內部招聘的好處，是一方面讓用人單位的職工有生涯發展的機會，另一方面也可以提高職工的士氣（如**表3-1**）。

外部招聘的渠道，約有下列幾種方式：

表3-1　辦理就業登記手續須知

用工單位確定錄用對象後，應在三十天內按稅收繳交關係到相應的市或區勞動就業管理中心辦理就業登記手續。

1. 用人單位辦理就業登記必須先加入廈門市人力資源網會員（免費），然後按網上介面內容要求逐項登入員工的信息資料並提交擬登記的一批員工信息資料，登錄並提交完後，打印出「廈門市職工花名冊」和「廈門市錄用員工登記表」等相關資料並加蓋單位公章。
2. 用工單位辦理就業登記須提供如下資料：
   (1) 辦理本市戶籍員工就業登記提供三項資料（含農戶）
   ・「廈門市職工花名冊」一式三聯。
   ・「廈門市錄用員工登記表」每人一份。（用鋼筆填寫，不能複印，貼上照片）。
   ・全國統一樣式的「就業失業登記證」原件。
   (2) 辦理外來人員就業登記提供兩項資料
   ・「廈門市職工花名冊」一式三聯。
   ・「身分證」的影本。如果「身分證」上的住址與「戶口本」的住址不一致的應提供「戶口本」影本。
3. 其他
   (1) 用工單位應將「廈門市錄用員工登記表」及全國統一樣式的「就業失業登記證」及時歸入職工個人人事檔案。
   (2) 續簽合同、兼職人員以及離退休職工返聘人員不須辦理就業登記手續。
4. 辦事時限
   手續齊備，立即辦理。

資料來源：廈門市人力資源和社會保障局（http://www.xmhr.gov.cn）。

1. 企業內部職工的推薦（為了避免營私舞弊及因裙帶關係引起的糾紛，用人單位要制定嚴格的篩選標準及舉薦優秀人才的獎勵制度）。
2. 返聘離職職工。
3. 利用商業網站（互聯網）求才。
4. 公益性職業仲介機構（政府職能部門下設的服務機構）引進。
5. 通過職業介紹所招聘或委託獵頭公司挖角（如**表3-2**）。
6. 通過報紙、電視台、電台等媒體刊登招聘廣告。
7. 參加當地定期人才招聘會或人才交流會（參加各類現場招聘活動）。
8. 到大專院校及高職、技工職校招聘基層操作人員。
9. 其他招聘方式（通過業務接觸的顧客、供應商的推薦）。

表3-2　國際菁英獵頭專列項目服務報價

服務	收費	服務期	會員特惠	備註
獵頭服務	年薪20萬以上，收取年薪25-35%或3-4個月的月薪	半年／一年	8-9.5折	1. 簽訂委託招聘／獵才協議，收取全部服務費用20-30%作為委託金；簽定試用期合同，收取全款40-50%；簽定正式入職協議取全部尾款。 2. 試用期未通過，免費推薦候選人3次，服務期內3次推薦不成功，宣布項目失敗，委託金不退。同一職位重新招聘，按6折收取獵頭費用。
	年薪10-20萬，收取年薪20%-30%或2-4個月的月薪	半年	8-9.5折	
小獵頭（代理招聘）	年薪6-10萬，收取2-3個月的月薪	3-6個月	8-9.5折	候選人簽訂入職協議，即收取全款，招聘結束；候選人試用期未通過，同一職位需重新招聘，按6折收取代理招聘費。
	年薪6萬以下，收取1-3個月的月薪	3-6個月	8-9.5折	
簡歷推薦	根據客戶的崗位要求，按招聘和簡歷篩選難度，收服務費50-1,000元／份簡歷	客戶接受簡歷為止	9折	客戶接受簡歷為止，收取簡歷推薦費用50-1,000元／份。
《文匯報》報紙獵頭	根據版面要求，1,500-5萬元不等	根據報紙週期確定	8-9.5折	客戶根據自己的招聘職位和企業形象展示要求確定版面，按照版面付費。

資料來源：廣州市韋博人才市場。

　　招聘職工是一項有計畫的、需要靈活實施的工程。招聘策略和途徑的選擇與實施必須在供求博弈理論指導下，根據用人單位不同發展時期的實際需要，與單位總體發展策略保持一致性和配套性，以外部招聘補充組織所需的人力資源為主，把外部招聘與就地取材的手段巧妙地結合起來，從而達到「成本低、效益高」的招聘目標，並促成最佳人力資源管理，實現用人單位核心競爭力的有效提高（孫剛成，2007）（如**表3-3**）。

二、校園招聘作業

　　對於用人單位來說，校園招聘不僅是企業招聘人才的重要方式，也是企業與這些未來菁英的第一次接觸，有前瞻性的企業會充分利用這樣的良機提升企業的知名度（如**表3-4**）。

　　當年度人力資源規劃定案，對人力的需求和條件規格已經清楚之後，就要開始進行招募（recruiting）和甄選（selection）（如**圖3-3**）。

三、事前規劃

　　中共國家教育委員會1997年3月24日頒布的「普通高等學校畢業生就

表3-3　外部招聘方法的利弊比較

類別		利	弊
招聘廣告		覆蓋面廣、自我宣傳	成本較高、針對性較差
人才仲介機構	勞務市場、人才市場、職業仲介所	時間集中、成本低、申請者多、及時性強	專業性較差、人員素質參差不齊
	獵頭公司	適用於招聘高級管理和專業技術人才	收費高，信譽、水平需要調查
校園招聘		素質較高、專業人才	欠缺經驗、需大量培訓與磨合、跳槽多、較昂貴
招聘會		直接面對、效率較高	質量難保證、持續時間短
網絡招聘		信息量大、傳播廣、時效長	虛假信息多
自薦		企業減少廣告費和招聘代理費、成本低廉	非正式招聘、不確定性較高
職工引薦		速度快、成本低、適用面廣	企業內容易形成裙帶關係、搞派系

資料來源：諶新民主編（2005），《員工招聘成本收益分析》，廣東經濟出版社，頁170。

表3-4　校園招聘的人性化服務細節

類別	項目	說明
間接關懷服務	考試地點選擇	・交通便利 ・餐飲設施完善
	考場安排	・應聘者生活區域設置 ・個人可自主選擇考場
	考試環境 （簡潔舒適）	・空調設備 ・座位舒適
直接關懷服務	短信平台	・考試時間提醒 ・考試當天天氣提醒 ・路況信息提醒
	考前準備	・等候考試休息室 ・飲用水 ・醫療救助 ・保險服務
	電腦使用習慣	・成績查詢 ・便捷的查詢服務 ・全面的成績報告單

資料來源：ATA公司／引自：劉穎（2009），〈讓校園招聘提升企業的美譽度〉，《HR經理人》，第308期（2009/09下半月），頁29。

業工作暫行規定」第十四條指出，用人單位一般應在每年11月至12月向主管部門及有關高校提出下一年度畢業生需求計畫，11月至5月與畢業生簽訂錄用協定。

1. 用人單位每年先要呈報用人計畫至人力資源及社會保障行政部門申請用人指標，經過評審後，方可進行招工手續。
2. 人力資源管理單位蒐集各高校科系的聯絡電話。
3. 請求「學校畢業生分配辦公室」的協助（學生畢業後要找工作，須透過畢業生分配辦公室的作業，且該單位會將招聘信息發布周知）。
4. 自行準備公司簡介及要使用的器材、文具與紙張備用。
5. 出差居住地點的選擇（以學校招待所為佳）。
6. 招募作業的天數安排（三至五天不等）。
7. 就業協議書內容的準備。
8. 組織成員的遴派（由用人單位與人資單位成員組成）。

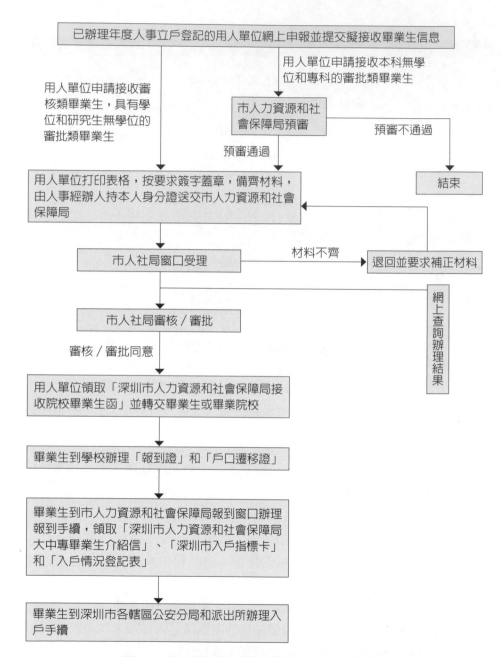

已辦理年度人事立戶登記的用人單位網上申報並提交擬接收畢業生信息

用人單位申請接收本科無學位和專科的審批類畢業生

用人單位申請接收審核類畢業生，具有學位和研究生無學位的審批類畢業生

市人力資源和社會保障局預審

預審不通過

預審通過

結束

用人單位打印表格，按要求簽字蓋章，備齊材料，由人事經辦人持本人身分證送交市人力資源和社會保障局

市人社局窗口受理

材料不齊

退回並要求補正材料

市人社局審核／審批

審核／審批同意

網上查詢辦理結果

用人單位領取「深圳市人力資源和社會保障局接收院校畢業生函」並轉交畢業生或畢業院校

畢業生到學校辦理「報到證」和「戶口遷移證」

畢業生到市人力資源和社會保障局報到窗口辦理報到手續，領取「深圳市人力資源和社會保障局大中專畢業生介紹信」、「深圳市入戶指標卡」和「入戶情況登記表」

畢業生到深圳市各轄區公安分局和派出所辦理入戶手續

圖3-3 用人單位接收院校應屆畢業生辦理流程圖

資料來源：深圳市人力資源和社會保障局（http://www.sz.gov.cn/rsj/ywgz/ywgzrcyjl/200809/P020110318557318193629.doc）。

四、費用預算

1.場租費。

2.前置作業代辦材料、人工費。

3.招待學校畢業生分配辦公室相關協助人員。

五、招聘日作業（招募過程）

1.簡介用人單位概況（搭配輔助文宣，播放公司的光碟片等；說明此次招募目的、工種、人數）。

2.回答學生問題。

3.蒐集學生書面資料（在學成績單）。

4.審查作業。

5.擇優面試（大學畢業生都必須經過英語檢定考，最少要通過國家四級檢定，程度較好的會參加六級檢定）（如**表3-5**）。

六、決定人選後作業

學生在確定與用人單位簽約時，須繳交的證件：

1.雙方簽訂就業協議書。

2.學校畢業生分配辦公室蓋章的應屆畢業生推薦函原件。

3.錄取者本人身分證影本。

表3-5　招聘考試中常見的風險與管理對策

風險	解決方案
試題提前洩露	命題、考務人員管理
考生替考	現場拍照
不可控制影響	建立應急預案
現場作弊	攝影監控、試題亂序
網絡安全	備份機制、權限機制
試題網上傳播	題庫新穎、表現形式多樣、統考

資料來源：劉穎（2009），〈讓校園招聘提升企業的美譽度〉，《HR經理人》，第308期（2009/09下半月），頁28。

4.錄取者成績單（學校教務處蓋印原件）。

5.錄取者信息（履歷）表。

6.其他資料（視用人單位需要）。

七、畢業生報到準備的資料

1.畢業生就業報到證（畢業生分配辦公室）（如**表3-6**）。

表3-6　應屆畢業生錄用通知書

應屆畢業生錄用通知書

_____（學校）_____同學：

恭喜你已通過我集團公司的面試，歡迎加盟富士康科技集團！

請於　年　月　日　時之前將下列資料送交公司招募人員，逾期本通知作廢。

一、畢業生就業協議書：個人及學校畢業生就業辦公室已簽字蓋章。

二、推薦函原件：學校就業辦公室或就業指導中心蓋章。

三、成績單原件：學校教務處蓋章（成績必須合格）。

四、信息採集表：必須如實填寫，不得空缺。

五、身分證影印件：必須用A4紙影印且清晰可辨。

六、錄用通知書影印件：需富士康招聘主管及人力資源總處審核主管聯合簽名。原件本人留底，影印件交回。

七、英語等級證影印件：必須已獲得CET-4或以上等級證書（外語專業除外）。

八、軍事院校地方生：須出具地方生證明。

特別聲明：如有符合下列條件之一者，本錄用通知書自動取消：

一、英語未通過CET-4者（外語專業除外）。

二、無畢業證或學位證者。

三、體檢不符合國家規定者（以在集團體檢結果為準）。

四、戶口不能遷移至深圳者。

五、軍事院校非地方生或師範院校師範生。

六、不符合深圳市人力資源和社會保障局引進應屆畢業生規定。

七、富士康招聘主管和人力資源總處審核主管未在本通知書聯合簽名。

事業單位名稱：_____

招聘主管簽名：_____

人力資源總處

審核主管簽名：_____

富士康科技集團人力資源總處

年　月　日

2.戶口遷移證明。

　　學生畢業後到用人單位報到，需繳交以上文件，送至當地人力資源和社會保障局單位辦理落戶，至於完全辦理好落戶、領取身分證，還需要大約三到六個月。

 第三節　招聘管理

　　台商在招考職工時，面試是一道重要的關口，尤其在面試時應嚴格審閱應徵者提供學經歷、證件，以避免產生未來管理上不利因素，例如未成年偽造居民身分證之違法錄用，正規教育與成人教育體系不同，學生素質亦有相當大差異，若無法了解應徵者的實力，筆試或性向測驗不可免。

一、招聘與管理

　　招募職工的程式如下：

(一)公布簡章

　　簡章的內容列有工種、名額、條件、報名地點、考試時間、方式及其他有關規定事項等，可視業務需要增減之。

範例 3-2

用人單位「招聘簡章」

招聘簡章
單位名稱： **工種**：電工：○○名，男（女），○○歲－○○歲，持有高（低）壓電工證書。 **月平均工資總額**：○○○○元－○○○○元（基本工資＋加班工資＋食宿補貼＋其他補貼＋個人應繳交的社會保險費用＋全年平均獎金等）。 **上班情況**：每天（或每週）加班○小時（或每天兩（二）班輪班）。加班工資計算：週一至週五加班○元／小時，休息日加班○元／小時，法定節假日加班○○元／小時

休息休假：每月休息○天、每年帶薪休假○天。

用工手續辦理：用人單位與員工簽訂勞動合同，並辦理錄用備案和社會保險繳交手續，為其個人繳納的社會保險險種為：養老、醫療、失業、工傷、生育等國家要求的全部險種。

生活情況：單位有公共食堂和集體宿舍、棋牌室、健身房等，廠區到生活區有交通班車；伙食每月扣費○○元，住宿每月扣費○○元（或包吃住）。

組織活動：單位每半年（或一年）組織開展球類比賽或其他文體活動或外出旅遊等。

費用報銷：工作滿○○個月給予報銷路費及其他費用情況。

（用人單位蓋章）
年　　月　　日

招聘簡章內容說明

單位名稱：使用用人單位「營業執照」全稱。

工種：應詳細說明招聘的工種、人數、性別、年齡、職業技能要求（包括從事該工種的熟練程度或持有等級資格證書）等，但不能有地域限制。招聘多個工種可按此格式分開說明。

工資待遇：應詳細說明月平均工資總額及構成。每個工種工資待遇若不相同的，可在每個招聘工種後面說明。

上班情況：每天或每週加班小時數，加班工資的計算（應按勞動法規定計算）等。實行兩班或三班的用人單位應說明。

休息休假：每月休息天數（按規定每週至少休息一天），每年帶薪休假天數等。

用工手續：用人單位與員工簽訂勞動合同，並辦理錄用備案和社會保險繳交手續，為其個人繳納的社會保險險種為：養老、醫療、失業、工傷、生育等國家要求的全部險種。

生活情況：用餐條件、住宿條件、文化娛樂設施、廠區到生活區的交通情況等。未具備條件的用人單位可不作承諾。

組織活動：單位組織開展文體活動或外出旅遊情況等。根據用人單位各自情況，未做到的暫不承諾。

費用報銷：工作滿一個月（或三個月、半年、一年）給予報銷路費及其他費用情況。不能給予報銷的用人單位不作承諾。

用人單位蓋章：應蓋用人單位法人章。

用人單位有其他需要說明的事項可在「招聘簡章」中另作說明，但其內容不能違反現行的勞動保障法律法規。

資料來源：廈門人力資源網（http://www.xmhr.gov.cn/PublicizeAction.do?method=list
Download&xczlb0=100401）。

(二)報名繳證

　　「勞動法」第九十九條規定，「用人單位招用尚未解除勞動合同的勞動者，對原用人單位造成經濟損失的，該用人單位應當依法承擔連帶賠償責任。」因此，用人單位須仔細審核應徵人員所攜帶學經歷證件及其相關證件（離職證明），以防止聘僱到尚未解除勞動合同的勞動者而承擔的用人風險。

範例
3-3

員工信息登記表

姓名		性別		民族		出生年月日			正面免冠一寸彩色照片
身分證號碼				護照號碼					
籍貫		戶口所在地			出生地				
參加工作時間		政治面貌及參加時間、介紹人							
最高學歷		最高學位			專業				
專業技術職稱		職稱獲得時間			現居住地房產類型	( )自有 ( )租賃 ( )其他			
家庭住址（詳細至門牌號）									
住宅電話		手機號碼				郵政編碼			
緊急聯絡人		關係		緊急聯絡人電話					

配偶	姓名		民族		出生年月日		政治面貌	
	籍貫		學歷		參加工作時間		專業技術職稱	
	畢業院校		專業		工作單位及職務			
	住址				手機號碼			

家庭其他成員	與本人關係	姓名	生日	政治面貌	工作單位及職務	住址	手機號碼
	父親						
	母親						
	子女						

學習經歷	起止年月	就讀院校	專業	是否全日制	學歷	證明人
					小學	
					初中	

工作經歷	起止年月	工作單位	部門	崗位或職務	證明人

出國經歷	起止年月	國家或地區	州‧(省)	原因

培訓經歷	起止年月	培訓內容		組織者

所受獎勵	受獎時間	獎勵類型	受獎原因	授予人

論著成果	發表時間	論著成果		在何處發表

工資卡號			
其他需要說明的情況		填表日期	

本人對以上填寫內容的真實性負責，並承擔因填報虛假信息而產生的一切後果。

填表人簽字：

「中國民生銀行員工信息登記表」填寫說明：

1.「中國民生銀行員工信息登記表」（下簡稱「登記表」）係我行擬聘人員報到入職過程必填登記表。

2.「登記表」須填寫正反兩面各項。

3.「登記表」各項內容需真實填寫、準確、完整、詳細、清晰，不得塗改。

4.無填寫內容的小項請寫「無」；大項只需在第一欄填寫「無」。

5.涉及「時間」的請精確至年、月、日；指名「年月」的可只填寫至月份。

6.學習、工作、出國、培訓等經歷請按由遠至近時間順序填寫。

7.請確認出生日期與身分證號中的一致。

8.請確認已在表格末尾處簽名。

9.請將一張一寸照片貼至該表指定處。

10.填寫過程中如有疑問，請諮詢工作人員。

人力資源部

資料來源：中國民生銀行。

(三)整體考評

考評內容可以根據業務性質與需要而有所偏重，例如技術人員以其專業能力、勞動工人以其體力負荷能力為考核重點，除了客觀上的考量外，盡量避免人情上的壓力，俾選出適合職工（如**表3-7**）。

表3-7　面談大陸職工備忘錄

類別	細項
證件核對部分	‧身分證明、戶口證明、學歷證件、失業證明、就業協議書、推薦函、成績單、英文檢定等級證書、獎勵證件
工作專長	‧語言能力、社團經驗、專業技能、證照類別
工作經歷	‧職務、工作內容、離職原因、待遇福利、上班時間
應徵動機	‧自我評估優缺點、工作規劃、獎勵事蹟
勞動合同問題	‧競業限制、服務期、離職證明、人事檔案
個人問題	‧家庭經濟、婚姻狀況、出差、加班、待遇、嗜好、健康狀況、外表特徵、人格與態度、住房、交通
其他	‧報到日期、簽約年限、聯絡方式、待遇福利說明

資料來源：丁志達（2011），「大陸職工管理實務應用講座班」講義，財團法人中華工商研究院編印。

(四)錄用規定

符合招工條件和用工標準的職工，應予公布名單並錄用，但應注意「勞動合同法」第四十一條第三款規定，用人單位依照規定裁減人員，在六個月內重新招用人員的，應當通知被裁減的人員，並在同等條件下優先招用被裁減的人員。

(五)完成錄用手續

應徵人員在辦理錄用手續時，應簽訂與繳交勞動合同書、學經歷證件、身分證、健康檢查證明等文件，並應注意相關證件是否偽造，尤其是尚未解除勞動合同而被錄用的勞動者，務須避免錄用。

二、勞務派遣

勞務派遣業務是近年來人才市場根據市場需求而開辦的新的人才仲介服務項目，是一種新的用人方式，可跨地區、跨行業進行。

「勞動合同法」第五章「特別規定」第二節「勞務派遣」，對勞務派遣做了專門而詳盡的規定。勞務派遣單位是「勞動合同法」所稱用人單位，應當履行用人單位對勞動者的義務。

範例 3-4

招聘職位明細表

職務名稱	工作內容簡介	工作地點	學歷	電子電機	光電	化學化工	物理	材料	機械	信息	土木建築	工業工程	環工安衛	文法商管	經驗要求	必備專業知識	人格特質	語言能力	計算機能力	需求人數
Inverter助理工程師／工程師	Inverter設計	南海	本科及以上	●											無經驗可	電子學 電路學 電力學 電源設計	積極主動 能與人合作	CET4	熟 Office 操作	15
系統整合助理工程師／工程師	視訊板設計，軟體撰寫	南海	本科及以上	●											兩年以上設計視訊板經驗者佳	電視 視訊規格 視訊 晶片規格	積極主動 能與人合作	CET4	熟 Office 操作	10
產品管理助理工程師／工程師	LCD TV之產品規劃與開發	南海	本科及以上	●	●	●	●	●	●	●	●	●	●	●	具兩年 TFT-LCD 產業經驗	具工程背景生	衝勁 好奇心 對液晶顯示產業有興趣 樂觀進取 善於溝通	CET4	熟 Office 操作	30
機構設計助理工程師／工程師	LCD TV之機構設計	南海	本科及以上						●						無經驗可	機構設計 機械製圖 材料應用 力學分析		CET4	熟 Office 操作	12
電子助理工程師／工程師	LCD TV之驅動系統設計及研發	南海	本科及以上	●											無經驗可	電子學 電路學 數字電路設計 模擬電路設計 電源設計	積極主動 能與人合作	CET4	熟 Office 操作	14

職務名稱	工作內容簡介	工作地點	學歷	電子電機	光電	化學化工	物理	材料	機械	信息	土木建築	工業工程	環工安衛	文法商管	經驗要求	必備專業知識	人格特質	語言能力	計算機能力	需求人數
光學助理工程師/工程師	LCD TV之光學及影像畫質調整	南海	本科及以上		●		●			●					具LCD TV LCD Monitor DTV韌體程序設計經驗者佳	色度學光學 Video信號處理	積極主動溝通能力協調能力執行能力	CET4	熟Office C/C++操作	16
FAEI助理工程師/工程師	Design-in with customer	南海	本科及以上		●		●		●						具FAE/Design LCD/LCM相關經驗者佳	具電子、結構或光學等工程背景者佳	積極主動能與人合作	CET4	熟Office操作	10
採購管理師	供貨商管理供應鏈及成本下降計畫	南海	本科及以上											●	無經驗可	供貨商管理供應鏈管理	積極主動溝通能力協調能力執行能力	CET4	熟Office操作	5
關務管理師	進出口相關業務協府部門與內部溝通	南海	大專及以上												具報關證資格者優先錄取	國際貿易員英語	積極主動溝通能力協調能力執行能力	CET4	熟Office操作	6
廠務/土建助理工程師/工程師	廠務運轉/工務維修	南海	大專及以上	●					●		●				有相關工作經驗一年先佳	暖通、機械、電力、儀控、電信、高低壓配電、土建	勤奮合群	英文略懂	熟Office操作	30
護士	醫務室事務管理員工健康安全之維護與促進	南海	大專及以上												護士證及藥士證	醫校或護校畢業	耐心、細心、愛心	英文略懂	熟Office操作	1
技術員	從事客戶端服務工作	深圳	中專以上	●											LCD或LCM相關生產線經驗為佳		勤奮合群	英文略懂	熟Office操作	3

資料來源：南海奇美電子公司（廣東省佛山市）。

　　勞務派遣又稱人才派遣、人才租賃、勞動派遣、勞動力租賃，是指由勞務派遣機構與派遣勞工訂立勞動合同，由派遣勞工向要派企業（實際用工單位）給付勞務，勞動合同關係存在於勞務派遣機構與派遣勞工之間，但勞動力給付的事實則發生於派遣勞工與要派企業（實際用工單位）之間。

　　「國務院關於管理外國企業常駐代表機構的暫行規定」第十一條指出，常駐代表機構租用房屋、聘請工作人員，應當委託當地外事服務單位或者中國政府指定的其他單位辦理（如**圖3-4**）。

三、非全日制用工

　　近年來，以小時工為主要形式的非全日制用工發展已普遍。這一用工形式突破了傳統的全日制用工模式，適應了用人單位靈活用工和勞動者自主擇業的需要，成為促進就業的重要途徑。

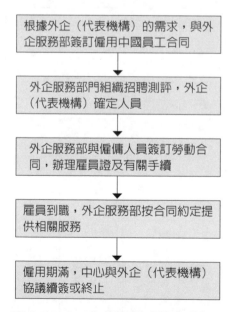

圖3-4　外企（代表機構）雇員辦理程序
資料來源：中國南方人才市場國際業務部。

法規3-2	「勞動合同法」對非全日制用工的規定
條文	內容
第六十八條	非全日制用工，是指以小時計酬為主，勞動者在同一用人單位一般平均每日工作時間不超過四小時，每週工作時間累計不超過二十四小時的用工形式。
第六十九條	非全日制用工雙方當事人可以訂立口頭協議（第一款）。 從事非全日制用工的勞動者可以與一個或者一個以上用人單位訂立勞動合同；但是，後訂立的勞動合同不得影響先訂立的勞動合同的履行（第二款）。
第七十條	非全日制用工雙方當事人不得約定試用期。
第七十一條	非全日制用工雙方當事人任何一方都可以隨時通知對方終止用工。終止用工，用人單位不向勞動者支付經濟補償。
第七十二條	非全日制用工小時計酬標準不得低於用人單位所在地人民政府規定的最低小時工資標準（第一款）。 非全日制用工勞動報酬結算支付週期最長不得超過十五日（第二款）。

資料來源：「中華人民共和國勞動合同法」第五章特別規定第三節非全日制用工（自
2008年1月1日起施行）。

第四節　台、港、澳人員內地就業

原勞動保障部發布的「台灣香港澳門居民在內地就業管理規定」，
係根據「勞動法」和有關法律、行政法規制定的。

一、就業條件

「台灣香港澳門居民在內地就業管理規定」第六條規定，用人單位
擬聘僱或者接受被派遣的台、港、澳人員，應當具備下列條件：

1.年齡十八至六十週歲（直接參與經營的投資者和內地急需的專業技
　術人員可超過六十週歲）。
2.身體健康。
3.持有有效旅行證件（包括內地主管機關簽發的台灣居民來往大陸通

行證、港澳居民往來內地通行證等有效證件）。

4.從事國家規定的職業（技術工種）的，應當按照國家有關規定，具有相應的資格證明。

5.法律、法規規定的其他條件（如**表3-8**）。

表3-8　台灣、香港、澳門人員就業申請表

姓　　名			性　　別			相
出生日期			定 居 地			
文化程度			專業特長			片
健康狀況			婚姻狀況			（蓋騎縫印）
深圳住址				聯繫電話		
深圳職務			勞動合同或委派期限		年　月　日至　年　月　日	
旅行證件名　　稱		旅行證件號碼		旅行證件有效期至	年　月　日	
用人單位聘用　原因說明					簽字（公章）　　　年　　月　　日	
勞動部門審核意見區					簽字（公章）　　　年　　月　　日	
市人力資源和社會保障部門　審批意見					簽字（公章）　　　年　　月　　日	
就業證號			起止時間		年　月　日至　年　月　日	

資料來源：深圳勞動保障網（http://www.sz12333.gov.cn/main/files/2010/01/06/615077812970.doc）。

二、就業許可制度

台、港、澳人員在內地就業實行就業許可制度。用人單位擬聘僱或者接受被派遣台、港、澳人員的，應當爲其申請辦理「台港澳人員就業證」（以下簡稱「就業證」）；……經許可並取得就業證的台、港、澳人員在內地就業受法律保護（第四條）。

三、勞動條件

用人單位與聘僱的台、港、澳人員應當簽訂勞動合同，並按照「社會保險費征繳暫行條例」的規定繳納社會保險費（第十一條）。

用人單位與聘僱的台、港、澳人員終止或者解除勞動合同，或者被派遣台、港、澳人員任職期滿的，用人單位應當自終止、解除勞動合同或者台、港、澳人員任職期滿之日起十個工作日內，到原發證機關辦理就業證註銷手續（第十二條）。

用人單位與聘僱的台、港、澳人員之間發生勞動爭議，依照國家有關勞動爭議處理的規定處理（第十五條）。

四、法津責任

用人單位聘僱或者接受被派遣台、港、澳人員，未爲其辦理就業證或未辦理備案手續的，由勞動保障行政部門責令其限期改正，並可以處1,000元罰款（第十六條）。

用人單位與聘僱台、港、澳人員終止、解除勞動合同或者台、港、澳人員任職期滿，用人單位未辦理就業證註銷手續的，由勞動保障行政部門責令改正，並可以處1,000元罰款（第十七條）。

用人單位僞造、塗改、冒用、轉讓就業證的，由勞動保障行政部門責令其改正，並處1,000元罰款，該用人單位一年內不得聘僱台、港、澳人員（第十八條）。

申辦「台港澳人員就業證」須知

範例 3-5

辦理機構：上海市外國人就業中心（上海市台港澳人員就業中心）

受理地址：梅園路77號4樓（郵編：200070）

網址：http://www.12333sh.gov.cn

諮詢電話：12333

受理時間：週一至週四上午9:00-11:30；下午1:30-5:00
　　　　　　週五上午9:00-11:30；下午1:30-3:30

辦事依據：

「台灣香港澳門居民在內地就業管理規定」（勞動和社會保障部2005年第26號令）

申辦條件：

1.年齡18至60週歲（直接參與經營的投資者和內地急需的專業技術人員可超過60週歲）；

2.有指定的醫療機構確認並出具的健康證明；

3.與本市用人單位簽訂了勞動合同／聘用協定／境外公司出具的勞動報酬支付證明；

4.在本市常駐代表機構中擔任首席代表或代表的，還應具有有效的「代表工作證」；

5.持有效旅行證件（包括內地主管機關簽發的台灣居民來往大陸通行證、港澳居民往來內地通行證等有效證件）；

6.從事國家規定的職業（技術工種）的，應持有相應的職業資格書；

7.法律、法規規定的其他條件。

申請材料：

▲櫃面申辦「台港澳人員就業證」攜帶材料：

1.填寫正確的「台灣、香港、澳門人員就業申請表」二份（可在網上下載）；

2.經年檢有效的營業執照或其他法定註冊登記證明，組織機構代碼證，外商投資企業還需提供批准證書（均為影本）；

3.台、港、澳人員的履歷證明（含最終學歷和完整的經歷，須中文列印，用人單位蓋公章）；

4.從事國家規定的職業（技術工種）的，提供相應的職業資格證書；

5.用人單位與被聘台、港、澳人員簽訂的勞動合同／聘用協定／境外公司出具的勞動報酬支付證明（該證明應明確：勞動報酬的支付者、被聘人員的職位和聘僱期限）（均為影本）；

6.在本市常駐代表機構中擔任首席代表或代表的，還應提供有效的「代表工作證」（正本及影本）；

7.本人有效的「台灣居民來往大陸通行證」（正本及影本）或「港澳同胞回鄉（通行）證」（正本及影本）；

8.上海市出入境檢驗檢疫局（電話：62688851）出具或確認的健康證明（影本）；

9.近期二寸證件照片三張（其中二張貼在表格上，一張製作就業證）；

10.演藝人員提供市文化局頒發的「臨時演出許可證」（影本）。

11.發證機關需要的其他材料。

▲ 網上申辦「台港澳人員就業證」：

　1.進入上海人力資源和社會保障網（http://www.12333sh.gov.cn）

　2.點擊「辦事大廳」→「單位辦事」→「境外人員」；

　3.輸入用戶名、密碼等資訊登錄系統；

　4.選擇點擊相應的業務內容，即可在網上申請。

　5.也可直接訪問上海市外國人、台港澳人員就業服務網
　　（http://wsbs.shwjzx.12333sh.gov.cn）直接訪問申請。

辦理程序與辦理期限：

1.用人單位按規定遞交就業證申請材料後，由受理部門開出「行政許可收受單」；

2.受理部門對所遞交的許可申請材料進行審核，並在10個工作日之內，告知用人單位是否予以行政許可及具體的領證時間；

3.用人單位可在10個工作日之內，登錄網上辦事系統查詢是否予以行政許可。

4.持「台港澳人員就業證」和「台灣、香港、澳門人員就業申請表」一份，到上海市出入境管理局（電話：28951900）申辦簽註和暫住手續。

收費標準：不收費。

注意事項：

‧用人單位申辦以上專案，需同時攜帶「用戶卡」。

‧用人單位中的直接投資人或營業執照上載明的法定代表人，以及代表機構中的首席代表和代表，提供係投資人的證明材料或經年檢有效的營業執照或登記證以及代表工作證（可不提供「申請材料」之第4、5項材料）。

‧台、港、澳人員就業證的備案期限，可根據勞動合同期限、營業執照期限、登記證和代表證的有效期限確定，但最長不超過5年，同時不能超過「台灣居民來往大陸通行證」或「港澳同胞回鄉（通行）證」的期限。

‧用人單位所提供的材料如是外文的，均應同時提供中文翻譯件，翻譯件由用人單位蓋公章。

申辦表格：

「台灣、香港、澳門人員就業申請表」下載地址：http://wsbs.shwjzx.12333sh.gov.cn

資料來源：上海市外國人、台港澳人員就業服務網（http://wsbs.shwjzx.12333sh.gov.cn/info.issue.issueAction.do;jsessionid=09D6D12C12EDEF3E1BD7B5556CC7AE53?method=viewPage&issueId=901）。

第五節　人事檔案管理

「勞動合同法」第五十條規定，「用人單位應當在解除或者終止勞動合同時出具解除或者終止勞動合同的證明，並在十五日內爲勞動者辦理檔案和社會保險關係轉移手續。」

一、人事檔案的內容

人事檔案是中共人事管理制度的一項重要特色。收存個人的履歷、自傳、鑑定（考評）、政治觀點、思想品德評價、入黨（中國共產黨）入團（共青團）、獎勵、處分、任免、工資等方面的有關文件材料，是記載人生軌跡的重要依據，而且內容不對本人公開。

法律上，人事檔案歸屬「中華人民共和國檔案法」和「中華人民共和國檔案法實施辦法」管理。這些法律規定滿三十年的檔案一般向公眾開放。然而實踐上，只有中共黨員或其他受單位委託的人有權查閱，而且特別規定本人和親屬不得查看。

二、高校學生檔案

高校學生檔案則是國家人事檔案的組成部分，是大學生在校期間的生活、學習及各種社會實踐的眞實歷史紀錄，是大學生就業及其今後各單位選拔、任用、考核的主要依據。目前出境、計算工齡、工作流動、考研、考公務員、轉正定級、職稱申報、辦理各種社會保險以及升學等都需要個人檔案，特別是在國有企業、事業單位，人事檔案相當重要。

三、人事檔案保管

「檔案法」第三條規定，「一切國家機關、武裝力量、政黨、社會團體、企業事業單位和公民都有保護檔案的義務。」

「流動人員人事檔案管理暫行規定」（以下簡稱「暫行規定」）第

二條第五項所稱流動人員人事檔案，是指外商投資企業、鄉鎮企業、區街企業、民營科技企業、私營企業等非國有企業聘用的專業技術人員和管理人員的人事檔案。

「暫行規定」指出，流動人員人事檔案管理機構為縣以上（含縣）黨委組織部門和政府人事行政部門所屬的人才流動服務機構（以下簡稱人才流動服務機構），其他任何單位不得擅自管理流動人員人事檔案；嚴禁個人保管他人人事檔案（第四條）。流動人員人事檔案管理應由專人負責。檔案管理人員必須是黨性強、作風正、忠於職守、具有一定的檔案管理專業知識的共產黨員（第十七條）。

範例 3-6

檔案寄存與管理

一、檔案託管

1. 個人人事檔案託管應持個人完整檔案，本人身分證、「廈門市居民失業證」辦理手續。
2. 單位託管員工人事檔案應出具單位經辦人員的介紹信及身分證、職工的身分證及已辦理招工報備手續的完整檔案資料。
3. 託管人事檔案的當事人或單位須與本科室簽訂「廈門市人事檔案寄存協議書」。
4. 辦事時限：手續齊備，立即辦理。

二、與託管人事檔案有關的相關服務

1. 個人要複印已託管的人事檔案相關材料，需持「廈門市人事檔案寄存協議書」及本人身分證，並說明事項及理由。
2. 單位要查閱已託管職工人事檔案，需提供單位介紹信和「廈門市人事檔案寄存協議書」、「職工養老保險手冊」並說明查檔目的方可受理。

三、辦理已託管的人事檔案人員出境政審，必須具備以下材料

1. 失業人員辦理出境政審須提供以下材料：
   (1) 身分證原件及影本。
   (2) 「廈門市人事檔案寄存協議書」。
   (3) 政審表原件及影本。在政審表原件中，失業人員應由戶口所在地派出所填寫無犯罪紀錄證明並加蓋公章，經查閱檔案後，方能予以政審。
   (4) 人事檔案託管人員出境政審申請表。

2.單位已託管人事檔案的員工辦理出境政審須提供以下材料：
  (1)單位營業執照副本及有效影本。
  (2)人事檔案託管員工的「廈門市人事檔案寄存協議書」、「職工養老保險手冊」、「廈門市居民失業證」或「廈門市勞動就業手冊」、該員工的身分證原件及影本。
  (3)政審表原件及影本。在政審表中應由工作單位填寫是否同意及不屬於不准出境的五種對象等證明，法人代表簽字並加蓋公章。
  (4)公派出國的，需提供對方的邀請函原件和影本。
  (5)單位人事檔案託管員工出境政審核報批表。
  (6)單位經辦人員應提供單位介紹信、身分證原件及影本。
3.辦事時限：手續齊全，兩個工作日完成。

四、檔案寄存收費標準

1.根據閩價[2004]服385號、廈價[2005]49號文規定，委託保存職工人事檔案關係每月10元／人。
2.根據廈門市人民政府[2010]9號文，本市戶籍的失業人員免費託管人事檔案。

五、檔案轉移

1.已託管人事檔案的失業人員重新就業後，應先在新單位辦理用工手續，持身分證原件及影本、「廈門市人事檔案寄存協議書」、及已辦理用工手續的材料到本科室取回託管的人事檔案。
2.已離開單位辦理解除人事檔案託管手續的，原用工單位開具終止或解除勞動關係證明、身分證原件及影本、「廈門市人事檔案寄存協議書」取回託管的人事檔案。

六、辦理退休

1.凡檔案託管在我中心的失業人員，達到法定退休年齡的及時憑本人身分證、「廈門市人事檔案寄存協議書」領取檔案，代領託管檔案的需提供代領人和本人的身分證原件及影本。
2.單位為員工辦理退休的，單位經辦人員應提供單位介紹信、身分證原件及影本「廈門市人事檔案寄存協議書」、該員工的身分證原件及影本辦理取回託管的人事檔案。

七、職稱評審蓋章

1.凡單位員工檔案託管在我中心的人員，辦理職稱評審蓋章，應提交「專業職稱評審表」，經審核相關資料（學歷、工作年限、「職工養老保險手冊」等），然後提交領導批復、蓋章。
2.辦事時限：兩個工作日完成。

資料來源：廈門市人力資源和社會保障局（http://www.xmhrss.gov.cn/bsdt/bszn/grbs/ldjy/dagl/201011/t20101122_19977.htm）。

　　近年來，隨著大陸市場經濟的發展和人才的流動加快，尤其是用人觀念的轉變，人事檔案的作用在現代社會中有不斷弱化的趨勢。

第六節　錄用職工注意事項

　　大陸台商遭職工捲款潛逃，以及擄人勒贖的案件時有所聞。而且在案發之後，常常發現職工提供的身分證明是偽造的，以致追查凶手非常困難。所以在招募職工時，應注意防範的問題有：

一、注意特定崗位人選的品德

　　用人單位在甄選司機、報關、出納、會計及電工人員時，需要格外慎重，因為這些人員會影響到爾後企業運作順暢與否的關鍵人物。

　　若是職務涉及資訊安全或是機密性的工作，應盡可能地去了解該人員的背景，例如詢問曾任職單位的主管，也要確認該職工所提供的資料，例如離職證明與學歷資料是否屬實。

二、注意求職者的證明文件

　　由於大陸假證件滿天飛，偽造技術如假包換，尤其在人才市場的外面都有人在賣偽造證件（學士、碩士、博士的文憑到會計師、律師專業技能證照、身分證、計劃生育證、暫住證等）。若用人單位不嚴格執行招聘證件審查工作，將會給企業帶來許多風險或損失。

　　大陸職工持假身分證應徵的情形有：一是，未滿十八歲，但急著想找工作，必須更改出生日期；二是，大陸實施一胎化，許多黑戶沒有身分證；三是，過去有犯罪紀錄；四是，假身分證只要花人民幣幾百元即可購得，取得容易。

人難管、錢難收

人難管

有家台商企業，在甲城市設廠，在乙城市的行銷就僱用當地人士。為了讓這位大陸部屬忠心耿耿，台商給的薪水是一般行情的三倍，並配車、配房。

未料數年以後，這位大陸部屬拿著這幾年營收帳款及繳稅資料，威脅台商讓他入股，並要求把乙城市的存貨權納入他的名下，否則就要舉發台商的不當行徑。

由於把柄在人手中，台商別無他法，只好任其宰割。

錢難收

「送貨被搶三次，收錢被搶三次」，也就是說，送貨時，司機自行吞沒貨物開車跑了，或途中遇到路霸搶貨，或經銷商收貨以後不見人影。收錢時，經銷商給假鈔，或收錢回程遇到路霸劫錢，或收錢人自己跑了。

資料來源：林偉仁（2002），《競爭中國：投資大陸風險高漲》，天下雜誌出版，頁18-19。

三、注意應徵者的能力誇張程度

　　言過其實是大陸職工在求職時常有的一種自我誇大能力的傾向。為了得到工作，往往會以良好口才把自己塑造成一位不可多得的專業人才。因此用人單位應嚴格招聘與面試程序，注意應聘者是否有誇大不實的情形。

四、注意體檢問題

　　用人單位在錄用職工前對職工要求做例行性健康檢查，以規範職工是否符合用工標準。一般體檢項目主要包括胸透、彩超（肝、膽、胰、脾、腎等）、血檢（肝功能、血糖等）、血壓等多個檢查項目（如**表3-9**）。

表3-9　就業體檢乙肝項目檢測取消

> 　　人力資源和社會保障部、教育部和衛生部聯合發出通知，要求切實取消就業體檢中乙肝項目檢測，進一步加大監督檢查力度，嚴厲查處違法違規行為，採取切實有效措施，防止就業體檢中乙肝項目檢測行為發生。
>
> 　　據人力資源和社會保障部有關負責人介紹，人力資源和社會保障部、教育部、衛生部三部門聯合下發「關於進一步規範入學和就業體檢項目維護乙肝表面抗原攜帶者入學和就業權利的通知」（以下簡稱12號檔），明確要求除衛生部核準並予以公布的特殊職業外，用人單位和醫療衛生機構不得在就業體檢時開展乙肝項目檢測，即乙肝病毒感染標志物檢測，包括「乙肝五項」和HVB－DNA檢測等。

資料來源：新華網北京2011年3月9日電（http://big5.xinhuanet.com/gate/big5/news.xinhua-net.com/edu/2011-03/10/c_121168972.htm）。

範例 3-8

如何識別假文憑

方法		作法
比	與真文憑比較	· 發證文憑學校的公章、鋼印、浮水印等肯定清楚。
看	看文憑 看臉色 看眼神	· 公章、鋼印是否模糊不清？ · 文憑是否紙質較劣？ · 注意應聘人員的臉色與眼神是否心神不定。
問	問專業知識 問課程設置	· 提問學歷所記載的專業知識與課程內容。
激	兵不厭詐	· 公司必要時，對你所持的文憑和證件做進一步的核實，同意把文憑和證件留下嗎？
核	與發證學校核實	· 公司必要時與發證學校、發證部門核實真偽。 · 中國高等教育學生信息網（www.chsi.com.cn/xueli）
驗	花錢驗證	· 委託當地驗證單位代驗證。

資料來源：丁志達（2011），「大陸職工管理實務應用講座班」講義，財團法人中華工商研究院編印。

發出聘用通知後拒絕錄取、用人單位被判賠償

　　收到新單位的聘用通知書後，陸小姐欣然辭去了原單位的工作，不料去報到的前一天卻又接到錄用單位撤銷錄用的電話通知，陸小姐當即不予同意。翌日，陸小姐仍按錄取通知書中規定的地點報到，但單位未給予辦理錄用手續。

　　陸小姐向區勞動爭議仲裁委申請仲裁，因該勞動爭議不屬仲裁委受理範圍，仲裁委作出不予受理的決定。於是陸小姐一紙訴狀將錄用單位告上法院，要求賠償由此造成經濟損失三萬五千餘元。上海市黃浦區人民法院作出一審判決，上海某進修中心賠償陸小姐經濟損失二萬四千元。

　　現年28歲的陸小姐原在一家裝飾材料公司工作。2007年12月14日，她接到上海某進修中心以電子郵件形式發出的「聘用通知書」。通知書上詳細告知報到日期、時間、地址及電話和聯繫人，並概括列明陸小姐的職位、部門、試用期及月薪等具體條款，另在「報到須知」中載明「根據您目前的情況，我們希望您儘快辦妥您現公司的所有辭職手續」。

　　陸小姐仔細閱讀了「聘用通知書」上的所有內容後非常高興，第二天就向原公司提出辭職，並當日辦理了離職手續，原公司也出具了「退工證明」。然而萬萬沒想到，正準備第二天去新單位報到的她卻接到進修中心撤銷錄用的電話通知。陸小姐頓時如入霧中，進修中心有失誠信的行為理所當然遭到陸小姐的反對。第二天，陸小姐按錄取通知書的規定時間報到，進修中心拒絕為她辦理錄用手續。次日，陸小姐再次報到仍被拒絕。

　　原來的單位已辭職，新錄用的單位又突然變卦，一時落入失業境地的陸小姐決定要討個說法。2008年1月30日，她向區勞動爭議仲裁委員會申請仲裁，經審查，根據法律有關規定，因錄用單位係民辦非企業組織，非仲裁的適格主體，仲裁委作出不予受理的決定。無奈，陸小姐一紙訴狀將進修中心告上法院，要求賠償經濟損失三萬五千餘元。

　　陸小姐在法庭上稱，被告進修中心發出的聘用通知書是一種不可撤銷的要約，基於此要約她解除了與原公司的勞動合同，進修中心應承擔經濟損失，按她在原單位的收入，被告要賠償其三個月的經濟損失計三萬五千餘元。

　　進修中心則認為，原被告雙方發生的是勞動關係糾紛，不能直接啟動民事訴訟程序；錄用單位雖向陸小姐發出了聘用通知，但錄用單位撤銷要約的通知先於陸小姐同意的承諾，撤銷行為應視為有效。另外，勞動者辭職依法應提前三十日通知用人單位，按陸小姐在原單位開具的退工單的時間看，她在一個月前就向原公司提出解除勞動關係，故不能認為不錄用陸小姐而致陸小姐遭受到經濟損失，不同意陸小姐的訴請。

　　黃浦法院經審理查明後認為，雙方間爭議的法律性質為勞動合同糾紛，陸小姐於訴訟前已申請勞動仲裁，向法院起訴符合法律規定；聘用通知書的法律性質為要約，被告公司雖於陸小姐作出承諾的前一天通知撤銷錄用，但按合同法規定要約不得撤銷有兩種情形：(1)要約人確定了承諾期限或者以其他形式明示要約不可撤銷；(2)受要約人有理由認為要約是不可撤銷的，並已經為履行合同做了準備工作。本案「聘用通知書」上所述情節與法律規定的要約不得撤銷的兩種情形相符，故錄用單位撤銷錄用的行為無效。

　　根據法律規定，用人單位與勞動者協商解除勞動合同的不受一個月提前通知期的限制，法律並不否認此種情形下勞動合同解除的效力。進修中心不錄用陸小姐的行為有違法定誠信義務，造成陸小姐一定時間的失業狀態，應承擔締約過失責任，賠償陸小姐因此遭受的經濟損失。法院最後判令，進修中心賠償陸小姐經濟損失人民幣二萬四千元。

資料來源：杭州市勞動保障監察信息網（http://www.zjhz.lss.gov.cn/ldjc/0705/15635.htm）。

五、注意僱用童工問題

「勞動法」第九十四條規定，「用人單位非法招用未滿十六週歲的未成年人的，由勞動行政部門責令改正，處以罰款；情節嚴重的，由工商行政管理部門吊銷營業執照。」

六、注意尚未解除勞動合同的勞動者

「勞動法」第九十九條規定，「用人單位招用尚未解除勞動合同的勞動者，對原用人單位造成經濟損失的，該用人單位應當依法承擔連帶賠償責任。」因此，在錄用職工時，要求其簽署承諾書，以確認提交的資料真實性的背書。

七、注意勞動合同的簽訂

「勞動合同法」第十六條規定，「勞動合同由用人單位與勞動者協商一致，並經用人單位與勞動者在勞動合同文本上簽字或者蓋章生效。」

八、嚴格挑選勞務派遣公司

由於用人單位使用勞務派遣工能夠降低人力成本與管理費用，但勞務派遣公司、用人單位和勞動者之間的複雜三角法律關係，也使得勞動爭議迅速激增，因此，用人單位為防範使用勞務派遣所帶來的法律風險，應先選擇具備法定資格的派遣公司，並考察其信用狀況、專業能力、派遣經驗、勞動報酬和社會保險費的數額與支付方式，以及違反協議之責任等事項（商志傑，2008）。

依據「勞動合同法」規定，「建立勞動關係，應當訂立書面勞動合同。」（第十條第一款）「用人單位自用工之日起超過一個月不滿一年未與勞動者訂立書面勞動合同的，應當向勞動者每月支付二倍的工資。」（第八十二條第一款）因此，用人單位在錄用職工報到時，必須及時與職工簽訂書面勞動合同（如**表3-10**）。

表3-10　建立嚴格的招聘任用管理制度

- ·根據「勞動合同法」第八條規定，用人單位招聘任用員工時，應當如實告知職工相關的工作內容與條件、工作地點、職業危害、安全生產狀況、勞動報酬，以及職工要求了解的其他情況；職工也應當如實告知用人單位有關與勞動合同直接相關的職工基本情況。這就是雙方的知情權。
- ·對於某些核心職工或新進職工，要建立入職審查機制，審查個人資料的真實性，例如學歷證件、資格證明、身分證，同時審查是否對用人單位負有競業限制義務，以及是否與原用人單位仍然保有勞動關係，用人單位要核實有無離職證明，以免發生不可預測的法律訴訟風險，同時請職工簽署誠信承諾書，保證證件與工作背景的真實性，以確保用人單位的權益。
- ·用人單位要建立人事資料袋與人事資料卡（入職登記表），定期更正職工的個人資料，職工有更正告知義務，尤其地址與身分證號碼。這有利於用人單位文書的通知送達（直接送達、郵寄送達），而達到保全證據之目的。
- ·新職工入職培訓時，要進行員工手冊或規章制度的培訓導讀，並簽訂「承諾書」或「保證書」，這是一種程序，表示用人單位已對職工盡到告知義務。用人單位的管理規章制定的越詳細越好，尤其在「證據」的蒐集與保存上更是一大要務。
- ·如果職工提供證件與資料是偽造的話，就會構成「勞動合同法」第二十六條所認定的無效勞動合同條件，導致用人單位必須根據「勞動合同法」第三十九條立即辭退該名員工，如果因此而造成用人單位的經濟損失，職工更要承擔賠償責任。

資料來源：蕭新永（2008），〈因應勞動合同法，制定合法、合理的員工手冊〉，《貿易雜誌電子報》，第200期（2008年2月1日）。

結　語

　　職工招聘、篩選和錄用是整個人力資源管理體系中具有基礎意義的重要一環。如果用人單位不能甄選到合適的職工，那麼，不僅接下來的人力資源活動（培訓、績效考核等）難以有效地展開，用人單位本身也會遭受到直接或間接的經濟損失。因此，台商應該從企業的經營發展角度出發，站在人力資源管理戰略的高度，為企業吸引人才、發展人才和留住人才，這也是人力資源管理的一個重要使命。

第四章

勞動合同管理

工人階級的主人翁地位，是寫在紙上，喊在嘴上，涼在心上。

〜大陸順口溜

中共在1978年底的三中全會結束後，開始了一連串資本主義的改革，在八〇年代，將原有的國有企業改制成以營利爲主的企業，隨後進行了私有化，同時，大陸農村在1984年人民公社解體後，也恢復了個體的小農的商品生產。「勞動合同制」乃應運而生，它是用來打破中國勞動階級的鐵飯碗制度。

1995年7月1日施行「勞動法」，這是中共把企業「勞動合同制」這一用工制度，以法律形式確認下來，不但促進了企業勞動合同制的迅速發展，而且爲固定工、合同工雙軌併攏提供了法律依據，也建立和維護適應社會主義市場經濟的勞動制度指明了方向。

第一節 「勞動合同法」解讀

2008年1月1日起施行的「中華人民共和國勞動合同法」（以下稱「勞動合同法」），它是自1995年7月1日「勞動法」頒布施行以來，勞動和社會保障法制建設中的又一個里程碑，也是中國市場經濟深化與成熟的必然產物，有助於建構和諧穩定的勞動關係，並有益於保持社會的穩定。

「勞動合同法」共八章九十八條，第一條明文揭示：「爲了完善勞動合同制度，明確勞動合同雙方當事人的權利和義務，保護勞動者的合法權益，構建和發展和諧穩定的勞動關係，制定本法」（如**表4-1**）。

「勞動合同法」具有以下的幾項特色：

一、建立勞動關係的磐石

「勞動合同法」第七條規定：「用人單位自用工之日起即與勞動者建立勞動關係。」也就是說，即使用人單位沒有與勞動者訂立書面勞動合同，只要存在用工行爲，用人單位與勞動者之間的勞動關係即建立，與用

表4-1　「勞動合同法」各章節目次

章（節）	綱目	條文		
第一章	總則	第1～6條（共6條）		
第二章	勞動合同的訂立	第7～28條（共22條）		
第三章	勞動合同的履行和變更	第29～35條（共7條）		
第四章	勞動合同的解除和終止	第36～50條（共15條）		
第五章	特別規定	第一節	第51～56條（集體合同）（共6條）	
		第二節	第57～67條（勞務派遣）（共11條）	
		第三節	第68～72條（非全日制用工）（共5條）	
第六章	監督檢查	第73～79條（共7條）		
第七章	法律責任	第80～95條（共16條）		
第八章	附則	第96～98條（共3條）		

資料來源：「中華人民共和國勞動合同法」（自2008年1月1日起施行）。

人單位存在事實勞動關係的勞動者即享有勞動法律規定的權利。

　　「勞動合同法」放寬了訂立勞動合同的時間要求，對已建立勞動關係，未同時訂立書面勞動合同的，只要在自用工之日起一個月內訂立了書面勞動合同，其行為即不違法（第十條），但同時也加重了用人單位違法不訂立書面勞動合同的法律責任（第八十二條）。

二、強化訂立無固定期限勞動合同

　　「勞動合同法」出台的一大任務，就是防止勞動合同短期化和頻繁簽訂勞動合同。所以，「勞動合同法」第十四條規定，用人單位與勞動者協商一致，可以訂立無固定期限勞動合同。

　　有下列情形之一，勞動者提出或者同意續訂、訂立勞動合同的，除勞動者提出訂立固定期限勞動合同外，應當訂立無固定期限勞動合同：

1. 勞動者在該用人單位連續工作滿十年的。
2. 用人單位初次實行勞動合同制度或者國有企業改制重新訂立勞動合同時，勞動者在該用人單位連續工作滿十年且距法定退休年齡不足十年的。
3. 連續訂立二次固定期限勞動合同，且勞動者沒有本法第三十九條和第四十條第一項、第二項規定的情形，續訂勞動合同的（第二款）。

用人單位自用工之日起滿一年不與勞動者訂立書面勞動合同的，視為用人單位與勞動者已訂立無固定期限勞動合同（第三款）。

三、加大對試用期勞動者保護力度

「勞動合同法」限定了試用期期限，本法第十九條規定，勞動合同期限三個月以上不滿一年的，試用期不得超過一個月；勞動合同期限一年以上不滿三年的，試用期不得超過二個月；三年以上固定期限和無固定期限的勞動合同，試用期不得超過六個月（第一款）。同一用人單位與同一勞動者只能約定一次試用期（第二款）。以完成一定工作任務為期限的勞動合同或者勞動合同期限不滿三個月的，不得約定試用期（第三款）。試用期包含在勞動合同期限內。勞動合同僅約定試用期的，試用期不成立，該期限為勞動合同期限（第四款）（如**表4-2**）。

表4-2 試用期員工考核示例

考核項目		描述	分值	指導人評分
工作能力	知識經驗	工作中能夠運用原有的知識與經驗，能滿足崗位要求		
	崗位素質	具備崗位素質的基本要求		
	工作質量	完成的工作是否符合要求、達到預期效果		
	工作效率	在規定時間完成任務，遇到問題迅速反應		
	工作思路	工作前有規劃，遇到問題能夠應時調整，適時總結		
企業文化	客戶意識	積極關注客戶需求，主動為顧客解決問題		
	主動性	積極推進工作，努力尋求資源，不迴避困難		
	團隊意識	積極關注團隊整體目標，與團隊成員共同完成工作目標		

資料來源：明天，〈如何考察試用期員工〉，《人力資源》（2010/05），頁65。

四、培訓違約的規定

針對一些用人單位限制勞動者擇業自由和勞動力合理流動問題，「勞動合同法」第二十二條第一款規定，用人單位為勞動者提供專項培訓費用，對其進行專業技術培訓的，可以與該勞動者訂立協定，約定服務期。

五、競業限制的期限

「勞動合同法」在側重保護勞動者合法權益的同時，也根據實際需要，增加了維護用人單位合法權益的內容，本法第二十三條第一款規定，用人單位與勞動者可以在勞動合同中約定保守用人單位的商業秘密和與知識產權相關的保密事項。

範例 4-1

保密協議

甲方： 乙方：

甲、乙雙方根據「中華人民共和國反不正當競爭法」、「○○省勞動合同條例」和「○○有限公司保密制度」以及國家、地方政府有關規定，雙方在遵循平等自願、協商一致、誠實信用的原則下，就甲方商業秘密保密事項達成如下協定：

(一)保密內容
1. 甲方的交易秘密，包括商品產、供、銷管道，客戶名單，買賣意向，成交或商談的價格，商品性能、品質、數量、交貨日期；
2. 甲方的經營秘密，包括經營方針，投資決策意向，產品服務定價，市場分析，廣告策略；
3. 甲方的管理秘密，包括財務資料、人事資料、工資薪酬資料、物流資料；
4. 甲方的技術秘密，包括產品設計、產品圖紙、生產模具、作業藍圖、工程設計圖、生產製造工藝、製造技術、電腦程式、技術資料、專利技術、科研成果。

(二)保密範圍
1. 乙方在勞動合同期前所持有的科研成果和技術秘密，經雙方協議，乙方同意被甲方應用和生產的；
2. 乙方在勞動合同期內職務發明、工作成果、科研成果和專利技術；
3. 乙方在勞動合同期前甲方已有的商業秘密；
4. 乙方在勞動合同期內甲方所擁有的商業秘密。

(三)雙方的權利和義務

1. 甲方提供正常的工作條件，為乙方職務發明、科研成果提供良好的應用和生產條件，並根據創造的經濟效益給予獎勵；
2. 乙方必須按甲方的要求從事經營、生產項目和科研項目設計與開發，並將生產、經營、設計與開發的成果、資料交甲方，甲方擁有所有權和處置權；
3. 未經甲方書面同意，乙方不得利用甲方的商業秘密進行新產品的設計與開發和撰寫論文向第三者公布；
4. 雙方解除或終止勞動合同後，乙方不得向第三方公開甲方所擁有的未被公眾知悉的商業秘密；
5. 雙方協定競業限制期的，解除或終止勞動合同後，在競業限制期內乙方不得到生產同類或經營同類業務且有競爭關係的其他用人單位任職，也不得自己生產與甲方有競爭關係的同類產品或經營同類業務；
6. 乙方必須嚴格遵守甲方的保密制度，防止洩露甲方的商業秘密；
7. 甲方安排乙方任職涉密崗位，並給予乙方保密津貼。

(四)保密期限

1. 勞動合同期內；
2. 甲方的專利技術未被公眾知悉期內；

(五)脫密期限

1. 因履行勞動合同約定條件發生變化，乙方要求解除勞動合同的，必須以書面形式提前＿＿＿＿＿＿月通知甲方，提前期即為脫密期限，由甲方採取脫密措施，安排乙方脫離涉密崗位；乙方應完整辦妥涉秘資料的交接工作；
2. 勞動合同終止雙方無意續簽的，提出方必須以書面形式提前＿＿＿＿＿＿月通知對方，提前期即為脫密期限，由甲方採取脫密措施，安排乙方脫離涉密崗位；乙方應該接受甲方的工作安排並完整辦妥涉秘資料的交接工作；
3. 勞動合同解除或期滿終止後，乙方必須信守本協議，不損害甲方利益。

(六)保密津貼

1. 甲方對乙方保守商業秘密予以保密津貼，甲方按月支付乙方保密津貼人民幣＿＿＿＿＿＿元；
2. 保密津貼每月＿＿＿＿＿＿日與工資同時發放；
3. 乙方調任非涉密崗位，甲方停止支付乙方保密津貼。

(七)違約責任

1. 在勞動合同期內，乙方違反此協議，雖未造成甲方經濟損失，但給甲方正常生產經營活動帶來麻煩的，甲方有權調離乙方涉密崗位，停發保密津貼，並予以行政處分；
2. 在勞動合同期內，乙方違反此協議，造成甲方輕微經濟損失的，甲方可解除乙方的勞動合同；
3. 在勞動合同期內，乙方違反此協議，造成甲方較大經濟損失的，甲方予以乙方除名的行政處罰，並追索全部或部分乙方按月領取的保密津貼；
4. 在勞動合同期內，乙方違反此協議，造成甲方重大經濟損失的，甲方予以乙方除名的行政處罰，追索全部保密津貼；並追加經濟損失賠償，構成犯罪的，上訴人民法院，依法追究乙方刑事責任；

> 5.甲、方雙方因履行本協定發生爭議和違約責任的執行超過法律、法規、賦予雙
> 方許可權的，可向甲方所在地勞動仲裁機構申請仲裁或向人民法院提出上訴。
> (八)其他
> 本協議一式兩份，甲、乙雙方各執一份，經甲、乙雙方簽字蓋章之日起生效。
> 甲方（蓋章）　　　　　　　　　乙方（蓋章）
> 法定代表人簽名　　　　　　　　簽名
> 　　年　　月　　日　　　　　　　　年　　月　　日
>
> 資料來源：「保密協議」，深圳勞動仲裁網（http://www.szlabor.com/Articledb_
> 　　　　　　view.asp?id=1501）。

六、勞動合同終止的經濟補償

「勞動合同法」第四十七條第一款規定，經濟補償按勞動者在本單位工作的年限，每滿一年支付一個月工資的標準向勞動者支付。六個月以上不滿一年的，按一年計算；不滿六個月的，向勞動者支付半個月工資的經濟補償。

七、放寬了用人單位裁員的條件

為考慮到用人單位調整經濟結構、革新技術以適應市場競爭的需要，「勞動合同法」第四十一條第一款放寬了用人單位在確需裁減人員時進行裁員的條件。除用人單位瀕臨破產進行法定整頓期間（第一項）或生產經營狀況發生嚴重困難外（第二項），增加了兩種可以裁員的情形：企業轉產、重大技術革新或者經營方式調整，經變更勞動合同後，仍需裁減人員的（第三項）；其他因勞動合同訂立時所依據的客觀經濟情況發生重大變化，致使勞動合同無法履行的（第四項）。

八、裁員時的優先留用人員規定

「勞動合同法」與「勞動法」相比，「勞動合同法」第四十一條第二款補充規定裁減人員時，應當優先留用的人員。

1.與本單位訂立較長期限的固定期限勞動合同的。

2.與本單位訂立無固定期限勞動合同的。

3.家庭無其他就業人員，有需要扶養的老人或者未成年人的。

九、加重不簽訂勞動合同處罰規定

針對一些用人單位不訂立書面勞動合同的問題，「勞動合同法」加重了用人單位違法不訂立書面勞動合同的法律責任。

用人單位自用工之日起超過一個月不滿一年未與勞動者訂立書面勞動合同的，應當向勞動者每月支付二倍的工資（第八十二條第一款）；用人單位違反本法規定不與勞動者訂立無固定期限勞動合同的，自應當訂立無固定期限勞動合同之日起向勞動者每月支付二倍的工資（第八十二條第二款）；用人單位自用工之日起滿一年不與勞動者訂立書面勞動合同的，視為用人單位與勞動者已訂立無固定期限勞動合同（第十四條第三款）。

十、勞動者權益被侵害時的救濟管道

「勞動合同法」第七十七條明確規定，勞動者合法權益受到侵害的，有權要求有關部門依法處理，或者依法申請仲裁、提起訴訟。

十一、用人單位強迫勞動將受罰

「勞動合同法」第八十條至九十五條規定，用人單位存在強迫勞動等情形的，依法給予行政處罰；構成犯罪的，依法追究刑事責任；給勞動者造成損害的，應當承擔賠償責任。「勞動合同法」並對非法用工、虐待、奴役勞動者的情況，都有了明確的懲處規定。

十二、勞動力派遣的連帶責任

「勞動合同法」第六十二條規定，除了在明確勞務派遣單位應當承擔用人單位義務外，還規定了用工單位應當履行的義務有：用工單位應當執行國家勞動標準，提供相應的勞動條件和勞動保護；告知被派遣勞動者

的工作要求和勞動報酬；支付加班費、績效獎金，提供與工作崗位相關的福利待遇；對在崗被派遣勞動者進行工作崗位所必需的培訓；連續用工的，實行正常的工資調整機制；用工單位不得將被派遣勞動者再派遣到其他用人單位。

十三、行業性集體合同的約束力

「勞動合同法」第五十三條規定，在縣級以下區域內，建築業、採礦業、餐飲服務業等行業可以由工會與企業方面代表訂立行業性集體合同，或者訂立區域性集體合同。

十四、工會扮演的角色地位

「勞動合同法」授予工會的職責有九條之多，本法第四條第二款規定，用人單位在制定、修改或者決定有關勞動報酬、工作時間、休息休假、勞動安全衛生、保險福利、職工培訓、勞動紀律以及勞動定額管理等直接涉及勞動者切身利益的規章制度或者重大事項時，應當經職工代表大會或者全體職工討論，提出方案和意見，與工會或者職工代表平等協商確定（如**表4-3**）。

被派遣勞動者有權在勞務派遣單位或者用工單位依法參加或者組織工會，維護自身的合法權益（第六十四條）。

表4-3　「勞動合同法」成本與因應對策

顯性成本部分
・企業不與勞動者簽訂勞動合同的成本，按照法規必須每月支付勞動者兩倍工資，直至補簽為止。
・試用期成本，按照法規規定，試用期工資訂定，勞動者在試用期的工資不得低於本單位相同崗位最低檔工資的80%或者不得低於勞動合同約定工資的80%，並不得低於用人單位所在地的最低工資標準，也讓企業無法再用過去試用期較低工資的方式來降低成本。
・投保社會保險的費用，「勞動合同法」實施後，如果企業未按照法定規定投保社會保險，視同違反「勞動合同法」，勞動者可以解除勞動合同，並可要求支付經濟補償。
・因拖欠工資或是未足額支付工資等，必須支付50%至100%的賠償金。

（續）表4-3　「勞動合同法」成本與因應對策

・如果企業違法解除與終止勞動合同的解僱成本，必須依法支付勞動者經濟補償金與違法解僱成本，必須支付兩倍工資。
・年休假成本（帶薪年休假的成本），在休假期間仍須依法支付工資。
以上顯性成本部分，主要是針對法規規定面所衍生出來的各項成本。

隱性成本部分

・培訓的成本，企業必須承擔勞動者培訓後不一定適用的培訓花費與相關人事成本。
・針對公司內部各項規章制度公示的成本，企業必須花費人力溝通、教育訓練等成本。
・人力資源管理部門勞動合同的管理成本，企業為了避免與勞動者漏簽勞動合同，造成賠償支付兩倍工資的情形發生，所衍生增加的人事費用與辦公費用。
・當企業與勞動者發生勞動爭議時，必須申請律師進行官司訴訟等費用。
以上是針對「勞動合同法」上路後，企業內部在管理面衍生出的成本費用。

因應對策

・企業必須要建立完善的規章制度，將企業各項獎懲制度規範量化，每個工作職掌內容均詳加訂定規範，甚至可針對勞動者過失解除勞動合同的條件細化，標準化，作為未來發生爭議時的依據。
・企業一定要量身訂做完善的勞動合同內容，依據不同職掌的勞動者訂定不同合同內容，以維護雙方權益，並針對每位勞動者的合同詳加管理，勞動者各項文件蒐集（需有勞動者親筆簽名確認文件真實性），這些日常繁瑣的文件化作業，均可降低用工的風險。
・企業內部勞動合同的管理，從訂立、履行、變更、解除、終止都要小心的訂定規範，避免誤觸陷阱，防止出現企業疏忽或勞動者故意的行為。另外亦需建立每個勞動者獨立的人事資料袋，並且定期審視編修。
・企業必須從嚴格的角度進行招聘與任用作業，重視選人、育人的入口品質管制，從招聘的廣告到面試入職等，都要嚴格有序的規範與執行。
・企業要嚴格的管控勞動者離職程序，做好離職面談，並依照「勞動合同法」規定，辦結移交手續，交付離職證明書與收取離職證明書簽收證明，支付工資與經濟補償金，並與簽訂離職切結書。

資料來源：〈勞動合同法對台商增加的成本有哪些？〉，正航資訊股份有限公司e化部落格：http://eblog.cisanet.org.tw/23736165/article/content.aspx?ArticleID=241。

第二節　訂定勞動合同的條款

　　勞動合同是勞動者與用人單位確立勞動關係、明確雙方權利和義務的協議。「勞動合同法」第三條指出，訂立勞動合同，應當遵循合法、公平、平等自願、協商一致、誠實信用的原則（第一款）。同法第十七條規

定，勞動合同應當具備以下條款：

1.用人單位的名稱、住所和法定代表人或者主要負責人。

2.勞動者的姓名、住址和居民身分證或者其他有效身分證件號碼。

3.勞動合同期限。

4.工作內容和工作地點。

5.工作時間和休息休假。

6.勞動報酬。

7.社會保險。

8.勞動保護、勞動條件和職業危害防護。

9.法律、法規規定應當納入勞動合同的其他事項（第一款）。

勞動合同除前款規定的必備條款外，用人單位與勞動者可以約定試用期、培訓、保守秘密、補充保險和福利待遇等其他事項（第二款）。

依法訂立的勞動合同具有約束力，用人單位與勞動者應當履行勞動合同約定的義務（第三條第二款）。

範例 4-2

勞動合同範本（東莞市）

甲方（用人單位）：＿＿＿＿＿＿＿　乙方（職工）：＿＿＿＿＿＿＿

名稱：＿＿＿＿＿＿＿＿＿＿＿＿＿　姓名：＿＿＿＿＿＿＿＿＿＿＿

法定代表人：＿＿＿＿＿＿＿＿＿＿　身分證號碼：＿＿＿＿＿＿＿

地址：＿＿＿＿＿＿＿＿＿＿＿＿＿　現住址：＿＿＿＿＿＿＿＿＿

經濟類型：＿＿＿＿＿＿＿＿＿＿＿＿＿＿＿＿＿＿＿＿＿＿＿＿＿

聯繫電話：＿＿＿＿＿＿＿＿＿＿＿　聯繫電話：＿＿＿＿＿＿＿＿

根據「中華人民共和國勞動法」、「中華人民共和國勞動合同法」和國家、省等有關規定，遵循合法、公平、平等自願、協商一致、誠實信用的原則，訂立本勞動合同。

一、勞動合同期限

　　第一條　甲、乙雙方同意按以下第＿＿＿方式確定乙方的本合同期限：

　　　(1)固定期限：從＿＿年＿＿月＿＿日起至＿＿年＿＿月＿＿日止。

　　　(2)無固定期限：從＿＿年＿＿月＿＿日起至本合同法定終止條件出現時止。

(3)以完成工作任務為期限：從＿＿年＿＿月＿＿日起至工作任務完成時止。

第二條　甲乙雙方同意按以下第＿＿種方式確定試用期期限（試用期包括在合同期內）：

(1)無試用期。

(2)試用期從＿＿年＿＿月＿＿日起至＿＿年＿＿月＿＿日止。

（試用期最長不超過六個月。其中，合同期限在三個月以上一年以下的，試用期不超過三十日；合同期限在一年以上三年以下的，試用期不超過六十日；合同期限在三年以上或者無固定期限的，試用期不超過六個月。）

二、工作地點和工作內容

第三條　乙方服從甲方的工作安排，在地處＿＿市＿＿鎮街（區）＿＿社區（村）廠區（公司、門店）的＿＿＿部門＿＿＿崗位工作。

第四條　乙方的工作任務和職責是＿＿＿＿＿＿＿＿＿＿＿，甲乙雙方並按以下第＿＿項明確：

(1)乙方工作的崗位，不屬於國家規定的需安全、衛生和職業特殊保護的工作崗位。

(2)乙方工作的崗位，屬於國家規定的需安全、衛生和職業特殊保護的工作崗位，該崗位有可能對乙方身體的安全或健康主要在＿＿＿＿＿＿＿＿＿＿＿＿＿＿＿＿＿＿＿＿＿＿方面造成損害。

甲方將按特殊崗位和工種保護的有關規定，提供安全、衛生和職業病的防護知識培訓和提供相應的防護措施。

第五條　甲方因工作需要，有權臨時調動乙方的工作崗位（三個月內），乙方應當服從。如甲方需調整乙方的工作崗位或者派乙方到外單位工作（三個月以上），雙方應協商一致簽訂補充協議書加以確認，該協議書將作為本合同的附件。

三、工作時間和休息休假

第六條　甲乙雙方同意按以下第＿＿＿方式確定乙方的正常工作時間：

(1)標準工時工作制，即每日工作＿＿＿小時、每週工作＿＿＿天，每週至少休息一天。

(2)不定時工作制，即經勞動部門批准，乙方所在崗位以完成工作任務為工作時間，不存在意義上的加班。

(3)綜合計算工時工作制，即甲方經勞動部門批准，乙方所在崗位以＿＿（週／月／季／年）為計算週期，綜合總工時符合國家規定。

第七條　在實行標準工時工作制和綜合計算工時工作制的情況下，因生產工作需要，甲方經與本單位工會或者乙方協商後，可以安排乙方加班工作，加班總時數符合國家規定。

第八條　甲方依據本省企業職工假期待遇相關規定，每年適當安排乙方休節日假、年假、婚假、產假、看護假、喪假等帶薪假期。

四、勞動報酬

第九條　甲方執行東莞市最低工資標準規定，按下列第＿＿＿種方式核發乙

　　　　方工資：
　　(1)試用期工資：試用期工資為_____元／月。
　　(2)計時工資：崗位工種標準為_____元／時，來計付乙方的月工資。
　　(3)計件工資：甲方按公布的本單位制定計件單價制度，來確定乙方的計件
　　　工價及計付乙方的月工資。
　　(4)不定時工資或固定工資：_____元／月。
第十條　甲方根據單位的經營狀況和工資分配制度、集體工資協商結果，適
　　　　時調整乙方工資。
第十一條　甲方每月_____日如期支付_____（當月／上月）貨幣工資。如
　　　　　遇節假日或休息日，則提前在最近的工作日支付。
五、社會保險福利待遇
第十二條　合同期內，甲、乙雙方應執行所在地社會保障部門的規定，依法
　　　　　參加各項社會保險，按比例分別繳交社會保險費。
第十三條　乙方患病或非因工負傷，乙方因病或非因工死亡，依規定得到相
　　　　　應的社會保障待遇。
第十四條　乙方工傷或因工死亡，甲方按社會工傷保險規定給予工傷待遇或
　　　　　者因工死亡待遇。
六、勞動保護、勞動條件和職業危害防護
第十五條　甲方按國家有關勞動保護規定，包括女職工、未成年工的勞動保
　　　　　護規定和標準，為乙方提供符合國家規定的勞動保護設施和勞動
　　　　　條件。
第十六條　甲方按國家先培訓、後上崗的規定，對乙方進行安全、衛生、職
　　　　　業病防護知識、法規教育和操作規程培訓及其他業務技術培訓；
　　　　　乙方應參加上述培訓並須自覺遵守和執行甲方的安全衛生操作規
　　　　　程和職業病防護措施，進行生產和工作。
第十七條　甲方根據乙方從事的崗位工種，按國家有關規定，發給乙方必要
　　　　　的勞動保護用品，及防暑降溫等津貼，並按勞動保護規定定期免
　　　　　費安排乙方進行體檢。
第十八條　乙方有權拒絕甲方的違章指揮及強令冒險作業，對甲方及其管理
　　　　　人員漠視乙方安全和健康的行為，有權要求改正並向有關部門檢
　　　　　舉、控告。
七、勞動紀律
第十九條　甲方根據國家和省的有關法律、法規依法制定的各項管理規章制
　　　　　度，公示和告知乙方；乙方應自覺遵守，服從管理，積極做好工
　　　　　作。
第二十條　甲方有權對乙方履行制度的情況進行檢查、督促、考核和獎懲。
第二十一條　如甲方為乙方提供專項專業技術培訓，應補充訂立培訓協定為
　　　　　　本合同的附件，約定服務期和違約金。
第二十二條　如乙方掌握甲方的商業秘密，乙方有義務保守商業秘密，雙方
　　　　　　應補充簽訂保密協定為本合同的附件，約定競業限制的年限、
　　　　　　限制期按月經濟補償的金額、違約金等事項。

八、變更、解除和終止
　第二十三條　任何一方要求變更本合同的某項內容，都應以書面形式通知對方。雙方經協商一致，可以變更本合同，並辦理新簽勞動合同的手續。
　第二十四條　乙方擅自離職十五天後或一年曠工屢計超過三十天的，甲方可單方即時解除本合同，予以除名處理，無須支付經濟補償金，並可追究乙方的違紀責任。
　第二十五條　經甲乙雙方協商一致，本合同可解除，並由甲方按規定發給經濟補償金。
　第二十六條　有下列情形之一的，合同一方可以解除勞動合同：
　(1)乙方試用期內不符合錄用條件或乙方不願供職的（提前三天通知和告知原因）：
　(2)乙方被判刑、送勞動教養，以及有貪污、盜竊、賭博、打架鬥毆、營私舞弊、罷工及怠工、不良行為等嚴重問題，或因失職給甲方造成重大損失和屢次違反勞動紀律、廠紀廠規經教育不改被給予開除處分的：
　(3)乙方服兵役、出境定居、自費留學和考入中等專業以上學校的：
　(4)甲方有以暴力、威脅或有非法限制乙方人身自由，強迫勞動，侮辱人格，侵害乙方合法權益行為的：
　(5)甲方連續兩個月以上不支付乙方工資的：
　(6)經有關部門確認勞動安全、衛生條件惡劣和嚴重危害乙方健康的：
　(7)甲方不履行本合同約定的條款或違反法律、法規和規章，而侵害乙方合法權益的：
　(8)法律、法規規定的其他情形。
　按本條(1)至(2)項解除合同的，甲方無須支付經濟補償金給乙方。按本條(3)至(7)項解除合同的，除乙方離職出境定居按規定需支付一次性離職費外，甲方需支付經濟補償金給乙方。屬本條(8)情形而解除本合同的，按法律、法規的規定決定是否發給經濟補償金。
　第二十七條　有下列情形之一的，解除勞動合同一方應提前三十天書面通知對方。
　甲方辭退：
　(1)乙方患病或非因工負傷的醫療期滿，不能從事原工作也不能從事另行安排工作的：
　(2)乙方經培訓或調整工作崗位仍不勝任工作的：
　(3)因生產經營、技術條件發生變化，甲方又無法調劑安置乙方的，或因用人單位瀕臨破產進行法定整頓及生產經營狀況發生嚴重困難需裁減人員的：
　(4)其他法律、法規和甲方單位規章制度允許甲方可提前解除勞動合同的。
　乙方辭職：
　(1)乙方因結婚或照顧家庭等原因而要離職的：
　(2)乙方因工負傷或患職業病醫療期終結而本人要求離職的：
　(3)其他法律、法規和甲方單位依法制訂的規章制度允許乙方可提前解除勞

動合同的。

一方提出解除合同時如未能提前三十天書面通知對方的，應當按乙方當年正常一個月工資的標準，支付給對方。

本條中屬甲方辭退(1)至(3)項情形解除本合同的，甲方需按規定發給經濟補償金。其中，因患病和非因工負傷而辭退的，還應按規定支付醫療補助費。屬本條乙方辭職(1)至(2)項情形解除本合同的，甲方可以不支付經濟補償金，但(2)項須按規定支付工傷相關待遇。屬本條甲方辭退(4)和乙方辭職(3)情形而解除本合同的，按法律、法規和甲方單位規章制度的規定，來決定是否發給經濟補償金。

第二十八條　有下列情形之一的（因嚴重違法、違紀等原因被開除、除名或辭退的除外），甲方不得解除本合同：

(1)乙方患職業病或因工負傷，在醫療期內的；

(2)乙方患職業病或因工負傷，經勞動鑑定委員會確認已喪失或者部分喪失勞動能力，且本人不要求解除本合同的；

(3)乙方患病或非因工負傷，在規定的醫療期內或者醫療期雖滿但仍需住院治療的；

(4)女職工在孕期、產假、哺乳期內的；

(5)在乙方正享受法定節日、各種假期及補休中的；

(6)乙方在本單位連續工作滿十五年，且距法定退休年齡不足五年的；

(7)法律、法規規定的其他情形。

第二十九條　本合同如以下法定終止條件之一出現，即終止：

(1)本合同期已滿，且不在不得解除合同的情形之內；

(2)甲方被依法宣告破產、吊銷營業執照、責令關閉、撤銷或者決定提前解散的；

(3)乙方開始依法享受基本養老保險待遇的；

(4)乙方已死亡，或者被人民法院宣告死亡或宣告失蹤的。

本條(3)、(4)項終止合同的，甲方無須支付經濟補償金給乙方。

第三十條　經濟補償金按乙方在本單位工作的年限，每滿一年支付一個月工資，六個月以上不滿一年的按一年計算，不滿六個月的，支付半個月工資。

乙方月工資高於本市上年度職工社會平均月工資三倍的，經濟補償金按該社會平均月工資三倍限額支付，並且經濟補償年限最高不超過十二年。

第三十一條　確定解除或終止本合同，甲方需出具「解除／終止勞動合同證明書」給乙方，並在十五天內辦結工作交接和解除或終止及支付經濟補償金等手續，甲方不得無理扣押乙方的工資、個人證件及拒辦相應的養老、失業救濟等社會保險和乙方檔案轉移手續。

九、違反合同責任

第三十二條　一方違反合同，給對方造成經濟損失的，應根據其後果承擔經濟賠償責任：

(1)甲方違約情形：＿＿＿＿＿＿＿＿＿＿＿＿＿＿＿＿＿＿＿＿＿。

(2)乙方違約情形：_____。

十、調解與仲裁

第三十三條　雙方在履行本合同時發生爭議，應先協商解決。協商無效的，應先到所屬地勞動爭議調解辦公室申請調解。調解不成的，如當事人一方要求仲裁的，可向當地勞動爭議仲裁部門申請仲裁。對仲裁裁決不服的，可以自收到仲裁裁決書之日起十五日內向人民法院提起訴訟。

十一、其他規定

第三十四條　本合同未盡事宜，按國家、省、市有關規定辦理。在合同期內，如本合同條款與國家、省、市有關勞動法律、法規及政策相牴觸的，按法律、法規及政策執行。

第三十五條　本合同甲乙雙方各自保存一份，互相監督履行。

第三十六條　下列甲方規章制度為本合同附件，與本合同具有同等效力：

(1)_____。

(2)_____。

第三十七條　雙方約定（不夠寫可加附件）：

(1)甲、乙雙方對本合同約定的工時工作制度、勞動報酬標準無異議，並保證在本合同解除或終止時，不再就月工資金額和加班工資標準再追究對方的責任。

(2)_____。

(3)_____。

(4)_____。

(5)_____。

甲方（蓋章）：_____　乙方（蓋章）：_____

法定代表人（簽名）：_____

____年____月____日　　　　　　____年____月____日

鑑證機構（蓋章）：_____

鑑證日期：____年____月____日

使用說明：

一、用人單位（甲方）確定招用勞動者（乙方）後，需簽訂本合同明確雙方的勞動權利和義務。乙方口頭同意錄用而不願簽訂本合同的，甲方應作不同意招用處理；乙方同意簽訂合同而甲方招用三十日以上不簽訂本合同並對乙方造成損害的，應承擔賠償責任。

二、雙方在簽訂本合同前，應認真閱讀本合同書。本合同一經簽訂，雙方必須嚴格執行。

三、本合同必須由甲方的法定代表人（或者委託代理人）和乙方親自簽名或簽章，並加蓋用人單位公章（或者勞動合同專用章）方為有效。

四、本合同中的空欄，由雙方協商確定後填寫，並不得違反法律、法規和相關規定。不需填寫的空欄，劃上「／」。

五、工時制度分為定時工作制、不定時工作制、綜合計算工時工作制三種。實行不定時和綜合計算工時制的，應經勞動保障部門批准。

六、本合同的未盡事宜，可另行簽訂補充協定，作為本合同的附件，與本合同一併履行。

七、本合同必須認真填寫，字跡清楚，文字簡練準確，並不得擅自塗改。

八、本合同（含附件）簽訂後，甲、乙雙方各保管一份備查。

資料來源：〈東莞市勞動合同範本（2010年版）〉，巧顧網（http://law.qiaogu.com/info_18484/）。

 ## 第三節　無效勞動合同

　　無效勞動合同，是指所訂立的勞動合同不符合法定條件，不能發生當事人預期的法律後果的勞動合同（如**表4-4**）。

表4-4　無效勞動合同常見的情形

- 內容違反法律、行政法規的勞動合同（如約定試用期超過六個月，不加入社會保險等）。
- 採用脅迫、乘人之危的手段，以損害生命、健康、榮譽、名譽、財產等強迫對方簽訂的勞動合同（如合同期滿後強迫續訂勞動合同）。
- 採用欺詐的手段，故意隱瞞事實，使對方在違背真實意思的情況下訂立的合同（如虛假承諾優厚的工作條件）。
- 訂立程序形式不合法的勞動合同（如雙方當事人未經協商，或者未經批准採取特殊工時制度等）。
- 違反勞動安全保護制度（如約定勞動者自行負責工傷、職業病，免除用人單位的法律責任等）。
- 違反規定收取各種費用的勞動合同（如強制收取培訓費、保證金、抵押金、風險金、股金等）。
- 主體不合格的勞動合同（如招用童工、冒簽合同等）。
- 勞動者偽造學歷、履歷或者提供其他虛假情況簽訂的勞動合同。
- 侵犯婚姻權利的勞動合同（如規定合同期內職工不准戀愛、結婚、生育）。
- 侵犯健康權利的勞動合同（如約定工作時間超過法律規定，損害勞動者正常休息休假）。
- 侵犯報酬權利的勞動合同（如加班不支付加班工資，支付低於最低工資標準的工資等）。
- 侵犯自主擇業權的勞動合同（如設定巨額違約金、培訓費，限制職工流動）。
- 權利義務顯失公平的勞動合同（如設定無償或不對價的競業禁止條件等）。

資料來源：〈無效勞動合同常見的13種情形〉，中國農業人才網（http://www.5ajob.com/News/n02/200601/313.html）。

「勞動合同法」規定，下列勞動合同無效或者部分無效：

1. 以欺詐、脅迫的手段或者乘人之危，使對方在違背真實意思的情況下訂立或者變更勞動合同的。
2. 用人單位免除自己的法定責任、排除勞動者權利的。
3. 違反法律、行政法規強制性規定的（第二十六條第一款）。
4. 對勞動合同的無效或者部分無效有爭議的，由勞動爭議仲裁機構或者人民法院確認（第二十六條第二款）。
5. 勞動合同部分無效，不影響其他部分效力的，其他部分仍然有效（第二十七條）。
6. 勞動合同被確認無效，勞動者已付出勞動的，用人單位應當向勞動者支付勞動報酬。勞動報酬的數額，參照本單位相同或者相近崗位勞動者的勞動報酬確定（第二十八條）。

範例 4-3

假文憑沒真本事　失誠信者法律不保護

案由

為謀得一個好工作，不誠信的小吳使用偽造的文憑，公司查明真相後與他解除了合同。上海市第一中級人民法院對這起特殊的勞動爭議案件作出了終審判決，持假文憑謀職的小吳因欺詐行為被判勞動合同無效，不僅丟了飯碗，還無法享受替代通知期工資、經濟補償金和停工醫療期等勞動法規定的對勞動者的傾斜性保護，他為自己的不誠信行為付出了相應的代價。

案情

現年三十多歲的青年小吳一直為自己學歷過低找不到好工作而煩惱。在多次求職碰壁後，他花錢購買了偽造的湖南大學本科畢業證書，並拿著假文憑的影本四處求職。2002年4月，憑著大學本科的學歷，他被某生物科技公司錄用。兩年後，他又從該公司調入某著名保健品公司擔任培訓主管職務，雙方訂立了為期一年的勞動合同，約定小吳的月工資為四千餘元，公司還支付了七千餘元送他去參加市場行銷的培訓。

工作了一段時間後，保健品公司發現小吳的工作能力欠缺，遂對他的大學本科學歷產生了疑問，經與湖南大學核實後才知道，小吳的本科畢業文憑是偽造的。公司遂與小吳解除了勞動合同。小吳也向公司作出了書面檢查，承認其向生物科技公司應聘時使用了虛假的畢業證書。

豈料，小吳在離開公司一個多月後，便向勞動爭議仲裁委員會申請仲裁，提出自己使用虛假的學歷證明應聘的是生物科技公司而非保健品公司。現保健品公司在自己患膽結石住院期間單方解除勞動合同，故請求保健品公司支付加班工資二千餘元、經濟補償金及50%的額外經濟補償金、替代通知期工資等合計二萬餘元，並支付停工醫療期工資近二萬元。

保健品公司則認為，培訓主管的職位要求是應聘者具有大學本科以上的學歷，小吳持湖南大學經濟管理專業本科畢業證書應聘，才被公司錄用。小吳以虛假學歷騙取該職位，獲取了本科畢業標準的工資及培訓資格，事實上造成了公司的損失，故應當駁回小吳的上述請求。

判決

一中院終審認為，誠信是雙方平等自願、協商一致訂立勞動合同的前提。保健品公司招聘培訓主管的崗位要求是應聘者應具有大學本科以上的學歷。雖然小吳使用虛假學歷進入的是生物科技公司，但保健品公司錄用小吳仍然是基於他具有本科學歷這一虛假前提。因此，小吳的行為顯然違反了誠實信用原則，屬於欺詐行為，直接導致雙方勞動合同無效。對於小吳提出的替代通知期工資、經濟補償金、額外經濟補償金、停工醫療期等要求，屬於勞動法規定的對勞動者的傾斜性保護。小吳作為勞動合同無效的過錯方，對於上述傾斜保護當然不能享受。鑑於小吳已在該崗位付出了勞動，法院判決公司支付小吳加班工資二千餘元及病假工資一千四百元，對小吳的其餘訴訟請求均予以駁回。

資料來源：杭州市勞動保障監察信息網（http://www.zjhz.lss.gov.cn/ldjc/0705/15638.htm）。

第四節 勞動合同的履行和變更

依照「勞動合同法」第七條規定，自用人單位用工之日起，勞動者與用人單位建立勞動關係。建立勞動關係之後，雙方都應當按照勞動合同約定履行相關義務。

一、勞動合同的履行

勞動合同的履行，指的是勞動合同雙方當事人按照勞動合同的約定，履行各自的義務，享有各自的權利。它可分為全面履行原則與合法性原則。

(一)全面履行原則

「勞動合同法」第二十九條規定，用人單位與勞動者應當按照勞動合同的約定，全面履行各自的義務。

在勞動合同中，按照勞動合同的約定，在規定的時間、地點履行合同的全部條款和承擔各自的全部義務。除了合同的約定外，還有與職務相關的勞動紀律、用人單位制定的規章制度等，這是勞動合同以外的附隨義務。而用人單位的義務則是要提供相關的勞動條件、支付相關的勞動報酬、保障勞動者的安全等。

(二)合法性原則

雙方在履約過程中，有關勞動者的利益方面，法律對此作了有利於勞動者的規定。如用人單位不得隨意安排加班，加班必須支付加班費。用人單位支付的勞動報酬不得低於當地政府規定的最低標準。勞動者有權拒絕用人單位管理人員違章指揮、強令冒險作業等等。用人單位與勞動者在履行勞動過程中，不得違反法律、法規的強制性規定。

二、勞動合同的變更

勞動合同的變更，是指勞動合同雙方當事人就已訂立的勞動合同條款進行修改、補充或廢止部分內容的法律行為。當繼續履行勞動合同的部分條款有困難或不可能時，勞動法律、法規允許雙方當事人在勞動合同的有效期內，對原勞動合同的相關內容進行調整，勞動合同的部分內容經過雙方當事人協商可以依法變更。

勞動合同的變更有廣義和狹義兩層涵義。廣義的勞動合同變更，是指勞動合同的內容和主體發生變化；狹義的勞動合同變更，是指勞動合同內容變更。「勞動合同法」上的變更，指的是狹義的變更，即勞動合同內容的變更。

「勞動合同法」第三十三條規定：「用人單位變更名稱、法定代表人、主要負責人或者投資人等事項，不影響勞動合同的履行。」同法第三十五條第一款規定：「用人單位與勞動者協商一致，可以變更勞動合同

約定的內容。變更勞動合同，應當採用書面形式。」

三、合併或者分立的變更

隨著企業經營管理環境的變化，企業之間的併購、重組、分立以及企業內部的戰略調整和機構變革等情事時有發生，用人單位和勞動者之間勞動合同的變更不可避免。

「勞動合同法」第三十四條規定，用人單位發生合併或者分立等情況，原勞動合同繼續有效，勞動合同由承繼其權利和義務的用人單位繼續履行。

根據「最高人民法院關於審理勞動爭議案件適用法律若干問題的解釋」第十條的規定，用人單位與其他單位合併的，合併前發生的勞動爭議，由合併後的單位為當事人；用人單位分立為若干單位的，其分立前發生的勞動爭議，由分立後的實際用人單位為當事人（第一款）。用人單位分立為若干單位後，對承受勞動權利義務的單位不明確的，分立後的單位均為當事人。

變更勞動合同，首先取決於職工是否同意變更；若職工不同意變更，那麼合併後的公司可以解除其勞動合同，並支付經濟補償金。若職工同意變更，則可以採取變更勞動合同的方式。由於涉及到的人比較多，在職工同意的情形下，可以透過民主程序制定相應的工資支付時間調整通知、崗位變更通知，並予以公布。若職工沒有異議，這也屬於變更的一種方式。

四、勞動合同變更的形式

對於勞動合同變更的形式，「勞動合同法」第三十五條第一款規定：「變更勞動合同，應當採用書面形式。」在實務中，如果雙方對勞動合同的內容是否變更存有爭議，那麼用人單位對此負有舉證義務。因此，用人單位在日常管理中，必要注意變更形式的重要性。至於採用什麼樣的書面形式，可以不拘一格，即可以是勞動者提出書面申請，用人單位對此申請加以確認，也可以是用人單位提出書面變更請求，勞動者對此沒有異議簽字加以確認。一般是採用雙方簽訂書面的變更協議書，就變更的相關

內容加以確認，確保以後不會發生爭議。無論是上述哪一種形式，用人單位都應注意保留相關證據以備後用。

範例 4-4

勞動合同變更爭議

案由

為索取自己2004年度第十三個月薪金，原雀巢（中國）有限公司職工楊女士將公司告上了法庭。北京市第二中級人民法院作出終審判決，駁回雀巢（中國）有限公司上訴，維持原判，由雀巢公司支付楊女士2004年度第十三個月薪金一萬四千元。

案情

2003年9月1日，楊女士被錄用到雀巢（中國）有限公司工作。當日，雙方簽訂了無固定期限勞動合同。其中約定，每月最後一天發薪；每年底支付與稅前月基本工資等額的第十三個月薪金。

2004年1月，雀巢（中國）有限公司向楊女士送達了一封載明：「次年度稅前基本工資包括第十三個月獎金；自2004年起第十三個月獎金將改為次年春節支付；新的整體薪酬將代替現存勞動合同中相應條款。」的信函，楊女士收到該信函後未表達意見。2004年12月7日，楊女士提出辭職，並於2005年1月7日正式離職。

2005年3月，楊女士起訴至一審法院稱，雙方就通知中勞動合同的變更沒有達成一致意見，2005年1月7日離職後，雀巢（中國）有限公司以已改變原合同上的內容為由，拒絕支付原告第十三個月薪金。故請求判令雀巢（中國）有限公司支付2004年度第十三個月薪金一萬四千元。

雀巢（中國）有限公司稱，楊女士所說的第十三個月薪金，是雙方2003年9月1日簽訂勞動合同中的稱謂，其實質是獎金，是由公司自行決定的事務。為進一步明確這一點以及支付條件，公司於2004年1月向楊女士進行了書面明示。同時說明了將代替現存勞動合同中相應條款。楊女士接到通知函後，未表示異議，應視為默認公司變更勞動合同的行為。發放獎金時，雙方已解除勞動合同，楊女士沒有理由向公司主張上述獎金。故請求駁回楊女士訴訟請求。

判決

一審法院經審理判決後，雀巢（中國）有限公司不服，上訴到二中院。

二中院經審理認為，雀巢（中國）有限公司變更勞動合同主要內容，屬合同重大事項變更，應取得楊女士同意。根據案件實際情況，考慮到用人單位與勞動者之間地位不同於一般意義的合同關係中雙方當事人的地位，同時從充分切實地保護勞動者合法權益出發，一審法院未認定雙方對勞動合同的變更已達成合意是正確的，所作判決亦無不當，應予維持。據此，二中院作出上述判決。

資料來源：〈雀巢公司被判支付原職工第十三個月薪金〉，蚌埠華聘網（2011/06/30）（http://bb.wlzp.com/News/11833.html）。

五、脫密期的保密協定

　　原勞動部頒布「關於企業職工流動若干問題的通知」二規定：「用人單位與掌握商業秘密的職工在勞動合同中約定保守商業秘密有關事項時，可以約定在勞動合同終止前或該職工提出解除勞動合同後的一定時間內（不超過六個月），調整其工作崗位，變更勞動合同中相關內容。」這是用人單位對涉密崗位所做的脫密措施，以便用人單位保護自身的技術秘密。

第五節　勞動合同的解除和終止

　　解除或終止勞動合同，除了需要具備一定的條件之外，還得符合法定的程序。具備解除或終止勞動合同的條件，不符合法定程序，也不能產生相應的效力。

一、勞動合同的解除

　　勞動合同的解除，是指勞動合同依法簽訂後，未履行完畢前，由於某種原因導致當事人一方或雙方提前中斷勞動合同的法律效力，停止履行雙方勞動權利義務關係的法律行為。

　　「勞動合同法」規定，勞動合同期滿後，用人單位不與勞動者續簽勞動合同，或與勞動者續簽勞動合同時，提供的勞動條件比原勞動合同約定的較低，導致勞動者不願續簽勞動合同時，用人單位需要支付經濟補償金（第四十六條第五項）。只有在勞動合同屆滿時，用人單位主動提出續訂勞動合同而勞動者拒不訂立時，用人單位才不必支付經濟補償金。

二、勞動合同的終止

　　從狹義上講，勞動合同的終止是指勞動合同的雙方當事人按照合同所規定的權利和義務都已經完全履行，且任何一方當事人均未提出繼續保

持勞動關係的法律行為。廣義的勞動合同終止包括勞動合同的解除。

「勞動合同法」第四十四條規定，有下列情形之一的，勞動合同終止：

1. 勞動合同期滿的。
2. 勞動者開始依法享受基本養老保險待遇的。
3. 勞動者死亡，或者被人民法院宣告死亡或者宣告失蹤的。
4. 用人單位被依法宣告破產的。
5. 用人單位被吊銷營業執照、責令關閉、撤銷或者用人單位決定提前解散的。
6. 法律、行政法規規定的其他情形。

三、解除、終止勞動合同規定

「勞動合同法」第五十條規定了解除、終止勞動合同辦理相關手續的規定：

1. 用人單位應當在解除或者終止勞動合同時出具解除或者終止勞動合同的證明，並在十五日內為勞動者辦理檔案和社會保險關係轉移手續（第一款）（如表4-5）。
2. 勞動者應當按照雙方約定，辦理工作交接。用人單位依照本法有關規定應當向勞動者支付經濟補償的，在辦結工作交接時支付（第二款）。
3. 用人單位對已經解除或者終止的勞動合同的文本，至少保存二年備查（第三款）。

第六節　法律責任

法律責任即違法責任，是指法律關係中的主體，由於其違法行為，按照法律規定必須承擔的法律後果。對勞動關係主體的違法行為應當承擔的法律責任，包括行政責任、民事（經濟）責任和刑事責任三類。

表4-5　終止（解除）勞動合同證明

用人單位名稱：_____

地址：_____

聯繫人和電話：_____

勞動者姓名：_____ 身分證號碼：_____

終止（解除）勞動合同前的工作崗位：_____

入職日期：___年___月___日　終止（解除）日期：___年___月___日

最後一份勞動合同期限：___年___月___日至___年___月___日

本單位工作年限：___年___個月（其中依法合併計入的年限為___年___個月）

依據的法律條文：「勞動合同法」第___條第___款第___項

終止原因（打√）

□勞動合同期滿或工作任務完成　　　□勞動者死亡或失蹤

□勞動者達到法定退休年齡或開始享受基本養老保險待遇

□用人單位破產　　　　　　　　　□用人單位停業

解除原因（打√）

□勞動者單方解除　　　　　　□用人單位按「勞動合同法」第三十九條解除

□勞動者試用期內解除　　　　□用人單位按「勞動合同法」第四十條解除

□勞動者按「勞動合同法」第三十八條解除　□用人單位經濟性裁員

雙方協商一致解除：□單位提出解除　　□勞動者提出解除

單位（蓋章）　　　　　　　　勞動保障部門意見：

經辦人：　　　　　　　　　　經辦人：

___年___月___日　　　　　　___年___月___日

勞動者簽收：_____　簽收日期：___年___月___日

註：本空白證明可自行複製使用；在辦理手續時須填寫並提交一式三份，同時提交其他相關的證明材料。

資料來源：中山市人力資源和社會保障局（http://www.gdzs.lss.gov.cn/main/netservice/srvtable/index.action）。

　　「勞動合同法」在第七章規定了用人單位、勞動者本人、勞務派遣單位和勞動行政部門違反承擔法律責任的歸屬（如**圖4-1**）。

一、用人單位

　　用人單位存在強迫勞動等下列四類情形的，依法給予行政處罰，構成犯罪的，依法追究刑事責任；給勞動者造成損失的，應當承擔賠償責任。

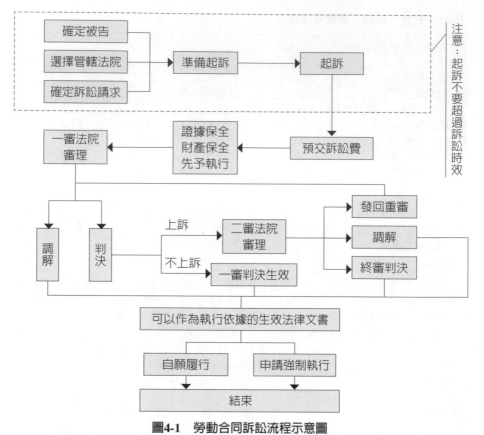

圖4-1 勞動合同訴訟流程示意圖

資料來源：《中華人民共和國勞動合同法》，中國法制出版社（2008），頁148。

1.以暴力、威脅或者非法限制人身自由的手段強迫勞動的。
2.違章指揮或者強令冒險作業危及勞動者人身安全的。
3.侮辱、體罰、毆打、非法搜查或者拘禁勞動者的。
4.勞動條件惡劣、環境污染嚴重，給勞動者身心健康造成嚴重損害的（第八十八條）。

二、勞動者

勞動者違反「勞動合同法」規定解除勞動合同，或者違反勞動合同

中約定的保密義務或者競業限制，給用人單位造成損失的，應當承擔賠償
責任（第九十一條）。

三、勞務派遣單位

勞務派遣單位違反「勞動合同法」規定的，由勞動行政部門和其他
有關主管部門責令改正；情節嚴重的，以每人一千元以上五千元以下的標
準處以罰款，並由工商行政管理部門吊銷營業執照；給被派遣勞動者造成
損害的，勞務派遣單位與用工單位承擔連帶賠償責任（第九十二條）。

四、勞動行政部門

勞動行政部門和其他有關主管部門及其工作人員怠忽職守、不履行
法定職責，或者違法行使職權，給勞動者或者用人單位造成損害的，應當
承擔賠償責任；對直接負責的主管人員和其他直接責任人員，依法給予行
政處分；構成犯罪的，依法追究刑事責任（第九十五條）。

法規4-1　廈門市取消勞動合同鑑證工作

長期以來，市、區人社局按照國家、省、市的規定開展勞動合同鑑證工
作，這項工作對提高用人單位和勞動者的法律意識，促進雙方依法確立勞動關
係，有效預防和減少勞動爭議發揮了積極作用。

但開展勞動合同鑑證工作的相關法律依據，即「勞動合同鑑證實施辦
法」、「福建省勞動合同管理規定」已被廢止，繼續開展該項工作缺乏依據。
且2008年1月1日開始施行的「中華人民共和國勞動合同法」規定，勞動合同由
用人單位與勞動者協商一致，並經用人單位與勞動者在勞動合同文本上簽字或
者蓋章生效，勞動合同是否經過鑑證並不影響其法律效力。

鑑於此，決定自2011年9月1日起在全市範圍內取消勞動合同鑑證工作。

資料來源：「廈門市取消勞動合同鑑證工作的通知」（廈人社〔2011〕176號），
廈門市人力資源和社會保障網（http://www.xmhrss.gov.cn/gzdt/201109/
t20110905_157922.htm）。

第七節　簽訂勞動合同注意事項

從「勞動合同法」全文中可了解到，有關解除或終止勞動、經濟補償金、裁減人員、勞動力派遣、集體合同，甚至競業限制條款都比台灣地區的「勞動基準法」及相關法規要嚴苛。因此，台商應該謹慎因應「勞動合同法」施行後所延伸的棘手人事問題。

1. 基本上，大陸地區的勞動法規會愈來愈繁瑣，動輒得咎。例如「勞動爭議調解仲裁法」、「勞動保障監察條例」等法規條文都牽涉到「勞動合同」執行上的相關問題。大陸各地區人力資源和社會保障行政部門正大力宣導勞動者的權益，用以保障勞動者的工作權，因而，台商企業應該認真思索人事管理工作獨立成為一個部門的可能性評估，才能應付未來日益複雜的勞動關係所延伸的勞動爭議。

2. 大陸地區對從事人事管理工作的職工，也開始在推行「企業人力資源管理人員」認證資格。因此，台商大陸企業聘僱從事人事工作人員，「人資證照」是必備的資格條件，如此才不會不知法而犯法。

3. 企業在與勞動者簽訂合同期限時，應特別注意這項規定，凡雙方連續訂立二次固定期限勞動合同，在續訂時，勞動者可以要求訂立無固定期限勞動合同。所以勞動合同一次簽約期要多久，必須謹慎拿捏，否則「鐵飯碗」時代又要重現職場。

4. 「勞動合同法」特別注重員工的勞動權益保障及強調企業的社會責任，因而它賦予工會或職工代表大會極大的「決策權」，它間接宣示了大陸勞動主權至上時代已來臨，台商企業應隨時注意勞動者籌組工會的訊息，以防患未然。

5. 「勞動合同法」的施行，讓企業「無準繩」的管理時代一去不復返。如果說以前的管理是「人治」，那麼現在就要按照「法制」來管理。

6. 人力資源管理必須思考與業務之間的關連，包括人力資源規劃、配置、激勵及退出機制等一系列問題，用人要事先布局、籌劃，不能「應景」（今日要人，明日招人），否則，僱用一群「傭兵」，會

愈理愈亂。

7. 人事管理制度要跟「勞動合同」接軌，摒除以前的舊思維，制度歸制度，合同歸合同，一操作就違法的管理模式，讓用人單位認識到依法行事才是人事管理的正途。

8. 「勞動合同法」施行後，企業如果沒有合理、合法的依據，證明職工不能勝任工作，是不能隨便辭退職工的，否則官司纏身，得不償失（如圖4-2）。

9. 無固定期限的勞動合同，將會成為未來用工制度的常態，所以績效管理制度的建立，就顯得重要無比。

10. 在績效管理制度上，要加強對試用期的考核，不能等職工過了試用期才考核，到時即便發現其能力不足，也很難以試用不合格為由將其辭退。在績效考核過程中，還需要規劃操作的可行性，不能只說職工不勝任，還需要有書面資料（紀錄），有當事人簽字，才能依法行事。

11. 凡涉及到職工的降職、降薪或解除勞動合同，就必須拿出有力證

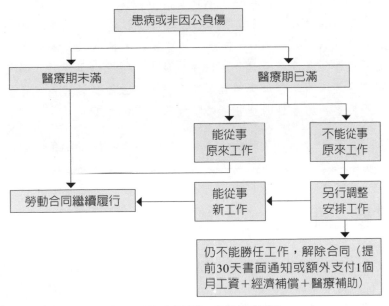

圖4-2　醫療期職工合同管理流程

資料來資：陳敕赫，〈如何搭建病假管理〉，《人力資源》總第333期（2011/07），頁79。

據，沒有書面佐證，是不被認同的。

12. 用人單位內部管理規章是勞動合同的附件要加以約定，並保留以後增加或修改的權利，以及可以調動勞動者工作崗位的約定。

13. 在大幅提升勞動者權益框架的「勞動合同法」施行下，台商應儘早提高競爭力、提升產品附加價值，才能確保競爭優勢。因而，重新檢視企業人力運用（包括評估使用派遣工的利弊得失），檢討生產流程（評估每一條生產線合理化的人數配置），提高自動化設備等等，以避免扛了太多人事成本負擔。

範例 4-5

富士康百萬機械人取代工人

富士康科技集團目前是全球最大的電子代工廠商之一。2011年位居《財富》全球企業500強第60名。《南方日報》報導，富士康科技集團董事長郭台銘透露，富士康正在不斷增加生產線上的機械人數量，以完成簡單重複的工作，取代非技術工人。

目前，富士康有1萬台機械人，2012年將達到30萬台，2014年後機械人的規模將達到100萬台。工業機械人不僅取代生產組裝線工人在精密零件組裝或在噴塗、焊接等不良工作環境中工作外，還可與數控超精密銑床等工作母機結合製造模具，並且能有效降低生產成本和產品不良率。更重要的是它可以替代部分非技術工人。

資料來源：孫藝，〈富士康百萬機械人取代人工〉，大紀元（2011年8月2日）。

結 語

勞動合同管理是一門精深而細緻的學問，它並不僅僅是一個法律問題，某種意義上來說，更是一個企業文化問題。因而，台商應在「合法、合理、合情」下，尋找出兼具勞資雙贏的平衡點，不可遊走法律的「灰色地帶」，更應該負起「企業社會責任」，以創造出沒有競爭對手的藍海策略。

第五章

集體合同管理

你朦朧，我朦朧，你我正好簽合同。

～大陸順口溜

　　集體合同，又稱集體協議、集體協約、團體協約等，是個人勞動合同的對稱。集體合同是用人單位與本單位職工根據法律、法規和規章的規定，就勞動報酬、工作時間、休息休假、勞動安全衛生、職業培訓、保險福利等事項，通過集體協商簽訂的書面協定，對用人單位和全體職工都有約束力；勞動合同約定的勞動條件和勞動報酬等標準，不得低於集體合同的規定。

　　集體合同是集體協商的結果。用人單位建立集體合同制度，是調整勞動關係的一項重要法律制度，對職工全體和用人單位有很大的影響，不可等閒視之（如**表5-1**）。

第一節　平等協商

　　平等協商，是指用人單位工會代表職工（沒有工會組織的用人單位，由上級工會指導勞動者推舉的代表）與用人單位就涉及勞動者合法權益等事項進行商談的行為。「勞動法」第八條規定，「勞動者依照法律規定，通過職工大會、職工代表大會或者其他形式，參與民主管理或者就保護勞動者合法權益與用人單位進行平等協商。」

一、平等協商的事項

　　根據「工會參加平等協商和簽訂集體合同試行辦法」（以下簡稱「試行辦法」）第七條規定，企業工會應當就下列涉及職工合法權益的事項與企業進行平等協商：

1.集體合同和勞動合同的訂立、變更、續訂、解除，已訂立的集體合同和勞動合同的履行監督檢查。

表5-1　集體合同與勞動合同的區別

類別	集體合同	勞動合同
勞動關係不同	它是勞動者集體和用人單位的勞動關係。	它是勞動者個人與用人單位的勞動關係。
主體不同	它的當事人是特定的，一方是工會或職工推派的代表，另一方是雇主（用人單位）或雇主團體。	它的主體是雇主（用人單位），另一方是勞動者個人。
作用不同	協調勞動關係。	建立勞動關係。
內容不同	它以集體勞動關係中的共同權利和義務為內容，可能涉及勞動關係的各個方面，也可能只涉及勞動關係的某個方面（如：工資合同等）。	它以單個勞動關係中的權利和義務為內容。一般包括勞動關係的各個方面，這些勞動條件，在國家法律、法規、政策都有原則規定，其未盡事宜，才會在集體合同中加以詳細規定。
程序不同	它一般由工會代表或職工推舉的代表與用人單位共同草擬，經過在職職工中徵詢意見，研究修改，並經職工代表大會或者全體職工討論通過。	它是由勞動者與用人單位直接簽訂。
效力不同	它的法律效力高於勞動合同的效力。它是用人單位訂立勞動合同的重要依據。	它的標準不得低於集體合同的規定。
訂立時間不同	它在勞動關係存續中訂立的。	它則是在建立勞動關係之初簽訂的。
管理方式不同	它簽訂後要報送人力資源和社會保障行政部門備案後方能生效。	它依法訂立即具有法律約束力。
期限不同	它必須是固定期限的。合同期限最長不得超過三年。	它可以是固定期限、無固定期限和以完成一定的工作為期限。

資料來源：丁志達（2010），「大陸台商人事暨勞動管理實務研習班」講義，中華民國勞資關係協進會編印。

2.企業涉及職工利益的規章制度的制定和修改。

3.企業職工的勞動報酬、工作時間和休息休假、保險、福利、勞動安全衛生、女職工和未成年工的特殊保護、職業培訓及職工文化體育生活。

4.勞動爭議的預防和處理。

5.職工民主管理。

6.雙方認為需要協商的其他事項。

法規5-1　集體合同所規定的企業勞動標準	
企業勞動標準	說明
勞動報酬	包括工資分配方式，工資支付辦法，工資增減幅度，最低工資，計件工資標準，延長工作時間付酬標準，特殊情況下工資標準等。
工作時間	包括日工作時間，週工作時間，延長工作時間和夜班工作時間，勞動定額的確定，輪班崗位的輪班形式及時間等。
休息休假	包括日休息時間，週休息日安排，法定休假日，年休假標準，不能實行標準工時的職工休息休假等。
保險	包括職工工傷、醫療、養老、失業、生育等依法參加社會保險，企業補充保險的設立項目、資金來源及享受的條件和標準，職工死亡後遺屬的待遇和企業補貼或救濟等。
福利待遇	包括企業集體福利設施的修建，職工文化和體育活動的經費來源，職工生活條件和住房條件的改善，職工補貼和津貼標準，困難職工救濟，職工療養、休養等。
職業培訓	包括職工上崗前和工作中的培訓，轉崗培訓，培訓的週期和時間及培訓期間的工資及福利待遇等。
勞動安全衛生	包括勞動安全衛生的目標，勞動保護的具體措施，勞動條件和作業環境改善的具體標準和實施項目，新建、改建、擴建工程的設計、施工中的勞動安全衛生設施與主體工程配套的內容，有職業危害作業勞動者的健康檢查，勞動保護用品發放，特殊作業的搶險救護辦法，以及勞動安全衛生監督檢查等。
企業富餘職工的安置辦法	
女職工和未成年工特殊保護	
其他經雙方商定的事項	

資料來源：「工會參加平等協商和簽訂集體合同試行辦法」第十六條（1995年8月17日頒布），丁志達整理。

二、平等協商的程序

根據「試行辦法」第十一條規定，工會應當按照以下程序與用人單位進行平等協商：

1.建立定期協商機制的企業，雙方首席代表應當在協商前一週，將擬定協商的事項通知對方，屬不定期協商的事項，提議方應當與對方共同商定平等協商的內容、時間和地點。

2. 協商開始時，由提議方將協商事項按雙方議定的程序，逐一提交協商會議討論。

3. 一般問題，經雙方代表協商一致，協議即可成立，重大問題的協議草案，應當提交職工代表大會或全體職工審議通過。

4. 協商中如有臨時提議，應當在各項議程討論完畢後始得提出，取得對方同意後方可列入協商程序。

5. 經協商形成一致意見，由雙方代表分別在有關人員及職工中傳達或共同召集會議傳達。

6. 平等協商未達成一致或出現事先未預料的問題時，經雙方同意，可以暫時中止協商，協商中止期限最長不超過六十天，具體中止期限及下次協商的具體時間、地點、內容由雙方共同商定。

「試行辦法」第十三條規定，「平等協商意見一致，應當訂立單項協議或集體合同。」

三、職工代表的權利與義務

根據勞動和社會保障部第七次部務會議通過發布的「集體合同規定」第二十八條規定，職工一方協商代表在其履行協商代表職責期間勞動合同期滿的，勞動合同期限自動延長至完成履行協商代表職責之時，除出現下列情形之一的，用人單位不得與其解除勞動合同：

1. 嚴重違反勞動紀律或用人單位依法制定的規章制度的。

2. 嚴重失職、營私舞弊，對用人單位利益造成重大損害的。

3. 被依法追究刑事責任的。

4. 職工一方協商代表履行協商代表職責期間，用人單位無正當理由不得調整其工作崗位。

依據「試行辦法」第九條規定，工會代表一經產生，無特殊情況必須履行其義務。因特殊情況造成空缺的，應當由工會重新指派代表。

第二節　集體協商內容

根據「集體合同規定」第八條規定，集體協商雙方可以就下列多項或某項內容進行集體協商，簽訂集體合同或專項集體合同：

1.勞動報酬。

2.工作時間。

3.休息休假。

4.勞動安全與衛生。

5.補充保險和福利。

6.女職工和未成年工特殊保護。

7.職業技能培訓。

8.勞動合同管理。

9.獎懲。

10.裁員。

11.集體合同期限。

12.變更、解除集體合同的程序。

13.履行集體合同發生爭議時的協商處理辦法。

14.違反集體合同的責任。

15.雙方認為應當協商的其他內容。

法規5-2　集體協商內容

條文	項目	內容
第九條	勞動報酬	(一)用人單位工資水平、工資分配制度、工資標準和工資分配形式。 (二)工資支付辦法。 (三)加班、加點工資及津貼、補貼標準和獎金分配辦法。 (四)工資調整辦法。 (五)試用期及病、事假等期間的工資待遇。 (六)特殊情況下職工工資（生活費）支付辦法。 (七)其他勞動報酬分配辦法。

（續）法規5-2　集體協商內容

第十條	工作時間	(一)工時制度。 (二)加班加點辦法。 (三)特殊工種的工作時間。 (四)勞動定額標準。
第十一條	休息休假	(一)日休息時間、週休息日安排、年休假辦法。 (二)不能實行標準工時職工的休息休假。 (三)其他假期。
第十二條	勞動安全衛生	(一)勞動安全衛生責任制。 (二)勞動條件和安全技術措施。 (三)安全操作規程。 (四)勞保用品發放標準。 (五)定期健康檢查和職業健康體檢。
第十三條	補充保險和福利	(一)補充保險的種類、範圍。 (二)基本福利制度和福利設施。 (三)醫療期延長及其待遇。 (四)職工親屬福利制度。
第十四條	女職工和未成年工的特殊保護	(一)女職工和未成年工禁忌從事的勞動。 (二)女職工的經期、孕期、產期和哺乳期的勞動保護。 (三)女職工、未成年工定期健康檢查。 (四)未成年工的使用和登記制度。
第十五條	職業技能培訓	(一)職業技能培訓項目規劃及年度計劃。 (二)職業技能培訓費用的提取和使用。 (三)保障和改善職業技能培訓的措施。
第十六條	勞動合同管理	(一)勞動合同簽訂時間。 (二)確定勞動合同期限的條件。 (三)勞動合同變更、解除、續訂的一般原則及無固定期限勞動合同的終止條件。 (四)試用期的條件和期限。
第十七條	獎懲	(一)勞動紀律。 (二)考核獎懲制度。 (三)獎懲程序。
第十八條	裁員	(一)裁員的方案。 (二)裁員的程序。 (三)裁員的實施辦法和補償標準。

資料來源：「集體合同規定」（自2004年5月1日起施行）。

第三節　集體協商程序

依照「集體合同規定」第五條規定，進行集體協商，簽訂集體合同或專項集體合同，應當遵循下列原則：

1. 遵守法律、法規、規章及國家有關規定。
2. 相互尊重，平等協商。
3. 誠實守信，公平合作。
4. 兼顧雙方合法權益。
5. 不得採取過激行為。

一、集體協商程序

依據「集體合同規定」第三十二條規定：「集體協商任何一方均可就簽訂集體合同或專項集體合同以及相關事宜，以書面形式向對方提出進行集體協商的要求（第一款）。一方提出進行集體協商要求的，另一方應當在收到集體協商要求之日起二十日內以書面形式給以回應，無正當理由不得拒絕進行集體協商（第二款）。」從這一規定來看，提出訂立集體合同的建議，可以由職工一方提出，也可以由企業的法定代表人提出，另一方無正當理由不得拒絕。提議協商談判一方必須以書面形式提出自己的要求方案，並交付對方。

二、集體協商準備

「集體合同規定」第三十三條規定，協商代表在協商前應進行下列準備工作：

1. 熟悉與集體協商內容有關的法律、法規、規章和制度。
2. 了解與集體協商內容有關的情況和資料，收集用人單位和職工對協商意向所持的意見。

3.擬定集體協商議題，集體協商議題可由提出協商一方起草，也可由
　雙方指派代表共同起草。

4.確定集體協商的時間、地點等事項。

5.共同確定一名非協商代表擔任集體協商記錄員。記錄員應保持中
　立、公正，並爲集體協商雙方保密。

三、集體協商會議

「集體合同規定」第三十四條規定，集體協商會議由雙方首席代表
輪流主持，並按下列程序進行：

1.宣布議程和會議紀律。

2.一方首席代表提出協商的具體內容和要求，另一方首席代表就對方
　的要求作出回應。

3.協商雙方就商談事項發表各自意見，開展充分討論。

4.雙方首席代表歸納意見。達成一致的，應當形成集體合同草案或專
　項集體合同草案，由雙方首席代表簽字。

集體協商未達成一致意見或出現事先未預料的問題時，經雙方協
商，可以中止協商。中止期限及下次協商時間、地點、內容由雙方商定
（第三十五條）。

四、集體協商談判

在集體協商談判的過程中，雙方應保持良好的合作態度，不得採取
過激行爲強迫對方接受自己的意見。

集體合同談判期間，雙方均應保持生產經營現狀，用人單位不得以
關廠、停產、停薪相脅迫；職工亦應照常生產，遵守勞動紀律，維護企業
正常生產經營活動，雙方意見僵持時，都有義務保證生產經營的正常秩
序。

五、集體協商談判的結果

協商談判意見一致的，可以簽訂集體合同草案。「勞動合同法」第五十一條規定，集體合同草案應當提交職工代表大會或者全體職工討論通過。

達不成協議的議題可留待下次協商會議再議，也可請當地政府人力資源和社會保障行政部門進行調解，或按集體爭議的仲裁程序申請仲裁，直至訴諸法律部門。

第四節　集體合同訂立

集體合同實質上是一項勞動法律制度，對此「勞動法」、「勞動合同法」、「工會法」、「集體合同規定」、「工會參加平等協商和簽訂集體合同試行辦法」都做了明確規定。

一、訂立原則

用人單位與職工進行集體協商簽訂集體合同時，應當遵循下列的原則：

(一)合法的原則

合法的原則，包括「程序合法」和「內容合法」二方面。程序合法，是指進行集體合同協議簽訂集體合同的工作程序和形式，必須符合法律、法規以及有關文件的規定和要求；內容合法，是指集體協商的內容和所簽訂的集體合同的條款規定，必須符合法律、法規以及有關文件的規定要求，不得與法律、法規以及有關文件相牴觸，凡是牴觸的內容和條款，都是無效的。

(二)平等合作的原則

平等合作，是指參與協商的雙方具有平等的法律地位，不存在隸屬關係，本著合作精神解決有關問題。

(三)協商一致的原則

協商一致，是指雙方要互相尊重，認眞聽取和研究對方的意見與要求，不能強迫對方接受自己的要求和條件，更不能採取威脅、引誘等手段，要防止歧視行爲。

(四)權利與義務相結合的原則

經過平等協商簽訂的集體合同應是雙方權利、義務關係的法制化，雙方當事人既享有權利也承擔義務。任何一方都不能只享有權利而不承擔義務，同時也不能只承擔義務而不享有權利，每一方的權利都應得到對方的尊重。

(五)兼顧各方利益的原則

進行集體協商簽訂集體合同要從用人單位實際出發，把維護正常的生產工作秩序，促進企業發展和改善勞動者的勞動和生活條件結合起來，在用人單位與職工兩利的基礎上建立協商穩定的勞動關係。在集體協商的過程中，雙方應保持積極的合作態度，不得有過激行動強迫對方接受自己的意見和要求，當雙方意見僵持時，都有義務保證生產經營的正常秩序。

二、訂立程序

依據「集體合同規定」規定，訂立集體合同一般應按以下程序進行：

經雙方協商代表協商一致的集體合同草案或專項集體合同草案應當提交職工代表大會或者全體職工討論（第三十六條第一款）。

職工代表大會或者全體職工討論集體合同草案或專項集體合同草案，應當有三分之二以上職工代表或者職工出席，且須經全體職工代表半數以上或者全體職工半數以上同意，集體合同草案或專項集體合同草案方獲通過（第三十六條第二款）。

集體合同草案或專項集體合同草案經職工代表大會或者職工大會通過後，由集體協商雙方首席代表簽字（第三十七條）。

雙方協商代表協商一致，可以變更或解除集體合同或專項集體合同（第三十九條）。

集體合同書（示範文本）

範例 5-1

本合同由企業工會（以下簡稱乙方）代表全體職工與企業（以下簡稱甲方）簽訂。

第一章　總則

第一條　為建立和諧穩定的勞動關係，依法維護職工和甲方的合法權益，促進甲方持續穩定協調發展，根據「中華人民共和國勞動法」、「中華人民共和國工會法」、「中華人民共和國勞動合同法」、「四川省集體合同條例」、「集體合同規定」等法律、法規的規定，經甲、乙雙方協商一致，簽訂本合同。

第二條　本合同是甲、乙雙方代表根據法律、法規的規定，就勞動報酬、工作時間、休息休假、勞動安全衛生、保險福利等事項，在平等協商一致基礎上簽訂的書面協定。

第三條　本合同對甲、乙雙方和全體職工具有約束力。甲方與職工個人簽訂的勞動合同中勞動報酬和勞動條件等標準不得低於本合同規定的標準。

第四條　甲方尊重並支持乙方依法開展工作，聽取乙方對生產經營和涉及職工切身利益問題的意見及建議，與乙方協商處理涉及職工切身利益的重大問題，保障職工的合法權益。

第五條　乙方尊重並支持甲方依法進行生產經營和管理，依法代表和維護職工合法權益，教育職工遵守甲方依法制定的各項規章制度，愛崗敬業、努力工作，圓滿完成甲方各項工作任務。

第二章　勞動合同

第六條　甲方與職工建立勞動關係，應當訂立書面勞動合同。

第七條　甲方與職工訂立、解除、變更、終止勞動合同必須遵守國家法律、法規的相關規定。

第八條　乙方幫助和指導職工在合法、公平、平等自願、協商一致、誠實信用的原則下與甲方簽訂勞動合同，並監督勞動合同的履行。

第九條　甲方新招用職工，其試用期限應執行「中華人民共和國勞動合同法」的相關規定。

第三章　勞動報酬

第十條　甲方以貨幣形式及時足額支付職工工資，不得拖欠。

第十一條　甲方支付給職工的工資不得低於當地政府公布的最低工資標準。

第十二條　甲方依法安排職工在日法定標準工作時間以外延長工作時間的，按照不低於勞動合同規定的職工本人小時工資標準的150%支付職工工資；安排職工在休息日工作且不能安排補休的，按照不低於勞動合同規定的職工本人日或小時工資標準的200%支付職工工資；安排職工在法定休假日工作的，按照不低於勞動合同規定的職工本人日或小時工資的300%支付職工工資。

第十三條　職工依法享受年休假、探親假、婚假、喪假期間，甲方應當按照有關規定或者勞動合同的約定支付工資。職工在法定工作時間內依法參

加社會活動期間，甲方應視同其提供了正常勞動而支付工資。

第十四條　甲方在經濟效益增長的同時，保證職工收入的相應增長。

第四章　休息休假

第十五條　甲方依法實行每日工作時間八小時，平均每週工作時間四十小時的工時制度。因生產特點、工作性質不能實行標準工時制度的工種和崗位，經勞動行政部門審批，可實行綜合計算工時工作制和不定時工作制。

第十六條　甲方確因生產經營需要，經與乙方和職工協商後可以延長工作時間，一般每日不得超過一小時，最長不得超過三小時，每月不得超過三十六小時。

第十七條　職工在勞動合同期內享有國家規定以及甲方安排的各項休息、休假權利。

第五章　勞動安全衛生

第十八條　甲方嚴格執行國家、四川省有關勞動安全衛生的法律、法規，建立完善的勞動安全衛生制度。

第十九條　甲方必須為職工提供符合國家規定的勞動安全衛生條件和必要的勞動防護用品。

第二十條　甲方應對職工進行安全衛生教育，保證職工具備必要的安全生產知識，掌握本崗位安全生產操作技能。

第二十一條　甲方在生產過程中，必須嚴格遵守安全生產技術規範。

第二十二條　職工對甲方管理人員違章指揮、強令冒險作業，有權拒絕執行；對危害生命安全和身體健康的行為，有權提出批評、檢舉和控告。

第六章　社會保險和福利

第二十三條　甲方按照國家和四川省有關規定為職工參加基本養老保險、基本醫療保險、工傷保險、失業保險和生育保險。

第二十四條　甲方根據經濟效益狀況為職工建立補充保險。

第二十五條　甲方按有關規定提取和使用福利費，每年向職工代表大會報告當年福利費使用情況。

第二十六條　甲方應當創造條件，改善集體福利，提高職工的福利待遇。

第七章　職業技能培訓

第二十七條　甲方應按照有關規定，根據甲方實際情況，建立健全職業培訓規章制度，規範對職工的職業技能培訓工作。

第八章　女職工和未成年工特殊保護

第二十八條　甲方不得在女職工懷孕期、產期、哺乳期降低其基本工資或者解除勞動合同。

第二十九條　甲方禁止安排女職工從事礦山井下、國家規定的第四級體力勞動強度的勞動。

第三十條　甲方不得安排未成年工從事國家規定的禁忌勞動。

第九章　裁員

第三十一條　甲方出現「勞動合同法」第四十一條規定情形，確需裁減人員的，應當提前三十日向乙方或者全體職工說明情況，聽取乙方或者職工

的意見，裁減人員方案經向勞動行政部門報告，可以裁減人員。

第三十二條　甲方裁減人員，在六個月內重新招用人員的，應當通知被裁減人員，並在同等條件下優先錄用被裁減人員。

第十章　獎懲

第三十三條　甲方按照國家、四川省以及甲方依法制定的規章制度的規定，對職工進行精神和物質獎勵。

第三十四條　甲方對職工進行處分時，應事先徵求乙方意見，乙方認為不適當的，有權提出意見。

第十一章　集體合同期限

第三十五條　本合同期限為　年，自　年　月　日至　年　月　日止。

第十二章　變更、解除集體合同的程序

第三十六條　甲、乙雙方協商一致，可以變更或解除本合同。

第三十七條　有下列情形之一的，可以變更和解除本合同：

(一)因甲方被兼併、解散、破產等原因，致使本合同無法履行。

(二)因不可抗力等原因致使本合同無法履行或部分無法履行的。

(三)本合同約定的變更或解除條件出現的。

(四)法律、法規、規章規定的其他情形。

第十三章　履行集體合同發生爭議時的協商處理辦法

第三十八條　因履行本合同發生爭議，甲、乙雙方協商解決不成的，可以依照法定程序向勞動爭議仲裁委員會申請仲裁或向人民法院提起訴訟。

第十四章　違反集體合同的責任

第三十九條　因一方過錯不履行或者不完全履行本合同的，過錯方應當繼續履行本合同並承擔相應的違約責任。

第十五章　附則

第四十條　本合同自簽訂之日起十日內報送勞動行政部門審查，勞動行政部門自收到本合同文本之日起十五日內未提出異議的，本合同即行生效。

第四十一條　本合同未盡事宜，按照國家和四川省有關法律、法規的相關規定執行。

甲方：（蓋章）	乙方：（蓋章）
法定代表人或（委託代理人）：（簽名）___年___月___日	法定代表人或（委託代理人）：（簽名）___年___月___日

說明：

1.此文本為綜合性集體合同示範文本。各用人單位與工會簽訂的集體合同可以不限於上述內容。雙方也可以就工資、女職工特殊權益保護等內容進行協商，簽訂單項集體協議。

2.文本中涉及各項具體勞動標準，如不同工作崗位人員簽訂勞動合同的期限、工資調整、工資支付日期、休息休假、適合本單位的補充保險和福利等，可以根

據本單位具體情況詳細約定。

3.為使集體合同審查工作能在法律、法規規定的時限內完成，各用人單位正式簽
　訂集體合同前，可將合同文本非正式送勞動行政部門徵求意見後再正式簽訂。
　各用人單位應按照法律、法規規定的時限將簽訂後的集體合同報送審查。

4.企業化管理的事業單位，簽訂行業性、區域性集體合同可參照本文本執行。

資料來源：「集體合同書（示範文本）」，四川省人力資源和社會保障廳，四川省
　　　　　總工會印製／引自：成都市勞動保障信息網（http://www.cdldbz.gov.cn/
　　　　　PD0806111210/PD0806111210.asp）。

第五節　集體合同變更、解除和終止

　　集體合同的變更，係指在集體合同沒有履行或沒有完全履行之前，
因訂立集體合同所依據的主觀和客觀情況發生某些變化，當事人依照法律
規定的條件和程序，對原合同的某些條款進行修改、補充。

　　集體合同的解除，是指集體合同沒有履行或沒有完全履行之前，因
訂立所依據的主客觀情況發生變化，致使集體合同的履行或不可能或不必
要，當事人依照法律的條件和程序，終止原集體合同法律關係。

一、變更和解除集體合同條件

　　依據「集體合同規定」第四十條規定，有下列情形之一的，可以變
更或解除集體合同或專項集體合同：

1.用人單位因被兼併、解散、破產等原因，致使集體合同或專項集體
　合同無法履行的。

2.因不可抗力等原因致使集體合同或專項集體合同無法履行或部分無
　法履行的。

3.集體合同或專項集體合同約定的變更或解除條件出現的。

4.法律、法規、規章規定的其他情形。

二、變更或解除集體合同程序

依據「試行辦法」第二十八條規定，變更或解除集體合同的程序為：

1. 一方提出建議，向對方說明需要變更或解除的集體合同的條款和理由。
2. 雙方就變更或解除的集體合同條款經協商一致，達成書面協議。
3. 協議書應當提交職工代表大會或全體職工審議通過，並報送集體合同管理機關登記備案，審議未獲通過，由雙方重新協商。
4. 變更或解除集體合同的協議書，在報送勞動行政部門的同時，企業工會報送上一級工會。

三、集體合同終止

集體合同的終止，是指由於合同期滿，合同的目的已經實現，或者依法解除了合同等，使集體勞動合同法律效力消失而言。

依據「集體合同規定」第三十八條規定，集體合同或專項集體合同期限一般為一至三年，期滿或雙方約定的終止條件出現，即行終止。（第一款）集體合同或專項集體合同期滿前三個月內，任何一方均可向對方提出重新簽訂或續訂的要求（第二款）（如圖5-1）。

第六節　集體合同爭議處理

集體合同爭議又稱集體合同糾紛，是勞動爭議的一種，是集體合同當事人因訂立集體合同時所發生的爭議（利益爭議）和對因履行或不履行集體合同而產生的爭議（權利爭議）之統稱。

一、因簽訂集體合同發生的爭議

因簽訂集體合同發生的爭議，是工會組織與用人單位在集體合同訂

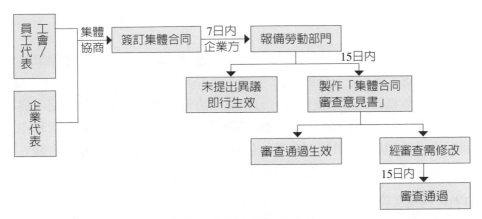

圖5-1　集體合同辦理程序

資料來源：丁志達（2008），「大陸台商人力資源管理實務研習班」講義，中華企業管理發展中心編印。

立過程中發生的爭議，其處理的程序，依據「勞動法」第八十四條第一款規定：「因簽定集體合同發生爭議，當事人協商解決不成的，當地人民政府勞動行政部門可以組織有關各方協商處理。」

　　依據「試行辦法」第三十九條規定，工會與企業因簽訂集體合同發生爭議，應當協商解決。協商解決不成的，提請上級工會和當地政府勞動行政部門協調處理。

　　「集體合同規定」對因簽訂集體合同發生的爭議有如下規定：

(一)協調處理的申請與受理

　　集體協商過程中發生爭議，雙方當事人不能協商解決的，當事人一方或雙方可以書面向勞動保障行政部門提出協調處理申請；未提出申請的，勞動保障行政部門認為必要時也可以進行協調處理（第四十九條）。

(二)協調處理的參加人

　　勞動保障行政部門應當組織同級工會和企業組織等三方面的人員，共同協調處理集體協商爭議（第五十條）。

(三)協調處理的管轄

集體協商爭議處理實行屬地管轄，具體管轄範圍由省級勞動保障行政部門規定（第五十一條第一款）。

中央管轄的企業以及跨省、自治區、直轄市用人單位因集體協商發生的爭議，由勞動保障部指定的省級勞動保障行政部門組織同級工會和企業組織等三方面的人員協調處理，必要時，勞動保障部也可以組織有關方面協調處理（第五十一條第二款）。

(四)協調處理的期限

協調處理集體協商爭議，應當自受理協調處理申請之日起三十日內結束協調處理工作。期滿未結束的，可以適當延長協調期限，但延長期限不得超過十五日（第五十二條）。

二、協調處理爭議程序

「集體合同規定」對協調處理集體協商爭議的程序進行有關規定如下：

1. 受理協調處理申請。
2. 調查了解爭議的情況。
3. 研究制定協調處理爭議的方案。
4. 對爭議進行協調處理。
5. 製作「協調處理協議書」（第五十三條）。

「協調處理協議書」應當載明協調處理申請、爭議的事實和協調結果，雙方當事人就某些協商事項不能達成一致的，應將繼續協商的有關事項予以載明。「協調處理協議書」由集體協商爭議協調處理人員和爭議雙方首席代表簽字蓋章後生效。爭議雙方均應遵守生效後的「協調處理協議書」（第五十四條）。

三、因履行集體合同發生的爭議

「勞動法」第八十四條第二款規定：「因履行集體合同發生爭議，當事人協商解決不成的，可以向勞動爭議仲裁委員會申請仲裁；對仲裁裁決不服的，可以自收到仲裁裁決書之日起十五日內向人民法院提起訴訟。」因此，因履行集體合同發生的爭議，依據「中華人民共和國勞動爭議調解仲裁法」處理。

第七節　法律責任

違反集體合同的責任，是指集體合同當事人違反集體合同的約定，侵犯另一方當事人的合法權益，所應承擔的法律責任。

「勞動合同法」第五十六條規定，「用人單位違反集體合同，侵犯職工勞動權益的，工會可以依法要求用人單位承擔責任；因履行集體合同發生爭議，經協商解決不成的，工會可以依法申請仲裁、提起訴訟。」

一般而言，違反集體合同的責任，可直接由合同雙方當事人在集體合同中約定，合同中未約定的，依照違反集體合同的責任之規定，追究違約一方的責任。

一、承擔違約責任的主體

違反集體合同的責任，以承擔責任的主體來看，有工會組織、企業經營者以及直接責任者個人。從承擔責任的性質，可以分為下列兩種：

1. 因工會或用人單位由於自己的過錯造成的集體合同不能履行或不能完全履行所承擔的責任。
2. 因個人責任，是指個人由於失職，瀆職或其他行為，造成集體合同不能履行或不能完全履行。

二、承擔違約責任的條件

承擔違反集體合同的責任，必須同時具備以下兩個條件：

1.當事人有違反集體合同的行為。
2.當事人要有違反集體合同的過錯。

集體合同訂立後，當事人無論是故意或過失造成集體合同不能履行或不能完全履行，都應當承擔責任。如屬雙方過錯造成集體合同不能履行，應由雙方分別承擔各自應負的責任。

在確定違反集體合同責任時，應注意把集體合同的責任與損害事實分開來。在民事合同中，損害事實是違約當事人承擔民事責任和承擔多少責任的前提條件。在集體合同的履行中，不能只把損害事實作為違反集體合同當事人是否承擔責任的前提，損害事實只能作為承擔多少責任的依據。因為集體合同的有效期限一般為一至三年，時間短而集體合同所規定的不少標準條件的履行與否，所產生的後果有些不是近期內就能顯現出來的，例如工作場所的粉塵作業，當年處理不當，對職工的危害可能幾年後才會發病，造成傷害。

三、違約責任免除條件

凡具備下列條件之一，即可免除違約者的責任：

1.因不可抗力造成集體合同不能履行或不能完全履行的，當事人不承擔違約責任。如地震、水災等所產生的人力不可抗拒的力量。
2.法律有特別規定或訂立集體合同時當事人有約定的，當集體合同不履行或不完全履行又具備這些條件時，可以免除違約者的責任。
3.有關法律、法規或政策修改，當事人對集體合同與修改後的法律、法規或政策不一致的條款不履行的，不承擔責任。
4.因對方過錯造成集體合同不能履行或不能完全履行時，不能履行的一方不僅可以免除責任，而且可以要求對方承擔責任（中國勞動諮

詢網）。

由於上級機關的過錯造成當事人違反集體合同，不屬於免除違約責任的條件，但根據集體合同的過錯責任承擔原則，由上級機關或業務主管部門造成集體合同不能履行或不能完全履行的，違約責任應由上級機關或業務主管部門承擔。

四、承擔違約責任的方式

當事人、責任人違反集體合同承受的制裁形式，具體而言有下列方式：

(一)由責任人支付違約金

它指合同各方在合同中約定的一方或各方違約時，違約方要支付給守約方一定數額的貨幣，以彌補守約方損失同時兼有懲罰違約行為作用的違約責任方式。如企業違反集體合同中關於勞動保護的約定，對某些危險作業沒有採取約定的保護措施，造成職工生命和健康損害的，企業要對職工承擔賠償責任。

(二)罰款

如果企業行政違反集體合同中的勞動保護標準條款的規定，可由勞動保護監督檢查員對失職人員科處罰款，對受害職工承擔賠償責任。

(三)繼續履約

它指合同義務沒有履行或者履行不符合約定的，守約方可以要求違約方按照合同約定繼續履行的義務，直至達到合同目的。

(四)行政責任

當事人一方的有關人員違反集體合同，並同時違反了行政規範、法律或企業內部勞動規則應負行政責任。

(五)道義和政治責任

在集體合同規定的工會的義務多屬政治的、道德的和社會的性質，因此工會不履行集體合同規定的義務，只負政治責任和道德責任。

(六)刑事責任

企業行政主管人員故意違反集體合同，並造成嚴重後果的，將根據「刑法」的有關規定，追究其刑事責任（趙永樂、王培君，2001）。

結　語

集體協商和集體合同制度是市場經濟條件下協調勞動關係的有效機制。利用集體合同協調勞動關係和維護職工合法權益，在「勞動法」、「勞動合同法」、「工會法」、「集體合同規定」等法律、法規都做出了規定，認為是工會代表職工和維護職工合法權益的重要法律工具，因而，台商企業已成立工會組織的，就要充分利用集體協商的技巧，簽訂符合勞資雙贏的集體合同，共同遵守。

第六章

教育體制與職業培訓

> 六○年代當兵光榮，七○年代革命光榮，八○年代考大學光榮，九○年代賺錢光榮。
>
> ～大陸順口溜

職業培訓，又稱職業教育或職業技能培訓，它指對具有勞動能力、尚未工作的公民、在職人員、失業人員，依據職業技能標準進行職業技能能力、理論知識的教育和訓練。職業培訓的目的，是提高勞動者的素質，增強就業能力，促進就業與經濟社會發展。「中華人民共和國勞動法」和「中華人民共和國職業教育法」都明確了職業培訓的內涵和法律地位。

實施職業證照資格證書制度，係由政府批准的考核鑑定機構負責對勞動者實施職業技能考核鑑定，促進職業技能開發，提高勞動者素質，用人單位合理使用勞動力和勞動者選擇職業、崗位提供了依據和憑證。

第一節　教育體制

「中華人民共和國教育法」第十七條規定，國家實行學前教育、初等教育、中等教育、高等教育的學校教育制度（如**圖6-1**）。

一、學前教育

「幼兒園管理條例」第二條規定，本條例適用於招收三週歲以上學齡前幼兒，對其進行保育和教育的幼兒園。

學前教育通常是以三至六歲幼兒為對象。在幼兒園或小學附設的幼兒園實施。

二、初等教育

「中華人民共和國義務教育法」規定，國家實行九年義務教育制度（第二條第一款）。實施義務教育，不收學費、雜費（第二條第三款）。

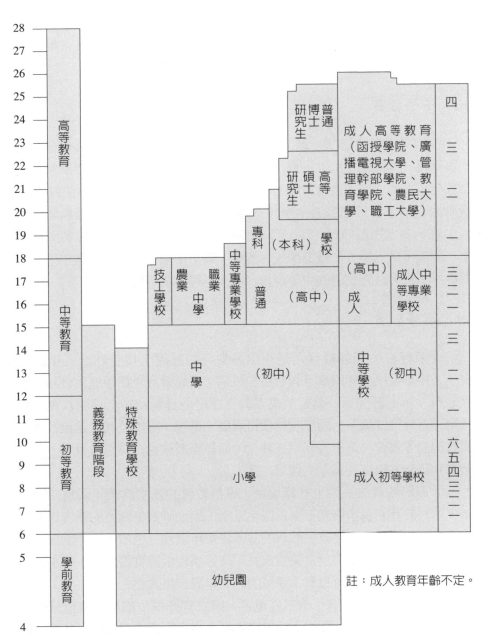

圖6-1　中國大陸現行學校制度

資料來源：蘇渭昌（1995），〈各級各類教育之發展〉，收錄於毛禮銳、沈灌群編，
　　　　《中國教育通史》（第六卷），濟南：山東教育，頁475。

凡年滿六週歲的兒童，其父母或者其他法定監護人應當送其入學接受並完成義務教育；條件不具備的地區的兒童，可以推遲到七週歲（第十一條）。

三、中等教育

採取多種形式辦學，是中等教育制度的特色。多種形式辦學在大陸地區稱為「兩條腿走路」，意指國家辦學與集體辦學並舉、全日制學校與業餘學校並舉、普通教育與職工技術教育並舉的辦學方針。因此在中等教育階段包括了全日制普通中學（普通初中、普通高中）、中等專業學校（中專，基本學制四年，部分學制為三年）、技工學校（招收初中畢業生，學制多為三年）、職業學校（農業、職業中學）、半工半讀中學、業餘中學、成人教育管道的中等學校、成人中等專業學校等。

四、高等教育

一般而言，高等教育乃是在中等教育的基礎上接受四至五年的教育。「中華人民共和國高等教育法」規定，高等教育包括學歷教育和非學歷教育（第十五條第一款）。高等教育採用全日制和非全日制教育形式（第十五條第二款）。國家支持採用廣播、電視、函授及其他遠程教育方式實施高等教育（第十五條第三款）。高等學歷教育分為專科教育、本科教育和研究生教育（第十六條第一款）。

「高等教育法」第十七條規定，專科教育的基本修業年限為二至三年，本科教育的基本修業年限為四至五年，碩士研究生教育的基本修業年限為二至三年，博士研究生教育的基本修業年限為三至四年。非全日制高等學歷教育的修業年限應當適當延長。高等學校根據實際需要，報主管的教育行政部門批准，可以對本學校的修業年限作出調整。

「高等教育法」第二十二條規定，國家實行學位制度。學位分為學士、碩士和博士（第一款）。公民通過接受高等教育或者自學，其學業水平達到國家規定的學位標準，可以向學位授予單位申請授予相應的學位（第二款）（如**圖6-2**）。

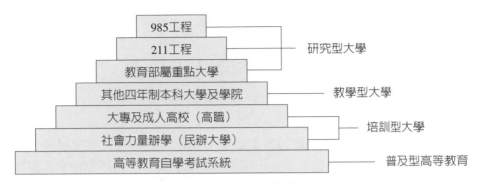

圖6-2　高等教育分層結構圖

資料來源：楊景堯（2003），《中國大陸高等教育之研究》，高等教育文化事業出版，頁91。

五、成人教育

　　自1958年5月31日，劉少奇於「中央政治局擴大會議」上提出「兩種教育制度」（兩條腿走路）的辦學方針，它乃指正規的普通教育，以及提供給各類社會人士學習機會的成人教育而言。

　　成人教育分為成人初中、中等文化教育、成人中等專業教育及成人高等教育。在成人高等教育方面，包括廣播電視大學、職工大學、職工業餘大學、管理幹部學校、農民高等學校、教育學院、獨立函授學校、普通高校所辦函授班、夜間大學等，以及高中自學考試、中等教育自學考試及高等自學考試制度。

六、職業教育

　　「中華人民共和國職業教育法」第十三條規定，職業學校教育分為初等、中等、高等職業學校教育（第一款）。初等、中等職業學校教育分別由初等、中等職業學校實施；高等職業學校教育根據需要和條件由高等職業學校實施，或者由普通高等學校實施。其他學校按照教育行政部門的統籌規劃，可以實施同層次的職業學校教育（第二款）。

　　「職業教育法」第十四條規定，職業培訓包括從業前培訓、轉業培訓、學徒培訓、在崗培訓、轉崗培訓及其他職業性培訓，可以根據實際情

況分為初級、中級、高級職業培訓（第一款）。職業培訓分別由相應的職業培訓機構、職業學校實施（第二款）。其他學校或者教育機構可以根據辦學能力，開展面向社會的、多種形式的職業培訓（第三款）。

七、民辦教育事業

「中華人民共和國民辦教育促進法」規定，民辦教育事業屬於公益性事業，是社會主義教育事業的組成部分（第三條）。民辦學校與公辦學校具有同等的法律地位，國家保障民辦學校的辦學自主權（第五條）。

八、學歷證書

「中華人民共和國教育法」規定：國家實行學業證書制度。經國家批准設立或者認可的學校及其他教育機構按照國家有關規定，頒發學歷證書或者其他學業證書（第二十一條）。國家實行學位制度。學位授予單位依法對達到一定學術水平或者專業技術水平的人員授予相應的學位，頒發學位證書（第二十二條）。

依據「中華人民共和國學位條例」第三條規定，學位分學士、碩士、博士三級（如**表6-1**）。

九、211工程高校

1993年2月13日中央、國務院印發的「中國教育改革和發展綱要」及國務院「關於『中國教育改革和發展綱要』的實施意見」中，關於「211

表6-1　學位制度與兩張證書

中國大陸的學位制度始於1981年，分為學士、碩士、博士三級。隨著學位制度的實施，每個人可以拿到兩張證書，一張是畢業證書，一張是學士證書。

畢業證書代表學歷，只要依規定修完課程，通過考核，便可獲得由校長簽名的畢業證書。

學士證書代表的是一種榮譽，由學位評定委員會主席簽名發給。換句話說，凡是於學習期間曾發生不榮譽的事，例如考試作弊，或是犯法被判刑，就無法獲得學位證書。

資料來源：楊景堯（2003），《中國大陸高等教育之研究》，高等教育文化事業出版，頁32。

工程」的主要精神是：為了迎接世界新技術革命的挑戰，面向二十一世紀，要集中中央和地方各方面的力量，分期分批地重點建設一百所左右的高等學校和一批重點學科、專業，使其到2000年左右在教育質量、科學研究、管理水準及辦學效益等方面有較大提高，在教育改革方面有明顯進展，力爭在二十一世紀初有一批高等學校和學科、專業接近或達到國際一流大學的水準（如**表6-2**）。

表6-2　211工程高校名單

地區	高校名單
北京（23所）	清華大學、北京大學、中國人民大學、北京交通大學、北京工業大學、北京航空航太大學、北京理工大學、北京科技大學、北京化工大學、北京郵電大學、中國農業大學、北京林業大學、中國傳媒大學、中央民族大學、北京師範大學、中央音樂學院、對外經濟貿易大學、北京中醫藥大學、北京外國語大學、中國協和醫科大學、中國政法大學、中央財經大學、華北電力大學
上海（9所）	上海外國語大學、復旦大學、華東師範大學、上海大學、東華大學、上海財經大學、華東理工大學、同濟大學、上海交通大學（與上海第二醫科大學合併）
天津（3所）	南開大學、天津大學、天津醫科大學
重慶（2所）	重慶大學、西南大學
河北（1所）	河北工業大學
山西（1所）	太原理工大學
內蒙古（1所）	內蒙古大學
遼寧（4所）	大連理工大學、東北大學、遼寧大學、大連海事大學
吉林（3所）	吉林大學、東北師範大學、延邊大學
黑龍江（4所）	哈爾濱工業大學、哈爾濱工程大學、東北農業大學、東北林業大學
江蘇（11所）	南京大學、東南大學、蘇州大學、南京師範大學、中國礦業大學、中國藥科大學、河海大學、南京理工大學、江南大學、南京農業大學、南京航空航太大學
浙江（1所）	浙江大學
安徽（3所）	中國科學技術大學、安徽大學、合肥工業大學
福建（2所）	廈門大學、福州大學
江西（1所）	南昌大學
山東（3所）	山東大學、中國海洋大學、中國石油大學
河南（1所）	鄭州大學
湖北（7所）	武漢大學、華中科技大學、中國地質大學、武漢理工大學、華中師範大學、華中農業大學、中南財經政法大學

（續）表6-2　211工程高校名單

地區	高校名單
湖南（3所）	湖南大學、中南大學、湖南師範大學
廣東（5所）	中山大學、暨南大學、華南理工大學、華南師範大學、廣州中醫藥大學
廣西（1所）	廣西大學
四川（5所）	四川大學、西南交通大學、電子科技大學、四川農業大學、西南財經大學
雲南（1所）	雲南大學
貴州（1所）	貴州大學
陝西（6所）	西北大學、西安交通大學、西北工業大學、長安大學、西北農林科技大學、西安電子科技大學
甘肅（1所）	蘭州大學
新疆（1所）	新疆大學
軍事系統（3所）	第二軍醫大學、第四軍醫大學、國防科技大學

資料來源：〈211工程高校名單〉，中國高考信息網（http://www.gaokaoinfo.com/gkzhishi/gj2007031003.htm）。

第二節　職業許可與職業認證

　　職業許可與職業認證在本質上是一樣的，都是對職業資格的要求，在資格與就業之間建立橋樑與紐帶。不同的是，認證是通過市場機制建立的橋樑和紐帶，是通過市場機制建立就業門檻；許可是通過行政行為建立的橋樑和紐帶，是通過法律途徑建立就業門檻（如表6-3）。

一、許可

　　許可（licensure）是對從業人員從業的依法准入，屬於行政許可性質。行政許可的設定，是指國家機關依照職權和實際需要，在有關法律、法規、規章中自行創制行政許可的行為，其主要特點是，國家機關依職權自行創設行政許可，自行限制公民、法人或者其他組織的權力，創設公民、法人或者其他組織的義務，屬於立法行為範疇。許可是政府運用公權力干預市場的行為。

表6-3　許可與認證職業的比較

許可		認證	
律師	會計師	企業人力資源管理師	社會工作者職業水準評價
·通過國家舉辦的考試獲得資格 ·承擔法律方面的諮詢代理服務 ·每年繳納一定管理費續證 ·有吊銷律師證的風險 ·「律師法」	·通過國家舉辦的考試獲得資格 ·承擔財會方面的諮詢代理服務 ·每年參加考試續證 ·有取消會計證的風險 ·「會計法」、「註冊會計師法」	·通過國家舉辦的考試獲得資格 ·承擔企業人力資源管理業務 ·參加繼續培訓保持資格 ·沒有取消認證的風險 ·「勞動法」	·通過國家舉辦的考試獲得資格 ·承擔社區管理業務 ·參加繼續培訓保持資格 ·沒有取消認證的風險 ·部門職能

資料來源：董志超（2008），〈就業兩道檻：職業許可與職業認證〉，《人力資源》，總第277期（2008/06上半月），頁21。

　　職業的許可性分類是對那些職業行為對公民人身、生命、財產、安全產生重大影響，需要特殊信譽、特殊條件、特殊技能才能履行職業行為的職業進行准入性控制，以維護國家和公民利益。例如：律師、會計師屬於許可類的職業。

二、認證

　　認證（certification）是對職業能力水準的認定，一般會通過考試，獲取等級證書。這種證書與許可不同，從業者沒有獲得這種證書也可以從業，而公民之所以選擇認證，或認證職業的存在是市場調節的結果，即用人單位一般會從獲得證書的人中選擇僱用，獲得證書的人會比沒有獲得證書的人獲得更多的就業機會。這種認證的設立主要是市場行為。可以有國家的認證、地方的認證、企業的認證等，但國家的認證並不是強制性的標準而僅僅是推薦性標準（董志超，2008）。

第三節　職業分類與職業證書

　　國家職業標準是在職業分類的基礎上，根據職業（工種）的活動內容，對從業人員工作能力水準的規範性要求。它是從業人員從事職業活動，接受職業教育培訓和職業技能鑑定，以及用人單位錄用人員的基本依據。國家職業標準由人力資源和社會保障部組織編制並頒發。

一、職業分類

　　職業分類，是指按一定的規則和標準把一般特徵和本質特徵相同或相似的社會職業，分成並歸納到一定類別系統中去的過程。「勞動法」第六十九條規定，國家確定職業分類，對規定的職業制定職業技能標準，實行職業資格證書制度，由經過政府批准的考核鑑定機構負責對勞動者實施職業技能考核鑑定。

二、職業資格

　　職業資格是對從事某一職業所必備的學識、技術和能力的基本要求，反映了勞動者為適應職業勞動需要而運用特定的知識、技術和技能的能力。與學歷文憑不同，學歷文憑主要反映學生學習的經歷，是文化理論知識水準的證明。

　　職業資格與職業勞動的具體要求密切結合，更直接、更準確地反映了特定職業的實際工作標準和操作規範，以及勞動者從事該職業所達到的實際工作能力水準。

　　職業資格包括從業資格和執業資格兩類。從業資格是指從事某一專業（職業）學識、技術和能力的起點標準；執業資格是指政府對某些責任較大，社會通用性強，關係公共利益的專業（職業）實行准入控制，是依法獨立開業或從事某一特定專業（職業）學識、技術和能力的必備標準。

三、職業資格證書制度

職業資格證書制度是勞動就業制度的一項重要內容，也是一種特殊形式的國家考試制度。它是指按照國家制定的職業技能標準或任職資格條件，通過政府認定的考核鑑定機構，對勞動者的技能水準或職業資格進行客觀公正、科學規範的評價和鑑定，對合格者授予相應的國家「職業資格證書」的一項制度。

國家職業資格證書分為五個等級，即初級、中級、高級以及技師、高級技師。持有此資格證書可在全國通用，可享受國家規定的相應待遇。此項工作由人力資源和社會保障部承認，具體由國家省人力資源和社會保障廳執行、發證，全國通用。

用人單位招用技術工種從業人員，必須從取得相應職業資格證書的人員中錄用。它是勞動者求職、任職、開業的資格憑證，是用人單位招聘、錄用勞動者的主要依據，也是境外就業、對外勞務合作人員辦理技能水準公證的有效證件。

職業介紹機構要在顯著位置公告實行就業准入的職業範圍；各地印製的求職登記表中要有登記職業資格證書的欄目；用人單位招聘廣告欄中也應有相應職業資格要求。職業介紹機構的工作人員在工作過程中，對國家規定實行就業准入的職業，應要求求職者出示職業資格證書並進行查驗，憑證推薦就業；用人單位要憑證招聘用工（如**表6-4**）。

四、職業技能鑑定

職業技能鑑定是一項基於職業技能水準的考核活動，屬於標準參照型考試。它是由考試考核機構對勞動者從事某種職業所應掌握的技術理論知識和實際操作能力做出客觀的測量和評價。職業技能鑑定是國家職業資格證書制度的重要組成部分。

表6-4　就業准入的職業範圍

類別	職業範圍
生產、運輸設備操作人員	車工、銑工、磨工、鏜工、組合機床操作工、加工中心操作工、鑄造工、鍛造工、焊工、金屬熱處理工、冷作鈑金工、塗裝工、裝配鉗工、工具鉗工、鍋爐設備裝配工、電機裝配工、高低壓電器裝配工、電子儀器儀表裝配工、電工儀器儀表裝配工、機修鉗工、汽車修理工、摩托車維修工、精密儀器儀表修理工、鍋爐設備安裝工、變電設備安裝工、維修電工、電腦維修工、手工木工、精細木工、音響調音員、貴金屬首飾手工製作工、土石方機械操作工、砌築工、混凝土工、鋼筋工、架子工、防水工、裝飾裝修工、電氣設備安裝工、管工、汽車駕駛員、起重裝卸機械操作工、化學檢驗工、食品檢驗工、紡織纖維檢驗工、貴金屬首飾鑽石寶玉石檢驗員、防腐蝕工
農林牧漁水利業生產人員	動物疫病防治員、動物檢疫檢驗員、沼氣生產工
商業、服務業人員	營業員、推銷員、出版物發行員、中藥購銷員、鑑定估價師、醫藥商品購銷員、中藥調劑員、冷藏工、中式烹調師、中式麵點師、西式烹調師、西式麵點師、調酒師、營養配餐員、前廳服務員、客戶服務員、保健按摩師、職業指導員、物業管理員、鍋爐操作工、美容師、美髮師、攝影師、眼鏡驗光員、眼鏡定配工、家用電子產品維修工、家用電器產品維修工、照相器材維修工、鐘錶維修工、辦公設備維修工、養老護理員
辦事人員和有關人員	秘書、公關員、電腦操作員、製圖員、話務員、用戶通信終端維修員

資料來源：「招用技術工種從業人員規定」（自2000年7月1日起施行）。

五、職業技能鑑定內容

　　國家實施職業技能鑑定的主要內容包括：職業知識、操作技能和職業道德三個方面，這些內容是根據國家職業技能標準、職業技能鑑定規範和相應教材（考試大綱）來確定的，並通過編制試卷來進行鑑定考核。

　　下列人員應按規定參加職業技能鑑定：

1.國家規定的從事技術複雜以及涉及到國家財產、人民生命安全和消費者利益的職業（工種）的人員。

2.職業學校和職業培訓機構屬於技術工種（專業）的畢（結）業生。

3.學徒培訓期滿的學徒工。

4.晉升職業資格等級的人員。

第四節　人力資源管理師國家職業標準

　　大陸目前實行「學歷文憑與職業證書」並重的用人制度。根據就業准入制度，由人力資源和社會保障部頒發的職業資格證書是從事相關職業的唯一通行證。

　　根據「勞動法」的有關規定，為了進一步完善國家職業標準體系，為職業教育、職業培訓和職業技能鑑定提供科學、規範的依據，原勞動和社會保障部組織有關專家，在「企業人力資源管理人員國家職業標準（試行）」的基礎上，制定了「企業人力資源管理師國家職業標準」。

一、職業名稱

　　企業人力資源管理師。

二、職業定義

　　從事人力資源規劃、員工招聘選拔、績效考核、薪酬福利管理、激勵、培訓與開發、勞動關係協調等工作的專業管理人員（如**表6-5**）。

三、職業等級

　　本職業共設四個等級，分別為：人力資源管理員（國家職業資格四級）、助理人力資源管理師（國家職業資格三級）、人力資源管理師（國家職業資格二級）、高級人力資源管理師（國家職業資格一級）。

四、職業環境

　　室內、室外，常溫。

表6-5 企業人力資源管理人員基本要求

基本要求	大綱	內容
職業道德	2.1.1職業道德基本知識 2.1.2職業守則	(1)誠實公正，嚴謹求是 (2)遵章守法，恪盡職守 (3)以人為本，量才適用 (4)有效激勵，促進和諧 (5)勤勉好學，追求卓越
基礎知識	2.2.1勞動法與勞動保障政策	(1)勞動法的概念和作用 (2)勞動法簡史 (3)我國勞動法的基本原則 (4)勞動法律關係 (5)勞動保障政策 (6)企業內部勞動規則
	2.2.2人力資源管理	(1)現代人力資源管理總論 (2)人力資源規劃 (3)工作分析與人員分析技術 (4)員工招聘與配置 (5)績效考核 (6)培訓與開發 (7)薪酬福利管理 (8)勞動關係與員工保障
	2.2.3勞動經濟學	(1)勞動經濟學概論 (2)勞動力供給與需求 (3)工資決定與工資結構 (4)宏觀經濟與就業 (5)勞動力市場的制度結構 (6)政府行為與勞動力市場
	2.2.4統計學	(1)統計數據的蒐集整理與描述 (2)數據分析處理技術
	2.2.5電腦知識	(1)電腦操作知識 (2)電腦維護知識
	2.2.6寫作知識	(1)語言知識（文字、辭彙、語法、修辭） (2)文件體例知識 (3)寫作題材 (4)寫作基本規律

資料來源：「企業人力資源管理師國家職業標準」（2007年版）。

五、職業能力特徵

　　具有較強的學習能力、溝通能力、信息處理能力、分析綜合能力、團隊合作能力和客戶〔包括內部客戶（各職能部門）和外部客戶（勞動管理和社會服務部門）〕服務（指提供服務、幫助，或與之協同工作）能力。

六、基本文化程度

　　高中畢業（或同等學歷）。

七、培訓期限

　　全日制學校教育，根據其培養目標和教學計畫確定。

　　晉級培訓期限：四級企業人力資源管理師不少於一百四十標準學時；三級企業人力資源管理師不少於一百二十標準學時；二級企業人力資源管理師不少於一百標準學時；一級企業人力資源管理師不少於八十標準學時。

八、鑑定要求

　　從事本職業或準備從事本職業的人員。

九、鑑定方式

　　鑑定方式分為理論知識方式與專業技能考核兩種。理論知識考試採用閉卷筆試方式（如**表6-6**）。

表6-6 理論知識比重表

項目		四級企業人力資源管理師（％）	三級企業人力資源管理師（％）	二級企業人力資源管理師（％）	一級企業人力資源管理師（％）
基本要求		30	20	10	0
相關知識	人力資源規劃	15	15	15	17
	招聘與配置	10	15	15	17
	培訓與開發	10	15	15	17
	績效管理	10	10	15	17
	薪酬管理	15	10	15	17
	勞動關係管理	10	15	15	15
合　　計		100	100	100	100

資料來源：「企業人力資源管理師國家職業標準」（2007年版）。引自：山東英才學院
網站（http://www.ycxy.com/cn/ycc/200709/12179.html）。

專業技能考核按照各等級技能需要進行，其方式主要為小組討論和
情景測試（如**表6-7**）。

表6-7 專業能力比重表

項目		四級企業人力資源管理師（％）	三級企業人力資源管理師（％）	二級企業人力資源管理師（％）	一級企業人力資源管理師（％）
能力要求	人力資源規劃	15	15	20	20
	招聘與配置	20	20	15	15
	培訓與開發	15	15	15	15
	績效管理	15	15	15	15
	薪酬管理	20	20	20	20
	勞動關係管理	15	15	15	15
合　　計		100	100	100	100

資料來源：「企業人力資源管理師國家職業標準」（2007年版）。引自：山東英才學院
網站（http://www.ycxy.com/cn/ycc/200709/12179.html）。

理論知識考試與技能考核均採用百分制，六十分以上為合格成績。
理論知識考試、專業技能考核的合格成績兩年之內有效。
人力資源管理師、高級人力資源管理師考核需進行綜合評審。

十、鑑定時間

　　理論知識考試時間不少於九十分鐘，專業能力考核時間不少於九十分鐘，綜合評審時間不少於三十分鐘。

十一、發證單位

　　此證照為中國國家人力資源和社會保障部所頒發，是人力資源管理相關從業人員必備的認證。

十二、證照效力

　　終生有效，全國通用，不用年審，屬上崗證（職業資格證）。

第五節　職業培訓類別

　　職業培訓包括就業前培訓、在職培訓、轉崗轉業培訓及其他職業性培訓，統稱職業培訓，也稱職業技能開發。

一、上崗前培訓的技術工種

　　為適應經濟建設的需要，發展職業培訓，開發勞動者的職業技能，提高勞動者的素質，促進國家職業資格證書制度的建設，根據「勞動法」第六十八條規定，從事技術工種的勞動者，上崗前必須經過培訓。

　　技術工種，是指技術複雜、通用性廣、涉及到國家財產、人民生命安全和消費者利益的工種（職業）。從事技術工種的勞動者就業上崗前必須經過培訓，並實行職業資格證書制度。

二、崗前培訓

　　崗前（就業前）培訓是職業培訓的重要組成部分，其任務是對具有

勞動能力者，在他們就業前，按照不同行業、不同專業、不同工作的要求、採取不同形式，對他們進行必要的基礎知識、基本理論和基本技能的培訓，使之獲得從事某項工作的職業能力。

崗前培訓是整個職業培訓的基礎，它對一個勞動者樹立正確的就業觀念和良好的職業道德，以及掌握必要的勞動技能，具有重要的作用。

三、在崗培訓

它通常是指對在職職工進行的除學歷教育以外的培養與訓練活動。目的是對在職人員進行針對崗位需要的職業再訓練，以不斷提高職工從事本職工作的能力，適應生產工作的需要。

在崗培訓是提高職工隊伍素質的重要手段，也是提高企業競爭能力和經濟效益的有效途徑。

四、轉崗轉業培訓

它通常是指為需要從一種崗位或職業轉到另一種崗位或職業的勞動者創造新的職業技能條件所進行的專門培訓。轉崗轉業培訓可以在企業內部進行，也可以由勞動行政部門和社會有關方面建立的培訓機構組織。

五、其他職業性培訓

它是為適應市場經濟發展，全面提高城鄉勞動者的素質，滿足社會新興失業崗位要求，由各類培訓機構舉辦的單項或多項培訓。

第六節　企業培訓管理

人才培育是用人單位人力資源開發的核心部分。企業之間的競爭，歸根究柢是人才的競爭，而培訓作為培養人才的一種重要手段，已成為企業在競爭激烈的市場上能否取勝的一項關鍵性工作（如**表6-8**）。

表6-8　台商對大陸籍幹部提供教育訓練的目的

回答內容	家數	百分比
增進大陸籍幹部管理技巧	28	58.33%
改進產品或確保產品品質	27	56.25%
加強大陸籍幹部工作技能	22	45.83%
融合企業內部文化	15	31.25%
提高大陸幹部向心力與穩定性	14	29.16%
生產技術的改變	9	18.75%
政府的法令配合	8	16.66%
配合公司當地化政策	8	16.66%
就業市場較難找到合適的員工	2	4.16%
其他	1	2.08%

資料來源：徐文宗（2007），〈台商企業兩岸員工教育訓練模式的研究〉，朝陽科技大
學企業管理學系碩士論文，頁68。

一、培訓目的

企業職工培訓不僅在於改變職工的技術、態度、知識、開發職工的
潛能，使其能力達到用人單位的需求外，並且能為職工提供職業安全，提
升其就業能力。工作安全是給職工提升工作能力，職工可持續地在用人單
位做這項工作；職業安全則是給職工一種職業能力，讓職工開闊視野，具
備一種可持續的工作能力，這是一旦用人單位因業務萎縮裁撤某個部門
時，職工同樣可以到別處發展他的事業，這是一種職業安全感（林新奇主
編，2004）。

二、培訓課程與內容

用人單位為職工提供專項培訓費用，對職工進行專業技術培訓，有
利於提高職工的技術水準，為用人單位創造更多的經濟效益。但是經過專
項培訓的職工，其本人在人力就業市場上的競爭能力也得以增強，跳槽的
可能性也會增多。

職工培訓課程與內容

職工最需要培訓課程	訓練內容
・生產管理規劃能力訓練 ・協調溝通能力訓練（服務溝通） ・主動解決問題能力訓練（有效時間管理） ・物料掌控能力訓練 ・品質觀念訓練（品質管理、產品品質評估） ・人員調度安排能力訓練	・制訂各種訓練教材 ・以國際標準化（International Organization for Standardization, ISO）品質系統進行教育訓練 ・訓練生產線所發生問題進行個案分析 ・訓練後立即測驗並實際演練做報告 ・加強工業工程（Industrial Engineering, IE）及品質管理（QC）七手法訓練 ・加強矯正及預防措施訓練

資料來源：丁志達（2011），「大陸職工管理實務應用講座班」講義，財團法人中華工商研究院編印。

三、專項培訓服務期

為了保護用人單位的利益，應當與職工簽訂專項培訓協議，以避免「人財兩空」的情況。「勞動合同法」第二十二條規定，用人單位為勞動者提供專項培訓費用，對其進行專業技術培訓的，可以與該勞動者訂立協定，約定服務期（第一款）。勞動者違反服務期約定的，應當按照約定向用人單位支付違約金。違約金的數額不得超過用人單位提供的培訓費用。用人單位要求勞動者支付的違約金不得超過服務期尚未履行部分所應分攤的培訓費用（第二款）。用人單位與勞動者約定服務期的，不影響按照正常的工資調整機制提高勞動者在服務期期間的勞動報酬（第三款）。

專項協議應當在培訓之前簽訂，協議的內容應當包括培訓的項目、費用、服務期，以及職工一旦發生在服務期內跳槽而應支付的違約金等。

對於脫產培訓期間的培訓費用、食宿、差旅費用只要是從用人單位培訓經費中予以報銷的，都可以認定為是培訓費用。對於考察的費用，一般也都是從培訓費用裡支出的，也可以認定為培訓費用。但是，對職工進行脫產培訓也好、考察培訓也好，最佳的方式是在培訓結束後，對培訓所

開銷的培訓經費做一個確認,讓職工本人簽字。

由於違約金的數額不能超過培訓費用,實際支付的違約金不能超過服務期未履行部分應分攤的份額,所以服務期的長短與培訓費用的多少要綜合考慮,合理確定(葉維弘,2009)。

 ## 結 語

在經濟全球化的時代,企業競爭是建立在人才、資金、技術、能源等全方位的競爭,尤其是人才更是企業最核心的競爭力。台商今日不重視職工的訓練與發展,明日則無可用之材。

第七章

工作時間與休息休假

> 大本事的當大官，小本事的去擺攤，沒本事的就上班。
>
> ～大陸順口溜

　　生命健康權，是公民個人所享有的生命安全、身體健康、生理機能完整的人身權利。為了保護公民的人身權，「憲法」第四十三條規定，中華人民共和國勞動者有休息的權利（第一款）。國家發展勞動者休息和休養的設施，規定職工的工作時間和休假制度（第二款）。工作和休息都是勞動者的基本權利，合理安排工作時間和休息休假，對於調動職工的積極性，保障職工身體健康，減少傷亡事故，提高工作效率和勞動生產率，加強勞動管理，推動生產發展都具有重要意義。

　　工作時間，是指勞動者基於勞動關係，根據國家法律規定，在用人單位從事一定本職工作的時間。

第一節　標準工時制度

　　標準工作時間制度（標準工時制），是指法律規定的用人單位在正常情況下普遍實行的工作時間制度，通常包括兩方面的內容，即勞動者每日工作時間和勞動者每週工作時間。

一、標準工時

　　標準工時，是指在正常情況下對一般職工普遍適用的工時制度。「勞動法」規定，國家實行勞動者每日工作時間不超過八小時、平均每週工作時間不超過四十四小時的工時制度（第三十六條）。用人單位應當保證勞動者每週至少休息一日（第三十八條）。但目前大陸實施的標準工時制是依照「國務院關於職工工作時間的規定」第三條規定，職工每日工作八小時，每週工作四十小時（如**表7-1**）。

表7-1　三班制工作時間的規定

> 一、法定工作時間是指法律、法規規定的勞動者在一定時間內從事生產或工作的時間。它包括每日工作的小時數和每週工作的天數和小時數。工作時間不僅包括勞動者的實際工作時間，也包括勞動者從事生產或工作的準備時間、結束前的整理與交接時間，還包括工間休息時間、人體自然需要時間（如喝水、上廁所等）、女職工哺乳時間，以及依據法規或行政領導要求離開工作崗位從事其他活動的時間（如工會活動時間、行政活動時間、出差時間、履行社會職責的時間等）。
>
> 二、生產、工作不容間斷的三班制企業員工班中就餐是自身生理需要和工作需要，其短暫中斷的用膳時間應算作工作時間。

文件依據：「企業職工三班制工作時間有關問題的規定」，江蘇省勞動和社會保障廳辦公室蘇勞社辦函（2000）23號。

二、計件工時制

「勞動法」第三十七條規定，對實行計件工作的勞動者，用人單位應當根據本法第三十六條規定的工時制度合理確定其勞動定額和計件報酬標準。但目前大陸實施的計件工時是依照「國務院關於職工工作時間的規定」第五條規定，因工作性質或者生產特點的限制，不能實行每日工作八小時，每週工作四十小時標準工時制度的，按照國家有關規定，可以實行其他工作和休息辦法。

三、縮短工時制

縮短工時制，是指在法定的特別情形下實行的工時少於標準工時長度的一種制度。「國務院關於職工工作時間的規定」第四條規定，在特殊條件下從事勞動和有特殊情況，需要適當縮短工作時間的，按照國家有關規定執行。

四、其他工時制

「勞動法」第三十九條規定，企業因生產特點不能實行本法第三十六條、第三十八條（用人單位應當保證勞動者每週至少休息一日）規定的，經勞動行政部門批准，可以實行其他工作和休息辦法。

(一)不定時工作制

不定時工作制，是指用人單位對因生產特點、工作特殊需要或職責範圍的關係，無法按標準工作時間衡量或需要機動作業的職工所採用的一種工時制度。

為了落實「勞動法」規定的其他工時制的適用規範化，原勞動部發布了「關於企業實行不定時工作制和綜合計算工時工作制的審批辦法」（以下簡稱「審批辦法」）。

根據「審批辦法」第四條的規定，企業對符合下列條件之一的職工，可以實行不定時工作制：

1. 企業中的高級管理人員、外勤人員、推銷人員、部分值班人員和其他因工作無法按標準工作時間衡量的職工。
2. 企業中的長途運輸人員、出租汽車司機和鐵路、港口、倉庫的部分裝卸人員以及因工作性質特殊，需機動作業的職工。
3. 其他因生產特點、工作特殊需要或職責範圍的關係，適合實行不定時工作制的職工。

範例 7-1

申報不定時和綜合計算工時工作制業務指南

一、所需材料：

(一)營業執照副本及組織機構代碼證（原件與影本各一套，影本須加蓋企業公章）。

(二)申請實行不定時或者綜合計算工時工作制申請報告。
　　申請報告應具備以下內容。
　　1.企業經濟性質。
　　2.企業生產概況及主要產品。
　　3.企業職工人數。
　　4.申請理由。

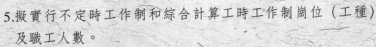

5.擬實行不定時工作制和綜合計算工時工作制崗位（工種）及職工人數。

6.實行不定時工作制和綜合計算工時工作制的操作方案。

(三)用人單位與工會（職工）協商一致的相關證明文件；如實行不定時工作制還須附「員工本人同意企業申請實行不定時工作制簽名表」。

(四)「廈門市企業實行不定時和綜合計算工時工作制申報表」。

(五)「廈門市企業實行不定時工作制崗位人數彙總表」。

(六)屬於有毒有害作業的，還須提供衛生防疫等部門提供的生產環境達標證明（原件與影本各一套，影本須加蓋企業公章）。

(七)其他必要的材料。

二、辦理時間：每個工作日上午8:15-11:45，下午15:00-17:00（夏秋），14:30-17:00（冬春）。

三、辦理期限：對材料完整者，自收件之日起十五個工作日內完成審批並告知當事人。

資料來源：「申報不定時和綜合計算工時工作制業務指南」，廈門市勞動和社會保障局（2009年12月）。

(二)綜合計算工時工作制

綜合計算工時工作制是針對因工作性質特殊，需連續作業或受季節及自然條件限制的企業的部分職工，採用的以週、月、季、年等為週期綜合計算工作時間，但其平均日工作時間和平均週工作時間與法定標準工作時間基本相同的一種工時制度（如圖7-1）。

根據「審批辦法」第五條的規定，企業對符合下列條件之一的職工，可實行綜合計算工時工作制，即分別以週、月、季、年等為週期，綜合計算工作時間，但其平均日工作時間和平均週工作時間應與法定標準工作時間基本相同。

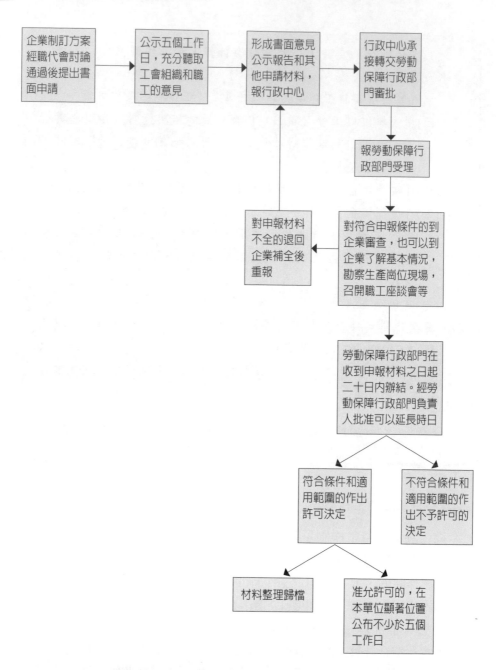

圖7-1 用人單位實行綜合計算工時和不定時工作制審查流程圖
資料來源：蘇州市人力資源和社會保障局。

1.交通、鐵路、郵電、水運、航空、漁業等行業中因工作性質特殊，需連續作業的職工。
2.地質及資源勘探、建築、製鹽、製糖、旅遊等受季節和自然條件限制的行業的部分職工。
3.其他適合實行綜合計算工時工作制的職工。

根據「審批辦法」第六條規定，對於實行不定時工作制和綜合計算工時工作制等其他工作和休息辦法的職工，企業應根據「勞動法」第一章（總則）、第四章（工作時間和休息休假）有關規定，在保障職工身體健康並充分聽取職工意見的基礎上，採用集中工作、集中休息、輪休調休、彈性工作時間等適當方式，確保職工的休息休假權利和生產、工作任務的完成（如**表7-2**）。

表7-2　不定時工作制和綜合計算工時工作制申請表

單位名稱			法定代表人			
地址			郵政編碼			
聯繫人			聯繫電話			
職工人數		申請實行特殊工時制度的職工人數				
其中：申請實行不定時工作制的職工			其中：申請實行綜合計算工時工作制的職工			
崗位或工種	人數	實行期限	崗位或工種	人數	計算週期	實行期限
申請實行特殊工時制度的主要理由	單位負責人簽章：　　　　　　　年　　月　　日（公章）					
工會或職工代表大會（職工大會）意見	年　　月　　日（章）					

（續）表7-2　不定時工作制和綜合計算工時工作制申請表

勞動保障行政部門審批意見	
	年　　　月　　　日（章）

填表說明：
1. 在填寫申請理由時，應重點說明不能實行標準工時制度的具體原因，涉及的崗位、人數，以及綜合計算工時工作制的工時計算週期、工作方式和休息休假制度。
2. 工會或職工代表大會意見欄應填寫企業工會組織或職工代表大會對實行不定時工作制或綜合計算工時工作制的意見，沒有工會組織或未召開職工代表大會的用人單位需提交職工大會的意見。

資料來源：「四川省實行不定時工作制和綜合計算工時工作制申請表」，四川省人力資源和社會保障廳。

　　實行不定時工作制的職工，不能因為自己超時勞動而申請加班費；實行綜合計算工時制的職工，可以對自己提供的超時勞動向用人單位要求支付加班費。

第二節　加班加點制度

　　加班加點，是指在用人單位執行的工時制度的基礎上延長工作時間。凡在法定節日和公休日進行工作的稱作加班；凡在正常工作日延長工時的稱作加點。

　　根據「勞動法」第四十一條規定，用人單位由於生產經營需要，經與工會和勞動者協商後可以延長工作時間，一般每日不得超過一小時；因特殊原因需要延長工作時間的，在保障勞動者身體健康的條件下延長工作時間每日不得超過三小時，但是每月不得超過三十六小時。

一、延長工作時間報酬

　　「勞動合同法」第三十一條規定，用人單位應當嚴格執行勞動定額標準，不得強迫或者變相強迫勞動者加班。用人單位安排加班的，應當按

照國家有關規定向勞動者支付加班費。這裡的「國家有關規定」主要指
「勞動法」第四十四條規定：

1. 安排勞動者延長工作時間的，支付不低於工資的150%的工資報酬
   （第一項）。
2. 休息日安排勞動者工作又不能安排補休的，支付不低於工資的
   200%的工資報酬（第二項）。
3. 法定休假日安排勞動者工作的，支付不低於工資的300%的工資報
   酬（第三項）。

　　上述第一項和第三項均是爲固定的約束，沒有操作和變通的餘地，
只有第二項規定，具有一定的靈活性，即雙休日加班後，是安排補休還是
支付加班費，決定權在用人單位，職工沒有選擇權（周健，2008）。

二、加班加點計算

　　根據「關於職工全年月平均工作時間和工資折算問題的通知」規定
的加班加點計算如下：

　　日工資：月工資收入÷月計薪天數
　　小時工資：月工資收入÷（月計薪天數×8小時）
　　月計薪天數＝（365天－104天）÷12月＝21.75天

　　舉例而言：如果上海某勞動者的勞動合同中對月工資有明確約定，
比如爲3,000元，而當月另外還拿到獎金500元，月工資收入共爲3,500
元。如果在該月節假日加班一天的話，這一天的加班工資＝3,000元
÷21.75（天）×3（倍）＝413.79元。如果該勞動者的勞動合同中對月
工資沒有明確約定，根據「上海市企業工資支付辦法」九、(三)規定，
用人單位與勞動者無任何約定的，假期工資的計算基數統一按勞動者本
人所在崗位（職位）正常出勤的月工資的70%確定。計算的假期工資基
數均不得低於本市規定的最低工資標準。則這一天的加班工資＝3,500元
×70%÷21.75×3（倍）＝337.93元（葉維弘，2009）。

三、加班加點的特別規定

根據「勞動法」第四十二條規定，有下列情形之一的，延長工作時間不受本法第四十一條的限制：

1. 發生自然災害、事故或者因其他原因，威脅勞動者生命健康和財產安全，需要緊急處理的。
2. 生產設備、交通運輸線路、公共設施發生故障，影響生產和公眾利益，必須及時搶修的。
3. 法律、行政法規規定的其他情形（如**表7-3**）。

表7-3 四種特殊情況勞動者不得拒絕春節加班

人力資源和社會保障部門專業人士提示，春節期間，用人單位不能強迫勞動者加班，但當遇到四種情況時，員工不得拒絕單位的加班安排。 　　天津市人力資源和社會保障局相關專業人士提醒說，用人單位不能強迫勞動者在春節期間加班。如果出於生產經營需要，經過與工會和勞動者協商後可以延長工作時間，一般每天不得超過一小時；因特殊原因需要延長工作時間的，在保障勞動者身體健康的條件下延長工作時間每天不得超過三小時，但是每月不得超過三十六小時。如果用人單位違反了上述規定，勞動者有權拒絕加班。 　　單位採取不正當手段要求員工在假日加班，員工可以拒絕，由此發生勞動爭議，可以到勞動部門投訴。 　　但如果出現以下四種情況，勞動者不得拒絕加班：發生自然災害、事故或因其他原因，使人民的安全健康和國家財產遭到嚴重威脅，需要緊急處理；生產設備、交通運輸線路、公共設施發生故障，影響生產和公眾利益，須及時搶修；須利用法定節日或公休假日的停產期間進行設備檢修、保養；為完成國防緊急任務，或完成上級在國家計畫外安排的其他緊急生產任務，以及商業、供銷企業在旺季完成收購、運輸、加工農副產品緊急任務。 　　天津市人力資源和社會保障局相關專業人士介紹，發生上述四種特殊情況時，用人單位組織職工加班可不受法律規定的條件限制，但應按照法律規定的標準支付加班工資。

資料來源：文匯網（2011/02/07）（http://info.wenweipo.com/index.php?action-viewnews-itemid-42221）。

**範例
7-2**

裁員減班爆衝突

　　因訂單嚴重萎縮，東莞市黃江鎮台資廠裕成製鞋廠（寶成集團投資，落戶於裕元高新科技光電園區，生產名牌運動鞋，擁有八千名員工。）十一月十六日向員工宣布「不再加班」，勞資雙方出現糾紛。十七日，數千名工人上街抗議，占據馬路、投擲石塊表達不滿。黃江鎮政府調來鎮暴武警部隊，和工人發生衝突，警方逮捕十多名工人，並驅離他們回工廠。

　　十七日上午八時三十分，四千多名工人上街遊行，要求裕成取消「不加班」的決定，工人們霸占黃江鎮主幹道常梅路，交通堵塞近兩個小時，直至上午十一時許，事態平息，道路恢復正常。

　　東莞台協黃江分會會長吳銘煜指出，由於「訂單減少，業務萎縮」、「工廠內遷」，裕成於十月二十七日宣布資遣十八名課長級大陸幹部，下達通知後，要求第三天就離廠，「即明天不用來上班，後天一定要走出大門」。這讓一些已在裕成工作十八年，妻兒在東莞生活、上學的幹部難以接受。十六日又宣布「不加班」的規定，引起工人不滿，才發生抗議事件。

　　黃江勞動分局官員曾透露稱，裕成辭退工人也是迫不得已，因工廠業務訂單嚴重萎縮，每月發放員工工資金額高出訂單金額一百多萬元人民幣，工廠「頂不住」。

資料來源：賴錦宏、陸煥文，〈東莞裕成鞋廠　裁員減班爆衝突〉，《聯合報》
　　　　　（2011/11/19，A17版）。

第三節　年節及紀念日放假規定

　　節假日又稱法定節假日，是指法律規定的用於紀念、慶祝活動以及風俗習慣的需要而統一休息的時間。

一、放假的節日及紀念日

　　根據「國務院關於修改『全國年節及紀念日放假辦法』的決定」第二次修訂規定內容如下：

(一)全體公民放假的節日

　　1.新年，放假一天（1月1日）。
　　2.春節，放假三天（農曆除夕、正月初一、初二）。
　　3.清明節，放假一天（農曆清明當日）。
　　4.勞動節，放假一天（5月1日）。
　　5.端午節，放假一天（農曆端午當日）。
　　6.中秋節，放假一天（農曆中秋當日）。
　　7.國慶日，放假三天（10月1日、2日、3日）（第二條）。

(二)部分公民放假的節日及紀念日

　　1.婦女節（3月8日），婦女放假半天。
　　2.青年節（5月4日），十四週歲以上的青年放假半天（按：放假適用人群為十四至二十八週歲的青年）。
　　3.兒童節（6月1日），不滿十四週歲的少年兒童放假一天。
　　4.中國人民解放軍建軍紀念日（8月1日），現役軍人放假半天（第三條）。

(三)少數民族習慣的節日

　　由各少數民族聚居地區的地方人民政府，按照各該民族習慣，規定放假日期（第四條）。

(四)不放假的紀念日

二七紀念日、五卅紀念日、七七抗戰紀念日、九三抗戰勝利紀念日、九一八紀念日、教師節、護士節、記者節、植樹節等其他節日、紀念日，均不放假（第五條）。

全體公民放假的假日，如果適逢星期六、星期日，應當在工作日補假。部分公民放假的假日，如果適逢星期六、星期日，則不補假（第六條）。

二、年節及紀念日工作報酬

根據「勞動法」第四十四條規定，用人單位安排勞動者在法定休假節日工作的，應按照不低於勞動者本人日或小時工資標準的300％支付工資，而不能用「補休」的方式來代替加班工資（如**表7-4**）。

第四節　職工帶薪年休假

年休假，是指國家根據勞動者工作年限，每年給予的一定期間的帶薪連續休假。法源來自於「勞動法」第四十五條規定，國家實行帶薪年休假制度。勞動者連續工作一年以上的，享有帶薪年休假。具體辦法由國務院規定。

國務院公布「職工帶薪年休假條例」（以下簡稱「年休假條例」）後，人力資源和社會保障部乃依據「年休假條例」第九條規定，公布並施行「企業職工帶薪年休假實施辦法」（以下簡稱「實施辦法」）。

表7-4　部分公民放假有關工資問題的規定

關於部分公民放假的節日期間，用人單位安排職工工作，如何計發職工工資報酬問題，按照國務院「全國年節及紀念日放假辦法」中關於婦女節、青年節等部分公民放假的規定，在部分公民放假的節日期間，對參加社會或單位組織慶祝活動和照常工作的職工，單位應支付工資報酬，但不支付加班工資。如果該節日恰逢星期六、星期日，單位安排職工加班工作，則應當依法支付休息日的加班工資。

資料來源：「部分公民放假有關工資問題的規定」，勞動和社會保障部辦公廳，勞社廳函（2000）18號及蘇州市勞動局蘇勞薪（2000）1號。

一、帶薪年休假的特色

「年休假條例」第三條第一款規定：職工累計工作已滿一年不滿十年的，年休假五天；已滿十年不滿二十年的，年休假十天；已滿二十年的，年休假十五天。

「實施辦法」第四條規定，年休假天數根據職工累計工作時間確定。所以，用人單位可經由下列途徑，要求新進職工提出證明，確認在原先任職的單位的工作時間：

1. 保險繳費證明。
2. 勞動手冊。
3. 經由身分證號碼在當地人力資源和社會保障單位查出養老保險繳納年數。
4. 解除或終止勞動合同證明書（離職證明書）。

二、不列入年休假假期

「年休假條例」第三條第二款規定，國家法定休假日、休息日不計入年休假的假期。「實施辦法」第六條規定，職工依法享受的探親假、婚喪假、產假等國家規定的假期以及因工傷停工留薪期間不計入年休假假期。

三、計算新進員工當年度的年休假日數

「實施辦法」第五條規定，職工新進用人單位且符合本辦法第三條（職工連續工作滿十二個月以上的，享受帶薪年休假）規定的，當年度年休假天數，按照在本單位剩餘日曆天數折算確定，折算後不足一整天的部分不享受年休假（第一款）。前款規定的折算方法為：（當年度在本單位剩餘日曆天數÷365天）×職工本人全年應當享受的年休假天數。

四、年休假安排

「年休假條例」第五條規定，單位根據生產、工作的具體情況，並考慮職工本人意願，統籌安排職工年休假（第一款）。年休假在一個年度內可以集中安排，也可以分段安排，一般不跨年度安排。單位因生產、工作特點確有必要跨年度安排職工年休假的，可以跨一個年度安排（第二款）。單位確因工作需要不能安排職工休年休假的，經職工本人同意，可以不安排職工休年休假。對職工應休未休的年休假天數，單位應當按照該職工日工資收入的300%支付年休假工資報酬（第三款）。

「實施辦法」第十條規定，用人單位經職工同意不安排年休假或者安排職工年休假天數少於應休年休假天數，應當在本年度內對職工應休未休年休假天數，按照其日工資收入的300%支付未休年休假工資報酬，其中包含用人單位支付職工正常工作期間的工資收入（第一款）。用人單位安排職工休年休假，但是職工因本人原因且書面提出不休年休假的，用人單位可以只支付其正常工作期間的工資收入（第二款）。

「實施辦法」第十一條規定，計算未休年休假工資報酬的日工資收入按照職工本人的月工資除以月計薪天數（21.75天）進行折算（第一款）。前款所稱月工資是指職工在用人單位支付其未休年休假工資報酬前十二個月剔除加班工資後的月平均工資。在本用人單位工作時間不滿十二個月的，按實際月份計算月平均工資（第二款）。職工在年休假期間享受與正常工作期間相同的工資收入。實行計件工資、提成工資或者其他績效工資制的職工，日工資收入的計發辦法按照本條第一款、第二款的規定執行（第三款）。

五、法津責任

「實施辦法」第十五條第二款規定，用人單位不安排職工休年休假又不依照條例及本辦法規定支付未休年休假工資報酬的，由縣級以上地方人民政府勞動行政部門依據職權責令限期改正；對逾期不改正的，除責令該用人單位支付未休年休假工資報酬外，用人單位還應當按照未休年休假

工資報酬的數額向職工加付賠償金；對拒不執行支付未休年休假工資報酬、賠償金行政處理決定的，由勞動行政部門申請人民法院強制執行。

「實施辦法」規定，用人單位安排職工休年休假，但是職工因本人原因且書面提出不休年休假的，用人單位可以只支付其正常工作期間的工資收入（第十條第二款）。

六、職工離職當年度的年休假日數計算

「實施辦法」第十二條規定，用人單位和職工解除或者終止勞動合同時，當年度未安排職工休滿應休年休假的，應當按照職工當年已工作時間折算應休未休年休假天數並支付未休年休假工資報酬，但折算後不足一整天的部分不支付未休年休假工資報酬（第一款）。前款規定的折算方法為：（當年度在本單位已過日曆天數÷365天）×職工本人全年應當享受的年休假天數－（減）當年度已安排年休假天數（第二款）。用人單位當年已安排職工年休假的，多於折算應休年休假的天數不再扣回（第三款）。

第五節　職工請假規定

「勞動法」第五十一條規定，勞動者在法定休假日和婚喪假期間以及依法參加社會活動期間，用人單位應當依法支付工資。又，「工資支付暫行規定」第十一條也指出，勞動者依法享受年休假、探親假、婚假、喪假期間，用人單位應按勞動合同規定的標準支付勞動者工資。

一、社會活動（有薪假）

按照「工資支付暫行規定」第十條規定，勞動者在法定工作時間內依法參加社會活動期間，用人單位應視同其提供了正常勞動而支付工資。

社會活動包括：依法行使選舉權或被選舉權；當選代表出席鄉（鎮）、區以上政府、黨派、工會、青年團、婦女聯合會等組織召開的會議；出任人民法庭證明人；出席勞動模範、先進工作者大會；「工會法」

規定的不脫產工會基層委員會委員因工會活動占用的生產或工作時間；其他依法參加的社會活動。

二、婚假

婚假，是指勞動者本人結婚時依法享受的假期。根據「中華人民共和國婚姻法」第六條規定，結婚年齡，男不得早於二十二週歲，女不得早於二十週歲。晚婚晚育（按法定婚齡推遲三年以上初婚為晚婚，已婚婦女二十三週歲後懷孕生育第一個子女的為晚育）應予鼓勵。

根據「中華人民共和國人口與計劃生育法」（以下簡稱「人口與計劃生育法」）第二十五條規定，公民晚婚晚育，可以獲得延長婚假、生育假的獎勵或者其他福利待遇。

三、產假

「勞動法」第六十二條規定，女職工生育享受不少於九十天的產假。

「女職工勞動保護規定」第八條第一款規定，女職工產假為九十天，其中產前休假十五天。難產的，增加產假十五天。多胞胎生育的，每多生育一個嬰兒，增加產假十五天。

四、流產假

「女職工勞動保護規定」第八條第二款規定，女職工懷孕流產的，其所在單位應當根據醫務部門的證明，給予一定時間的產假。

五、計劃生育手術假

根據「人口與計劃生育法」第二十六條規定，公民實行計劃生育手術，享受國家規定的休假（如**表7-5**）。

表7-5　計劃生育假

(一)放置宮內節育器的，自手術之日起休息二日，在術後一週內不從事重體力勞動。

(二)經計劃生育行政部門批准，取宮內節育器的，手術當日休息一日。

(三)輸精管結紮的休息七日，輸卵管結紮的休息二十一日。

(四)懷孕不滿四個月流產的，給予十五日至三十日產假；懷孕四個月以上（含四個月）流產的，給予四十二日產假。

同時施行二種節育手術的，合併計算假期。如遇特殊情況需增加假期時，由醫生確定。

資料來源：「東莞市人口與計劃生育管理規定」第三十三條（自2003年8月1日起實行）。

範例 7-3

女員工違反計劃生育能否享受產假待遇

【案例】

王女士準備生育二胎，但該生育違反國家計畫。王女士向單位申請產假，單位是否應當批准？產假待遇如何計算？

【分析】

「勞動法」第六十二條規定：女職工生育享受不少於九十天的產假。產假針對的是將要生育的女職工，為保證其能夠正常生育，而給予其休養的時間，滿足的是生育人員生理上的需求。

產假的概念本身並沒有嚴格區分計劃生育與非計劃生育，在員工生育時，單位應當給予員工足夠的休養時間，確保其順利生育。

根據「上海市人口與計劃生育條例」第四十三條：對違反本條例規定生育子女的公民，除徵收社會撫養費外，分娩的住院費和醫藥費自理，不享受生育保險待遇和產假期間的工資待遇。

由此可見，違反計劃生育的公民，將無權享受生育保險待遇和產假工資待遇；換句話說，違反計劃生育的員工所享受的是「無薪產假」。單位雖然應當為其放假，但無需支付報酬，類似於無薪事假的處理。

當然，有的單位從人性化的角度出發，在規章制度設定時，將病假制度與產假制度銜接，規定員工違反計劃生育的，可以用病假去抵充產假時間，在此期間，員工可享受病假工資待遇。

資料來源：〈女員工違反計劃生育能否享受產假待遇〉，勞動仲裁網（http://www.ldzc.com/html/ldzwq/xiujia/1176.html）。

六、晚育護理假（男方看護假）

　　根據相關規定，符合計劃生育的晚育婦女，其配偶可以享受三天的晚育護理假，晚育護理假應當在產婦產假期間使用，遇法定節假日順延。根據「廣東省企業職工假期待遇死亡撫恤待遇暫行規定」（自1997年4月28日起執行）第六條的規定，領取「獨生子女優待證」者，產假期間給予男方看護假十天（如**表7-6**）。

表7-6　大陸各地婚假、晚婚假、晚育假、護理假一覽表

省份	婚假	晚婚獎勵假	晚婚假合計	晚育獎勵假	男士護理假（看護假）	獨生子女父母光榮證	法規依據
北京	3	7	10	30	－	增加產假3個月	北京市人口與計劃生育條例
上海	3	7	10	30	3	－	上海市人口與計劃生育條例
天津	3	7	10	30	7	－	天津市人口與計劃生育條例
遼寧	3	7	10	－	－	晚育＋獨生子女 1.產假增加60天 2.男士護理假15天	遼寧省人口與計劃生育條例
重慶	3	10	13	20	7	晚育並只生育一個子女的女職工，經本人申請，單位批准，產假期滿後可連續休假至子女一週歲止，休假期間的月工資按不低於休假前本人上年月平均工資的75%	重慶市人口與計劃生育條例
貴州	3	10	13	30	7	增加產假90天	貴州省人口與計劃生育條例
廣東	3	10	13	15		1.產假增加35天 2.男士看護假10天 3.工資照給	廣東省人口與計劃生育條例

（續）表7-6　大陸各地婚假、晚婚假、晚育假、護理假一覽表

省份	婚假	晚婚獎勵假	晚婚假合計	晚育獎勵假	男士護理假（看護假）	獨生子女父母光榮證	法規依據
江蘇	3	10	13	30	10	－	江蘇省人口與計劃生育條例
廣西	3	12	15	14	10	增加產假20天	廣西壯族自治區人口與計劃生育條例
浙江	3	12	15	－	7	－	浙江省人口與計劃生育條例
福建	15		15	－	－	晚育＋獨生子女 1.產假為135-180天 2.男士護理假7-10天	福建省人口與計劃生育條例
湖南	3	12	15	30	－	1.產假增加30天 2.男士看護假15天	湖南省人口與計劃生育條例
吉林	3	12	15	30	7	晚育女職工，經本人申請，單位同意，可延長產假至一年。產假延長期間工資按原額的75%發放，不影響調整工資、晉升級別、計算工齡	吉林省人口與計劃生育條例
山東	3	14	17	60	7	－	山東省人口與計劃生育條例
河北	3	15	18	45	10	－	河北省人口與計劃生育條例
黑龍江	3	15	18	90	5－10	－	黑龍江人口與計劃生育條例
湖北	3	15	18	30	10	－	湖北省人口與計劃生育條例
江西	3	15	18	30	10	－	江西省人口與計劃生育條例
內蒙古	3	15	18	30	10	產假增加30天	內蒙古自治區人口與計劃生育條例

（續）表7-6　大陸各地婚假、晚婚假、晚育假、護理假一覽表

省份	婚假	晚婚獎勵假	晚婚假合計	晚育獎勵假	男士護理假（看護假）	獨生子女父母光榮證	法規依據
寧夏	3	15	18	14	－	1.產假增加40天 2.男士護理假10天	寧夏回族自治區人口與計劃生育條例
青海	3	15	18	30	10	產假延長到半年	青海省人口與計劃生育條例
雲南	3	15	18	30	7	產假增加15天	雲南省人口與計劃生育條例
河南	3	18	21	90	30	－	河南省人口與計劃生育條例
陝西	3	20	23	15	10	產假增加30天	陝西省人口與計劃生育條例
四川	3	20	23	30	15		四川省人口與計劃生育條例
新疆	3	20	23	30	15	－	新疆維吾爾族自治區人口與計劃生育條例
安徽	3	20	23	30	－	1.延長產假30天 2.男方享受10天護理假	安徽省人口與計劃生育條例
甘肅		30	30	15	15	1.產假增加50天 2.男士護理假5天	甘肅省人口與計劃生育條例
海南	3	10	13	15	－	1.產假增加三個月 2.男士護理假10天	海南省人口與計劃生育條例
山西		30	30	四個月	15	產假增加三個月	山西省人口與計劃生育條例

資料來源：各省份人口與計劃生育條例彙總整理。

七、探親假

　　根據「國務院關於職工探親待遇的相關規定」第二條規定，凡在國家機關、人民團體和全民所有制企業、事業單位工作滿一年的固定職工，與配偶不住一起，又不能在公休假日團聚的，可以享受本規定探望配偶的待遇；與父親、母親都不住在一起，又不能在公休假日團聚的，可以享受

本規定探望父母的待遇。但是，職工與父親或與母親一方能夠在公休假日團聚的，不能享受本規定探望父母的待遇。

職工探親假期規定如下：

1. 職工探望配偶的，每年給予一方探親假一次，假期為三十天。

2. 未婚職工探望父母，原則上每年給假一次，假期為二十天，如果因為工作需要，本單位當年不能給予假期，或者職工自願兩年探親一次的，可以兩年給假一次，假期為四十五天。

3. 已婚職工探望父母的，每四年給假一次，假期為二十天（第三條第一款）。

探親假期是指職工與配偶、父母團聚的時間，另外，根據實際需要給予路程假。上述假期均包括公休假日和法定節日在內（第三條第二款）。

八、醫療期

根據「企業職工患病或非因工負傷醫療期規定」第三條的規定，企業職工因患病或非因工負傷，需要停止工作醫療時，根據本人實際參加工作年限和在本單位工作年限，給予三個月到二十四個月的醫療期（如**表 7-7**）。

表7-7　醫療期的規定

實際工作年限	本單位工作年限	醫療期	醫療期計算週期
10年以下	5年以下	3個月	6個月
	5年以上	6個月	12個月
10年以上	5年以下	6個月	12個月
	5-10年	9個月	15個月
	10-15年	12個月	18個月
	15-20年	18個月	24個月
	20年以上	24個月	30個月

資料來源：「企業職工患病或非因公負傷醫療期規定」（自1995年1月1日起施行）。

九、病傷假

「江蘇省工資支付條例」第二十七條第二款規定，病假工資、疾病救濟費不得低於當地最低工資標準的80%。「廣東省工資支付條例」第二十四條第二款規定，用人單位支付的病傷假期工資不得低於當地最低工資標準的80%。

十、喪假

喪假是指勞動者的直系親屬死亡時，依法享受的假期。目前中共還沒有對非國有企業職工喪假作出具體規定。但是有的地方性法規有明確的規定。例如「廣東省企業職工假期待遇死亡撫恤待遇暫行規定」第四條規定，職工的直系親屬（父母、配偶、子女）死亡，可給予三天以內喪假。職工配偶的父母死亡，經單位領導批准，可給予三天以內喪假。需要到外地料理喪事的，可根據路程遠近給予路程假，途中交通費由職工自理。

十一、事假

「江蘇省工資支付條例」第二十六條規定，用人單位可以不予支付其期間的工資：(一)在事假期間的。「廣東省工資支付條例」第二十五條規定，勞動者因事假未提供勞動期間，用人單位可以不支付工資。

結　語

工作時間、休息休假是直接涉及職工切身利益的重大管理事項，更是直接牽涉到用人單位的管理效率，因而，台商建立明確的工作時間、休息休假、加班加點辦法、請假規則等，讓職工有所遵循，避免職工缺勤、怠工、缺工造成管理上困擾與不便。

第八章
女職工和未成年工特殊保護

> 我們要使女工不但在法律上而且在實際生活中都能同男工平等。
> ～列寧，〈致女工〉

1958年，國際勞工組織通過「關於就業和職業歧視公約」，在中國也展開了婦女解放運動，倡導男女同工同酬，這使婦女獲得了更多的平等就業機會和待遇，社會及家庭地位得到了提高。

女職工由於其生理特點，往往在勞動和工作中遇到一些特殊的困難，同時她們還承擔著生育和撫育嬰幼兒的天職。如果在勞動中對於女職工的這些特點不予注意，不加以保護，不僅會影響女職工本身的安全和健康，而且會影響到下一代的安全和健康。

未成年工正處在成長發育時期，過重和過度緊張的勞動、高溫等不良的工作環境，不合適的勞動工具等因素，都可能影響未成年工在勞動過程中的安全和健康。

第一節　女職工勞動保護制度

女職工的勞動保護制度，就是針對女職工生理特點和撫育後代的要求，為了保護女職工的勞動權利，以及在生產勞動中的安全，防止職業有害因素對女職工的健康及生理機能的不良影響的制度。

「中華人民共和國婦女權益保障法」（以下簡稱「婦女權益保障法」）第二條規定，婦女在政治的、經濟的、文化的、社會的和家庭的生活等各方面享有同男子平等的權利（第一款）。實行男女平等是國家的基本國策。國家採取必要措施，逐步完善保障婦女權益的各項制度，消除對婦女一切形式的歧視（第二款）。國家保護婦女依法享有的特殊權益（第三款）。禁止歧視、虐待、遺棄、殘害婦女（第四款）。這條規定是對婦女權益保障的基本原則的最高概括。

一、保障平等的勞動權益

「婦女權益保障法」第二十二條規定，國家保障婦女享有與男子平等的勞動權利和社會保障權利。勞動權益屬於公民的社會經濟權利之一，它主要包括：

1. 勞動就業權：即有勞動能力的公民參加社會勞動的權利。
2. 勞動報酬權：它指勞動者付出勞動後取得一定報酬的權利。
3. 民主管理權：它指勞動者通過職工大會、職工代表大會和工會委員會參加對事業單位的民主管理的權利。
4. 休息權：它指勞動者在法定的八小時工作時間結束後停止工作、恢復體力的權利。
5. 勞動保護權：即要求用工單位改善勞動條件，採取必要措施，保護勞動者在生產過程中的安全和健康的權利。
6. 勞動保險權：它指勞動者要求在其生育、退離休、疾病、傷殘、死亡等情況下給予物質幫助的權利。

上述勞動權益的享有者，既包括男性公民，也包括女性公民。

範例 8-1

女職工特殊權益保護專項集體合同

　　根據「勞動法」、「勞動合同法」、「工會法」、「婦女權益保障法」、「女職工勞動保護規定」、「女職工禁忌勞動範圍的規定」、「集體合同規定」、「山東省實施（女職工勞動保護規定）辦法」、「山東省人口與計劃生育條例」等法律法規，制定本合同。

第一條　企業女職工委員會在工會領導下依法維護女職工的合法權益，企業必須對其工作予以支持，並將女職工工作納入企業年度工會目標。

第二條　企業支持工會女職工組織參與民主管理：職代會中女代表比例與企業女職工比例相當，工會女職工委員會的代表參加單位平等協商簽訂集體合同全過程、工會女職工委員會的代表參加單位勞動調解委員會、監事會。

第五條　企業不得在女職工懷孕期、產期、哺乳期降低其基本工資、解除勞動合同或無故將其轉為待聘和富餘人員。

第六條　企業在組織職工進修、業務學習、崗位培訓、出國考察、掛職鍛鍊時，應安排一定比例的女職工參加。凡經企業培養（進修、培訓、出國考察）的女職工須與企業簽訂培訓、出國的相關協定，如有違約，應承擔相應的經濟責任。

第七條　廣大女職工要積極參與企業的生產、經營活動，愛崗敬業，愛廠如家，鑽研技術，力求創新，遵紀守法，自覺執行企業規章制度，樹立良好形象，維護企業聲譽。

第八條　企業女職工委員會要通過舉辦講座，利用黑板報、廣播等多種宣傳手段和宣傳工具，宣傳婦女病防治及女職工保健等知識，增強女職工自我保護意識。廣大女職工應積極參與，增強自我保護能力。

第九條　企業根據女職工的生理特點，對處於經期、孕期、產期、哺乳期、更年期的女職工，不得安排從事高空、低溫、冷水和國家規定的第三級體力勞動強度的勞動，並確定專（兼）職人員負責女職工勞動保護工作。

第十條　單位進行承包、租賃、轉讓、兼併時，對能勝任本職工作的女職工，不得無故拒絕使用或聘用，不得轉為待聘或富餘人員。

第十一條　為女職工設立衛生室等保護設施，定期為女職工發放衛生用品或補貼。

第十二條　女職工孕期保護

(一)懷孕女職工在勞動時間內進行產前檢查的，算作勞動時間，並扣除相應的勞動定額。

(二)對懷孕七個月以上（含七個月）的女職工不安排從事夜班和加班勞動，每天在勞動時間內給予工間休息一小時，並扣除相應的勞動定額。上班確有困難者，經本人申請，單位批准，可提前休產前假。休假期間，其工資不得低於基本工資的80%。

第十三條　女職工產期保護

(一)女職工產假為九十天，其中產前假十五天。難產的，增加十五天。多胞胎生育的，每多生育一個嬰兒，增加產假十五天。

(二)企業積極宣傳貫徹「山東省人口與計劃生育條例」，鼓勵女職工晚婚晚育、少生優育。符合「條例」晚育規定的女職工增加產假六十天，每月享受獨生子女獎勵費，至子女滿十四週歲止。

(三)女職工懷孕不滿四個月流產的，應根據醫療機構的意見，給予十五至三十天產假；懷孕四個月以上（含四個月）流產的，給予四十二天產假。產假期間，工資照發。

(四)產假期滿上班，給予一至二週的時間逐步恢復原勞動定額。因身體原因不能勞動的，經醫療機構證明，按職工患病的有關規定處理。

第十四條　女職工哺乳期保護

(一)有不滿一週歲嬰兒的女職工，每日給予二次哺乳（含人工餵養）時間，每次為三十分鐘，多胞胎生育的，每多哺乳一個嬰兒，每次哺

　　　　　乳時間增加三十分鐘，兩次哺乳時間可合併使用，哺乳時間和在本單位內哺乳往返途中時間算作勞動時間。有定額考核的工種應扣除相應的勞動定額。

　　　　(二)女職工在規定的哺乳期內，單位不得安排國家規定的哺乳期禁忌從事的勞動；上班確有困難，經本人申請，單位批准，可休六個月的哺乳假。休假期間，其工資不得低於基本工資的80%。

第十五條　企業積極參加生育保險，按時足額交納生育保險費。沒參加生育保險的單位女職工懷孕，在單位指定的醫療機構檢查和分娩時，其檢查費、接生費、手術費、住院費和藥費由單位按有關規定報銷，產假工資不能低於參加生育保險所支付的工資，福利待遇不變。

第十六條　應切實做好女職工衛生保健工作。對女職工（含離退休女職工）至少每兩年普查一次婦女病，條件允許的應每年普查一次婦女病。在勞動時間內進行檢查的算作勞動時間。

第十七條　「三八」婦女節，結合生產經營實際，為女職工放假半天。

第十八條　企業集體合同監督檢查小組要有女職工委員會的代表參加，對本合同履行情況每半年進行一次檢查和監督，並將履行情況與集體合同履行情況同時向職工（代表）大會報告。

第十九條　雙方因履行本合同發生爭議，首先由雙方協商解決，經協商未達成一致意見，按勞動爭議規定程式處理。

第二十條　本合同如與國家現行法律法規相牴觸時，以國家法律法規為準。

第二十一條　本合同經雙方代表簽字，並報縣以上勞動保障部門和上級工會審查、備案後具備法律效力，雙方必須依法履行。

第二十二條　本合同有效期為＿＿年，自＿＿年＿＿月＿＿日至＿＿年＿＿月＿＿日止。

○○○○有限公司（蓋章）
企業方代表：（簽字）　　　　　年　　月　　日

○○○○有限公司工會（蓋章）
女工方代表：（簽字）　　　　　年　　月　　日

資料來源：「女職工權益保護專項集體合同」，榮成市總工會（http://www.rcgonghui.com/wenjian/html/?111.html）。

二、婦女勞動就業權的保障

　　「婦女權益保障法」第二十三條規定，各單位在錄用職工時，除不適合婦女的工種或者崗位外，不得以性別為由拒絕錄用婦女或者提高對婦

女的錄用標準（第一款）。各單位在錄用女職工時，應當依法與其簽訂勞動（聘用）合同或者服務協議，勞動（聘用）合同或者服務協議中不得規定限制女職工結婚、生育的內容（第二款）。禁止錄用未滿十六週歲的女性未成年人，國家另有規定的除外（第三款）。這條規定是保護婦女勞動就業權的法律措施。

三、保障男女同工同酬

「婦女權益保障法」第二十四條規定，實行男女同工同酬。婦女在享受福利待遇方面享有與男子平等的權利。這條是對婦女享有同男人同工同酬權利的法律保障。

四、為婦女成長提供平等機會

「婦女權益保障法」第二十五條規定，在晉職、晉級、評定專業技術職務等方面，應當堅持男女平等的原則，不得歧視婦女。這條規定是為婦女提供與男子平等機會的法律保障措施。

五、對女職工的特殊勞動保護

對婦女生理機能變化過程中的保護，一般是指女職工的經期、孕期、產期、哺乳期的保護（四期保護）。

「婦女權益保障法」第二十六條規定，任何單位均應根據婦女的特點，依法保護婦女在工作和勞動時的安全和健康，不得安排不適合婦女從事的工作和勞動（第一款）。婦女在經期、孕期、產期、哺乳期受特殊保護（第二款）。這條規定是對女職工給予特殊勞動保護的基本法律要求。

六、結婚、懷孕、產假、哺乳等保障

「婦女權益保障法」第二十七條規定，任何單位不得因結婚、懷孕、產假、哺乳等情形，降低女職工的工資，辭退女職工，單方解除勞動（聘用）合同或者服務協議。但是，女職工要求終止勞動（聘用）合同或

者服務協議的除外（第一款）。各單位在執行國家退休制度時，不得以性別爲由歧視婦女（第二款）。這條規定是對保障婦女勞動權益的特別要求。

七、婦女物質幫助權的保障

「婦女權益保障法」第二十八條規定，國家發展社會保險、社會救助、社會福利和醫療衛生事業，保障婦女享有社會保險、社會救助、社會福利和衛生保健等權益（第一款）。國家提倡和鼓勵爲幫助婦女開展的社會公益活動（第二款）。這條規定是爲實現婦女接受社會保險等合法權益而提出的法律要求。

八、生育保險、生育保障與生育救助的規定

「婦女權益保障法」第二十九條規定，國家推行生育保險制度，建立健全與生育相關的其他保障制度（第一款）。地方各級人民政府和有關部門應當按照有關規定爲貧困婦女提供必要的生育救助（第二款）。這條規定由國家保證來推行的生育保險制度。

九、女職工權益受到侵害的救濟

「女職工勞動保護規定」第十二條規定，女職工勞動保護的權益受到侵害時，有權向所在單位的主管部門或者當地勞動部門提出申訴。受理申訴的部門應當自收到申訴書之日起三十日內作出處理決定；女職工對處理決定不服的，可以在收到處理決定之日起十五日內向人民法院起訴。

深刻理解「婦女權益保障法」、「女職工勞動保護規定」條文中有關的婦女勞動和社會保障權益規定，有助於用人單位對婦女的合法權益加以保障（全總女職工部編，1992）。

第二節　女職工禁忌從事的勞動範圍

女職工禁忌從事的勞動，是指用人單位生產過程中存在著可能對女職工生理機能產生不利影響的職業性有害因素，這些有害因素有的直接損傷女職工生殖系統（機能），有的間接造成生殖損傷。「勞動法」、「女職工勞動保護規定」、「女職工禁忌勞動範圍的規定」，對女職工規定實行的特殊勞動保護，最主要的內容是規定了女職工禁忌從事的勞動。

一、女職工禁忌從事的勞動範圍

根據「女職工禁忌勞動範圍的規定」第三條的規定，女職工禁忌從事的勞動範圍有：

1.礦山井下作業。
2.森林業伐木、歸楞及流放作業。
3.「體力勞動強度分級」標準中第IV級體力勞動強度的作業。
4.建築業腳手架的組裝和拆除作業，以及電力、電信行業的高處架線作業。
5.連續負重（指每小時負重次數在六次以上）每次負重超過二十公斤，間斷負重每次負重超過二十五公斤的作業。

根據「體力勞動強度分級」標準，體力勞動強度的大小是以體力勞動強度指數來衡量的。體力勞動強度指數是由該工種的勞動時間率、能量代謝率、性別係數、體力勞動方式係數四個因素決定的。體力勞動強度指數大，體力勞動強度也大；反之，體力勞動強度就越小。

二、經期期間禁忌從事的勞動範圍

「勞動法」第六十條規定：「不得安排女職工在經期從事高處、低溫、冷水作業和國家規定的第三級體力勞動強度的勞動。」

(一)高處作業

根據「高處作業分級」標準，高處作業，是指凡在墜落高度基準面二米以上（包含二米）有可能墜落的高處進行的作業，均稱為高處作業。作業高度在二至五米時，稱為一級高處作業；作業高度在五米以上至十五米時，稱為二級高處作業；作業高度在十五米以上至三十米時，稱為三級高處作業；作業高度在三十米以上，稱為特高處作業。

女職工在月經期間禁忌從事「高處作業分級」國家標準中二級以上（含二級）的作業。

(二)低溫作業

「關於『勞動法』若干條文的說明」第六十條的說明，低溫作業，是指在生產勞動過程中，其工作地點平均氣溫等於或低於5℃的作業。

低溫作業工作有：高山高原工作、潛水夫水下工作、現代化工廠的低溫車間以及寒冷氣候下的野外作業等。在低溫冷水中作業會對經期的女職工的生理衛生產生不良影響，不得安排經期的女職工從事低溫、冷水作業。

(三)冷水作業

「關於『勞動法』若干條文的說明」第六十條的說明，冷水作業，是指在勞動生產過程中，操作人員接觸冷水溫度等於或小於12℃的作業。

(四)第三級體力勞動強度的勞動

第三級體力勞動強度，是指國家標準「體力勞動強度分級」中規定的第三級體力勞動的勞動。第三級體力勞動就是在八小時工作日內，人體的平均能量耗費為1,764大卡，淨勞動時間為350分鐘，相當於重強度勞動，婦女月經來潮時，正常的生理機能和肌體活動能力出現變化，身體防禦能力暫時被破壞，生理波動大，作業能力下降，工作效率低。因此，女職工經期期間可以照常工作，但不能參加過重的體力勞動。

三、月經期間禁忌從事的勞動範圍

「女職工禁忌勞動範圍的規定」第四條規定，女職工在月經期間禁忌從事的勞動範圍有：

1.食品冷凍庫及冷水等低溫作業。
2.「體力勞動強度分級」標準中第Ⅲ級體力勞動強度的作業。
3.「高處作業分級」標準中第Ⅱ級（含Ⅱ級）以上體力勞動強度的作業。

四、已婚待孕期禁忌從事的勞動範圍

「女職工禁忌勞動範圍的規定」第五條規定，已婚待孕女職工禁忌從事的勞動範圍有：鉛、汞、苯、鎘等作業場所屬於「有毒作業分級」標準中第Ⅲ、Ⅳ級的作業。

五、懷孕期禁忌從事的勞動範圍

「女職工勞動保護規定」第七條規定，「女職工在懷孕期間，所在單位不得安排其從事國家規定的第三級體力勞動強度的勞動和孕期禁忌從事的勞動，不得在正常勞動日以外延長勞動時間；對不能勝任原勞動的，應當根據醫務部門的證明，予以減輕勞動量或者安排其他勞動（第一款）。懷孕七個月以上（含七個月）的女職工，一般不得安排其從事夜班勞動；在勞動時間內應當安排一定的休息時間（第二款）。」

六、哺乳期禁忌從事的勞動

「女職工禁忌勞動範圍的規定」第七條規定，乳母禁忌從事的勞動範圍有：

1.作業場所空氣中鉛及其化合物、汞及其化合物、苯、鎘、鈹、砷、氰化物、氮氧化物、一氧化碳、二硫化碳、氯、己內醯胺、氯丁二烯、氯乙烯、環氧乙烷、苯胺、甲醛等有毒物質濃度超過國家衛

法規8-1　懷孕女職工禁忌從事的勞動範圍

1. 作業場所空氣中鉛及其化合物、汞及其化合物、苯、鎘、鈹、砷、氰化物、氮氧化物、一氧化碳、二硫化碳、氯、己內醯胺、氯丁二烯、氯乙烯、環氧乙烷、苯胺、甲醛等有毒物質濃度超過國家衛生標準的作業。
2. 製藥行業從事抗癌藥物及己烯雌酚生產的作業。
3. 作業場所放射物質超過「放射防護規定」中規定劑量的作業。
4. 人力進行的土方和石方作業。
5. 「體力勞動強度分級」標準中第Ⅲ級體力勞動強度的作業。
6. 伴有全身強烈振動的作業，如風鑽搗固機、鍛造等作業，以及拖拉機駕駛等。
7. 工作中需要頻繁彎腰、攀高、下蹲的作業，如焊接作業。
8. 「高處作業分級」標準所規定的高處作業。

資料來源：「女職工禁忌勞動範圍的規定」第六條（1990年1月18日施行）。

生標準的作業。

2. 「體力勞動強度分級」標準中第Ⅲ級體力勞動強度的作業。
3. 作業場所空氣中錳、氟、溴、甲醇、有機磷化合物、有機氯化合物的濃度超過國家衛生標準的作業。

第三節　女職工的勞動保護措施

「勞動法」和各種勞動保護法規，除了規定女職工禁忌從事勞動的範圍外，還在其他方面規定一些相應的勞動保護措施，對女職工的安全健康實施全面保護。

一、經期保護

「勞動法」第六十條規定，（用人單位）不得安排女職工在經期從事高處、低溫、冷水作業和國家規定的第三級體力勞動強度的勞動（指勞動強度指數為20～25的勞動）。

二、孕期保護

根據「勞動法」第六十一條規定，（用人單位）不得安排女職工在懷孕期間從事國家規定的第三級體力勞動強度的勞動和孕期禁忌從事的勞動。對懷孕七個月以上的女職工，不得安排其延長工作時間和夜班勞動（夜班勞動，係指在當日晚間十點至次日六點時間從事勞動或工作）。

「女職工勞動保護規定」第七條第三款規定，懷孕的女職工，在勞動時間內進行產前檢查，應當算作勞動時間。另，「廣東省女職工勞動保護實施辦法」第五條第二項規定，女職工懷孕七個月以上（含七個月），每天享受工間休息一小時，算作勞動時間。

三、產期保護

「勞動法」規定，女職工生育享受不少於九十天的產假（第六十二條）。「女職工勞動保護規定」規定，女職工產假為九十天，其中產前休假十五天。難產的，增加產假十五天。多胞胎生育的，每多生育一個嬰兒，增加產假十五天（第八條）。

「關於女職工生育待遇若干問題的通知」第一項規定，女職工懷孕不滿四個月流產時，應當根據醫務部門的意見，給予十五天至三十天的產假，懷孕滿四個月以上流產時，給予四十二天產假。產假期間，工資照發。

依照「廣東省企業職工假期待遇死亡撫恤待遇暫行規定」的條文第六項，女職工生育，產假九十天，其中產前休假十五天。難產的增加產假三十天。多胞胎生育的，每多生育一個嬰兒增加產假十五天。實行晚育者（二十四週歲後生育第一胎）增加產假十五天，領取「獨生子女優待證」者增加產假三十五天，產假期間給予男方看護假十天。

「廣東省人口與計劃生育條例」第三十八條第四項規定，自願終身只生育一個子女的夫妻，由當地人民政府發給獨生子女父母光榮證，產婦除享受國家規定的產假外，增加三十五日的產假；男方享受十日的看護假。產假、看護假期間，照發工資，不影響福利待遇和全勤評獎。

四、哺乳期保護

根據「勞動法」第六十三條的規定，（用人單位）不得安排女職工在哺乳未滿一週歲的嬰兒期間從事國家規定的第三級體力勞動強度的勞動和哺乳期禁忌從事的其他勞動，不得安排其延長工作時間和夜班勞動。

「女職工勞動保護規定」第九條規定，有不滿一週歲嬰兒的女職工，其所在單位應當在每班勞動時間內給予其兩次哺乳（含人工餵養）時間，每次三十分鐘。多胞胎生育的，每多哺乳一個嬰兒，每次哺乳時間增加三十分鐘。女職工每班勞動時間內的兩次哺乳時間，可以合併使用。哺乳時間和在本單位內哺乳往返途中的時間，算作勞動時間（中華全國總工會勞動保護部網站）。

五、工作保障權

「勞動法」第二十九條的規定，對正處在孕期、產期、哺乳期的女職工，用人單位不能以不勝任工作為由解除與其簽訂的勞動合同。如果單位在女工「三期」（懷孕期、產期、哺乳期）期間單方面解除勞動合同，當事人應儘快到當地勞動部門反映，以便及時解決。

「女職工勞動保護規定」第四條規定，不得在女職工懷孕期、產期、哺乳期降低其基本工資，或者解除勞動合同。

「勞動合同法」第四十二條第四項規定，女職工在孕期、產期、哺乳期的，用人單位不得依照本法第四十條、第四十一條的規定解除勞動合同。

台商到大陸投資，基本上必須遵守大陸法規對女職工的特殊保護規定，在人事任用上有必要周全考量這些問題。

六、法律責任

「勞動法」第九十五條規定，用人單位違反本法對女職工和未成年工的保護規定，侵害其合法權益的，由勞動行政部門責令改正，處以罰

款；對女職工或者未成年工造成損害的，應當承擔賠償責任。

「女職工勞動保護規定」第十三條規定，對違反本規定侵害女職工勞動保護權益的單位負責人及其直接責任人員，其所在單位的主管部門，應當根據情節輕重，給予行政處分，並責令該單位給予被侵害女職工合理的經濟補償；構成犯罪的，由司法機關依法追究刑事責任。

第四節　未成年工保護

未成年工，是指年滿十六週歲未滿十八週歲的勞動者。針對未成年工處於生長發育期的特點，以及接受義務教育的需要，需採取一些特殊勞動保護措施。

一、未成年工勞動保護的內容

「關於『勞動法』若干條文說明」第六十四條的規定，用人單位不得安排未成年工從事礦山井下、有毒有害、國家規定的第四級體力勞動強度的勞動和其他禁忌從事的勞動。本條文中的「其他禁忌從事勞動」是指：

1.森林伐木、歸楞及流放作業。
2.凡在墜落高度基準面五米以上（含五米）有可能墜落的高處進行的作業（即二級高處作業）。
3.作業場所放射性物質超過「放射防護規定」中規定劑量的作業。
4.其他對未成年工的發育成長有影響的作業。

同時，對未成年工的勞動時間也應加以限制，不得安排其加班加點和夜間工作。

二、未成年工健康檢查

根據「勞動法」第六十五條和「未成年工特殊保護規定」第六條的規定，用人單位應按下列要求對未成年工定期進行健康檢查：

1.安排工作崗位之前。

2.工作滿一年。

3.年滿十八週歲，距前一次的體檢時間已超過半年。

 ## 第五節　童工保護

根據「勞動法」第十五條第一款和「禁止使用童工規定」第二條規定，國家機關、社會團體、企業事業單位、民辦非企業單位或者個體工商戶均不得招用不滿十六週歲的未成年人（童工）。對有介紹和使用童工行為的，不僅要承擔行政責任、經濟責任外，構成犯罪的，還要依法追究刑事責任。

一、禁止使用童工與例外管理

「勞動法」第十五條規定，禁止用人單位招用未滿十六週歲的未成年人（第一款）。文藝、體育和特種工藝單位招用未滿十六週歲的未成年人，必須依照國家有關規定，履行審批手續，並保障其接受義務教育的權利（第二款）。

「禁止使用童工規定」第四條指出，用人單位招用人員時，必須核查被招用人員的身分證；對不滿十六週歲的未成年人，一律不得錄用。用人單位錄用人員的錄用登記、核查材料應當妥善保管。

「禁止使用童工規定」第十三條第二款指出，學校、其他教育機構以及職業培訓機構按照國家有關規定組織不滿十六週歲的未成年人進行不影響其人身安全和身心健康的教育實踐勞動、職業技能培訓勞動，不屬於使用童工。

二、非法招用童工的法律責任

用人單位非法招用童工應承擔的法律責任有：

1.「勞動法」第九十四條規定，用人單位非法招用未滿十六週歲的未

東莞某台商被控僱用童工案

　　美國勞工委員會指控台資電子大廠昆○的東莞廠，僱用千名「童工」和低工資等壓榨手段，為國際大廠微軟代工。東莞市政府調查，昆○並非使用童工，而是比童工大一、兩歲的未成年工。

　　大陸「禁止使用童工規定」，國家機關、社會團體、企業事業單位、民辦非企業單位或個體工商戶，不得招用未滿十六歲的童工；十六至十八歲的未成年工，企業在向當地人力資源部門備案，即可招用。

　　《東莞時報》報導，美國勞工委員會對昆○的東莞廠進行長達三年的調查後，發布「中國童工直面微軟」的調查報告，並指稱，血汗工廠並未消失，在珠三角洲等地依然存在不少低報酬、高強度的工廠。

　　該報告臚列了昆○的「八大罪狀」，包括超時工作、惡劣環境和超低報酬等。據報告，昆○僱用了一千位年約十六至十七歲的工人，部分看起來只有十四到十五歲。他們一班十五個小時，一週工作六到七天，生產攝影鏡頭等電腦配件。

　　工人們被要求軍事化操作，時時刻刻都處於監控之中，並被要求每班生產兩千個滑鼠，且夏天時，工廠酷熱難耐。有員工抱怨，工廠像個監獄，讓工人看起來像犯人，「生活就為了工作，只有工作」。

　　報告還指出，昆○公司更愛僱用年輕的女工，她們更願意遵守規章制度和被控制。工人的時薪是六十五美分（台幣二十點五元），但扣除工作餐開銷後，只有五十二美分（台幣十六點三元）。

　　東莞市人力資源局對此調查發現，昆○只是使用了未成年工，而無履行備案的手續。「我們已經對這家公司下達了勞動監察限期整改指令書」。昆○對外表示，他們今後不會再聘用十八歲以下的工人。

資料來源：林琮盛，〈東莞台商代工微軟 美控昆○僱千童工 陸令改進〉，《聯合報》（2010/04/17，A17版）。

成年人的，由勞動行政部門責令改正，處以罰款；情節嚴重的，由工商行政管理部門吊銷營業執照。

2.「禁止使用童工規定」第六條第一款規定，用人單位使用童工的，由勞動保障行政部門按照每使用一名童工每月處五千元罰款的標準給予處罰；在使用有毒物品的作業場所使用童工的，按照「使用有毒物品作業場所勞動保護條例」規定的罰款幅度，或者按照每使用一名童工每月處五千元罰款的標準，從重處罰。勞動保障行政部門並應當責令用人單位限期將童工送回原居住地交其父母或者其他監護人，所需交通和食宿費用全部由用人單位承擔。

3.「禁止使用童工規定」第六條第二款規定，用人單位經勞動保障行政部門依照前款規定責令限期改正，逾期仍不將童工送交其父母或者其他監護人的，從責令限期改正之日起，由勞動保障行政部門按照每使用一名童工每月處一萬元罰款的標準處罰，並由工商行政管理部門吊銷其營業執照，或者由民政部門撤銷民辦非企業單位登記；用人單位是國家機關、事業單位的，由有關單位依法對直接負責的主管人員和其他直接責任人員給予降級或者撤職的行政處分或者紀律處分。

4.「禁止使用童工規定」第十條第一款規定，童工患病或者受傷的，用人單位應當負責送到醫療機構治療，並負擔治療期間的全部醫療和生活費用。

5.「禁止使用童工規定」第十條第二款規定，童工傷殘或者死亡的，用人單位由工商行政管理部門吊銷營業執照或者由民政部門撤銷民辦非企業單位登記；用人單位是國家機關、事業單位的，由有關單位依法對直接負責的主管人員和其他直接責任人員給予降級或者撤職的行政處分或者紀律處分；用人單位還應當一次性地對傷殘的童工、死亡童工的直系親屬給予賠償，賠償金額按照國家工傷保險的有關規定計算。

6.「中華人民共和國刑法修正案（四）」第四項指出，違反勞動管理法規，僱用未滿十六週歲的未成年人從事超強度體力勞動的，或者從事高空、井下作業的，或者在爆炸性、易燃性、放射性、毒害性

等危險環境下從事勞動，情節嚴重的，對直接責任人員，處三年以下有期徒刑或者拘役，並處罰金；情節特別嚴重的，處三年以上七年以下有期徒刑，並處罰金（第一款）。有前款行為，造成事故，又構成其他犯罪的，依照數罪並罰的規定處罰（第二款）。

結　語

　　大陸自從1979年以來實施一胎化政策，實行嚴厲的人口控管政策，只准一對夫婦生一個孩子（少數民族除外），對違反一胎化政策的人實施嚴厲處罰。因而，大陸對女職工和未成年工實行特殊的保護政策，不容置疑。台商在僱用女職工和未成年工時，不能有歧視待遇，應保障其就業權。

第九章

勞動安全衛生與職業災害

> 資本家是根本不關心工人的健康和壽命的，除非社會迫使它去關心。
>
> ～馬克思（Karl Heinrich Marx）

　　自古以來，人類以勞動爲謀生手段，透過生產勞動創造物質財富，獲得生活保障，而勞動本身是有一定的風險的，生產工具使用不當、勞動條件和勞動環境不良等，都會給勞動者造成傷殘甚至死亡。

第一節　勞動安全衛生

　　勞動安全衛生，是指職工在從事職業活動的有關安全與衛生的條件或狀況的綜合。國家爲了改善勞動條件，保護職工在生產過程中的安全和衛生所採取的各項措施的法律規範，包括勞動安全與衛生規程、勞動安全衛生設施的標準、對傷亡事故和職業病的統計、報告和處理的規定等。

範例 9-1

某台商工廠大火造成原因

　　台資洋○高科技位於深圳市龍崗區坪地街道六聯社區，主要生產可觸控式面板。

　　2007年2月11日下午約二時十五分左右，因工人違規使用易燃易爆的清潔劑清洗地板，不慎引發大火。

　　由於生產高科技產品，該公司廠房採閉密室，當地警消人員在現場緊急疏散二百三十多名員工，仍有多名員工因逃避不及，命喪火場，造成十名員工（七女三男）因煙燻窒息死亡，另外還有十名員工分別受到輕重傷。

　　《南方都市報》報導，調查小組初步調查後認為，事故發生的原因是工廠「前製程車間菲林部」員工，違章使用易燃液體，易燃液體揮發後的可燃氣體遇到火花發生爆燃起火。起火廠房也不合消防法規

要求，從籌建到投入使用，一直沒有到消防部門申報消防審核驗收。

龍崗人民檢查院指出，在火災發生前，梁○福（台籍法人代表）等三人身為工廠負責人與車間主管，明知工人使用酒精、洗網水這類易燃溶劑進行清潔，卻未予以重視。三人也未制定相關易燃化學品的使用規章制度，沒有嚴格要求工人正確使用易燃化學品，也沒有建立相應的安全防範措施，已經涉嫌重大責任事故罪。

資料來源：汪莉絹，〈台商洋○廠大火10死〉，《聯合報》（2007/02/13，A13版）；《經濟日報》（2007/02/26，A6版）。

一、勞動安全技術規程

勞動安全技術規程，是指國家為了防止和消除生產過程中的傷亡事故和職業危害的發生，保障勞動者安全和減輕繁重的體力勞動而規定有關組織和技術措施方面的各種法律規範。不同行業的生產單位，由於生產特點、勞動條件不同，需要解決的安全技術是不相同的。以工廠為例，其安全技術規程的內容包括：廠區的安全措施、廠房的安全措施、機器設備的安全措施、電氣設備的安全措施、鍋爐或壓力容器的安全裝置、危險物品的安全措施等。

二、勞動衛生規程

勞動衛生規程，是指為了保護勞動者在勞動過程中的健康，避免有毒有害物質的危害，防止職業中毒和職業病而制定的各種技術規範。包括防止粉塵危害、防止有害氣體或液體的危害、防止噪音和強光刺激的措施、通風與照明、防暑降溫與防凍取暖、個人防護用品的供應等。

(一)個人防護用品

「勞動法」第五十四條規定，用人單位必須為勞動者提供符合國家規定的勞動安全衛生條件和必要的勞動防護用品，對從事有職業危害作業的勞動者應當定期進行健康檢查。

　　勞動防護用品是保護職工在生產過程中的安全和健康的一種預防性輔助措施，不是福利待遇。企業應當根據安全生產防止職業性傷害的需要，按照不同工種、不同勞動條件，發給職工個人勞動防護用品，例如防護衣、防護手套、防護鞋、防護帽、防護面具、防護用的毛巾、安全帶等。

　　「勞動法」第五十二條規定，用人單位必須建立、健全勞動安全衛生制度，嚴格執行國家勞動安全衛生規程和標準，對勞動者進行勞動安全衛生教育，防止勞動過程中的事故，減少職業危害。勞動者在勞動過程中必須嚴格遵守安全操作規程。

(二)法律責任

　　違反勞動安全衛生法規造成一定後果，並具備違法行為構成要件，用人單位或勞動者應承擔法律責任。

法規9-1	違反勞動安全衛生法規的法律責任
條文	內容
「勞動法」第五十六條	勞動者在勞動過程中必須嚴格遵守安全操作規程（第一款）。勞動者對用人單位管理人員違章指揮、強令冒險作業，有權拒絕執行；對危害生命安全和身體健康的行為，有權提出批評、檢舉和控告（第二款）。
「勞動法」第九十二條	用人單位的勞動安全設施和勞動衛生條件不符合國家規定或者未向勞動者提供必要的勞動防護用品和勞動保護設施的，由勞動行政部門或者有關部門責令改正，可以處以罰款；情節嚴重的，提請縣級以上人民政府決定責令停產整頓；對事故隱患不採取措施，致使發生重大事故，造成勞動者生命和財產損失的，對責任人員比照刑法第一百八十七條的規定追究刑事責任。
「勞動法」第九十三條	用人單位強令勞動者違章冒險作業，發生重大傷亡事故，造成嚴重後果的，對責任人員依法追究刑事責任。
「刑法」第一百八十七條	銀行或者其他金融機構的工作人員吸收客戶資金不入帳，數額巨大或者造成重大損失的，處五年以下有期徒刑或者拘役，並處二萬元以上二十萬元以下罰金；數額特別巨大或者造成特別重大損失的，處五年以上有期徒刑，並處五萬元以上五十萬元以下罰金（第一款）。單位犯前款罪的，對單位判處罰金，並對其直接負責的主管人員和其他直接責任人員，依照前款的規定處罰（第二款）。

資料來源：「中華人民共和國勞動法」（1995年1月1日施行）；「中華人民共和國刑法」
　　　　　（2011年5月1日修正施行）。

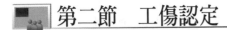

第二節　工傷認定

　　工傷就是因工負傷，是指因職工在勞動過程中因執行職務而遭受事故傷害或者患職業病。

一、認定工傷項目

　　「工傷保險條例」第十四條規定，職工有下列情形之一的，應當認定為工傷：

1. 在工作時間和工作場所內，因工作原因受到事故傷害的。
2. 工作時間前後在工作場所內，從事與工作有關的預備性或者收尾性工作受到事故傷害的。
3. 在工作時間和工作場所內，因履行工作職責受到暴力等意外傷害的。
4. 患職業病的。
5. 因工外出期間，由於工作原因受到傷害或者發生事故下落不明的。
6. 在上下班途中，受到非本人主要責任的交通事故或者城市軌道交通、客運輪渡、火車事故傷害的。
7. 法律、行政法規規定應當認定為工傷的其他情形。

二、視同工傷項目

　　「工傷保險條例」第十五條規定，職工有下列情形之一的，視同工傷：

1. 在工作時間和工作崗位，突發疾病死亡或者在四十八小時之內經搶救無效死亡的。
2. 在搶險救災等維護國家利益、公共利益活動中受到傷害的。
3. 職工原在軍隊服役，因戰、因公負傷致殘，已取得革命傷殘軍人

證，到用人單位後舊傷復發的。

職工有前款第一項、第二項情形的，按照本條例的有關規定享受工傷保險待遇；職工有前款第三項情形的，按照本條例的有關規定享受除一次性傷殘補助金以外的工傷保險待遇。

三、不得認定爲工傷或者視同工傷

「工傷保險條例」第十六條規定，職工有下列情形之一的，不得認定爲工傷或者視同工傷：

1. 故意犯罪的。
2. 醉酒或者吸毒的。
3. 自殘或者自殺的。

四、工傷認定申請材料

「工傷保險條例」第十八條規定，提出工傷認定申請應當提交下列材料：

1. 工傷認定申請表（如**表9-1**）。
2. 與用人單位存在勞動關係（包括事實勞動關係）的證明材料。
3. 醫療診斷證明或者職業病診斷證明書（或者職業病診斷鑑定書）（第一款）。

工傷認定申請表應當包括事故發生的時間、地點、原因以及職工傷害程度等基本情況（第二款）。

五、工傷賠償爭議處理要點

工傷賠償爭議的處理，有下列幾點注意事項供參考：

1. 員工在工廠發生事故傷害或患職業病，應依規定在十五日內向當地

表9-1　工傷認定申請表

申請人：			受傷害職工：	
申請人與受傷害職工關係：			填表日期：　年　月　日	
職工姓名		性別	出生日期	年　月　日
身分證號碼			聯繫電話	
家庭地址			郵遞區號	
工作單位			聯繫電話	
單位地址			郵遞區號	
職業、工種或工作崗位			參加工作時間	
事故時間、地點及主要原因			診斷時間	
受傷害部位			職業病名稱	
接觸職業病危害崗位			接觸職業病危害時間	
受傷害經過簡述（可附頁）				

申請事項：

申請人簽字：

年　月　日

用人單位意見：

經辦人簽字：

（公章）　年　月　日

社會保險行政部門審查資料和受理意見

經辦人簽字：

年　月　日

負責人簽字：

（公章）

年　月　日

（續）表9-1　工傷認定申請表

備註：

填表說明：

1. 用鋼筆或簽字筆填寫，字體工整清楚。
2. 申請人為用人單位的，在首頁申請人處加蓋單位公章。
3. 受傷害部位一欄填寫受傷害的具體部位。
4. 診斷時間一欄，職業病者，按職業病確診時間填寫；受傷或死亡的，按初診時間填寫。
5. 受傷害經過簡述，應寫明事故發生的時間、地點，當時所從事的工作，受傷害的原因以及傷害部位和程度。職業病患者應寫明在何單位從事何種有害作業，起止時間，確診結果。
6. 申請人提出工傷認定申請時，應當提交受傷害職工的居民身分證；醫療機構出具的職工受傷害時初診診斷證明書，或者依法承擔職業病診斷的醫療機構出具的職業病診斷證明書（或者職業病診斷鑑定書）；職工受傷害或者診斷患職業病時與用人單位之間的勞動、聘用合同或者其他存在勞動、人事關係的證明。

   有下列情形之一的，還應當分別提交相應證據：

   (一) 職工死亡的，提交死亡證明。
   (二) 在工作時間和工作場所內，因履行工作職責受到暴力等意外傷害的，提交公安部門的證明或者其他相關證明。
   (三) 因工外出期間，由於工作原因受到傷害或者發生事故下落不明的，提交公安部門的證明或者相關部門的證明。
   (四) 上下班途中，受到非本人主要責任的交通事故或者城市軌道交通、客運輪渡、火車事故傷害的，提交公安機關交通管理部門或者其他相關部門的證明。
   (五) 在工作時間和工作崗位，突發疾病死亡或者在四十八小時之內經搶救無效死亡的，提交醫療機構的搶救證明。
   (六) 在搶險救災等維護國家利益、公共利益活動中受到傷害的，提交民政部門或者其他相關部門的證明。
   (七) 屬於因戰、因公負傷致殘的轉業、復員軍人，舊傷復發的，提交「革命傷殘軍人證」及勞動能力鑑定機構對舊傷復發的確認。

7. 申請事項欄，應寫明受傷害職工或者其近親屬、工會組織提出工傷認定申請並簽字。
8. 用人單位意見欄，應簽署是否同意申請工傷，所填情況是否屬實，經辦人簽字並加蓋單位公章。
9. 社會保險行政部門審查資料和受理意見欄，應填寫補正材料或是否受理的意見。
10. 此表一式二份，社會保險行政部門、申請人各留存一份。

資料來源：「工傷保險認定」附表（自2010年7月1日起施行），中華人民共和國中央人民政府網站（http://www.gov.cn/flfg/2011-01/07/content_1780156.htm）。

工傷認定書

申請人：劉〇華
單位名稱：東莞市〇漢裝飾有限公司
法定代表人：姜〇〇
地址：東莞市高埗真洗沙四村工業區
傷（亡）者姓名：劉〇華
身分證號：
住址：四川省內江市市中區凌家鎮正街南〇〇號

　　申請人稱：劉〇華於2008年03月26日發生受傷事故，向本局提交了「工傷認定申請書」。本局依法受理後，進行了相關的調查工作。

　　經查實，東莞市〇漢裝飾有限公司職工劉〇華於2008年3月26日下午17時左右，在公司三樓打磨時移開旁邊的破舊台扇，扇葉突然斷開打到劉〇華左手食指，造成左側食指皮膚缺損及左側食指背側肌腱斷裂。劉〇華發生的此次事故符合：「在工作時間和工作場所內，因工作原因受到事故傷害」的情形。

　　綜上所述，根據「廣東省工傷保險條例」第九條第一項的規定，決定認定劉〇華於2008年03月26日所發生的事故屬工傷。

　　單位、員工（近親屬）如對本決定有異議的，請在收到本認定書之日起六十日內向東莞市人民政府申請行政覆議。

　　　　　　　　　　　　　　　　　　二〇〇八年十月二十日

資料來源：東莞市社會保障局東社保工傷認字第20080910004號，東莞市社會保障局（http://dgsi.dg.gov.cn/UploadFile/20081110102845593.doc）。

　　人力資源和社會保障行政部門提出工傷報告，由人力資源和社會保障行政部門進行工傷鑑定。

2. 企業對人力資源和社會保障行政部門做出的認定工傷結論不服的，可依法提起行政覆議。

3. 企業必須依規定繳納工傷保險，員工一旦發生工傷後，由社會保險經辦機構負責處理員工的工傷保險待遇支付問題，以免企業面對員工的無理取鬧或獅子大開口；而且有關職工與工傷保險經辦機構發生的工傷待遇給付爭議，不屬於勞動爭議，仲裁委員會不予受理。

4.大陸對工傷的認定，一般都偏向受傷的勞工，因此，只要職工在工作時間、工作區域因工作原因造成的傷亡，即使職工本人有一定的責任，都應認定為工傷，除非是明顯的犯罪或自殺行為，企業只能針對員工違章操作部分給予行政處分。因此，建議企業於工傷發生後，盡可能思考如何以最少的時間及最少的費用與員工和解，否則一旦仲裁，所需的費用都比和解的費用高。

5.雙方就工傷事件協商一致同意和解後，除一次性給予受傷員工經濟補償外，雙方勞動關係及有關社會保險也須一併終止。

6.若員工於受傷後，不願繼續工作，且一再的向有關機關檢舉，考慮到大陸員工的報復心態很重，此時即使勞動合同尚未屆滿，若繼續讓其在工廠工作，不啻是一顆不定時炸彈，因此建議及早和解，以免費時又費錢（袁明仁，2004）。

範例 9-3

一來就截右手　一直等無補償

東莞大朗鎮的展○五金製品公司員工劉○黃向廠方索討賠償金不成，前天中午持彈簧刀刺殺台商老闆及台幹，造成兩死一重傷。警方說，二十五歲貴州籍工人劉○黃去年九月到展○工廠，因沖床作業不慎，右掌被截肢。經數個月勞資協商，一審法院裁定展○應給付十六萬八千元人民幣賠償金，工廠不服上訴二審法院，雙方僵持數月，劉○黃十五日中午與資方再度談判無解，發生憾事。

東莞台商林○宏說，行凶過程近二十分鐘，劉○黃殺紅了眼，全都看在路人、廠房保安和工人的眼裡，「現場圍了近兩百人，卻沒人願意出手相救！」保安看到劉○黃刺殺林○騰和賴○瑞時，竟然躲開，治安隊就在離廠房不到兩百公尺處，直到劉○黃被制伏後，公安才出現。

林○宏說，在仲裁過程，劉○黃主動提出解除勞資關係。今年一月中旬，仲裁判決雙方結束勞資契約。但即便如此，劉○黃仍執意續

留工廠。直到上週六工廠才要求劉○黃離廠，但劉○黃不願離廠，還上到宿舍頂樓作自殺狀，還丟下四個滅火器洩憤。

林○宏說，劉○黃工傷斷掌，當地勞動局、社保局與公安局原訂前天下午三時到展○調查；劉○黃卻在前天先與邵○吉及賴○瑞爭執起來，林○騰剛好開車載兩歲兒子來給在展○工作的二嫂帶，還勸大家等下午再說。

「唉，他挺可憐的，進廠才幾天，右手就沒了。」一位展○五金廠的工人，為凶嫌劉○黃講話。

展○一位工人說，二十五歲的劉○黃來自貴州鄉下，進廠不到十天，右手就被機器碾斷，從右手掌到手腕處，都被醫院截掉。

在附近開餐館的張姓男子說，劉○黃之前常去他的餐館吃飯，不少人都知道他的情況，人很忠厚老實。「右手沒了，廠方的工傷補償卻遲遲不肯給」，是他憤而行凶的主因。

小張說，「一隻手啊，才幾萬元，劉○黃當然很生氣。他家裡有個哥哥和在讀書的弟弟，一家人就靠他在這裡打工過日子。」

資料來源：林琮盛，〈工人殺老闆　東莞台商2死1傷〉，《聯合報》（2009/06/17，頭版）；林琮盛，〈一來就截右手　一直等無補償〉，《聯合報》（2009/06/17，A3版）；何永輝、林琮盛，〈門口殺了20分鐘　圍觀200人袖手〉，《聯合報》（2009/06/17，A3版）。

第三節　勞動能力鑑定

勞動能力鑑定，在實踐中通常被稱為「評殘」，是指勞動者在生產工作中因種種原因造成勞動能力不同程度的損害，致使勞動者在部分、大部分或完全喪失勞動能力時，有關部門在醫學方面對其做出的鑑別和評定致殘等級。

通常情況下，勞動能力鑑定工作只負責因工傷或因病而導致的勞動能力鑑定問題。

一、勞動能力鑑定的意義

勞動能力鑑定的意義有：

1. 勞動能力鑑定提供的正確結論是批准因工、因病和非因工負傷完全喪失勞動能力的勞動者退休、退職的科學依據。

2. 勞動能力鑑定所提供的正確結論也是合理調換因工受傷、造成勞動能力不同程度損害的勞動者工作崗位和恢復工作的科學依據。

3. 通過勞動能力鑑定工作，確定職工因工致殘後喪失勞動能力的程度，為保障受傷害職工享受其合法的物質幫助的基本權利和勞動就業的基本權利提供了依據。

4. 通過勞動能力鑑定工作，對職工是否能認定為工傷或職業病提供了政策、標準依據，也保護了受工傷的職工的合法權益。

工傷與職業病鑑定標準對殘情的分級，是以傷病者於醫療期滿時的器官損傷、功能障礙、對醫療依賴和護理依賴的程度，並適當考慮一些特殊殘情造成的心理障礙或生活品質的損失（如遭毀容等）進行確定的（如**表9-2**）。

表9-2　致殘程度鑑定說明

致殘程度鑑定類別	說明
器官損傷	是指工傷直接導致的受傷害者的器官缺損或畸形，但職業病不一定有器官缺損。
功能障礙	是指工傷或職業病所致的器官功能下降，其程度與器官缺損及職業病嚴重程度密切相關。
醫療依賴	是指傷殘後，於醫療期後仍然不能脫離治療者。
護理依賴	是指傷、病致殘者因生活不能自理需依賴他人護理者。生活自理障礙等級根據進食、翻身、大小便、穿衣及洗漱、自我移動五項條件確定*。
＊五項條件均需要護理者為一級，五項中四項需要護理者為二級，五項中三項需要護理者為三級，五項中一至二項需要護理者為四級。	

資料來源：〈工傷保險知識問答〉，廣東省人力資源社會保障網（http://www.gd.lss.gov.cn/gdlss/sy/shbx/t20081022_80210.htm）。

二、勞動能力鑑定的程序

根據「工傷保險條例」的有關規定，勞動能力鑑定應當按照以下程序開展。

(一)提出申請

由符合提出勞動能力鑑定申請條件的工傷職工本人（或其直系親屬）或者用人單位向當地勞動能力鑑定委員會提出勞動能力鑑定申請，同時要提交工傷認定決定書和職工工傷醫療的有關資料。

(二)審查

勞動能力鑑定委員會在收到申請人申報勞動能力鑑定的資料後，首先要進行初審，審閱有關材料是否齊備、有效，擬被鑑定人的情況是否符合申請鑑定的條件。如果申請人提交的資料欠缺，勞動能力鑑委員會則要求申請人補充材料後受理。

(三)組織定

勞動能力鑑定委員會受理勞動能力鑑定申請後，從勞動能力鑑定專家庫中抽取三名或者五名專家組成專家組進行鑑定。勞動能力鑑定委員會根據專家組的鑑定意見，確定傷殘職工的勞動功能障礙程度和生活自理障礙程度，作出勞動能力鑑定結論（如**圖9-1**）。

三、致殘等級鑑定

致殘等級鑑定也稱工傷評殘，是勞動鑑定委員會在勞動能力鑑定技術小組認為工傷職工喪失勞動能力，需要評殘的基礎上，依據「職工工傷和職業病致殘程度鑑定」規定，對因工負傷或患職業病的職工傷殘後喪失勞動能力的程度和依賴護理的程度作出的判別和評定，一共有十個級別（如**表9-3**）。

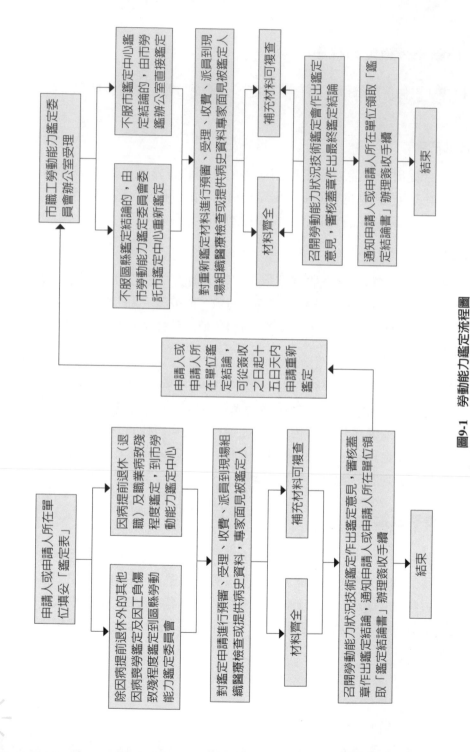

圖9-1 勞動能力鑑定流程圖

資料來源：《如何申辦勞動能力鑑定》，上海市勞動保障宣傳教育中心印制。

表9-3　工傷等級分級原則

級別	內容
一級	器官缺失或功能完全喪失，其他器官不能代償，存在特殊醫療依賴，生活完全或大部分不能自理。
二級	器官嚴重缺損或畸形，有嚴重功能障礙或併發症，存在特殊醫療依賴，或生活大部分不能自理。
三級	器官嚴重缺損或畸形，有嚴重功能障礙或併發症，存在特殊醫療依賴，或生活部分不能自理。
四級	器官嚴重缺損或畸形，有嚴重功能障礙或併發症，存在特殊醫療依賴，生活可以自理者。
五級	器官大部缺損或明顯畸形，有較重功能障礙或併發症，存在一般醫療依賴，生活能自理者。
六級	器官大部缺損或明顯畸形，有中等功能障礙或併發症，存在一般醫療依賴，生活能自理者。
七級	器官大部分缺損或畸形，有輕度功能障礙或併發症，存在一般醫療依賴，生活能自理者。
八級	器官部分缺損，形態異常，輕度功能障礙，有醫療依賴，生活能自理者。
九級	器官部分缺損，形態異常，輕度功能障礙，無醫療依賴，生活能自理者。
十級	器官部分缺損，形態異常，無功能障礙，無醫療依賴，生活能自理者。

資料來源：「職工工傷與職業病致殘程度鑑定」（GB/T16180-2006）；引自：〈評殘等級標準中的分級原則是什麼？〉，中國上海網站（http://www.sh.gov.cn/shanghai/node2314/node4128/node14793/node14798/userobject30ai6119.html）。

第四節　職業性有害因素

　　職業性有害因素，是指勞動者在不良的勞動環境和勞動條件下工作時，由生產過程、勞動過程中產生的可能影響勞動者健康的某些因素。例如石粉過篩時產生的粉塵；油漆工在刷漆或噴漆時散發出來的苯、甲苯、二甲苯或其他有機溶劑；放射科醫師在透視或攝片過程中接觸到的X射線等，都稱之為職業性有害因素（生產性有害因素）。

　　職業性有害因素按其來源和性質可分為生產過程中的、勞動過程中的和與作業場所有關的有害因素三種。

一、生產過程中的有害因素

(一)化學因素

它包括生產性毒物和生產性粉塵。生產性毒物可分為窒息性毒物（硫化氫、一氧化碳、氫化物等）、刺激性毒物（光氣、氨氣、二氧化硫等）、徊液性毒物（苯、苯的硝基化合物等）和神經性毒物（鉛、汞、錳、有機磷農藥等）。

(二)物理因素

它包括：(1)不良的氣候條件；(2)異常氣壓；(3)生產性噪聲、振動；(4)電離輻射，如α射線、β射線、γ射線或中子流等；(5)非電離輻射，如紫外線、紅外線、微波、高頻電磁場等。

(三)某些生物性致病因素

它主要指病原微生物和致病寄生蟲，如炭疽桿菌、布氏桿菌、森林腦炎病毒等。

二、勞動過程中的職業性有害因素

它主要包括勞動時間過長、勞動強度過大、作業安排與勞動者的生理狀態不相適應、長時間處於某種不良體位、長時間從事某一單調動作的作業或身體的個別器官和肢體過度緊張等等。

三、與作業場所有關的職業性有害因素

1. 作業場所的設計不符合衛生標準和要求，廠房狹小、採光照明不足、通風不良、烈日下室外作業、廠房建築及車間布置不合理。
2. 缺乏必要的衛生技術設施，如缺少通風換氣設施、採暖設施、防塵防毒設施、防暑降溫設施、防噪防振設施、防射線設施等。
3. 安全防護設施不完善，使用個人防護用具方法不當或防護用具本身

有缺陷等。

　　上述各種職業性有害因素對人體產生不良影響並顯現病狀，是要滿足一定條件的。如有害因素的強度（數量）、人體接觸有害因素的時間和程度、個體因素及環境因素等等。當職業性有害因素作用於人體，並造成人體功能性或器質（器官性質）性病變時所導致的疾病即爲職業病（湖北安全生產信息網）。

第五節　職業病管理

　　廣義上的職業病，泛指勞動者在生產勞動及其他職業活動中，由於職業性有害因素的影響而引起的疾病。

　　依據「中華人民共和國職業病防治法」所稱的「職業病」，是指企業、事業單位和個體經濟組織（以下統稱用人單位）的勞動者在職業活動中，因接觸粉塵、放射性物質和其他有毒、有害物質等因素而引起的疾病（第二條第二款）。

一、職業性危害因素的來源

　　職業性危害因素，是指在生產過程中、勞動過程中、作業環境中存在的危害勞動者健康的因素。按其來源可概括爲三類：

1. 與生產過程有關的職業性危害因素來源於原料、中間產物、產品、機器設備的工業毒物、粉塵、噪聲、振動、高溫、電離輻射及非電離輻射、汙染性因素等職業性危害因素，均與生產過程有關。
2. 與勞動過程有關的職業性危害因素作業時間過長、作業強度過大、勞動制度與勞動組織不合理、長時間強迫體位勞動、個別器官和系統的過度緊張，均可造成對勞動者健康的損害。
3. 與作業環境有關職業性危害因素，丰要是指與一般環境因素有關者，如露天作業的不良氣象條件、廠房狹小、車間布置不合理、照明不良等。

二、職業病前期預防

「職業病防治法」第十三條規定，產生職業病危害的用人單位的設立除應當符合法律、行政法規規定的設立條件外，其工作場所還應當符合下列職業衛生要求：

1. 職業病危害因素的強度或者濃度符合國家職業衛生標準。
2. 有與職業病危害防護相適應的設施。
3. 生產布局合理，符合有害與無害作業分開的原則。
4. 有配套的更衣間、洗浴間、孕婦休息間等衛生設施。
5. 設備、工具、用具等設施符合保護勞動者生理、心理健康的要求。
6. 法律、行政法規和國務院衛生行政部門關於保護勞動者健康的其他要求。

三、工傷認定的職業病範圍

「職業病目錄」法定職業病包括十大類一百一十五種。工傷認定的職業病必須是「職業病目錄」中公布的法定職業病，職工須有職業接觸史，且經衛生機構診斷，確認為職業病的，方可認定為工傷（如**表9-4**）。

表9-4　職業病目錄（10大類115種）

一、塵肺			
1.矽肺	2.煤工塵肺	3.石墨塵肺	4.碳黑塵肺
5.石棉肺	6.滑石塵肺	7.水泥塵肺	8.雲母塵肺
9.陶工塵肺	10.鋁塵肺	11.電焊工塵肺	12.鑄工塵肺
13.根據「塵肺病診斷標準」和「塵肺病理診斷標準」可以診斷的其他塵肺			

二、職業性放射性疾病	
1.外照射急性放射病	2.外照射亞急性放射病
3.外照射慢性放射病	4.內照射放射病
5.放射性皮膚疾病	6.放射性腫瘤
7.放射性骨損傷	8.放射性甲狀腺疾病
9.放射性性腺疾病	10.放射復合傷
11.根據「職業性放射性疾病診斷標準（總則）」可以診斷的其他放射性損傷	

（續）表9-4　職業病目錄（10大類115種）

三、職業中毒

1. 鉛及其化合物中毒（不包括四乙基鉛）　2. 汞及其化合物中毒
3. 錳及其化合物中毒　4. 鎘及其化合物中毒
5. 鈹病　6. 鉈及其化合物中毒
7. 鋇及其化合物中毒　8. 釩及其化合物中毒
9. 磷及其化合物中毒　10. 砷及其化合物中毒
11. 鈾中毒　12. 砷化氫中毒
13. 氯氣中毒　14. 二氧化硫中毒
15. 光氣中毒　16. 氨中毒
17. 偏二甲基肼中毒　18. 氮氧化合物中毒
19. 一氧化碳中毒　20. 二硫化碳中毒
21. 硫化氫中毒　22. 磷化氫、磷化鋅、磷化鋁中毒
23. 工業性氟病　24. 氰及腈類化合物中毒
25. 四乙基鉛中毒　26. 有機錫中毒
27. 羰基鎳中毒　28. 苯中毒
29. 甲苯中毒　30. 二甲苯中毒
31. 正己烷中毒　32. 汽油中毒
33. 一甲胺中毒　34. 有機氟聚合物單體及其熱裂解物中毒
35. 二氯乙烷中毒　36. 四氯化碳中毒
37. 氯乙烯中毒　38. 三氯乙烯中毒
39. 氯丙烯中毒　40. 氯丁二烯中毒
41. 苯的氨基及硝基化合物（不包括三硝基甲苯）中毒
42. 三硝基甲苯中毒　43. 甲醇中毒
44. 酚中毒　45. 五氯酚（鈉）中毒
46. 甲醛中毒　47. 硫酸二甲酯中毒
48. 丙烯醯胺中毒　49. 二甲基甲醯胺中毒
50. 有機磷農藥中毒　51. 氨基甲酸酯類農藥中毒
52. 殺蟲脒中毒　53. 溴甲烷中毒
54. 擬除蟲菊酯類農藥中毒
55. 根據「職業性中毒性肝病診斷標準」可以診斷的職業性中毒性肝病
56. 根據「職業性急性化學物中毒診斷標準（總則）」可以診斷的其他職業性急性中毒

四、物理因素所致職業病

1. 中暑　2. 減壓病　3. 高原病　4. 航空病　5. 手臂振動病

五、生物因素所致職業病

1. 炭疽　2. 森林腦炎　3. 布氏桿菌病

六、職業性皮膚病

1. 接觸性皮炎　2. 光敏性皮炎　3. 電光性皮炎　4. 黑變病
5. 痤瘡　6. 潰瘍　7. 化學性皮膚灼傷
8. 根據「職業性皮膚病診斷標準（總則）」可以診斷的其他職業性皮膚病

（續）表9-4　職業病目錄（10大類115種）

七、職業性眼病
1.化學性眼部灼傷　2.電光性眼炎 3.職業性白內障（含放射性白內障、三硝基甲苯白內障）
八、職業性耳鼻喉口腔疾病
1.噪聲聾　2.鉻鼻病　3.牙酸蝕病
九、職業性腫瘤
1.石棉所致肺癌、間皮瘤　　2.聯苯胺所致膀胱癌 3.苯所致白血病　　　　　　4.氯甲醚所致肺癌 5.砷所致肺癌、皮膚癌　　　6.氯乙烯所致肝血管肉瘤 7.焦爐工人肺癌　　　　　　8.鉻酸鹽製造業工人肺癌
十、其他職業病
1.金屬煙熱　　2.職業性哮喘　　3.職業性變態反應性肺泡炎 4.棉塵病　　5.煤礦井下工人滑囊炎

資料來源：衛生部、勞動和社會保障部聯合發出「關於印發『職業病目錄』的通知」
　　　　　（2002年4月18日）。

結　語

　　關心和保護勞動者的安全和健康，預防、控制和消除職業病危害，建立、健全勞動安全衛生制度，嚴格執行國家勞動安全衛生規程和標準，對勞動者進行勞動安全衛生教育，防止勞動過程中的事故，減少職業危害，是用人單位的職責，也是不能推卸的責任。

第十章

薪酬管理制度

> 工資派一尺，物價派一丈，菜籃子沒裝滿，一個月薪水全花光。
>
> ～大陸順口溜

　　薪酬（工資與福利）管理是人力資源管理的核心，建立科學、系統的薪酬管理體系，對於企業在市場競爭中獲得生存和比較優勢具有重要意義。在「勞動合同法」的條文內容中，涉及薪酬的項目多達二十九條，占近全文的三分之一，對企業用人的各個環節都提出了薪酬管理的相應要求。

　　「勞動法」第四十七條規定，用人單位根據本單位的生產經營特點和經濟效益，依法自主確定本單位的工資分配方式和工資水平。

第一節　最低工資制度

　　工資是勞動報酬的一部分，是用人單位以貨幣形式支付給勞動者的勞動報酬，它包括計時工資、計件工資、獎金、津貼和補貼、加班工資以及特殊情況下支付的工資等。

　　最低工資標準，是指勞動者在法定工作時間或依法簽訂的勞動合同約定的工作時間內提供了正常勞動的前提下，用人單位依法應支付的最低勞動報酬。

　　依據「勞動合同法」第十七條規定，勞動報酬作為勞動合同的必備條件之一，應當在勞動合同文本中明確規定其金額、支付時間、給付形式等。勞動合同約定的勞動報酬必須遵守法律、法規的規定，如勞動報酬不得低於當地規定的最低工資標準，不得低於集體合同規定的工資標準等（張馳，2008）。

一、最低工資的建立

　　「勞動法」第四十八條規定：「用人單位支付勞動者的工資不得低於當地最低工資標準。」最低工資標準的確定，實行政府、工會、企業三

方代表民主協商的原則。在人力資源和社會保障部的指導下，由省、自治區、直轄市人民政府人力資源和社會保障部門會同同級工會、企業聯合會、企業家協會研究擬定，並將擬定的方案報送人力資源和社會保障部。

「最低工資規定」第六條指出，確定和調整月最低工資標準，應參考當地就業者及其贍養人口的最低生活費用、城鎮居民消費價格指數、職工個人繳納的社會保險費和住房公積金、職工平均工資、經濟發展水平、就業狀況等因素。

最低工資標準發布實施後，如上述第六條所規定的相關因素發生變化，應當適時調整。最低工資標準每兩年至少調整一次（第十條）。

二、應支付工資的特殊情況

「最低工資規定」第三條規定，本規定所稱正常勞動，是指勞動者按依法簽訂的勞動合同約定，在法定工作時間或勞動合同約定的工作時間內從事的勞動。勞動者依法享受帶薪年休假、探親假、婚喪假、生育（產）假、節育手術假等國家規定的假期間，以及法定工作時間內依法參加社會活動期間，視為提供了正常勞動。

根據這一規定，凡是勞動者在國家規定的上述假期內的休假，都應視為提供了正常勞動，並適用最低工資保障規定。

三、最低工資標準

「最低工資規定」第十二條規定，在勞動者提供正常勞動的情況下，用人單位應支付給勞動者的工資在剔除下列各項以後，不得低於當地最低工資標準：

1.延長工作時間工資。
2.中班、夜班、高溫、低溫、井下、有毒有害等特殊工作環境、條件下的津貼。
3.法律、法規和國家規定的勞動者福利待遇等。

由於「最低工資規定」第七條規定，省、自治區、直轄市範圍內的

不同行政區域可以有不同的最低工資標準。因而根據上海市相關規定，最低工資由國家統計部門規定的應當列入工資總額的各項工資性收入剔除下列項目後構成：

1. 個人依法繳納的社會保險費和住房公積金。
2. 延長法定工作時間的工資。
3. 中班、夜班、高溫、低溫、井下、有毒有害等特殊工作環境、條件下的津貼。
4. 伙食補貼（飯貼）、上下班交通費補貼、住房補貼。

同時，還不包括法律、法規、規章規定的職工勞動保險、福利待遇。

四、非全日制用工小時計酬標準

根據「勞動合同法」第七十二條第一款及第二款規定，非全日制用工小時計酬標準不得低於用人單位所在地人民政府規定的最低小時工資標準。非全日制用工勞動報酬結算支付週期最長不得超過十五日。

五、年終雙薪與年終獎

「年終雙薪」，是指年底最後一個月發放兩倍於平時數額的工資，從性質上講屬於工資，只是數額上是平時的兩倍而已，這相當於把勞動者每月收入的一部分，積累下來放在年末集中發放。

「年終獎」在「國家稅務總局關於調整個人取得全年一次性獎金等計算徵收個人所得稅方法問題的通知」中，將其解釋為全年一次性獎金，是行政機關、企事業單位等扣繳義務人根據其全年經濟效益和對雇員全年工作業績的綜合考核情況，向雇員發放的一次性獎金，屬於獎金性質，是企業對員工全年工作的犒勞。此外，根據相關規定，「年終雙薪」和「年終獎」需按不同的方法來納稅，可見兩者存在本質上的區別，而對勞動者來講，最主要的意義在於，明確規定的年終雙薪可以使勞動者在未到年終而提前離職的情況下，有權要求獲得相應比例的年終雙薪（譬如當年度已

工作十個月的，可要求發放六分之五薪資），而「年終獎」則要根據企業的具體規定發放。

　　由於「勞動法」對「年終獎」沒有硬性規定，其發放標準、發放時間和發放條件通常都取決於用人單位和勞動者是否有書面約定。如果雙方有明確的約定，可以按照約定來發放。實踐中，更多的爭議源自於「年終獎」約定不明，或者「年終獎」的發放時間不明確等情況（洪桂彬，2010）。

第二節　工資總額組成

　　由國家統計局發布的「關於工資總額組成的規定」中指出，工資總額是指各單位在一定時期內直接支付給本單位全部職工的勞動報酬總額（第三條）。另依據「關於工資總額組成的規定若干具體範圍的解釋」第一項，工資總額的計算原則應以直接支付給職工的全部勞動報酬為根據。各單位支付給職工的勞動報酬以及其他根據有關規定支付的工資，不論是計入成本的還是不計入成本的，不論是按國家規定列入計徵獎金稅項目的，還是未列入計徵獎金稅項目的，不論是以貨幣形式支付的，還是以實物形式支付的，均應列入工資總額的計算範圍。

一、工資總額組成項目

　　「關於工資總額組成的規定」第四條規定，工資總額組成包括：
1.計時工資。
2.計件工資。
3.獎金。
4.津貼和補貼。
5.加班加點工資。
6.特殊情況下支付的工資（如**表10-1**）。

表10-1　工資總額的組成說明

工資總額的組成	說明
計時工資	它是指按計時工資標準（包括地區生活費補貼）和工作時間支付給個人的勞動報酬。
計件工資	它是指對已做工作按計件單價支付的勞動報酬。
獎金	它是指支付給職工的超額勞動報酬和增收節支的勞動報酬。包括生產獎；節約獎；勞動競賽獎；機關、事業單位的獎勵工資；其他獎金。
津貼和補貼	它是指為了補償職工特殊或額外的勞動消耗和因其他特殊原因支付給職工的津貼，以及為了保證職工工資水平不受物價影響支付給職工的物價補貼。
加班加點工資	它是指按規定支付的加班工資和加點工資。
特殊情況下支付的工資	它係根據國家法律、法規和政策規定，因病、工傷、產假、計劃生育假、婚喪假、事假、探親假、定期休假、停工學習、執行國家或社會義務等原因按計時工資標準或計時工資標準的一定比例支付的工資；附加工資、保留工資。

資料來源：「關於工資總額組成的規定」第二章工資總額的組成（1990年1月1日國家統計局發布施行）；製表：丁志達。

二、工資總額不包括的項目

　　「關於工資總額組成的規定」第十一條指出，下列各項不列入工資總額的範圍：

1. 根據國務院發布的有關規定頒發的發明創造獎、自然科學獎、科學技術進步獎和支付的合理化建議和技術改進獎以及支付給運動員、教練員的獎金。
2. 有關勞動保險和職工福利方面的各項費用。
3. 有關離休、退休、退職人員待遇的各項支出。
4. 勞動保護的各項支出。
5. 稿費、講課費及其他專門工作報酬。
6. 出差伙食補助費、誤餐補助、調動工作的旅費和安家費。
7. 對自帶工具、牲畜來企業工作職工所支付的工具、牲畜等的補償費用。
8. 實行租賃經營單位的承租人的風險性補償收入。

9.對購買本企業股票和債券的職工所支付的股息（包括股金分紅）和利息。

10.勞動合同制職工解除勞動合同時由企業支付的醫療補助費、生活補助費等。

11.因錄用臨時工而在工資以外向提供勞動力單位支付的手續費或管理費。

12.支付給家庭工人的加工費和按加工訂貨辦法支付給承包單位的發包費用。

13.支付給參加企業勞動的在校學生的補貼。

14.計劃生育獨生子女補貼（如**表10-2**）。

表10-2　關於工資總額不包括的項目的範圍

項目	範圍
有關勞動保險和職工福利方面的費用	職工死亡喪葬費及撫恤費、醫療衛生費或公費醫療費用、職工生活困難補助費、集體福利事業補貼、工會文教費、集體福利費、探親路費、冬季取暖補貼、上下班交通補貼以及洗理費等。
勞動保護的各種支出	工作服、手套等勞保用品，解毒劑、清涼飲料，以及按照1963年7月19日勞動部等七單位規定的範圍對接觸有毒物質、矽塵作業、放射線作業和潛水、沉箱作業、高溫作業等五類工種所享受的由勞動保護費開支的保健食品待遇。

資料來源：「關於工資總額組成的規定若干具體範圍的解釋」第四項，關於工資總額不包括的項目的範圍（1990年1月1日國家統計局發布施行）；製表：丁志達。

第三節　工資保障制度

　　工資是中共「憲法」規定的勞動者各項經濟權利中最基本的一項權利，是職工及其家庭成員生活的主要來源。工資保障法律制度的基本內容有：保障勞動者工資水平的立法、保障工資規定支付的立法、嚴格禁止非法扣除勞動者工資和試用期工資的立法。

一、工資支付的規定

依據「工資支付暫行規定」對用人單位支付工資有如下規定：

1.工資應當以法定貨幣（即人民幣）形式支付，不得以實物及有價證券替代貨幣支付（第五條）。

2.用人單位應將工資支付給勞動者本人；本人因故不能領取工資時，可由其親屬或委託他人代領（第六條第一款）。

3.用人單位可直接支付工資，也可委託銀行代發工資（第六條第二款）。

4.用人單位必須書面記錄支付勞動者工資的數額、時間、領取者的姓名以及簽字，並保存兩年以上備查。用人單位在支付工資時應向勞動者提供一份其個人的工資清單（第六條第三款）。

5.工資必須在用人單位與勞動者約定的日期支付。如遇節假日或休息日，則應提前在最近的工作日支付。工資至少每月支付一次，實行週、日、小時工資制的可按週、日、小時支付工資（第七條）。

6.勞動關係雙方依法解除或終止勞動合同時，用人單位應在解除或終止勞動合同時一次付清勞動者工資（第九條）。

二、代扣工資的項目

剋扣工資，是指用人單位不按法律、法規規定的項目或超過法律、法規規定的標準扣減職工工資，以及未經職工同意任意扣減職工工資的行為。

根據「工資支付暫行規定」第十五條規定，用人單位不得剋扣勞動者工資。有下列情況之一的，用人單位可以代扣勞動者工資：

1.用人單位代扣代繳的個人所得稅。

2.用人單位代扣代繳的應由勞動者個人負擔的各項社會保險費用。

3.法院判決、裁定中要求代扣的撫養費、贍養費。

4.法律、法規規定可以從勞動者工資中扣除的其他費用。

討欠薪不成　殺老闆燒工廠

《南方都市報》報導，遇害的是工廠老闆陳○珠及其正在讀幼稚園的三歲小女兒，和他在工廠設計部門任職的二十歲外甥。涉嫌殺人的是佛山市南海區楚○鴻冷凍設備廠原工廠主管余○華。

本（一）月九日下午，余○華返回工廠找老闆陳○珠談論工資問題。工廠目擊者表示，余○華過去曾因討薪與工廠主發生爭執，弄傷了左小腿和眼腔內骨。當天余○華來工廠找陳○珠要錢看病，陳○珠認為他態度不好，拒絕支付，雙方發生糾纏。余○華殺人後還點燃隨身帶來的汽油，試圖焚燒工廠。

工廠人員表示，四十八歲的余○華去年（2008年）九月進入工廠，擔任生產主管一職，余在應聘時誇稱很會冷凍設備技術，但騙得老闆招聘進來後，他根本不會技術，犯了大錯害工廠損失大數量的生產材料，老闆就把余○華炒了。余在冷凍設備廠正式工作不超過一週。

工廠人員表示，雙方爭執的主要是中秋節加班工資，余○華工作那幾天剛好過中秋，老闆當時答應給加班工資，但余○華後來犯了大錯誤，老闆一怒之下，就沒給他那幾天的加班工資。

資料來源：大陸新聞中心，〈討欠薪不成　殺老闆燒工廠〉，《聯合報》（2009/01/12）。

三、扣除勞動者當月工資的上限

根據「工資支付暫行規定」第十六條規定，因勞動者本人原因給用人單位造成經濟損失的，用人單位可按照勞動合同的約定要求其賠償經濟損失。經濟損失的賠償，可從勞動者本人的工資中扣除。但每月扣除的部分不得超過勞動者當月工資的20%。若扣除後的剩餘工資部分低於當地月最低工資標準，則按最低工資標準支付。

四、停工停產工資支付

根據「工資支付暫行規定」第十二條的規定,非因勞動者原因造成單位停工、停產在一個工資支付週期內的,用人單位應按勞動合同規定的標準支付勞動者工資。超過一個工資支付週期的,若勞動者提供了正常勞動,則支付給勞動者的勞動報酬不得低於當地的最低工資標準;若勞動者沒有提供正常勞動,應按國家有關規定辦理。

五、加倍給付賠償金的規定

「勞動合同法」第八十五條規定,用人單位有下列情形之一的,由勞動行政部門責令限期支付勞動報酬、加班費或者經濟補償;勞動報酬低於當地最低工資標準的,應當支付其差額部分;逾期不支付的,責令用人

範例 10-2

企業欠薪預警機制

類別	拖欠工資總額	群體性突發事件處置等級
藍色預警	指企業拖欠工資總額五萬元以上或拖欠職工工資在一個月涉及人數三十人以上的一般拖欠行為。	4級
黃色預警	指企業拖欠工資總額二十萬元以上或拖欠職工工資二個月、涉及人數五十人以上的較重拖欠行為。	3級
橙色預警	指企業拖欠工資總額六十萬元以上或拖欠職工工資三個月、涉及人數一百人以上的嚴重拖欠行為。	2級
紅色預警	指企業拖欠工資總額一百二十萬元以上或拖欠職工工資四個月及以上、涉及人數一百五十人及以上的特別嚴重拖欠行為。	1級
說　明	企業欠薪預警機制是杭州市為積極應對各類企業特別是中小企業因經營困難甚至破產而出現欠薪情況,加強對企業工資支付的監控,制止欠薪行為發生而出台的一項預警制度。	

資料來源:杭州市勞動保障網,「杭州市建立企業欠薪四級預警機制」(http://www.zjhz.lss.gov.cn/html/zwzx/zwdt/2387);製表:丁志達。

單位按應付金額50%以上100%以下的標準向勞動者加付賠償金：

1. 未按照勞動合同的約定或者國家規定及時足額支付勞動者勞動報酬的。
2. 低於當地最低工資標準支付勞動者工資的。
3. 安排加班不支付加班費的。
4. 解除或者終止勞動合同，未依照本法規定向勞動者支付經濟補償的。

六、試用期的工資

「勞動合同法」第二十條規定，勞動者在試用期的工資不得低於本單位相同崗位最低檔工資或者勞動合同約定工資的80%，並不得低於用人單位所在地的最低工資標準。又，「勞動合同法實施條例」第十五條補充說明，勞動者在試用期的工資不得低於本單位相同崗位最低檔工資的80%或者不得低於勞動合同約定工資的80%，並不得低於用人單位所在地的最低工資標準。

第四節　工資結構設定

「勞動法」第四十七條規定，用人單位根據本單位的生產經營特點和經濟效益，依法自主確定本單位的工資分配方式和工資水平。因而，企業的工資結構由企業自主決定，沒有規定的統一模式。因此各家企業的工資結構就呈現多樣化的特點。工資結構，基本上可以歸納為兩個部分，即固定薪和浮動薪。

由於浮動薪部分有利於增強對職工的激勵作用，所以不少企業在調整工資水準時，傾向於提高浮動部分的水準，而固定薪部分增長緩慢，在工資結構中，浮動部分的比例呈逐步加大的趨勢。但是如果固定薪部分的比例偏低，會使職工產生不安全感，影響職工隊伍的穩定。因此，企業的工資結構不能一概而論，應當根據崗位特點，對不同崗位採取不同的工資

結構。工資的固定薪部分和浮動薪部分保持合適的比例，使工資的穩定性與激勵性有機地結合起來（葉維弘，2009）。

一、受僱職工之工資所得的結構

「勞動合同法」第四條規定，用人單位在制定、修改或者決定有關勞動報酬等有關重大事項時，應當經職工代表大會或者全體職工討論，提出方案和意見，與工會或者職工代表平等協商確定。這就使得勞動報酬制度制定、修改或者決定中的職工「參與」有法可依（如**圖10-1**）。

二、受僱職工收入分配情況

企業的職工工資分配是職工收入、維繫職工生活的基礎，也是深刻體現職工的生存環境優劣、生活質量高低的座標。收入分配的公正、合理，是企業生產經營和管理機制的保障，也是勞資和諧的墊腳石。

(一)企業員工收入形式

企業按照企業性質、勞動強度、工種技術水平、收益效率採用靈活多樣方式，按需定薪。

1. 固定月薪：它是企業付薪的主要方式。採用此種方式多是企業工作常規穩定，管理秩序井然，勞動強度適中，由企業一口定價，加班加薪，缺勤扣薪，員工收入基本合理。
2. 月薪＋提成：它是在固定月薪基礎上，超額完成指標，按規定實行月薪＋提成制度。
3. 月薪＋獎金：它是在固定月薪基礎上，按職工表現給予一次性月薪獎和年終獎。如月全勤獎、月超額獎、全年加一個月獎金。
4. 計件工資：它是指按約定完工數量定薪，實行多勞多得、少勞少得的制度。
5. 日薪：它是指按約定日工作量，完工日結或完工月結，多適用於企業聘用的臨時工或季節工。

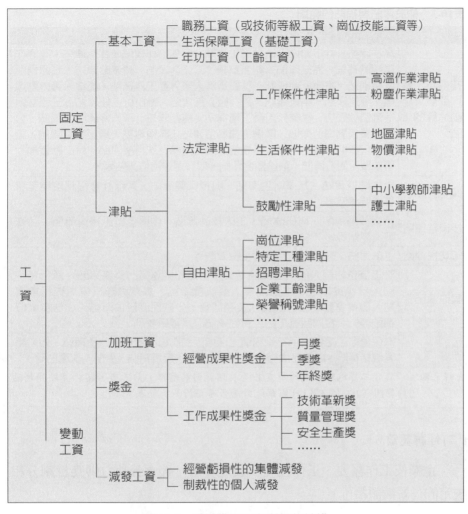

圖10-1　受僱職工工資所得的結構

資料來源：劉昌黎，〈論我國企業的工資結構及其發展趨勢〉；引自：丁志達（2011），
　　　　　「大陸人事管理實務與案例解析」講義，中華民國貿易教育基會編印。

6.計時工：即按時計薪的工種。

7.面議定薪：固定工薪的一種。先由企業自劃薪資範圍，通過企業與
　應聘職工協商定薪的工薪額度。

8.年薪：對特殊崗位、奇缺人才採用年薪金報酬制（如**表10-3**）。

表10-3 關於津貼與補貼的範圍

項目	範圍
補償職工特殊或額外勞動消耗的津貼	高空津貼、井下津貼、流動施工津貼、野外工作津貼、林區津貼、高溫作業臨時補貼、海島津貼、艱苦氣象台（站）津貼、微波站津貼、高原地區臨時補貼、冷庫低溫津貼、基層審計人員外勤工作補貼、郵電人員外勤津貼、夜班津貼、中班津貼、班（組）長津貼、學校班主任津貼、三種藝術（舞蹈、武功、管樂）人員工種補貼、運動隊班（隊）幹部駐隊補貼、公安幹警值勤崗位津貼、環衛人員崗位津貼、廣播電視天線工崗位津貼、鹽業崗位津貼、廢品回收人員崗位津貼、殯葬特殊行業津貼、城市社會福利事業單位崗位津貼、環境監測津貼、收容遣送崗位津貼等。
保健性津貼	衛生防疫津貼、醫療衛生津貼、科技保健津貼、各種社會福利院職工特殊保健津貼等。
技術性津貼	特級教師補貼、科研津貼、工人技師津貼、中藥老藥工技術津貼、特殊教育津貼等。
年功性津貼	工齡津貼、教齡津貼和護士工齡津貼等。
其他津貼	直接支付給個人的伙食津貼（火車司機和乘務員的乘務津貼、航行和空勤人員伙食津貼、水產捕撈人員伙食津貼、專業車隊汽車司機行車津貼、體育運動員和教練員伙食補助費、少數民族伙食津貼、小伙食單位補貼等）、合同制職工的工資性補貼以及書報費等。
補貼	為保證職工工資水平不受物價上漲或變動影響而支付的各種補貼，如肉類等價格補貼、副食品價格補貼、糧價補貼、煤價補貼、房貼、水電貼等。

資料來源：「關於工資總額組成的規定若干具體範圍的解釋」第三項，關於津貼和補貼的範圍（1990年1月1日國家統計局發布施行）；製表：丁志達。

(二)付薪數額

企業按工作需要、工作性質、技能要求、社會勞動力供應量劃分和規定的付薪數額給付。

1. 特殊工種：多指技能高、操作難、人才奇缺或危險工種，一般月薪多在5,000-10,000元之間。
2. 技術工種：按技術水平、創收效率定薪，月薪在3,000-5,000元之間。
3. 常規工種：它指企業單位、生產經營中所需普通工種，月薪多在1,200-3,000元之間。
4. 輔助性工種：它指邊緣輔助性工作，如勤務工、衛生員等，一般月薪給付多在法定最低工資範圍內。

(三)福利待遇

因企業性質、資金支付能力不同，福利待遇多種多樣。主要方式有：發放工作服、勞保用品；工作餐、加班餐或餐補；包食宿；發交通、通信工具或支付交通、通信費用；節假日福利；衛生用品、活動費等（黃孟復主編，2011）。

第五節　工資集體協商

工資集體協商，是指職工代表與企業代表依法就企業內部工資分配制度、工資分配形式、工資收入水準等事項進行平等協商，在協商一致的基礎上簽訂工資協定的行為。由工資集體協商後依法生效的工資協議，是指專門就工資事項簽訂的專項集體合同。已訂立集體合同的，工資協議作為集體合同的附件，並與集體合同具有同等效力。

一、工資集體協商內容

依據「工資集體協商試行辦法」第三條規定，職工代表與企業代表依法就企業內部工資分配制度、工資分配形式、工資收入水平等事項進行平等協商，在協商一致的基礎上簽訂工資協定的行為。

「工資集體協商試行辦法」第七條規定，工資集體協商一般包括以下內容：

1. 工資協議的期限。
2. 工資分配制度、工資標準和工資分配形式。
3. 職工年度平均工資水平及其調整幅度。
4. 獎金、津貼、補貼等分配辦法。
5. 工資支付辦法。
6. 變更、解除工資協議的程序。
7. 工資協議的終止條件。
8. 工資協議的違約責任。
9. 雙方認為應當協商約定的其他事項。

工資集體協商協議書（參考樣本）

甲乙雙方在平等自願、協商一致的基礎上，依據「工資集體協商試行辦法」及有關法律、法規，結合本企業實際情況，簽訂本協定，並共同遵守執行。

第一條　協商雙方經對企業本年度生產經營狀況的分析及預測，結合本市、本行業其他相關因素，參照今年市人力資源和社會保障局頒發的工資指導線、勞動力市場工資指導價位，比照同行業人工成本水準，雙方經過平等協商，形成以下協議：

　　1.本年度工資總額達到＿＿＿萬元，增長＿＿＿%；職工平均工資達到＿＿＿元，增長＿＿＿%。

　　2.企業職工最低工資為每月＿＿＿元。

第二條　凡遇有下列情況之一的，經協定雙方協商一致，可以對本協議進行修改或變更：

　　1.國家或天津市有關工資政策發生重大變化。

　　2.城鎮居民消費價格指數發生重大變化，影響企業員工實際工資水準較大。

　　3.因外部條件造成企業生產經營發生嚴重困難，協定中部分條款難以履行時。

第三條　凡遇有下列情況之一的，經協定雙方協商一致，可以提前終止本協議：

　　1.企業被撤銷、解散或依法宣告破產及瀕臨破產。

　　2.因不可抗力致使本協議無法履行時。

第四條　企業修改、變更或提前終止本協議，需經雙方代表協商一致，並經職代會或職工大會討論通過後報人力資源和社會保障行政部門審查後生效。

第五條　工資協議的違約責任：

　　本協定生效後，雙方當事人都必須正確履行，當事人任何一方違反協議，必須承擔責任。

　　企業違反本協議給員工造成損害的，應按規定依法承擔賠償責任。

　　工會違反本協議給企業利益帶來影響和損失的，可按工會章程承擔責任，應糾正違法行為，組織和教育職工，挽回損失和影響。

第六條　雙方認為應當協商約定的其他事項。

第七條　本協議未盡事宜按國家及天津市頒發的有關規定執行或雙方協商解決。

第八條　本協定正本一式三份，副本一份（雙方首席代表簽字並加蓋公章），正本甲乙雙方各一份，當地勞動保障行政部門正、副本各一份。

第九條　本協議有效期為＿＿＿年＿＿＿月＿＿＿日至＿＿＿年＿＿＿月＿＿＿日。

　　企業首席代表簽名＿＿＿＿＿＿＿＿　　職工首席代表簽名＿＿＿＿＿＿＿＿

　　企業蓋章＿＿＿＿＿＿＿＿＿＿＿＿　　企業工會蓋章＿＿＿＿＿＿＿＿＿＿

　　＿＿＿年＿＿＿月＿＿＿日　　　　　　＿＿＿年＿＿＿月＿＿＿日

資料來源：中共天津市委科學技術工作委員會。

二、工資協商參考因素

「工資集體協商試行辦法」第八條規定，協商確定職工年度工資水平應符合國家有關工資分配的宏觀調控政策，並綜合參考下列因素：

1. 地區、行業、企業的人工成本水平。
2. 地區、行業的職工平均工資水平。
3. 當地政府發布的工資指導線、勞動力市場工資指導價位。
4. 本地區城鎮居民消費價格指數。
5. 企業勞動生產率和經濟效益。
6. 國有資產保值增值。
7. 上年度企業職工工資總額和職工平均工資水平。
8. 其他與工資集體協商有關的情況。

三、集體協商的程序

「工資集體協商試行辦法」規定的集體協商程序如下：

工資集體協商代表應依照法定程序產生。職工一方由工會代表。未建工會的企業由職工民主推舉代表，並得到半數以上職工的同意。企業代表由法定代表人和法定代表人指定的其他人員擔任（第九條）。

協商代表應遵守雙方確定的協商規則，履行代表職責，並負有保守企業商業秘密的責任。協商代表任何一方不得採取過激、威脅、收買、欺騙等行為（第十五條）。

工資協議草案應提交職工代表大會或職工大會討論審議（第十九條）。

工資集體協商雙方達成一致意見後，由企業行政方製作工資協議文本。工資協議經雙方首席代表簽字蓋章後成立（第二十條）。

「工會法」規定，無正當理由拒絕進行平等協商的，由縣級以上人民政府責令改正，依法處理（第五十三條第四項）。

四、工資協議審查

依據「工資集體協商試行辦法」第五章工資協議審查規定如下：

1. 工資協議簽訂後，應於七日內由企業將工資協議一式三份及說明，報送勞動保障行政部門審查（第二十一條）。

2. 協商雙方應於五日內將已經生效的工資協議以適當形式向本方全體人員公布（第二十三條）。

3. 工資集體協商一般情況下一年進行一次。職工和企業雙方均可在原工資協議期滿前六十日內，向對方書面提出協商意向書，進行下一輪的工資集體協商，做好新舊工資協議的相互銜接（第二十四條）。

2009年12月26日，富士康與工會簽訂「工資協商與工資增長集體合同」，符合資格的員工，每年平均加薪幅度3%（胡釗維、林易宣，2010）。

第六節　職工福利制度

職工福利，係指職工所在單位通過舉辦集體福利設施，建立各種補貼，提供服務等辦法，為本單位職工生活提供方便，幫助職工解決生活上難以解決的困難，改善職工生活和環境，解決職工生產過程中某些共同的和特殊的需要，以改善職工的物質生活文化，保證他們正常和有效地進行勞動。所以，福利是企業薪酬的重要組成部分，是企業在工資以外對職工的一種補充性報酬。

福利有法定福利和企業福利兩種。對於社會保險、年休假、婚喪假、產假等法定福利，企業應當按照規定嚴格執行，社會保險費不能漏繳、少繳，法定假期的薪酬待遇應當按規定支付。

一、職工福利的類別

中共「憲法」規定，國家通過各種途徑，創造勞動就業條件，加強勞動保護，改善勞動條件，並在發展生產的基礎上，提高勞動報酬和福利待遇（第四十二條）。以及「勞動法」規定，用人單位應當創造條件，改善集體福利，提高勞動者的福利待遇（第七十六條第二款）。

職工福利大致可以分為下列幾類：

1. 為職工生活提供方便，減輕家務勞動而舉辦的集體福利措施，例如食堂、哺乳室、托兒所、幼兒園、浴室、理髮室、縫紉組、洗衣房等。
2. 為解決職工不同需要，減輕其生活費用開支而建立的福利補貼，例如生活困難補助、上下班交通補貼、探親路費、房租與水電補貼、煤貼、衛生費、洗理費、書報費等。
3. 為活躍職工文化生活而建立的各種文化體育設施，例如圖書館、閱讀室、俱樂部、體育場等。

上述這些規定，用人單位應依法為勞動者提供必要的福利待遇，並不斷提高福利待遇水準。

二、企業職工福利費

財政部頒發「關於企業加強職工福利費財務管理的通知」第一項規定，企業職工福利費，是指企業為職工提供的除職工工資、獎金、津貼、納入工資總額管理的補貼、職工教育經費、社會保險費和補充養老保險費（年金）、補充醫療保險費及住房公積金以外的福利待遇支出，包括發放給職工或為職工支付的以下各項現金補貼和非貨幣性集體福利：

1. 為職工衛生保健、生活等發放或支付的各項現金補貼和非貨幣性福利，包括職工因公外地就醫費用、暫未實行醫療統籌企業職工醫療費用、職工供養直系親屬醫療補貼、職工療養費用、自辦職工食堂

經費補貼或未辦職工食堂統一供應午餐支出、符合國家有關財務規定的供暖費補貼、防暑降溫費等。

2.企業尚未分離的內設集體福利部門所發生的設備、設施和人員費用，包括職工食堂、職工浴室、理髮室、醫務所、托兒所、療養院、集體宿舍等集體福利部門設備、設施的折舊、維修保養費用以及集體福利部門工作人員的工資薪金、社會保險費、住房公積金、勞務費等人工費用。

3.職工困難補助，或者企業統籌建立和管理的專門用於幫助、救濟困難職工的基金支出。

4.離退休人員統籌外費用，包括離休人員的醫療費及離退休人員其他統籌外費用。企業重組涉及的離退休人員統籌外費用，按照「財政部關於企業重組有關職工安置費用財務管理問題的通知」（財企〔2009〕117號）執行。國家另有規定的，從其規定。

5.按規定發生的其他職工福利費，包括喪葬補助費、撫恤費、職工異

高溫津貼

範例
10-4

　　用人單位安排勞動者在高溫天氣下（日最高氣溫達到攝氏三十五度以上）露天工作以及不能採取有效措施將工作場所溫度降低到攝氏三十三度以下的（不含三十三度），應當向勞動者支付高溫津貼。

　　用人單位向勞動者支付高溫津貼，津貼標準每人每天六至十元，各地應在上述標準範圍內，結合本地實際，合理確定具體的津貼標準。

　　高溫津貼不包括在最低工資標準範圍內。

　　用人單位不得因高溫停止工作、縮短工作時間扣除或降低勞動者工資。

　　高溫津貼屬於勞動者工資組成部分，要據實單列，同時應計入企業的工資總額。

資料來源：四川省勞動和社會保障廳關於制定高溫津貼有關工作的通知。

地安家費、獨生子女費、探親假路費，以及符合企業職工福利費定義但沒有包括在本通知各條款項目中的其他支出。

企業為職工提供的交通、住房、通訊待遇，已經實行貨幣化改革的，按月按標準發放或支付的住房補貼、交通補貼或者車改補貼、通訊補貼，應當納入職工工資總額，不再納入職工福利費管理；尚未實行貨幣化改革的，企業發生的相關支出作為職工福利費管理，但根據國家有關企業住房制度改革政策的統一規定，不得再為職工購建住房（第二項之一）。

企業給職工發放的節日補助、未統一供餐而按月發放的午餐費補貼，應當納入工資總額管理（第二項之二）。

三、職工福利費支出規定

根據「中華人民共和國企業所得稅法實施條例」規定，對企業職工福利費支出規定有：

企業發生的職工福利費支出，不超過工資薪金總額14%的部分，准予扣除（第四十條）。企業撥繳的工會經費，不超過工資薪金總額2%的部分，准予扣除（第四十一條）。除國務院財政、稅務主管部門另有規定外，企業發生的職工教育經費支出，不超過工資薪金總額2.5%的部分，准予扣除；超過部分，准予在以後納稅年度結轉扣除（第四十二條）。企業發生的合理的勞動保護支出，准予扣除（第四十八條）。

第七節　住房公積金制度

住房公積金，是指職工個人和所在單位按照職工個人月平均工資乘以繳存比例，逐月繳存的，具有保障性和互助性的職工個人住房儲金。職工個人繳存的住房公積金和單位繳存的住房公積金，都屬職工個人所有。

一、實行住房公積金制度益處

根據「住房公積金管理條例」第二條第二款規定，本條例所稱住房

公積金，是指國家機關、國有企業、城鎮集體企業、外商投資企業、城鎮私營企業及其他城鎮企業、事業單位、民辦非企業單位、社會團體（以下統稱單位）及其在職職工繳存的長期住房儲金。

實行住房公積金制度有下列幾項益處：

1. 職工個人繳存的住房公積金和職工所在單位為職工繳存的住房公積金，屬於職工個人所有（第三條）。

2. 住房公積金應當用於職工購買、建造、翻建、大修自住住房，任何單位和個人不得挪作他用（第五條）。

3. 住房公積金自存入職工住房公積金帳戶之日起按照國家規定的利率計息（第二十一條）。

4. 繳存住房公積金的職工，在購買、建造、翻建、大修自住住房時，可以向住房公積金管理中心申請住房公積金貸款（第二十六條第一款）。

二、住房公積金單位繳存手續

按照「住房公積金管理條例」規定，住房公積金單位繳存手續如下：

1. 職工住房公積金的月繳存額為職工本人上一年度月平均工資乘以職工住房公積金繳存比例（第十六條第一款）。單位為職工繳存的住房公積金的月繳存額為職工本人上一年度月平均工資乘以單位住房公積金繳存比例（第十六條第二款）。

2. 新參加工作的職工從參加工作的第二個月開始繳存住房公積金，月繳存額為職工本人當月工資乘以職工住房公積金繳存比例（第十七條第一款）。單位新調入的職工從調入單位發放工資之日起繳存住房公積金，月繳存額為職工本人當月工資乘以職工住房公積金繳存比例（第十七條第二款）。

3. 職工和單位住房公積金的繳存比例均不得低於職工上一年度月平均工資的5％；有條件的城市，可以適當提高繳存比例（第十八條）。

4.職工個人繳存的住房公積金，由所在單位每月從其工資中代扣代繳（第十九條第一款）。單位應當於每月發放職工工資之日起五日內將單位繳存的和爲職工代繳的住房公積金匯繳到住房公積金專戶內，由受委託銀行計入職工住房公積金帳戶（第十九條第二款）。

5.單位應當按時、足額繳存住房公積金，不得逾期繳存或者少繳（第二十條第一款）。對繳存住房公積金確有困難的單位，經本單位職工代表大會或者工會討論通過，並經住房公積金管理中心審核，報住房公積金管理委員會批准後，可以降低繳存比例或者緩繳；待單位經濟效益好轉後，再提高繳存比例或者補繳緩繳（第二十條第二款）。

三、住房公積金繳存、提取和使用

按照「住房公積金管理條例」規定，職工辦理住房公積金規定如下：

1.住房公積金管理中心應當在受委託銀行設立住房公積金專戶（第十三條第一款）。單位應當到住房公積金管理中心辦理住房公積金繳存登記，經住房公積金管理中心審核後，到受委託銀行爲本單位職工辦理住房公積金帳戶設立手續。每個職工只能有一個住房公積金帳戶（第十三條第二款）。住房公積金管理中心應當建立職工住房公積金明細帳，記載職工個人住房公積金的繳存、提取等情況（第十三條第三款）。

2.單位錄用職工的，應當自錄用之日起三十日內到住房公積金管理中心辦理繳存登記，並持住房公積金管理中心的審核文件，到受委託銀行辦理職工住房公積金帳戶的設立或者轉移手續（第十五條第一款）。單位與職工終止勞動關係的，單位應當自勞動關係終止之日起三十日內到住房公積金管理中心辦理變更登記，並持住房公積金管理中心的審核文件，到受委託銀行辦理職工住房公積金帳戶轉移或者封存手續（第十五條第二款）。

3.職工有下列情形之一的，可以提取職工住房公積金帳戶內的存儲餘額：

(1)購買、建造、翻建、大修自住住房的。

(2)離休、退休的。

(3)完全喪失勞動能力，並與單位終止勞動關係的。

(4)出境定居的。

(5)償還購房貸款本息的。

(6)房租超出家庭工資收入的規定比例的。

依照前款第(2)、(3)、(4)項規定，提取職工住房公積金的，應當同時註銷職工住房公積金帳戶（第二十四條）。

4.繳存住房公積金的職工，在購買、建造、翻建、大修自住住房時，可以向住房公積金管理中心申請住房公積金貸款（第二十六條）。

第八節　個人所得稅

個人所得稅是屬於地方稅的範圍，是對個人（自然人）取得的各項應稅所得徵收的一種稅，包括現金、實物和有價證券。大陸地區個人所得稅係採取分項所得按月申報，有別於台灣採用綜合所得稅按年申報。

一、納稅人和扣繳義務人

依照「中華人民共和國個人所得稅法」（以下簡稱「個人所得稅法」）第一條對納稅人和扣繳義務人做如下的規定：

1.納稅人在中國境內有住所，或者無住所而在境內居住滿一年，從中國境內和境外取得所得的個人（按：是指因戶籍、家庭、經濟利益關係而在中國境內習慣性居住的個人），依照本法規定繳納個人所得稅（第一款）。

2.在中國境內無住所又不居住或者無住所而在境內居住不滿一年（按：是指在一個納稅年度中在中國境內居住三百六十五日。臨時離境的，不扣減日數），從中國境內取得所得的個人，依照本法規定繳納個人所得稅（第二款）（如**表10-4**）。

表10-4　個人所得稅徵繳範圍

類別	非居民		居民	
	短期居留	長期居留	非永久性	永久性
定義	在一個納稅年度中連續或者累計居住不超過九十日，或在稅收協議規定的期間中在中國境內連續或累積居住不超過一百八十三天。	在一個納稅年度中連續或者累計居住超過九十日，或在稅收協議規定的期間中在中國境內連續或累積居住超過一百八十三天，但不滿一年。	居住滿一年以上，但不滿五年。	居住滿五年以上。
徵稅範圍	來源於中國境內的所得，但僅對由中國境內雇主支付的所得課稅，由中國境外雇主支付的所得不課稅。	來源於中國境內的所得，無論是由中國境內雇主支付，或由中國境外雇主支付的所得均須課稅。	1.來源於中國境內的所得，無論是由中國境內雇主支付或由中國境外雇主支付的所得均須課稅。 2.來源於中國境外的所得，僅對由中國境內公司、企業、組織或個人支付的部分課稅。	1.來源於中國境內的所得，無論是由中國境內雇主支付或由中國境外雇主支付的所得均須課稅。 2.來源於中國境外的所得，無論由中國境內或境外公司、企業、組織或個人支付，均須課稅。
備註	境外雇主支付的所得不得由該雇主在中國境內的機關、場所負擔。		須經主管稅務機關批准。	

資料來源：史方銘（2002），〈台商大陸所得稅申報應注意事項〉，《兩岸經貿》，第125期（2002/05/10出版），頁37。

二、澂稅對象

「個人所得稅法」第二條規定，下列各項個人所得，應納個人所得稅：

1. 工資、薪金所得。
2. 個體工商戶的生產、經營所得。
3. 對企事業單位的承包經營、承租經營所得。

4.勞務報酬所得。

5.稿酬所得。

6.特許權使用費所得。

7.利息、股息、紅利所得。

8.財產租賃所得。

9.財產轉讓所得。

10.偶然所得。

11.經國務院財政部門確定徵稅的其他所得。

三、工資、薪金所得的範圍

依照「個人所得稅法實施條例（2011年）」的規定，工資、薪金所得的範圍如下：

1. 工資、薪金所得，是指個人因任職或者受僱而取得的工資、薪金、獎金、年終加薪、勞動分紅、津貼、補貼以及與任職或者受僱有關的其他所得（第八條第一項）。

2. 稅法第六條第一款第三項所說的每一納稅年度的收入總額，是指納稅義務人按照承包經營、承租經營合同規定分得的經營利潤和工資、薪金性質的所得；所說的減除必要費用，是指按月減除三千五百元（第十八條）。

3. 按照國家規定，單位為個人繳付和個人繳付的基本養老保險費、基本醫療保險費、失業保險費、住房公積金，從納稅義務人的應納稅所得額中扣除（第二十五條）。

4. 稅法第六條第三款所說的附加減除費用，是指每月在減除三千五百元費用的基礎上，再減除本條例第二十九條規定數額的費用（第二十七條）。

5. 稅法第六條第三款所說的附加減除費用適用的範圍，是指：
   (1)在中國境內的外商投資企業和外國企業中工作的外籍人員。
   (2)應聘在中國境內的企業、事業單位、社會團體、國家機關中工作的外籍專家。

(3)在中國境內有住所而在中國境外任職或者受僱取得工資、薪金所得的個人。

(4)國務院財政、稅務主管部門確定的其他人員（第二十八條）。

6.稅法第六條第三款所說的附加減除費用標準爲一千三百元（第二十九條）（如**表10-5**）。

7.華僑和香港、澳門、台灣同胞，參照本條例第二十七條、第二十八條、第二十九條的規定執行（第三十條）。

8.納稅義務人有下列情形之一的，應當按照規定到主管稅務機關辦理納稅申報：

(1)年所得十二萬元以上的。

(2)從中國境內兩處或者兩處以上取得工資、薪金所得的。

(3)從中國境外取得所得的。

(4)取得應納稅所得，沒有扣繳義務人的。

(5)國務院規定的其他情形（第三十六條第一款）。

年所得十二萬元以上的納稅義務人，在年度終了後三個月內到主管稅務機關辦理納稅申報（第三十六條第二款）。

表10-5　個人所得稅稅率（工資、薪資所得適用）　　　　　　單位：人民幣／元

級數	全月應納稅所得額	應用稅率（％）	速算扣除額
1	不超過1,500元的	3	0
2	超過1,500元至4,500元的部分	10	105
3	超過4,500元至9,000元的部分	20	555
4	超過9,000元至35,000元的部分	25	1,005
5	超過35,000元至55,000元的部分	30	2,755
6	超過55,000元至80,000元的部分	35	5,505
7	超過80,000元的部分	45	13,505

註：本表所稱全月應納稅所得額是指依照本法第六條的規定，以每月收入額減除費用三千五百元以及附加減除費用後的餘額。

全月應納稅所得稅＝（用工資、薪金收入總額）－（費用扣除標準）

全月應納稅額＝（全月應納稅所得稅×適用稅率）－（速算扣除額）

資料來源：國務院關於修改「中華人民共和國個人所得稅法實施條例」的決定（自2011年9月1日起施行）。

結 語

　　經營企業成敗在人，一家企業能否留得住好人才，贏得職工的向心力，其所能提供的工資與福利措施，往往居關鍵因素。具有激勵性獎酬制度的規劃，可以肯定職工對組織的貢獻，鼓勵職工的士氣，提升其生產力。所以，企業應當遵照「勞動法」、「勞動合同法」、各省市政府頒布的「企業工資支付辦法」的要求，完善薪酬管理的各項制度，使之在人力資源管理中發揮更加積極、有效的作用。

第十一章

社會保險制度

好好活，慢慢拖，一年還有一萬多。少吃鹽，多吃醋，少打麻將，多走步。只要吃得飯，工資不會斷；莫要嫌錢少，就怕走得早。

～退休工人順口溜

　　2010年10月28日，中共第十一屆全國人大常委會第十七次會議表決通過了「中華人民共和國社會保險法」（以下簡稱「社會保險法」），共十二章九十八條，並自2011年7月1日起施行。中共希望藉由新通過的法律來改善目前城鄉在社會保障上的差距（如**表11-1**）。

　　人力資源和社會保障部出台的「實施『中華人民共和國社會保險法』若干規定」（以下簡稱實施「社會保險法」若干規定），共七章三十條，涉及基本養老保險、基本醫療保險、工傷保險、失業保險、基金管理和經辦服務等事項，亦自2011年7月1日起施行。

第一節　「社會保險法」概論

　　「社會保險法」立法宗旨是爲了規範社會保險關係，維護公民參加社會保險和享受社會保險待遇的合法權益，使公民共享發展成果，促進社會和諧穩定，根據憲法，制定本法（第一條）。國家建立基本養老保險、

表11-1　「社會保險法」目錄

章	綱目	條文
第一章	總則	第1～9條
第二章	基本養老保險	第10～22條
第三章	基本醫療保險	第23～32條
第四章	工傷保險	第33～43條
第五章	失業保險	第44～52條
第六章	生育保險	第53～56條
第七章	社會保險費徵繳	第57～63條
第八章	社會保險基金	第64～71條
第九章	社會保險經辦	第72～75條
第十章	社會保險監督	第76～83條
第十一章	法律責任	第84～94條
第十二章	附則	第95～98條

資料來源：「中華人民共和國社會保險法」（2011年7月1日起施行）。

基本醫療保險、工傷保險、失業保險、生育保險等社會保險制度，保障公民在年老、疾病、工傷、失業、生育等情況下依法從國家和社會獲得物質幫助的權利（第二條）（如**圖11-1**）。

「社會保險法」就有關用人單位和勞動者享有的權益規定說明如下：

一、用人單位

用人單位應該履行的社會保險義務可歸納四個方面：一是申請辦理社會保險的登記義務；二是申報和繳納社會保險費的義務；三是代扣代繳職工社會保險費的義務；四是向職工告知繳納社會保險明細的義務。

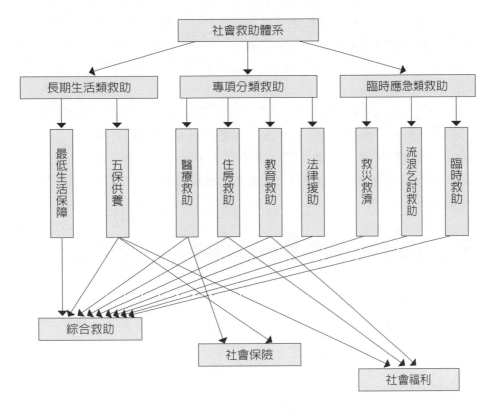

圖11-1　中國社會救助改革路徑圖

資料來源：鄭功成主編（2011），《中國社會保障改革與發展戰略：救助與福利卷》，人民出版社，頁22。

用人單位在辦理社會保險登記並依法繳納社會保險費後，享有以下權利：一是有權免費查詢、核對其繳費記錄；二是有權要求社會保險經辦機構提供社會保險諮詢等相關服務；三是可以參加社會保險監督委員會，對社會保險工作提出諮詢意見和建議，實行社會監督；四是對侵害自身權益和不依法辦理社會保險事務的行為，有權依法申請行政復議或者行政訴訟。

二、個人部分

個人依法繳納社會保險費後，享受以下權利：一是有權依法享受社會保險待遇、有權監督本單位為其繳費情況；二是有權免費向社會保險經辦機構查詢、核對其繳費和享受社會保險待遇的權益記錄；三是有權要求社會保險經辦機構提供社會保險諮詢等相關服務；四是對侵害自身權益和不依法辦理社會保險事務的行為，有權依法申請行政復議或者提起行政訴訟。

根據「社會保險法」第八十二條第一款規定，「任何組織或者個人有權對違反社會保險法律、法規的行為進行舉報、投訴。」

外國人在中國境內就業的，參照本法規定參加社會保險（第九十七條）。外國人應該履行的義務主要有：一是登記義務；二是參保義務；三是繳費義務。

第二節　基本養老保險制度

中共實施養老保險制度改革以前，養老金也稱退休金（費），是城鎮勞動者一種最主要的養老待遇。實施養老保險制度改革後，養老保險是指由政府主導的社會統籌與個人帳戶相結合的基本養老保險制度。

基本養老保險是社會保險制度的重要內容，也是整個社會保障制度中最基本的內容，具有法定性、強制性等特點，對於違反養老保險法規和政策規定的行為，必須承擔相應的法律和行政責任，這也是養老保險與商業保險的主要區別之一。

一、「社會保險法」對基本養老保險的規定

基本養老保險包括：職工基本養老保險制度、新型農村社會養老保險制度和城鎮居民社會養老保險制度。根據「社會保險法」第二章「基本養老保險」的條文內容彙總，主要包括以下的規定：

1. 職工應當參加基本養老保險，由用人單位和職工共同繳納基本養老保險費（第十條）。

2. 基本養老保險實行社會統籌與個人帳戶相結合（第十一條第一款）。基本養老保險基金由用人單位和個人繳費以及政府補貼等組成（第十一條第二款）。

3. 用人單位應當按照國家規定的本單位職工工資總額的比例繳納基本養老保險費，記入基本養老保險統籌基金（第十二條第一款）。職工應當按照國家規定的本人工資的比例繳納基本養老保險費，記入個人帳戶（第十二條第二款）。

4. 個人帳戶不得提前支取，記帳利率不得低於銀行定期存款利率，免徵利息稅。個人死亡的，個人帳戶餘額可以繼承（第十四條）。

5. 基本養老金由統籌養老金和個人帳戶養老金組成（第十五條第一款）。基本養老金根據個人累計繳費年限、繳費工資、當地職工平均工資、個人帳戶金額、城鎮人口平均預期壽命等因素確定（第十五條第二款）。

6. 參加基本養老保險的個人，達到法定退休年齡時累計繳費滿十五年的，按月領取基本養老金（第十六條第一款）。參加基本養老保險的個人，達到法定退休年齡時累計繳費不足十五年的，可以繳費至滿十五年，按月領取基本養老金；也可以轉入新型農村社會養老保險或者城鎮居民社會養老保險，按照國務院規定享受相應的養老保險待遇（第十六條第二款）。

7. 參加基本養老保險的個人，因病或者非因工死亡的，其遺屬可以領取喪葬補助金和撫恤金；在未達到法定退休年齡時因病或者非因工致殘完全喪失勞動能力的，可以領取病殘津貼。所需資金從基本養

老保險基金中支付（第十七條）。

8.國家建立基本養老金正常調整機制。根據職工平均工資增長、物價上漲情況，適時提高基本養老保險待遇水平（第十八條）。

9.個人跨統籌地區就業的，其基本養老保險關係隨本人轉移，繳費年限累計計算。個人達到法定退休年齡時，基本養老金分段計算、統一支付（第十九條）（如**圖11-2**）。

二、「實施『社會保險法』若干規定」關於基本養老保險的規定

依據「實施『社會保險法』若干規定」，對「關於基本養老保險」部分做了如下的規定：

1.參加職工基本養老保險的個人達到法定退休年齡時，累計繳費不足十五年的，可以延長繳費至滿十五年。社會保險法實施前參保、延長繳費五年後仍不足十五年的，可以一次性繳費至滿十五年（第二條）。

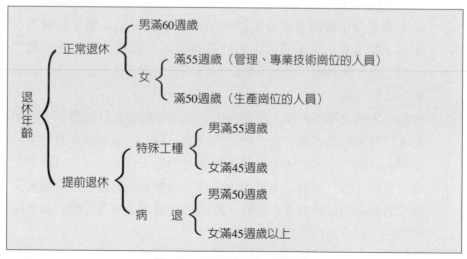

圖11-2　基本養老金享受條件

資料來源：廣州市社會保險基金管理中心網站（http://www.gzlm.net/sbjjzx/gzsb_new/show.php?contentid=76）。

2.參加職工基本養老保險的個人達到法定退休年齡後，累計繳費不足十五年（含依照第二條規定延長繳費）的，可以申請轉入戶籍所在地新型農村社會養老保險或者城鎮居民社會養老保險，享受相應的養老保險待遇（第三條第一款）。參加職工基本養老保險的個人達到法定退休年齡後，累計繳費不足十五年（含依照第二條規定延長繳費），且未轉入新型農村社會養老保險或者城鎮居民社會養老保險的，個人可以書面申請終止職工基本養老保險關係（略），並將個人帳戶儲存額一次性支付給本人（第三條第二款）。增加以上兩種方式供繳費不滿十五年的個人選擇，有利於保護參保個人根據自身繳費能力和實際情況，確定獲得養老保險長期待遇的途徑，避免權益損失。

3.參加職工基本養老保險的個人跨省流動就業，達到法定退休年齡時累計繳費不足十五年的，按照「國務院辦公廳關於轉發人力資源社會保障部財政部城鎮企業職工基本養老保險關係轉移接續暫行辦法的通知」（國辦發〔2009〕66號）有關待遇領取地的規定確定繼續繳費地後，按照本規定第二條辦理（第四條）。

4.職工基本養老保險個人帳戶不得提前支取（第六條第一款）。參加職工基本養老保險的個人死亡後，其個人帳戶中的餘額可以全部依法繼承（第六條第二款）。

三、「城鎮企業職工基本養老保險關係轉移接續暫行辦法」

依據「城鎮企業職工基本養老保險關係轉移接續暫行辦法」第四條規定，參保人員跨省流動就業轉移基本養老保險關係時，按下列方法計算轉移資金：

1.個人帳戶儲存額：1998年1月1日之前按個人繳費累計本息計算轉移，1998年1月1日後按計入個人帳戶的全部儲存額計算轉移。

2.統籌基金（單位繳費）：以本人1998年1月1日後各年度實際繳費工資為基數，按12%的總和轉移，參保繳費不足1年的，按實際繳費月數計算轉移（如**圖11-3**）。

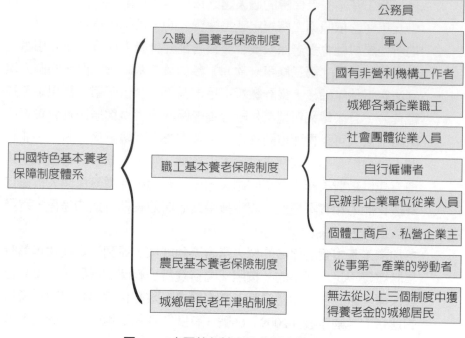

中國特色基本養老
保障制度體系

公職人員養老保險制度

公務員

軍人

國有非營利機構工作者

職工基本養老保險制度

城鄉各類企業職工

社會團體從業人員

自行僱傭者

民辦非企業單位從業人員

個體工商戶、私營企業主

農民基本養老保險制度

從事第一產業的勞動者

城鄉居民老年津貼制度

無法從以上三個制度中獲
得養老金的城鄉居民

圖11-3　中國特色基本養老保障制度體系

資料來源：鄭功成主編（2011），《中國社會保障改革與發展戰略：養老保險卷》，人
民出版社，頁12。

第三節　基本醫療保險制度

　　基本醫療保險制度，係指當事人生病或受到傷害後，由國家或社會
給予的一種物質幫助及提供醫療服務或經濟補償的一種社會保障制度。以
法律的形式確立醫療保險，是從1883年德國頒布「疾病社會保障法」開始
的，至今已有一百多年歷史了，而中國傳統的醫療保險制度始建於二十世
紀五○年代。

一、「社會保險法」對基本醫療保險的規定

基本醫療保險體系由職工基本醫療保險、新型農村合作醫療和城鎮居民基本醫療保險組成。根據「社會保險法」第三章「基本醫療保險」的條文內容彙總，主要包括以下的規定：

1. 職工應當參加職工基本醫療保險，由用人單位和職工按照國家規定共同繳納基本醫療保險費（第二十三條第一款）。
2. 參加職工基本醫療保險的個人，達到法定退休年齡時累計繳費達到國家規定年限的，退休後不再繳納基本醫療保險費，按照國家規定享受基本醫療保險待遇；未達到國家規定年限的，可以繳費至國家規定年限（第二十七條）。
3. 下列醫療費用不納入基本醫療保險基金支付範圍：
   (1) 應當從工傷保險基金中支付的。
   (2) 應當由第三人負擔的。
   (3) 應當由公共衛生負擔的。
   (4) 在境外就醫的（第三十條第一款）。
   醫療費用依法應當由第三人負擔，第三人不支付或者無法確定第三人的，由基本醫療保險基金先行支付。基本醫療保險基金先行支付後，有權向第三人追償（第三十條第二款）。
4. 個人跨統籌地區就業的，其基本醫療保險關係隨本人轉移，繳費年限累計計算（第三十二條）。

二、「實施『社會保險法』若干規定」關於基本醫療保險的規定

依據實施「『社會保險法』若干規定」，對「關於基本醫療險」部分做了如下的規定：

1. 社會保險法第二十七條規定的退休人員享受基本醫療保險待遇的繳費年限按照各地規定執行（第七條第一款）。參加職工基本醫療保險的個人，基本醫療保險關係轉移接續時，基本醫療保險繳費年限

累計計算（第七條第二款）（例如西藏自治區規定，男職工最低繳費年限為二十五年，女職工為二十年）。

2.參保人員在協議醫療機構發生的醫療費用，符合基本醫療保險藥品目錄、診療項目、醫療服務設施標準的，按照國家規定從基本醫療保險基金中支付（第八條第一款）。參保人員確需急診、搶救的，可以在非協議醫療機構就醫；因搶救必須使用的藥品可以適當放寬範圍。參保人員急診、搶救的醫療服務具體管理辦法由統籌地區根據當地實際情況制定（第八條第二款）。

第四節　工傷保險制度

　　1921年國際勞工大會上通過的有關公約，就將「工傷」界定為是由於工作直接或間接引起的意外事故，後來，隨著職業病的增多，各國逐漸把職業病也納入了工傷的範圍。工傷保險制度是中共的一項基本的勞動政策，工傷保險法規也是勞動法的重要組成部分。工傷保險是社會保險制度的內容之一，是向法定範圍的勞動者補償其因工傷或職業病而導致的全部直接經濟損失，由國家或企業單位對其生活給予一定物質保障的補償制度，包括因工傷亡所造成的個人直接經濟損失和預防、治療、護理、康復以及療養的費用。

一、工傷保險的特色

工傷保險的基本特點有：

1.強制性：工傷保險由政府強制執行，在一定範圍內的用人單位、職工必須參加。

2.非營利性：工傷保險是國家對勞動者履行的社會責任，也是勞動者應該享有的基本權利。

3.保障性：是指勞動者在發生工傷傷亡事故後，對其或其遺屬發放的工傷待遇要保障其基本生活。

4.互助共濟性：是指通過強制徵收工傷保險費，建立工傷保險基金，
　由社會保險經辦機構在人員之間、地區之間、行業之間對費用實行
　再分配，調劑使用基金。

二、「社會保險法」關於工傷保險的規定

根據「社會保險法」第四章「工傷保險」的條文內容彙總，主要包
括以下的規定：

1.職工應當參加工傷保險，由用人單位繳納工傷保險費，職工不繳納
　工傷保險費（第三十三條）。

2.用人單位應當按照本單位職工工資總額，根據社會保險經辦機構確
　定的費率繳納工傷保險費（第三十五條）。

3.職工因工作原因受到事故傷害或者患職業病，且經工傷認定的，享
　受工傷保險待遇；其中，經勞動能力鑑定喪失勞動能力的，享受傷
　殘待遇（第三十六條第一款）。

4.職工因下列情形之一導致本人在工作中傷亡的，不認定為工傷：

　(1)故意犯罪。

　(2)醉酒或者吸毒。

　(3)自殘或者自殺。

　(4)法律、行政法規規定的其他情形（第三十七條）。

5.因工傷發生的下列費用，按照國家規定從工傷保險基金中支付：

　(1)治療工傷的醫療費用和康復費用。

　(2)住院伙食補助費。

　(3)到統籌地區以外就醫的交通食宿費。

　(4)安裝配置傷殘輔助器具所需費用。

　(5)生活不能自理的，經勞動能力鑑定委員會確認的生活護理費。

　(6)一次性傷殘補助金和一至四級傷殘職工按月領取的傷殘津貼。

　(7)終止或者解除勞動合同時，應當享受的一次性醫療補助金。

　(8)因工死亡的，其遺屬領取的喪葬補助金、供養親屬撫恤金和因
　　工死亡補助金。

上海市工傷保險待遇簡表

範例 11-1

傷亡情況	食宿費 / 交通 / 伙食費（停工留薪期內）	工資	護理費	傷殘津貼（按月）	一次性工傷醫療、傷殘就業補助金	按月繳納社會保險費	工傷醫療費	一次性工亡補助金	喪葬補助金	供養親屬撫恤金（按月）	一次性傷殘補助金	傷殘津貼（按月）	生活護理費（按月）	輔助器具	勞動能力鑑定費
支付渠道	承擔工傷責任用人單位支付的費用						市社保中心從工傷保險基金支付的費用								
死亡	本市住院的按70%本單位因公出差伙食補助標準，經批准轉外省市就醫的交通食宿費按本單位因公出差標準	本人原工資福利待遇不變	住院醫院護工標準或單位派人			基本醫療保險費／社會保險費	符合國家和本市的工傷保險診療項目目錄、工傷保險藥品目錄、工傷保險住院服務標準的醫療費用，除按本市規定由醫療保險基金承擔的部分外，其餘由工傷保險基金承擔	50個月	6個月	30%-50%			生活完全不能自理50%、生活大部分不能自理40%、生活部分不能自理30%	根據規定的使用年限和價格按實報銷	350元/次
一級傷殘											24個月	90%			
二級傷殘											22個月	85%			
三級傷殘											20個月	80%			
四級傷殘											18個月	75%			
五級傷殘				70%	30個月						16個月				
六級傷殘				60%	25個月						14個月				
七級傷殘					20個月						12個月				
八級傷殘					15個月						10個月				

九級傷殘	10個月					8個月		
十級傷殘	5個月					6個月		
無等級								
說明	停工留薪期一般不超過12個月，傷情嚴重或者情況特殊，經鑑定機構確認，可以適當延長，但延長不得超過12個月	以工傷人員因工負傷前一月的繳費工資為計發基數，實際金額不得低於本市職工最低月工資標準。難以安排工作的，由用人單位按月發給傷殘津貼	解除、終止勞動關係後工傷人員可享受該項待遇（因退休或者死亡終止勞動關係的除外）以上年度全市職工月平均工資為計發基數	以工傷人員按月享受的傷殘津貼為繳費基數。1-4級非全日制傷殘人員一次性繳納至退休	停工留薪期滿後死亡不享受 以從業人員因工死亡時上年度全市職工月平均工資為計發基數。其中1-4級傷殘人員	以從業人員因工死亡的，其喪葬補助金由工傷保險基金補差 退休後死亡的，其喪葬補助金由工傷保險基金補差	以從業人員因工死亡前一月的繳費工資為計發基數，其中配偶40%，孤寡、孤兒在上述標準上增加10%，其他親屬30 以從業人員因工死亡時上年度全市職工月平均工資為計發基數。其中1-4級傷殘人員	以工傷人員因工負傷前一月的繳費工資為計發基數 以上年度全市職工月平均工資為計發基數 以工傷人員因工負傷前一月的繳費工資為計發基數 以上年度全市職工月平均工資為計發基數 初次鑑定、再次鑑定和復查鑑定改變鑑定結論的勞動能力鑑定費由基金支付

註：(1)本表中工傷人員負傷前或死亡前一月的繳費工資低於上年度全市職工月平均工資標準的，按上年度全市職工月平均工資標準確定（致殘5-6級工傷人員的傷殘津貼除外）；

(2)非全日制從業人員工傷後，其與承擔工傷責任單位的勞動關係按「上海市勞動合同條例」執行，享受本表待遇。停工留薪期工資低於本市職工最低月工資標準的，由承擔工傷責任的單位補足差額；

(3)非正規就業組織的從業人員工傷後，享受本表中由工傷保險基金支付的工傷保險待遇，不享受本表中由承擔工傷責任用人單位支付的工傷待遇。

資料來源：〈上海市工傷保險待遇簡表〉，上海本地寶網站（http://sh.bendibao.com/shsi/20071217/28590.shtm）。

(9)勞動能力鑑定費（第三十八條）。

6.因工傷發生的下列費用，按照國家規定由用人單位支付：

(1)治療工傷期間的工資福利。

(2)五級、六級傷殘職工按月領取的傷殘津貼。

(3)終止或者解除勞動合同時，應當享受的一次性傷殘就業補助金（第三十九條）。

7.工傷職工符合領取基本養老金條件的，停發傷殘津貼，享受基本養老保險待遇（第四十條第一款）。基本養老保險待遇低於傷殘津貼的，從工傷保險基金中補足差額（第四十條第二款）。

8.職工所在用人單位未依法繳納工傷保險費，發生工傷事故的，由用人單位支付工傷保險待遇。用人單位不支付的，從工傷保險基金中先行支付（第四十一條第一款）。從工傷保險基金中先行支付的工傷保險待遇應當由用人單位償還。用人單位不償還的，社會保險經辦機構可以依照本法第六十三條的規定追償（第四十一條第二款）。

9.由於第三人的原因造成工傷，第三人不支付工傷醫療費用或者無法確定第三人的，由工傷保險基金先行支付。工傷保險基金先行支付後，有權向第三人追償（第四十二條）。

10.工傷職工有下列情形之一的，停止享受工傷保險待遇：

(1)喪失享受待遇條件的。

(2)拒不接受勞動能力鑑定的。

(3)拒絕治療的（第四十三條）。

三、「實施『社會保險法』若干規定」關於工傷保險的規定

依據「實施『社會保險法』若干規定」，對「關於工傷保險」部分做了如下的規定：

1.職工（包括非全日制從業人員）在兩個或者兩個以上用人單位同時就業的，各用人單位應當分別為職工繳納工傷保險費。職工發生工傷，由職工受到傷害時工作的單位依法承擔工傷保險責任（第九

條）。

2.社會保險法第三十七條第二項中的醉酒標準，按照「車輛駕駛人員
血液、呼氣酒精含量閾值與檢驗」（GB19522-2004）執行。公安
機關交通管理部門、醫療機構等有關單位依法出具的檢測結論、診
斷證明等材料，可以作爲認定醉酒的依據（第十條）。

3.社會保險法第三十八條第八項中的因工死亡補助金是指「工傷保險
條例」第三十九條的一次性工亡補助金，標準爲工傷發生時上一年
度全國城鎮居民人均可支配收入的二十倍（第十一條第一款）。上
一年度全國城鎮居民人均可支配收入以國家統計局公布的數據爲準
（第十一條第二款）。

4.社會保險法第三十九條第一項治療工傷期間的工資福利，按照「工
傷保險條例」第三十三條有關職工在停工留薪期內應當享受的工資
福利和護理等待遇的規定執行（第十二條）。

四、「工傷保險條例」的規定

根據2010年12月20日國務院關於修改工傷保險條例的決定，「工傷
保險條例」（以下稱「條例」）主要做了以下幾處修改：

1.擴大工傷保險適用範圍。
2.調整工傷認定範圍。
3.簡化了工傷認定、鑑定和爭議處理方式。
4.提高部分工傷待遇標準。
5.減少了由用人單位支付的待遇專項內容、增加由工傷保險基金支付
的待遇項目等。

(一)適用範圍

中華人民共和國境內的企業、事業單位、社會團體、民辦非企業單
位、基金會、律師事務所、會計師事務所等組織和有雇工的個體工商戶
（以下稱用人單位）應當依照本條例規定參加工傷保險，爲本單位全部職
工或者雇工（以下稱職工）繳納工傷保險費（第二條第一款）。中華人民

共和國境內的企業、事業單位、社會團體、民辦非企業單位、基金會、律師事務所、會計師事務所等組織的職工和個體工商戶的雇工，均有依照本條例的規定享受工傷保險待遇的權利（第二條第二款）。

(二)提出工傷認定申請

1.職工發生事故傷害或者按照職業病防治法規定被診斷、鑑定為職業病，所在單位應當自事故傷害發生之日或者被診斷、鑑定為職業病之日起三十日內，向統籌地區社會保險行政部門提出工傷認定申請。遇有特殊情況，經報社會保險行政部門同意，申請時限可以適當延長（第十七條第一款）。用人單位未按前款規定提出工傷認定申請的，工傷職工或者其近親屬、工會組織在事故傷害發生之日或者被診斷、鑑定為職業病之日起一年內，可以直接向用人單位所在地統籌地區社會保險行政部門提出工傷認定申請（第十七條第二款）。

2.職工或者其近親屬認為是工傷，用人單位不認為是工傷的，由用人單位承擔舉證責任（第十九條第二款）。

法規11-1	工傷保險待遇規定
條文	內容
第三十條	職工因工作遭受事故傷害或者患職業病進行治療，享受工傷醫療待遇（第一款）。 職工治療工傷應當在簽訂服務協議的醫療機構就醫，情況緊急時可以先到就近的醫療機構急救（第二款）。 治療工傷所需費用符合工傷保險診療項目目錄、工傷保險藥品目錄、工傷保險住院服務標準的，從工傷保險基金支付。工傷保險診療項目目錄、工傷保險藥品目錄、工傷保險住院服務標準，由國務院社會保險行政部門會同國務院衛生行政部門、食品藥品監督管理部門等部門規定（第三款）。 職工住院治療工傷的伙食補助費，以及經醫療機構出具證明，報經辦機構同意，工傷職工到統籌地區以外就醫所需的交通、食宿費用從工傷保險基金支付，基金支付的具體標準由統籌地區人民政府規定（第四款）。

（續）法規11-1　工傷保險待遇規定

	工傷職工治療非工傷引發的疾病，不享受工傷醫療待遇，按照基本醫療保險辦法處理（第五款）。 工傷職工到簽訂服務協議的醫療機構進行工傷康復的費用，符合規定的，從工傷保險基金支付（第六款）。
第三十一條	社會保險行政部門作出認定為工傷的決定後發生行政復議、行政訴訟的，行政復議和行政訴訟期間不停止支付工傷職工治療工傷的醫療費用。
第三十二條	工傷職工因日常生活或者就業需要，經勞動能力鑑定委員會確認，可以安裝假肢、矯形器、假眼、假牙和配置輪椅等輔助器具，所需費用按照國家規定的標準從工傷保險基金支付。
第三十三條	職工因工作遭受事故傷害或者患職業病需要暫停工作接受工傷醫療的，在停工留薪期內，原工資福利待遇不變，由所在單位按月支付（第一款）。 停工留薪期一般不超過12個月。傷情嚴重或者情況特殊，經設區的市級勞動能力鑑定委員會確認，可以適當延長，但延長不得超過12個月。工傷職工評定傷殘等級後，停發原待遇，按照本章的有關規定享受傷殘待遇。工傷職工在停工留薪期滿後仍需治療的，繼續享受工傷醫療待遇（第二款）。 生活不能自理的工傷職工在停工留薪期需要護理的，由所在單位負責（第三款）。
第三十四條	工傷職工已經評定傷殘等級並經勞動能力鑑定委員會確認需要生活護理的，從工傷保險基金按月支付生活護理費（第一款）。 生活護理費按照生活完全不能自理、生活大部分不能自理或者生活部分不能自理3個不同等級支付，其標準分別為統籌地區上年度職工月平均工資的50%、40%或者30%（第二款）。
第三十五條	職工因工致殘被鑑定為一級至四級傷殘的，保留勞動關係，退出工作崗位，享受以下待遇： (一)從工傷保險基金按傷殘等級支付一次性傷殘補助金，標準為： 　　一級傷殘為27個月的本人工資，二級傷殘為25個月的本人工資，三級傷殘為23個月的本人工資，四級傷殘為21個月的本人工資；

（續）法規11-1　工傷保險待遇規定

	(二)從工傷保險基金按月支付傷殘津貼，標準為：一級傷殘為本人工資的90%，二級傷殘為本人工資的85%，三級傷殘為本人工資的80%，四級傷殘為本人工資的75%。傷殘津貼實際金額低於當地最低工資標準的，由工傷保險基金補足差額； (三)工傷職工達到退休年齡並辦理退休手續後，停發傷殘津貼，按照國家有關規定享受基本養老保險待遇。基本養老保險待遇低於傷殘津貼的，由工傷保險基金補足差額（第一款）。 職工因工致殘被鑑定為一級至四級傷殘的，由用人單位和職工個人以傷殘津貼為基數，繳納基本醫療保險費（第二款）。
第三十六條	職工因工致殘被鑑定為五級、六級傷殘的，享受以下待遇： (一)從工傷保險基金按傷殘等級支付一次性傷殘補助金，標準為：五級傷殘為18個月的本人工資，六級傷殘為16個月的本人工資； (二)保留與用人單位的勞動關係，由用人單位安排適當工作。難以安排工作的，由用人單位按月發給傷殘津貼，標準為：五級傷殘為本人工資的70%，六級傷殘為本人工資的60%，並由用人單位按照規定為其繳納應繳納的各項社會保險費。傷殘津貼實際金額低於當地最低工資標準的，由用人單位補足差額（第一款）。 經工傷職工本人提出，該職工可以與用人單位解除或者終止勞動關係，由工傷保險基金支付一次性工傷醫療補助金，由用人單位支付一次性傷殘就業補助金。一次性工傷醫療補助金和一次性傷殘就業補助金的具體標準由省、自治區、直轄市人民政府規定（第二款）。
第三十七條	職工因工致殘被鑑定為七級至十級傷殘的，享受以下待遇： (一)從工傷保險基金按傷殘等級支付一次性傷殘補助金，標準為：七級傷殘為13個月的本人工資，八級傷殘為11個月的本人工資，九級傷殘為9個月的本人工資，十級傷殘為7個月的本人工資； (二)勞動、聘用合同期滿終止，或者職工本人提出解除勞動、聘用合同的，由工傷保險基金支付一次性工傷醫療補助金，由用人單位支付一次性傷殘就業補助金。一次性工傷醫療補助金和一次性傷殘就業補助金的具體標準由省、自治區、直轄市人民政府規定。
第三十八條	工傷職工工傷復發，確認需要治療的，享受本條例第三十條、第三十二條和第三十三條規定的工傷待遇。

（續）法規11-1　工傷保險待遇規定

第三十九條	職工因工死亡，其近親屬按照下列規定從工傷保險基金領取喪葬補助金、供養親屬撫恤金和一次性工亡補助金： (一)喪葬補助金為6個月的統籌地區上年度職工月平均工資； (二)供養親屬撫恤金按照職工本人工資的一定比例發給由因工死亡職工生前提供主要生活來源、無勞動能力的親屬。標準為：配偶每月40%，其他親屬每人每月30%，孤寡老人或者孤兒每人每月在上述標準的基礎上增加10%。核定的各供養親屬的撫恤金之和不應高於因工死亡職工生前的工資。供養親屬的具體範圍由國務院社會保險行政部門規定； (三)一次性工亡補助金標準為上一年度全國城鎮居民人均可支配收入的20倍（第一款）。 傷殘職工在停工留薪期內因工傷導致死亡的，其近親屬享受本條第一款規定的待遇（第二款）。 一級至四級傷殘職工在停工留薪期滿後死亡的，其近親屬可以享受本條第一款第(一)項、第(二)項規定的待遇（第三款）。
第四十條	傷殘津貼、供養親屬撫恤金、生活護理費由統籌地區社會保險行政部門根據職工平均工資和生活費用變化等情況適時調整。調整辦法由省、自治區、直轄市人民政府規定。
第四十一條	職工因工外出期間發生事故或者在搶險救災中下落不明的，從事故發生當月起3個月內照發工資，從第4個月起停發工資，由工傷保險基金向其供養親屬按月支付供養親屬撫恤金。生活有困難的，可以預支一次性工亡補助金的50%。職工被人民法院宣告死亡的，按照本條例第三十九條職工因工死亡的規定處理。
第四十二條	工傷職工有下列情形之一的，停止享受工傷保險待遇： (一)喪失享受待遇條件的； (二)拒不接受勞動能力鑑定的； (三)拒絕治療的。
第四十三條	用人單位分立、合併、轉讓的，承繼單位應當承擔原用人單位的工傷保險責任；原用人單位已經參加工傷保險的，承繼單位應當到當地經辦機構辦理工傷保險變更登記（第一款）。 用人單位實行承包經營的，工傷保險責任由職工勞動關係所在單位承擔（第二款）。 職工被借調期間受到工傷事故傷害的，由原用人單位承擔工傷保險

（續）法規11-1　工傷保險待遇規定	
	責任，但原用人單位與借調單位可以約定補償辦法（第三款）。 企業破產的，在破產清算時依法撥付應當由單位支付的工傷保險待遇費用（第四款）。
第四十四條	職工被派遣出境工作，依據前往國家或者地區的法律應當參加當地工傷保險的，參加當地工傷保險，其國內工傷保險關係中止；不能參加當地工傷保險的，其國內工傷保險關係不中止。
第四十五條	職工再次發生工傷，根據規定應當享受傷殘津貼的，按照新認定的傷殘等級享受傷殘津貼待遇。

資料來源：「工傷保險條例」（根據2010年12月20日「國務院關於修改『工傷保險條例』的決定」修訂）。

第五節　失業保險制度

失業保險，就是對勞動年齡人口中有勞動能力並有就業願望的人，由於非本人原因暫時失去勞動機會，無法獲得維持生活必須的工資收入時，由國家或社會為其提供基本生活保障的社會保險制度。失業保險金的標準，由省、自治區、直轄市人民政府確定，不得低於城市居民最低生活保障標準。

一、「社會保險法」對失業保險的規定

根據「社會保險法」第五章「失業保險」的條文內容，主要包括以下的規定：

1.職工應當參加失業保險，由用人單位和職工按照國家規定共同繳納失業保險費（第四十四條）。

2.失業人員符合下列條件的，從失業保險基金中領取失業保險金：

　　(1)失業前用人單位和本人已經繳納失業保險費滿一年的。

　　(2)非因本人意願中斷就業的。

　　(3)已經進行失業登記，並有求職要求的（第四十五條）。

3. 失業人員失業前用人單位和本人累計繳費滿一年不足五年的，領取失業保險金的期限最長為十二個月；累計繳費滿五年不足十年的，領取失業保險金的期限最長為十八個月；累計繳費十年以上的，領取失業保險金的期限最長為二十四個月。重新就業後，再次失業的，繳費時間重新計算，領取失業保險金的期限與前次失業應當領取而尚未領取的失業保險金的期限合併計算，最長不超過二十四個月（第四十六條）。

4. 失業人員在領取失業保險金期間，參加職工基本醫療保險，享受基本醫療保險待遇（第四十八條第一款）。失業人員應當繳納的基本醫療保險費從失業保險基金中支付，個人不繳納基本醫療保險費（第四十八條第二款）。

5. 失業人員在領取失業保險金期間死亡的，參照當地對在職職工死亡的規定，向其遺屬發給一次性喪葬補助金和撫恤金。所需資金從失業保險基金中支付（第四十九條第一款）。個人死亡同時符合領取基本養老保險喪葬補助金、工傷保險喪葬補助金和失業保險喪葬補助金條件的，其遺屬只能選擇領取其中的一項（第四十九條第二款）。

6. 用人單位應當及時為失業人員出具終止或者解除勞動關係的證明，並將失業人員的名單自終止或者解除勞動關係之日起十五日內告知社會保險經辦機構（第五十條第一款）。失業人員應當持本單位為其出具的終止或者解除勞動關係的證明，及時到指定的公共就業服務機構辦理失業登記（第五十條第二款）。

7. 失業人員憑失業登記證明和個人身分證明，到社會保險經辦機構辦理領取失業保險金的手續。失業保險金領取期限自辦理失業登記之日起計算（第五十條第三款）。

8. 失業人員在領取失業保險金期間有下列情形之一的，停止領取失業保險金，並同時停止享受其他失業保險待遇：

(1)重新就業的。

(2)應徵服兵役的。

(3)移居境外的。

(4)享受基本養老保險待遇的。

(5)無正當理由，拒不接受當地人民政府指定部門或者機構介紹的
適當工作或者提供的培訓的（第五十一條）。

9.職工跨統籌地區就業的，其失業保險關係隨本人轉移，繳費年限累
計計算（第五十二條）。

二、「實施『社會保險法』若干規定」關於失業保險的規定

依據「實施『社會保險法』若干規定」，對「關於失業保險」部分
做了以下的規定：

1.失業人員符合社會保險法第四十五條規定條件的，可以申請領取失
業保險金並享受其他失業保險待遇。其中，非因本人意願中斷就業
包括下列情形：

(1)依照勞動合同法第四十四條第一項、第四項、第五項規定終止
勞動合同的。

(2)由用人單位依照勞動合同法第三十九條、第四十條、第四十一
條規定解除勞動合同的。

(3)用人單位依照勞動合同法第三十六條規定向勞動者提出解除勞
動合同並與勞動者協商一致解除勞動合同的。

(4)由用人單位提出解除聘用合同或者被用人單位辭退、除名、開
除的。

(5)勞動者本人依照勞動合同法第三十八條規定解除勞動合同的。

(6)法律、法規、規章規定的其他情形（第十三條）。

2.失業人員領取失業保險金後重新就業的，再次失業時，繳費時間重
新計算。失業人員因當期不符合失業保險金領取條件的，原有繳費
時間予以保留，重新就業並參保的，繳費時間累計計算（第十四
條）。

3.失業人員在領取失業保險金期間，應當積極求職，接受職業介紹和
職業培訓。失業人員接受職業介紹、職業培訓的補貼由失業保險基
金按照規定支付（第十五條）。

第六節　生育保險制度

生育保險是透過立法，對懷孕、分娩女職工給予生活保障和物質幫助的一項社會政策，其宗旨在於通過向職業婦女提供生育津貼、醫療服務和產假，幫助女職工恢復勞動能力，重返工作崗位。

一、「女職工勞動保護規定」

「女職工勞動保護規定」是中共建國以來保護女職工的勞動權益，減少和解決她們在勞動中因生理機能造成的特殊困難，保護其安全和健康的一部比較完整和綜合的女職工勞動保護法規。主要明確了不得在女職工懷孕期、產期、哺乳期降低其基本工資或解除勞動合同，並將產假由五十六天延長到九十天，產假期間的工資以及醫療費用由職工所在單位負擔。1994年原勞動部頒布的「企業職工生育保險試行辦法」，將生育保險的管理模式由用人單位管理逐步轉變爲實行社會統籌，由各地社會保障機構負責管理生育保險工作。

二、生育保險的作用

生育保險是爲了維護女職工的基本權益，減少和解決女職工在孕期、產期以及流產期間因生理特點造成的特殊困難，使女職工在生育和流產期間得到必要的經濟收入和醫療照顧，保障女職工及時恢復健康，回到工作崗位。

實施生育保險的主要作用，有以下幾個方面：

(一)實行生育保險是對女職工生育價值的認可

女職工生育是社會發展的需要，女職工在爲家庭傳宗接代的同時，也爲社會勞動力再生產付出了努力，應當得到社會的補償。

(二)實行生育保險是對女職工基本生活的保障

女職工在生育期間離開工作崗位，不能正常工作，國家通過制定相關政策保障女職工離開工作崗位期間享受有關待遇，其中包括生育津貼、醫療服務以及孕期不能堅持正常工作時，給予的特殊保護政策。在生活保障和健康保障兩方面爲孕婦的順利分娩創造了有利條件。

(三)實行生育保險是提高人口素質的需要

女職工生育體力消耗大，需要充分休息和補充營養。生育保險爲女職工提供了基本工資，使女職工的生活水準沒有因爲離開工作崗位而降低，同時爲女職工提供醫療服務項目，包括產期檢查、保健指導等，爲胎兒的正常生長進行監測。對於在妊娠期間患病或接觸有毒有害物質的女職工，做必要的檢查。如發現畸形兒，可以及早中止妊娠。對於在孕期出現異常現象的女職工，進行重點保護和治療，以達到保護胎兒正常生長，提高人口質量的作用（勞動和社會保障部，2007）。

三、「社會保險法」對生育保險的規定

根據「社會保險法」第六章「生育保險」的條文彙總內容，主要包括以下的規定：

1. 職工應當參加生育保險，由用人單位按照國家規定繳納生育保險費，職工不繳納生育保險費（第五十三條）。
2. 用人單位已經繳納生育保險費的，其職工享受生育保險待遇；職工未就業配偶按照國家規定享受生育醫療費用待遇。所需資金從生育保險基金中支付（第五十四條第一款）。生育保險待遇包括生育醫療費用和生育津貼（第五十四條第二款）。
3. 生育醫療費用包括下列各項：
   (1) 生育的醫療費用。
   (2) 計劃生育的醫療費用。
   (3) 法律、法規規定的其他項目費用（第五十五條）。

4.職工有下列情形之一的，可以按照國家規定享受生育津貼：

(1)女職工生育享受產假。

(2)享受計劃生育手術休假。

(3)法律、法規規定的其他情形（第五十六條第一款）。

生育津貼按照職工所在用人單位上年度職工月平均工資計發（第五十六條第二款）。

第七節　社會保險費徵繳

根據「社會保險法」第七章「社會保險費徵繳」規定，其主要的內容有：

1.用人單位應當自成立之日起三十日內憑營業執照、登記證書或者單位印章，向當地社會保險經辦機構申請辦理社會保險登記。社會保險經辦機構應當自收到申請之日起十五日內予以審核，發給社會保險登記證件（第五十七條第一款）。用人單位的社會保險登記事項發生變更或者用人單位依法終止的，應當自變更或者終止之日起三十日內，到社會保險經辦機構辦理變更或者註銷社會保險登記（第五十七條第二款）。

2.用人單位應當自用工之日起三十日內為其職工向社會保險經辦機構申請辦理社會保險登記。未辦理社會保險登記的，由社會保險經辦機構核定其應當繳納的社會保險費（第五十八條第一款）。國家建立全國統一的個人社會保障號碼。個人社會保障號碼為公民身分號碼（第五十八條第三款）。

3.用人單位應當自行申報、按時足額繳納社會保險費，非因不可抗力等法定事由不得緩繳、減免。職工應當繳納的社會保險費由用人單位代扣代繳，用人單位應當按月將繳納社會保險費的明細情況告知本人（第六十條第一款）。無雇工的個體工商戶、未在用人單位參加社會保險的非全日制從業人員以及其他靈活就業人員，可以直接向社會保險費徵收機構繳納社會保險費（第六十條第二款）。

4. 社會保險費徵收機構應當依法按時足額徵收社會保險費，並將繳費情況定期告知用人單位和個人（第六十一條）。

5. 用人單位未按規定申報應當繳納的社會保險費數額的，按照該單位上月繳費額的百分之一百一十確定應當繳納數額；繳費單位補辦申報手續後，由社會保險費徵收機構按照規定結算（第六十二條）。

6. 用人單位未按時足額繳納社會保險費的，由社會保險費徵收機構責令其限期繳納或者補足（第六十三條第一款）。用人單位逾期仍未繳納或者補足社會保險費的，社會保險費徵收機構可以向銀行和其他金融機構查詢其存款帳戶；並可以申請縣級以上有關行政部門作出劃撥社會保險費的決定，書面通知其開戶銀行或者其他金融機構

範例 11-2

上海市社會保險費繳費標準

險種			本市戶籍職工	外來人員
養老保險	繳費基數		2,338-11,688	2,338-11,688
	繳費比例	單位	22%	22%
		個人	8%	8%
醫療保險	繳費基數		2,338-11,688	2,338-11,688
	繳費比例	單位	12%	12%
		個人	2%	2%
失業保險	繳費基數		2,338-11,688	2,338-11,688
	繳費比例	單位	1.7%	1.7%
		個人	1%	1%
生育保險	繳費基數		2,338-11,688	
	繳費比例	單位	0.8%（個人免繳）	
工傷保險	繳費基數		2,338-11,688	
	繳費比例	單位	0.5%（個人免繳）	

單位職工個人繳費基數上限為11,688元，下限為2,338元。單位繳費基數按單位內個人月繳費基數之和確定。

本標準執行期：2011年7月1日至2012年3月31日（根據「社會保險法」的有關規定已作相應調整）。

資料來源：上海市人力資源和社會保障局網站（http://www.12333sh.gov.cn/200912333/2009xxgk/ztxx/shbxxx/201107/t20110719_1131849.shtml）。

劃撥社會保險費。用人單位帳戶餘額少於應當繳納的社會保險費的，社會保險費徵收機構可以要求該用人單位提供擔保，簽訂延期繳費協議（第六十三條第一款）。用人單位未足額繳納社會保險費且未提供擔保的，社會保險費徵收機構可以申請人民法院扣押、查封、拍賣其價值相當於應當繳納社會保險費的財產，以拍賣所得抵繳社會保險費（第六十三條第三款）。

第八節　法律責任

　　根據「社會保險法」第十一章「法律責任」規定，對用人單位規範的其主要內容有：

1. 用人單位不辦理社會保險登記的，由社會保險行政部門責令限期改正；逾期不改正的，對用人單位處應繳社會保險費數額一倍以上三倍以下的罰款，對其直接負責的主管人員和其他直接責任人員處五百元以上三千元以下的罰款（第八十四條）。
2. 用人單位拒不出具終止或者解除勞動關係證明的，依照「中華人民共和國勞動合同法」的規定處理（第八十五條）。
3. 用人單位未按時足額繳納社會保險費的，由社會保險費徵收機構責令限期繳納或者補足，並自欠繳之日起，按日加收萬分之五的滯納金；逾期仍不繳納的，由有關行政部門處欠繳數額一倍以上三倍以下的罰款（第八十六條）。
4. 以欺詐、偽造證明材料或者其他手段騙取社會保險待遇的，由社會保險行政部門責令退回騙取的社會保險金，處騙取金額二倍以上五倍以下的罰款（第八十八條）。

結　語

　　「勞動合同法」規定，用人單位未依法爲勞動者繳納社會保險費的，勞動者可以解除勞動合同（第三十八條第一款第三項）；同法規定，勞動者依照本法第三十八條規定解除勞動合同的，用人單位應當向勞動者支付經濟補償（第四十六條第一款第一項）。因而，台商在人力成本方面的支出，要列入各項社會保險費用，是無庸置疑的。

第十二章

職工管理

大錯不犯，小錯不斷，氣死廠長，難死法院。

～大陸順口溜

　　台商在大陸事業的發展一日千里，發展速度之快的確令人目不暇給，然而有時候因為職工人數快速膨脹，如果管理方法和管理人員的質量沒有跟得上，力不從心的現象就會時常發生，反映在現實情況就是剪不斷，理還亂的勞動爭議。

第一節　工作價值觀

　　海峽兩岸在分立、分治六十多年以後，雖然兩岸同樣是中國人，但是在同源文化下，採取不同的政治、經濟、社會體制的發展，造成台灣與大陸地區在管理模式與價值觀念上南轅北轍的現象，諸如兩岸企業文化的差異、人性不同、溝通不良、同文不同義、邏輯思維、生活型態、職場價值觀（平等主義與能力主義）、管理觀念、社會文化、政治路線（各自的意識型態）、法律制度、消費行為與觀念、文字運用、商業基礎（不同的契約論與關係論）等等的差異，自然會反映在企業經營上，使得許多大陸台商在經營管理上遭遇不少困難。

一、人治社會

　　中國自古以來，以「情、理、法」為處事原則，總是把「情」字擺在第一順位來考慮，大陸目前仍未脫離「人治」的社會，處處講究人情關係，「上有政策，下有對策。」是社會主義國家的普遍現象，「有關係就沒有關係，沒關係就有關係。」這句順口溜多少透露出在大陸經商，因其環境法令的不完善，導致必須拉關係來解決問題的情況是非常普遍的。總體來說，這使得企業在經營管理上增加了許多無形的成本，而企業內部也會出現人事包袱過重，工作講情面，若有過錯，不敢面對現實，避重就輕，致使因循苟且，是非不分，導致職工績效和組織績效不彰，然而如能

範例 12-1

兩岸文化的差異

文化上的調適，包括顏色也是一門大學問。台灣禮品喜歡用白色或黃色代表素雅高貴，但黃色卻是上海人辦喪事的顏色，非常忌諱，這是元祖食品到上海才發現的現象。

另外，包裝用的禮盒，近年來台灣流行用木盒顯彰傳統復古的氣息，但上海人卻覺得鐵盒才是新潮漂亮。

透過一點一滴的調整，不斷地貼近市場，這些都是元祖食品因地制宜的寶貴經驗。

資料來源：經濟部投資業務處編（2004），《台商海外投資經驗彙編：元祖食品》，經濟部出版，頁37。

好好運用人情關係，也可幫助台商解決許多日常管理的問題（陳家聲，1996）。

二、用語上的忌諱

雖然台商在大陸投資，先天上具有同文同種、語文相通以及地利之便等優勢，但由於政治制度、法令規章及風土民情等內容的大相逕庭，或多或少造成了台商在大陸經營時要面對的一些難題。

兩岸的用語不只是簡體字與繁體字表面上的差異而已，甚至連用詞、用法及內涵都相去甚遠，使得原本很簡單的事，卻繞了一大圈，花了許多時間及力氣才能理解。例如「檢討」，台灣常用來針對事情做進一步討論、改善、交流經驗的日常行為，並沒有任何負面的涵義，但在大陸卻非常忌諱用「檢討」這個字眼，卻把它當作貶義詞，因為除非是犯了嚴重的「政治錯誤」，否則不會輕易用「檢討」這兩個字。

範例 12-2

兩岸人民用語對照表

大陸用語	台灣用語	大陸用語	台灣用語	大陸用語	台灣用語
工齡、崗齡	年資	責任狀	保證書	硬件	硬體
工崗	工作	終身號碼	身分證字號	路警	交通警察
上訪	陳情	流水線	生產線	阿姨	女傭
頂班	代班	合同工	聘僱人員	沒事	不客氣
脫產	離職	崗位練兵	在職訓練	一次筷	免洗筷
上浮	物價上漲	封頂	工資上限	人流	墮胎
操心費	紅包或佣金	車間	工廠	廣告婚禮	結婚啟事
消腫	精簡人事	無繩電話	無線電話	簡裝	平裝
腦流失	人才外流	文件夾	檔案夾	批文	許可證
沒的說	沒問題	軟盤	磁片	三產	服務業
倒休	調班	病休	病假	抄肥	賺外快
加點	加班	白班	日班	計算機	電腦
廣休	休假日	磁卡電話	卡式電話	商嫂	老闆娘
偏飯	特別照顧	打工妹	女工	保質期	保存期限
金鳳凰	優異人才	大票	大學文憑	勞動日	工作日
工調	調薪	歇班	休假	炊事員	廚師
崗位津貼	職務津貼	檔次	等級	地方人	在地人
網吧	網咖	酒樓、食堂	餐廳、飯館	收條	收據
U盤	隨身碟	酒店、賓館	飯店、旅館	水平	水準
博客	部落格	服務員	先生、小姐	公安局	警察局
牛	稱讚人很厲害	叫早	Morning Call	開小灶	提供特殊待遇
地鐵	捷運	大堂	Lobby	桑拿	三溫暖
大巴	遊覽車	創可貼	OK繃	總台	櫃台
出租車	計程車	菜譜	菜單	移動電話	行動電話
師傅	司機	夜宵	宵夜	公交車	公共汽車

參考來源：交通部觀光局編印（2011/06），《大陸旅客台灣自由行手冊》，頁28。

三、說話內涵的不同

　　在台灣幹部交代職工工作時，時常會出現再確認的語彙詞，如「有沒有問題？」、「會不會？」、「有沒有其他意見？」、「我說的話你都

了解嗎？」等語句，所得到大陸職工的回應大都是「肯定沒有問題」、「問題不大」或「基本上沒問題」，若就因此相信其所說的話，不再「追根究柢」，則往往事與願違，要不然就是事後有一大堆的理由來辯解，這就是問話、回話語言溝通用詞上的不同所致。

四、面子問題

在大陸職工面前，要避免涉及政治禁忌議題，以免引起雙方的對立或誤會，造成管理上的困擾，因為大陸職工有大中國意識，用民族主義的思維來看待任何「歧異性」的語言表達。所以，統一企業對台幹三令五申是「一不涉政治，二不玩女人」。

五、憑規章辦事的習慣

大陸職工講唯物主義，任何事情一定要先建立明文規章，如果沒有明文規定，職工犯規時，就很難加以懲處。同時，這些規章又必須事先經過工會或職工代表大會代表的同意與公開揭示，才能生效，而職工受到懲處，又必須留下完整書面記錄，因勞動爭議發生時，與爭議事項有關的證據屬於用人單位掌握管理的，用人單位應當提供　（如**表12-1**）。

表12-1　大陸職工的文化型態特色

- 大陸職工注重人際和諧，怕丟臉。故長期習慣西方企業管理模式的經理人，必須改變其管理方式，不論在職工培訓、績效評估等方面，可能需傾向於較為含蓄或低調的風格。
- 在國營企業長久的體制影響之下，職工期望在工作有「鐵飯碗」的保障性質。
- 員工習慣聽命行事，不願負起責任，較為被動；不喜歡「志願」或「創新」的做事方法，以免破壞組織內的和諧。此外，大陸管理幹部層亦缺乏負起責任的勇氣，喜歡聽命上司的指示。
- 企業內部的管理層較不喜歡在組織內做水平式溝通，主要是缺乏跨部門協調能力。
- 大陸職工較傾向經濟平等主義，認為高階與低階之間的薪資不宜相差太多。
- 具有中國社會下對老者的尊重，認為老者擁有豐富的經驗與智慧，會將其與「賢者」劃上等號。
- 基層職工充足，亦可加以訓練，但若要其維持績效，必須一直有監工在旁監督。

資料來源：游鴻裕（2009），《兩岸經貿關係：台商的投資與經營觀點》，雙葉書廊，頁189。

六、省籍情結

　　台商在大陸從事管理工作，由於職工來自不同省份，他們的行為模式、自我觀念、習性、工作價值觀、處事態度及解決問題的方式，隨著不同的省份、地區而有很大的差異。例如：對事物的判斷和認同，內地的職工其服從性較佳，但自我觀念重；沿海開放區的職工較易接受新的事物，但服從性較差。因此，在管理大陸職工時，須顧及不同省份及地區職工的感受（袁明仁，1999）。

　　台商到大陸投資，除了了解當地的勞動法令規定外，在規範管理制度時，不應抱持先入為主的觀念，認為大陸職工的工作價值觀不如台灣從業人員，並因而採取高壓、軍事的管理風格，則容易導致大陸職工的不滿與爭議，影響台商企業經營的整體績效與形象（陳人豪，2001）。

範例 12-3

大陸地區商人性格特徵

地區	性格特點	與之經商須知
北京	政治色彩濃厚、帶政治味、較重人情	注重人情交往、講求人情味、以真心換信任
東北	講朋友義氣、看重友誼	重視感情投資、維護長期關係、切勿欺騙耍奸
安徽	儒商居多、文化色彩濃	摸透傳統徽商經營之道、多講義氣、道理
廣東	專注於如何發財致富、對政治不敏感	少空談、送禮要防「忌」、少談政治、多談利益分配
閩南	市場經濟意識強烈	多聽取他們意見、多與他們接觸、多談論與市場變化有關的消息
寧波	四海為家、敢闖敢拚	很守信用、不會有欺詐行為
上海	十分精明、魄力不足	要有耐心、大膽參與、敢於競爭
溫州	做生意注重細節、從小處著手	學習其吃苦精神、不要動搖自己的立場、堅守商業道德
山西	堅守勤儉之道、能吃苦	放心交易、不玩欺詐、不見利忘義
武漢	小心謹慎、不服輸	要顧及對方面子、適時進退、懂得人情手腕
西安	自負、自信心十足	宜先發制人、主動進攻

資料來源：王晶（2007），《中國各省商人性格揭秘》，靈活文化事業，頁32。

第二節　管理心結

　　台商到大陸投資，主要的人力來源是要聘僱大陸職工，少數人（台幹）管理多數人（大陸職工），必然會產生管理上的矛盾，管理心結難免就會產生，日積月累的後果，就會造成「以偏概全」，各說各話。

一、大陸職工對台幹的心結

　　一般大陸職工對台幹的批評，歸納起來有下列幾點：

1.不懂得管理技巧，沒有眞本領。
2.喜歡強勢領導，高傲、看不起人，缺乏人性化管理。
3.管理方式朝令夕改，難以捉摸。
4.沒有人情味，不替職工爭取福利。
5.賞罰不公，憑個人喜好獨斷獨行。
6.對大陸國情及人民習性了解不夠。
7.行事陽奉陰違，好大喜功，亂搞派系。
8.生活欠規律，忠誠度不夠。

範例 12-4

個案公司大陸職工的心聲

Q：與其他公司比較，你覺得我們公司的待遇如何？

A：1.若不跟高新科技產業比較，以製造業來講，職工總體薪資屬中等以上，但關鍵職工（幹部、技術人員）待遇屬中等，若不提升薪資，恐難留人。
2.大學生會關切最高階層可以拿多少薪水，以及薪水的成長空間有多大。
3.周邊的福利（食、宿、培訓）比其他廠家好很多。

Q：對績效評估與薪酬給付結合的看法？

A：1.部門和個人願意接受績效評估，但評估方法及過程必須客觀（量化）、公開。

2.贊成評估方式，不然部門龐大，誰也不知道誰做了多少事，但要找到大家能接受的合理評價標準與評估方式（透明化、數量化）。

3.贊成評估，希望將職級差距拉大，也可將專業技術層和管理層切開來做，覺得公司較重視管理人員，壓榨技術人員。

4.最怕評估制度評不出績效，但卻增加一堆繁瑣的手續。

5.在評估時，不能只看職位，雖然相同工作性質，但工作量和表現好壞不同。

6.希望有一合理評估制度，先做部門績效評估，然後和個人績效評估搭配。

Q：哪些獎勵方式是你所喜愛的？

A：1.在公司工作滿幾年後，有一筆獎金可拿，或將每年的獎金累積一部分下來，以後一次發放，可以照顧到職工將來的生活。

2.條件符合的人選，公司可將其送去深造（如念碩士班、EMBA）。

3.購買房屋給職工居住，服務滿幾年後，房子過戶給職工。

4.希望有穩定性工作，可保障人老了不能工作時，有養老保險可領。

5.公司有在一些當地教育機構捐款，可由公司出面請其特別關照我們公司職工的子女就學。

6.公司購屋，並在生活費、學費上補助職工，覺得是最基本保障。

7.獎勵要及時，程序要簡化，才能達到激勵效果。

8.公司獎勵很少、很慢，但處罰很多、很快。

9.公開表揚，或可以貼個通告，讓大家知道其表現好，是一種榮譽的象徵。

10.目前公司的租屋補貼，如租房一人居住足夠，但有家屬要一起居住則空間不足。

Q：對在公司提供學習機會的看法？

A：1.公司內部學習機會只能學到局部、沒有系統，只提供能解決工作上問題的課程，但很想要學習全面性的技能，如在機器方面很熟悉的操作人員，希望能學習到工業設計、工業工程等知識。

2.學習機會對大家來說都很重要，大家學習動機也都很強。

3.在公司的工作壓力大，但相對學得比較多，覺得在此一年的成長比待在其他公司三年學得還要多。

Q：你對外派受訓的看法？

A：1.公司希望職工學習，然後能有長進，以提升公司競爭力。個人則會覺得責任重大，會用心學習，是一種「鼓勵」亦是一種「壓力」。

2.中國人民族性還是很「忠心」的，只要公司有「家」的感覺，就不會離職。若公司會擔心職工受訓後離職，就是對其沒有信任感。

3.受訓後可藉評估方式，如交予其一任務，評估其是否有長進，才決定是否給予薪資和職位的調整。

4.能到海外受訓，是一項很有誘惑力，很大的成長機會。

5.公司需評估派人出去受訓能得到什麼？被送出去受訓的人有哪些方面比他人優異。

6.若有被公司送出去受訓，會珍惜機會，學得愈精，對公司愈有貢獻；回廠後並能傳授所學，讓大家共同分享。

7.學習和實習要一起來做，否則沒有驗收效果；要親自做過才知道哪些方面
　　該加強學習。

Q：對人才本地化的看法？

A：1.在公司待愈久的職工，覺得自己已經沒有衝刺力。上級承諾的人才本地化
　　都沒有實現過，宛如畫大餅給職工，不切實際。

2.覺得可能因大陸職工的背景、語言、能力不被信任等先天環境因素限制，
　　而不提拔陸幹，如最近研發、工程單位就跑了一堆人。

3.陸幹管理台灣派來工作的低階員工，在管理上造成諸多難題，例如不可能
　　叫得動他去做某事，他反而還會要求你為他做某些事。

Q：對台幹管理方法的看法？

A：1.台幹和陸幹在溝通上有問題，如開會時，座位自然分開兩邊坐。台幹談到
　　某一階段任務時，會轉用閩南語發言，陸幹覺得不知是否是敏感話題，怕
　　他們聽得到，我們總覺得很不受到尊重和不被信任感。

2.公司開會依性質決定有哪些階層的人參加，應該不論台幹、陸幹都要參加
　　才對，而且使用共同語言，私底下的場合說家鄉話就沒關係。

3.會有不是其部門主管，也無直接工作關係的人，自恃是台幹而以不好的語
　　氣數落我們（大陸職工）。

4.來得久及能力好的台幹，了解本地文化較多，自信心夠，對陸幹信任感較
　　充足，較不會發生衝突。

5.覺得台幹和陸幹關係未改善前，貿然升遷某一陸幹，會有很多問題產生，
　　因大家都在看他，等著陸幹出錯，再來砲轟他。

6.即使被升遷的陸幹，在與台幹交涉事務時，也會發生職位與其權利不對襯
　　的問題。

7.需要公司的配合和高階主管的支持，陸幹才能有權利管理台幹。

Q：對公司整體的觀感？

A：1.喜歡公司有學習機會，工作上有壓力和挑戰性，上司開明，願意一起討論
　　問題。不喜歡制度僵化，如一年只能提升一次，不能達成激勵效果。

2.喜歡公司提供學習機會，工作上還蠻有發揮空間。不喜歡公司周遭環境的
　　危險性，會有人身安全問題。

3.公司制度考慮不太周全，改來改去。

4.希望中間幹部知道其方向，共同討論發展重點，且直接和間接人員的資源
　　分配不要偏差太大。

5.發生問題時，責任單位要釐清；部門之間互動有問題，各部門處理狀況不
　　積極。

6.喜歡公司的工作環境很乾淨，學習氣氛也很好，大家都很投入、積極，但
　　也覺得公司規定太死板，例如夏天中午休息時間可多一至半個小時，大家
　　延後下班，才不會上班昏昏欲睡，這樣效率反而比較高。

因應對策

1.拉大核心人員的整體待遇（財務及非財務性獎酬）差距，以留住人才。

2.重新檢討現有職級，依貢獻度拉大酬勞的差異性。

3.建立客觀合理的績效評估系統，並與薪酬及整體待遇掛勾。

4.對於幹部及核心能力人員應進行工作內容及所需能力（職能）評估。

5.提供長期整體性的福利（住房、保險、子女就學），並與績效評估制度掛勾。

6.設立本土化幹部接班的優先部門、儲備幹部人選以及達成時程。

7.職工需視其受訓後的表現，才考慮是否調整其職務與薪資。

8.依部門及職責性質來設計績效評估及獎勵辦法，如生產單位依產出的數量、時間、質量為依據；設計／研發單位則依其功能或各任務的流程，及負責項目工程進度來評估。

9.台幹要加強以身作則，懂得尊重他人（大陸職工）的機會教育。

資料來源：廣東省東莞市清溪鎮某台商實業公司田野調查彙總資料。整理：丁志達。

二、台幹對大陸職工的心結

一般台幹對大陸職工的印象，約有下列幾點：

1.技術水平差，工作效率低。

2.老鄉情節重，影響管理。

3.好逸惡勞，心態不平衡。

4.自私自利，愛發牢騷。

5.做事懶散，好背後議論。

6.私事公辦，延長公差時間。

7.結成小圈圈、欺上瞞下。

8.缺乏品質意識，欠缺法治精神。

9.愛搞鬥爭，挑撥離間。

10.怕得罪人，無法落實公司的紀律要求。

11.追逐金錢，計較權益。

12.見異思遷，流動率大（如**表12-2**）。

勞資要和諧，就必須建立一套職工可以遵循，企業可以生存，又有競爭力的管理制度（作業機制）及企業文化。在合理、合法、合情的管理

表12-2　大陸職工的職場價值觀和特質

> ・社會主義規範下的職工，強調階級的優越性，心態上強調自尊與尊嚴。
> ・大鍋飯的心態，重視福利更甚於實力。
> ・喜歡誇大自己的實力與單位關係。
> ・職工工作上一些不良的習性與行為（偷竊、鬥毆、黑函、打小報告、奉承拍馬屁、享受特權）是職場上常見的現象。
> ・職工較欠缺尊重私人產權的觀念。
> ・職工有光說不練的習性，「問題不大」經常掛在嘴上，卻一事無成；主動積極性較差，怕擔當責任，有異常相互推諉的習慣。
> ・職工勇於批評與公開批評的鬥爭特性。
> ・職工有省籍情結（老鄉情結），造成狹隘的區域觀念，相互排斥、鬥毆，製造管理困擾。
> ・口才比實際做事能力好，尤其文革時代出生之人才；而且比台灣同年齡者口才要好。
> ・學習能力強，求知慾高。

資料來源：丁志達（2011），「大陸人事管理實務與案例解析」講義，中華民國貿易教育基金會編印。

體系下，職工受尊重，公司受信賴，在大陸職工與台籍幹部之間的良性互動下，培養共同為達到企業目標而努力的動機與意願。

範例12-5　在地化管理

　　憶聲電子的財務人員都已在地化，完全不需台灣幹部常駐，這是台商相當少見的模式。只要會計制度透明，加上總公司做好控管角色，便不需要擔憂。

　　憶聲電子也在海外據點設立周轉金與調度金兩個戶頭，當地幹部僅能動用周轉金，額度不高，至於調度金則是業務往來之用，由總公司管制。

　　內部管理方面，由於大陸職工大多來自不同省份，要透過生產線的適度規劃，盡量避免職工因為同鄉關係而自成許多小團體、搞派系，無端造成管理上的許多困難。另一方面，憶聲電子對職工福利措施也相當完備，並確實遵守勞動規定，因此多年來職工管理上相當順利。

> 憶聲電子認為，在長期壓低人力成本之下，其實多數職工處在極度壓抑的情緒當中，如果有心人士稍加煽動，極易引發內部管理問題，因為合理的福利對於企業和職工都是有利的，千萬不要因小反而失大。
>
> 對於幹部管理職工的培育，憶聲電子也成立「江西華憶科技學院」以落實就地育才的精神。
>
> 資料來源：經濟部投資業務處編（2004），《台商海外投資經驗彙編：憶聲電子》，經濟部出版，頁44-45。

第三節　幹部本土化

台商為求能降低外派人員的高人事成本、返國就業職務安插等棘手問題，使得幹部本土化政策已成為台商在經營管理上的必須面對的問題。大多數的台商執行幹部本土化政策時，在企業草創期，以培育最基層的領班、組長為主；成長期則以培養車間主任、課長為主；成熟期則以培養廠長、經理級、副總經理和總經理（如**表12-3**）。

表12-3　兩岸職工人格特質比較

向度／人才	大陸	台灣
個性	好面子，自大，喜歡發現問題（搶功勞）	較謙虛
目標性	以升官及賺錢為目的	個人成就動機強
團隊精神	個人主義（如遇同鄉則團隊意識強）	團隊主義
獨立性	高	不高
自信心	不僅自信且自大	不夠
理想及目標	較現實與短視	理想性高
顧客導向	較弱（大中華民族心態）	較強
企圖心	強烈	較弱

資料來源：林娟、藍立娟（2007），《大陸工作一卡通》，天下雜誌出版，頁34。

一、幹部本土化之益處

　　台幹藉著個人經驗傳承與教導之方式，直接帶領與培育大陸職工，是多數台商企業培養當地幹部的作法。

範例 12-6

落實幹部在地化

　　統一中國控股執行董事主席羅智先認為，食品產業的地域性很強，為精準掌握市場，必須要「在地化」，用當地的人開拓當地的市場。這些人有相同的語言、有相同的背景，容易深入，台籍幹部的能力雖強，但畢竟「隔了一層紗」。

　　統一中國控股是台資食品業者中，人才本土化最深的業者。據統計，統一集團全盛時期在大陸的台籍幹部數量超過三百五十位，如今不到一百三十位，羅智先表示，「未來還會繼續降低」。

　　羅智先上任後，大量拔擢大陸籍員工，將統一原先的八大市場區塊，改為以當地政府劃分的二十八個省（市）為單位，各省設一省（市）長，主掌行銷事務，多由大陸籍幹部擔任。

　　生產或是總部的中高階職務，過去清一色都是台籍幹部，現在協理級以上的陸籍幹部，已不稀奇。

資料來源：邱馨儀，〈大成認股擴及陸幹　康師傅赴大學招才〉，《經濟日報》（2008/06/02）。

　　幹部本土化之益處有：

(一)降低用人成本

　　台商採取幹部本土化策略的主要目的之一，就是要設法降低用人成本。對台幹所支出的薪資及福利費用，包括食宿之安排，定期省親的返台機票與交通費用，給予眷屬每年一定次數前往大陸探親之來回機票，為台

籍幹部辦理醫療及意外保險費用等，其人事費用相當高。因此，台商為降低成本，勢必進行幹部本土化策略。

(二)儲備當地人才

由於派外人員較不熟悉當地環境、文化與法令情況，導致因為資訊錯誤而造成管理決策的誤判，或者對外工作無法順利完成。幹部本土化政策，可以有計劃的訓練、培育及儲備當地人才，發揮本土化優勢，有利於台商的事業發展，取得最佳的市場商機，擴大內需市場的產品占有率。

(三)提高組織士氣

台商藉由實施人才本土化的政策，打破當地人升遷的「玻璃天花板」的現象，給予當地人生涯發展的機會，提升其工作士氣。

範例 12-7

惠普（HP）於大陸管理本土化的發展

類別	說明
人力資源	跨國營運必須有本土化的人力資源鏈才能運轉，而且本土化程度愈高，運轉的「摩擦」就愈小，當然效率也會愈高。
內部管理	內部管理完成本土化有利於合理適應當地環境，但是考慮多國籍企業的全球統一管理體系與企業文化，這方面本土化程度是有限的，因為處於同一個管理平台是跨國經營的基礎，否則本土化與總部控制就會出現矛盾。
組織結構	不同國家因國情不同，在地域、行業等方面皆各有其特點，故多國籍企業的分公司在組織結構上也必須盡快做出相應的調整，以求效率最大化。
市場策略	根據各國情況不同，例如惠普的全球策略是全面轉向e化服務，但是中國大陸市場目前處於完善基礎設備的階段，因此必須在全球策略與本土化策略間求得一個平衡點。

資料來源：王曉明（2002），〈人才本土化策略：跨國公司的致勝法寶〉，《經濟工作專刊》，第2卷，頁8-9。引自：廖勇凱（2005），《國際人力資源管理》，智勝文化，頁231。

(四)留住優秀人才

人才本土化不僅可作爲吸引當地優秀人才來應聘求職，亦可留住已培養成材的優秀職工，較不會見異思遷。

(五)減輕台幹的管理負荷

台商到大陸投資，培養當地人才，建立制度，加強授權、分工，將會減輕派外人員的管理負荷，尤其遇有勞動爭議時，先委由大陸籍幹部先去處理，以避免台幹直接面對面處理爭議的風險承擔與誤判。

綜上所述，幹部本土化已成爲大陸台商人力資源管理的新趨勢。

二、幹部本土化之困惑

台商進行幹部本土化的過程，確實也面臨兩難的局面。不採取本土化策略，營運成本無法降低；要採取本土化政策，又擔心培養的當地幹部流失，威脅到台商的營運。

台商進行幹部本土化擔憂事項如下：

(一)怕楚材晉用

一般本土化幹部只要在台商企業服務一段時間並擔任幹部職務，如領班、課長級以上職級，是其他台商、本地商、外商企業鎖定「挖角」的對象，造成培育多時的大陸籍幹部成爲楚材晉用的「培訓所」。

(二)怕生產工藝與管理技術外流

台商的生產技術手冊及管理制度，經常會隨著本土化幹部的離職而流失其文件，造成台商不願意投資培育大陸籍職工。

(三)怕窩裡反

由於某些大陸籍幹部在充分受到台商的信賴後，平時就把相關機密資料影印留存，他日一旦要求加薪、升等不遂時，可能將有關進口原物料資料或稅務之憑證寄給海關，導致海關派員前往公司查核，讓台商百口莫

辯，導致被追繳、罰款、坐牢。這種案子，時有所聞，這也是台商憂心幹部本土化的後遺症。

德國漢高公司在大陸投資初期，派赴大陸的高階管理人員中，業務往往都由德國人掌控，對於市場預測、市場調查、客戶拜訪等均深入了解，至於業務開發、技術支援、舉辦產品說明會等執行工作，大都交由已本土化的各區（華南區、華東區……）經理負責，並依鎖定的業績目標，定期在各地召開全國行銷檢討會，值得台商借鏡（袁明仁，2000）。

第四節　職工管理問題與對策

以制度取代個人偏見，以培訓取代責備與罰款。入境隨俗，運用大陸的法令，配合大陸職工要面子的習性，懂得尊重他們，並適時給予鼓勵，讓職工有成就感，所有規定要寫得清楚，而且設定的目標要不斷考核追蹤。

管理職工，常見的棘手問題與解決對策有：

1. 台幹與陸幹之間「比劍」問題：請台幹清楚了解「比劍」這是良性競爭（相互琢磨）還是惡性排斥（勾心鬥角），記得自己（台幹）先不要留一手，部屬（陸幹）才會放手。

2. 陸幹與陸幹之間的衝突問題：解決之道在於招募時，注意各省籍職工錄用人數的適當分配，事先對其生活與思想的差異性做有效的防範。

3. 侵犯職工人權問題：人權絕對不容侵犯，台商要懂得尊重職工的人身不受侵擾的基本權利，尊重別人，就會被別人尊重。

4. 職業傷害所造成的賠償問題：定期做安全衛生檢查，避免職業災害發生，造成人員、財物的損失。

5. 偷竊的問題：防範職工偷竊，則要實施定期盤點與加強門禁管理。

6. 幹部離職問題：平日就要做好接班人計畫的培育工作，有備胎就可避免陸幹拿翹；採取輪調、輪休制度，就可早期發現弊端而加以預防。

台商殺台商　被判死刑罪

東莞台商蔡○坤前年（2004年）2月殺害另一名台商宋○坤案，經廣東省高級人民法院終審後，昨天（10/31）在東莞中級人民法院宣判，蔡○坤被依搶劫、殺人罪判處死刑，並決定執行死刑。

這起台商殺台商案，是蔡○坤、蔡○平舅甥於2004年2月17日聯手設局約出有意兌換人民幣的宋○坤外出，毆打逼迫宋開立一張港幣兩百萬元支票，兌領後先用電腦網路線勒斃宋○坤後再棄屍東莞市長安鎮附近水庫的水溝內。

案發後，蔡○坤在大陸落網，蔡○平在台灣落網，另有一名在香港提領贓款的台籍女子林○吟則被香港警方逮捕。

大陸法院經過二年多審理，最後昨天終審判決。

資料來源：大陸新聞中心／綜合報導，〈台商殺台商判死即將執行〉，《聯合報》
　　　　（2006/11/01，A13版）。

7. 簽訂保密的問題：「勞動法」與「勞動合同法」均明文規定，用人單位可以跟職工簽訂保守商業秘密的有關條文，用人單位要善加運用。

8. 危機處理的問題：避免危機發生，唯有實施「走動管理」，避免陸幹「報喜不報憂」而被蒙在鼓裡的危險性。

俗話說：「上樑不正下樑歪」，台商本身的行為舉止要以身作則，自然能取得大陸職工的信賴，同舟共濟，成就大業。

申訴渠道與協調程序

範例
12-9

	申訴渠道
生活輔導室	收受申訴案件，協助職工尋求解決問題的渠道，適時處理協調勞動關係或有關問題。 ・生輔信箱：由生活輔導室管理。 ・電話申訴：生活輔導室設立電話專線供職工申訴。 ・親自申訴：生活輔導室為獨立辦公室，設有專人接受員工申訴。
工會	工會設有協調委員會，接受職工再申訴，並進行勞動關係調解。

	申訴協調程序
生活輔導室	職工的初次申訴渠道是所屬廠區的生活輔導室。職工可透過書面資料投至意見箱，電話諮詢或親自面談。 案件受理後十日內需彙整處理方式，否則轉至工會協調委員會受理，此時並應轉知當地總公司生活輔導室備案。
廠工會協調委員會	職工對於生活輔導室協助處理的結果不滿意，可於十天之內上訴工會協調委員會，並由工會轉知總公司生活輔導部門。 工會協調委員會受理案件後十天內需回覆處理結果，否則轉往總公司工會仲裁委員會處理。
總公司工會仲裁委員會	職工對於總公司工會仲裁委員會提出的協調仍不滿意時，可以向當地政府總工會仲裁委員會反映，之後還可在向勞動行政部門提出書面申請仲裁。 職工不應以任何名義，未經此種程序，即妨害生產管理秩序、怠工或罷工，如有以上行為將被視為違反勞動法，有受公安拘捕之可能。

資料來源：《寶元工業集團員工手冊》（2002），頁55-56。

第五節　80後新生代職工管理

　　深圳富士康集團2010年1月至11月內，連續發生十三起職工跳（墜）樓自殺案之後，本田佛山廠的罷工事件，是被稱為「新生代」的80後、90後職工再一次引起媒體關注的焦點。根據大陸社科院調查，新生代職工具有「三高一低」的群體特徵：受教育程度高，職業期望值高，物質和精神享受要求高，工作耐受力低。自殺不僅是脆弱的表現，也是一個內向的、

用結束自己生命的方式來抗爭；罷工是外向的，向資方、向整個社會、向權力部門全力地表達態度，是一個積極表達的方式（如**表12-4**）。

一、「80後」職工的人格特質

　　有中國第一代獨生子女的「小皇帝」稱呼的80後人們，已經悄悄無聲息的在今天的職場上成爲了生力軍。所謂「80後」，特指出生於二十世紀七〇年代末期（1978年之後）及八〇年代前半期，二十至二十九歲的青年人群體，是步入社會不久的新生代群體。頻繁跳槽在「80後」中已經成爲「習慣」，有人說這是「80後」的「集體浮躁症」，但這種跳槽不能僅僅歸結爲浮躁。

　　「80後」的員工，文化程度高，維權意識強，要求個性發展。他們是有點自我、有點狂妄、有點叛逆、有點浮躁，但又不失才華的一代，他們對企業現有的管理模式、制度和方式方法，有著要求變革的強烈衝動，其主要職場特質有：可塑性非常強、崇尚自由、強調以自我爲中心、自尊心及他人認可意識強；心理容易波動、情緒變化大、抗壓能力差、心理健

表12-4　富士康員工自殺意外事件（2010年）

日期	當事人	傷亡情況
1月23日	19歲男性員工馬向前高樓墜下	死亡
3月17日	龍華園區宿舍，新進女員工從三樓跳下，跌落在一樓	受傷
3月29日	龍華園區，23歲湖南籍男性員工從宿舍墜樓	死亡
4月06日	觀瀾C8棟宿舍，18歲饒姓女員工墜樓	受傷
4月07日	觀瀾廠區外宿舍，18歲寧性女員工墜樓	死亡
	觀瀾樟閣村，22歲湖北籍男性員工自殺（原因不明）	死亡
5月06日	龍華園區，22歲男員工盧新從陽台縱身跳下	死亡
5月11日	龍華園區出租屋，24歲女工祝晨明跳樓	死亡
5月14日	龍華園區福華宿舍，21歲梁姓男員工自殺	死亡
5月21日	觀瀾F4棟宿舍，21歲湖北籍男性員工南剛跳樓	死亡
5月25日	觀瀾園區宿舍，湖南籍19歲男性員工李海跳樓（入職42天）	死亡
5月26日	龍華園區，男性員工墜樓	死亡
5月27日	龍華園區宿舍E樓樓頂門口，25歲湖南籍男性員工割腕自殺獲救	受傷
11月5日	一名員工在廠區二十七樓墜樓	死亡

資料來源：報章雜誌；製表：丁志達。

康問題突出；對工作與生活有獨到的看法，不會將工作與生活截然分開，工作靠情緒，不喜歡生活享受被繁忙工作打亂，在工作與生活中希望處理的是簡單的人際關係，不關心職場政治鬥爭，對權威也敢於挑戰；容易被激發、興趣涉獵廣泛、學習能力強、自信和創新等特質（如**表12-5**）。

二、維特效應

「80後」員工占主流的社會特徵越來越接近管理大師彼得・杜拉克（Peter Ducker）所指的「下一個社會」（MANAGING IN THE NEXT SOCIETY）。2009年底，美國《時代雜誌》將大陸的工人列為當年風雲人物的第二名，是為中國大陸創造逾2.5兆美元外匯存底的英雄與幕後推手，但這些打工者遠離家鄉和親人，一旦出現不良情緒，找不到宣洩途徑，缺少親情撫慰和自我救助的條件，久而久之，不良情緒累積起來，易造成了極端行為。心理學家表示，自殺是一種「心理傳染病」。當有一個人選擇自殺時，其他有著類似境遇的人很可能仿效，心理學稱之為「維特效應」。

正視「80後和90後」的打工者，與他們的父母世代不同，解決溫飽後的離鄉者，他們在抗壓、韌性、耐性上不如老一代的打工者，企業須及時在管理制度、理念、方式等加以調整和改變，絕不能仍停留在八○、九○年代的「軍事化管理」水準，而應該結合員工群體的實際，給予他們更

表12-5 「60後」領導與「80後」員工的主要矛盾

主要矛盾	「60後」領導	「80後」員工
吝嗇授權	不敢放權，認為員工只要執行好領導人的決策就行	認為沒有充分發揮的土壤，無法施展才華
管理實踐過於個人化	不注重制度建設，以個人直覺代替詳細決策論證，憑個人好惡對員工提要求	追求公平、公開、公正的處理方式
強調遵從組織規範	重視「大我」，提倡員工不計較個人得失，努力為組織目標工作	重視「小我」，注重個人發展目標
強調上下級關係	認為在上下級關係中，下屬應當服從上級	認為自己和管理者應當是平等關係

資料來源：邱靜，〈當60後領導遭遇80後員工〉，《人力資源》，總第320期（2010/06），頁43。

維特效應

維特效應（Werther Effect），係指1774年德國大文豪歌德（J. W. Goethe）發表了一部小說，名叫《少年維特之煩惱》（*The Sorrows of Young Werther*），該小說講的是一個青年失戀而自殺的故事。小說發表後，造成極大的轟動，不但使歌德聲名在歐洲大噪，而且在整個歐洲引發了模仿維特自殺的風潮，「維特效應」因此得名。

學者菲力普斯是透過對1947年到1968年之間美國自殺事件的統計得到「維特效應」證據的。他發現每次轟動性自殺新聞報導後的兩個月內，自殺的平均人數比平時多了五十八位。因此從某種意義上來說，每一次對自殺事件的報導，都殺死了五十八位本來可以繼續活下去的人。菲力普斯同時發現，自殺誘發自殺的現象主要發生在對自殺事件廣為宣傳的地區。而且，這種宣傳越是廣泛，隨後的自殺者就越多。例如，在媒體報導了瑪麗蓮夢露的自殺新聞之後，那一年全世界的自殺率增長了10%。

員工「連環自殺」曾經發生在多家公司，類似事件也發生在外國企業中。2009年，歐洲第三大手機運營商——法國電信集團員工自殺成風，十八個月二十三人自絕。有分析認為，這與該公司「大幅裁員、轉崗和重組」有著直接關係，同時，法國電信不停地要求員工加快工作進度，嚴重影響了員工情緒。

2010年，深圳富士康集團員工的連續跳樓事件，也可以印證這一點。

資料來源：維特效應，百度百科網站（http://baike.baidu.com/view/583193.htm）。

好的發展和收入保障，並營造體現人文關懷的企業氛圍（如**表12-6**）。

台商為了追求低成本與高效率的製造，布局大陸之際，應該認識到企業社會責任所涵蓋的環境（Environment）、安全（Safety）、公司治理（Governance）這三大面向，員工自殺，其實與企業社會責任的安全面向有關（康榮寶，2010）。

表12-6　CEO眼中的「80後」

姓名	職務	觀點
孫振耀	原惠普大中華區CEO	意氣風發的一代，負擔少，跳槽也頻繁，我雖不反對跳槽，但跳槽不是解決問題的辦法。
蓋保羅	歐萊雅中國區總裁	非常有創造力，直接、開誠布公，如果他們能真正負起責任做一件工作時，也許會做得非常好。
袁岳	零點調查集團董事長	心智比較簡單，想問題不願很複雜，做事比較憑感覺，對說服性和影響力權威的接受超過了法定權威與強制權威。
趙卜成	卡內基訓練（中國）總經理	有個性、有想法；有活力、有朝氣；知識淵博；既驕傲又沒自信，做事韌性強度不夠；受挫時容易情緒低落。

資料來源：邱靜，〈當60後領導遭遇80後員工〉，《人力資源》，總第320期（2010/06），頁43。

範例 12-11

愛心平安工程

鴻海及富士康集團面對員工接連墜樓危機，郭台銘總裁領軍組成危機處理小組，並啟動「愛心平安工程」，設立指揮部。

事實上，富士康集團此次在自殺防治上，可從其推動的「愛心平安工程」中感受到企業的迅速應變，以及企業文化及觀念上的改變。

鴻海愛心平安工程中，愛心是包括重塑富士康「愛心、信心、決心」企業文化和價值觀，加強人文關懷、員工大幅加薪及減少加班時數；員工的價值及需求被資方納入整體成本考量，中國廉價人力成本的傳統觀念被打破。

在平安方面，則是透過愛心平安工程總指揮部，及各事業群的分指揮部主管負責的心理輔導及生活關懷，是所謂人防；而物防及技防

方面，則是建立300多萬平方公尺的防護網及安全監控器材，防止不幸事件。

在工程方面，富士康集團副總裁程天縱認為，可分為融入社會及西進擴展。融入社會就是讓宿舍回歸社會，再配合提高工資及減少加班時數，讓員工生活融入社會，使員工在當地建立自己的人際網絡。

資料來源：中央社，〈體認員工需求　鴻海危機劃句點〉，2010/08/22。

結　語

台商要改善職工的管理問題，必須創造出好的工作環境，因為有好的工作環境，職工自然不會做出違背企業文化的行為。同時，也要明確訂定企業目標，讓職工了解企業經營方針，清楚知道公司的走向（永續經營），以確立其職涯規劃，這有助於職工對公司產生向心力，留住人才。

第十三章

離職管理

> 　　下崗男工不用愁，拿起鐮刀與斧頭，見了大款跟著走，該出手時
> 就出手；
> 　　下崗男工不用愁，一頭栽進黑社會，你拿榔頭我拿槌；看誰不爽
> 就扁誰。
>
> 　　　　　　　　　　　　　　　　　　　　　　～大陸順口溜

　　王安出版《25年》一書中，記載著這樣一個故事：1985年夏天，杭州飯店奧地利籍總經理弗萊克想開除二十一個合同制工人，工人家長跑去質問到：「我們的孩子究竟犯了什麼罪？」弗萊克嘆息的道出一句話：「在中國解僱一個人比槍斃一個人還難。」在當時的人們看來，「飯碗」是終身的事情，是天大的事情（德州宣傳網）。

第一節　解除勞動合同條件

　　勞動合同的解除，是指勞動合同依法簽訂後，未履行完畢前，由於某種原因導致當事人一方或雙方提前中斷勞動合同的法律效力，停止履行雙方勞動權利義務關係的法律行為（如**圖13-1**）。

　　「勞動合同法」第三十六條規定，用人單位與勞動者協商一致，可以解除勞動合同。

一、勞動者可以解除勞動合同的情形

　　「中華人民共和國勞動合同法實施條例」（以下簡稱「實施條例」）第十八條規定，有下列情形之一的，依照「勞動合同法」規定的條件、程序，勞動者可以與用人單位解除固定期限勞動合同、無固定期限勞動合同或者以完成一定工作任務為期限的勞動合同：

　　1.勞動者與用人單位協商一致的。
　　2.勞動者提前三十日以書面形式通知用人單位的。

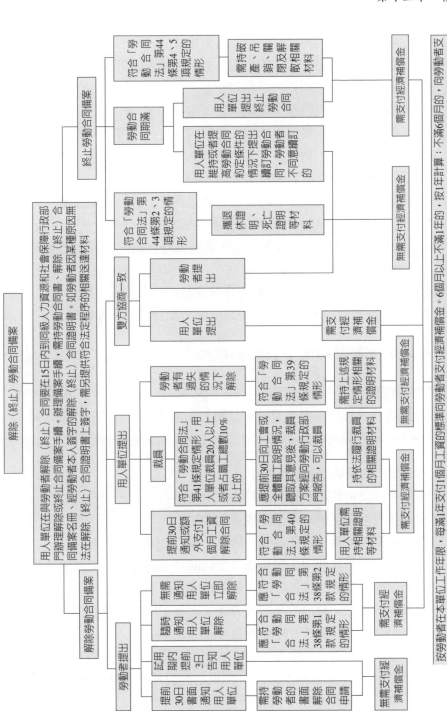

圖13-1　用人單位解除（終止）勞動合同備案流程圖

資料來源：《中華人民共和國勞動合同法》，中國法制出版社（2008）。

3.勞動者在試用期內提前三日通知用人單位的。

4.用人單位未按照勞動合同約定提供勞動保護或者勞動條件的。

5.用人單位未及時足額支付勞動報酬的。

6.用人單位未依法爲勞動者繳納社會保險費的。

7.用人單位的規章制度違反法律、法規的規定，損害勞動者權益的。

8.用人單位以欺詐、脅迫的手段或者乘人之危，使勞動者在違背眞實意思的情況下訂立或者變更勞動合同的。

9.用人單位在勞動合同中免除自己的法定責任、排除勞動者權利的。

10.用人單位違反法律、行政法規強制性規定的。

11.用人單位以暴力、威脅或者非法限制人身自由的手段強迫勞動者勞動的。

12.用人單位違章指揮、強令冒險作業危及勞動者人身安全的。

13.法律、行政法規規定勞動者可以解除勞動合同的其他情形。

二、用人單位可以解僱勞動者的情形

「實施條例」第十九條規定，有下列情形之一的，依照「勞動合同法」規定的條件、程序，用人單位可以與勞動者解除固定期限勞動合同、無固定期限勞動合同或者以完成一定工作任務爲期限的勞動合同：

1.用人單位與勞動者協商一致的。

2.勞動者在試用期間被證明不符合錄用條件的。

3.勞動者嚴重違反用人單位的規章制度的。

4.勞動者嚴重失職，營私舞弊，給用人單位造成重大損害的。

5.勞動者同時與其他用人單位建立勞動關係，對完成本單位的工作任務造成嚴重影響，或者經用人單位提出，拒不改正的。

6.勞動者以欺詐、脅迫的手段或者乘人之危，使用人單位在違背眞實意思的情況下訂立或者變更勞動合同的。

7.勞動者被依法追究刑事責任的。

8.勞動者患病或者非因工負傷，在規定的醫療期滿後不能從事原工作，也不能從事由用人單位另行安排的工作的。

9. 勞動者不能勝任工作，經過培訓或者調整工作崗位，仍不能勝任工作的。

10. 勞動合同訂立時所依據的客觀情況發生重大變化，致使勞動合同無法履行，經用人單位與勞動者協商，未能就變更勞動合同內容達成協議的。

11. 用人單位依照企業破產法規定進行重整的。

12. 用人單位生產經營發生嚴重困難的。

13. 企業轉產、重大技術革新或者經營方式調整，經變更勞動合同後，仍需裁減人員的。

14. 其他因勞動合同訂立時所依據的客觀經濟情況發生重大變化，致使勞動合同無法履行的。

範例 13-1

辭退職工條件

- 試用期不符合錄用條件。
- 報到時所填寫的個人資料有不實或虛構者。
- 營私舞弊、挪用公款、收受賄賂和嚴重失職，對公司利益／名譽造成重大損害者。
- 在外兼營事業者。
- 不聽指揮、辦事不力、疏忽職守，有具體事實，其情節嚴重者。
- 造謠生事、煽動或怠工有具體事實者。
- 仿效上級主管或同仁簽字或盜用印信者。
- 威脅主管或撕毀、塗改文件者。
- 有盜竊行為、賭博或打架者。
- 被依法追究刑事責任者。
- 故意損耗機器、工具、原料、物品或其他公司所有物品，或故意洩露公司技術上、營業上之機密者，致公司遭受損害者。
- 對公司負責人、公司代理人或其他共同工作的職工實施暴行或重大侮辱之行為者。
- 違背國家法令或公司規章制度、勞動紀律情節重大者。
- 其他妨害公司權益等有確定證據，經主管證實者。

資料來源：某大電子公司（廣東省中山市火炬高新技術開發區）。

三、解除勞動合同的例外規定

「勞動合同法」第四十條規定，有下列情形之一的，用人單位提前三十日以書面形式通知勞動者本人或者額外支付勞動者一個月工資後，可以解除勞動合同：

1. 勞動者患病或者非因工負傷，在規定的醫療期滿後不能從事原工作，也不能從事由用人單位另行安排的工作的。
2. 勞動者不能勝任工作，經過培訓或者調整工作崗位，仍不能勝任工作的。
3. 勞動合同訂立時所依據的客觀情況發生重大變化，致使勞動合同無法履行，經用人單位與勞動者協商，未能就變更勞動合同內容達成協議的。

依據「勞動合同法」上述規定解除勞動合同，除支付勞動者一個月工資解除勞動合同外，仍須要支付經濟補償。經濟補償的具體支付標準按照「勞動合同法」第四十七條的規定執行。

又，「實施條例」第二十條規定，用人單位依照「勞動合同法」第四十條的規定，選擇額外支付勞動者一個月工資解除勞動合同的，其額外支付的工資應當按照該勞動者上一個月的工資標準確定。

四、用人單位不得解除勞動合同規定

「勞動合同法」第四十二條規定，勞動者有下列情形之一的，用人單位不得依照本法第四十條、第四十一條的規定解除勞動合同：

1. 從事接觸職業病危害作業的勞動者未進行離崗前職業健康檢查，或者疑似職業病病人在診斷或者醫學觀察期間的。
2. 在本單位患職業病或者因工負傷並被確認喪失或者部分喪失勞動能力的。
3. 患病或者非因工負傷，在規定的醫療期內的。

4.女職工在孕期、產期、哺乳期的。

5.在本單位連續工作滿十五年，且距法定退休年齡不足五年的。

6.法律、行政法規規定的其他情形。

用人單位單方解除勞動合同，應當事先將理由通知工會。用人單位違反法律、行政法規規定或者勞動合同約定的，工會有權要求用人單位糾正。用人單位應當研究工會的意見，並將處理結果書面通知工會（第四十三條）。

第二節　終止勞動合同條件

勞動合同終止，是指勞動合同期滿或者當事人約定的勞動合同終止條件出現，以及勞動合同一方當事人消失，無法繼續履行勞動合同時結束勞動關係的行為。

「勞動合同法」第四十四條規定，有下列情形之一的，勞動合同終止：

1.勞動合同期滿的。

2.勞動者開始依法享受基本養老保險待遇的。

3.勞動者死亡，或者被人民法院宣告死亡或者宣告失蹤的。

4.用人單位被依法宣告破產的。

5.用人單位被吊銷營業執照、責令關閉、撤銷或者用人單位決定提前解散的。

6.法律、行政法規規定的其他情形。

「實施條例」第十三條規定，用人單位與勞動者不得在「勞動合同法」第四十四條規定的勞動合同終止情形之外約定其他的勞動合同終止條件。以及同條例第二十一條規定，勞動者達到法定退休年齡的，勞動合同終止。

第三節　經濟補償

　　經濟補償，是指在勞動合同解除或終止後，用人單位依法一次性支付給勞動者的經濟上的補助。依據「勞動合同法」第五十條規定，勞動者應當按照雙方約定，辦理工作交接。用人單位依照本法有關規定應當向勞動者支付經濟補償的，在辦結工作交接時支付。

一、用人單位應當向勞動者支付經濟補償

　　「勞動合同法」第四十六條規定，有下列情形之一的，用人單位應當向勞動者支付經濟補償：

1. 勞動者依照本法第三十八條規定解除勞動合同的。
2. 用人單位依照本法第三十六條規定向勞動者提出解除勞動合同並與勞動者協商一致解除勞動合同的。
3. 用人單位依照本法第四十條規定解除勞動合同的。
4. 用人單位依照本法第四十一條第一款規定解除勞動合同的。
5. 除用人單位維持或者提高勞動合同約定條件續訂勞動合同，勞動者不同意續訂的情形外，依照本法第四十四條第一項規定終止固定期限勞動合同的。
6. 依照本法第四十四條第四項、第五項規定終止勞動合同的。
7. 法律、行政法規規定的其他情形（如**表13-1**）。

　　又，「實施條例」第三十一條規定，勞務派遣單位或者被派遣勞動者依法解除、終止勞動合同的經濟補償，依照「勞動合同法」第四十六條、第四十七條的規定執行。

表13-1　用人單位應當向勞動者支付經濟補償規定條文

條文	內容
第二十六條第一款第一項	下列勞動合同無效或者部分無效： (一)以欺詐、脅迫的手段或者乘人之危，使對方在違背真實意思的情況下訂立或者變更勞動合同的。
第三十六條	用人單位與勞動者協商一致，可以解除勞動合同。
第三十八條	用人單位有下列情形之一的，勞動者可以解除勞動合同： (一)未按照勞動合同約定提供勞動保護或者勞動條件的； (二)未及時足額支付勞動報酬的； (三)未依法為勞動者繳納社會保險費的； (四)用人單位的規章制度違反法律、法規的規定，損害勞動者權益的； (五)因本法第二十六條第一款規定的情形致使勞動合同無效的； (六)法律、行政法規規定勞動者可以解除勞動合同的其他情形。 用人單位以暴力、威脅或者非法限制人身自由的手段強迫勞動者勞動的，或者用人單位違章指揮、強令冒險作業危及勞動者人身安全的，勞動者可以立即解除勞動合同，不需事先告知用人單位。
第四十條	有下列情形之一的，用人單位提前三十日以書面形式通知勞動者本人或者額外支付勞動者一個月工資後，可以解除勞動合同： (一)勞動者患病或者非因工負傷，在規定的醫療期滿後不能從事原工作，也不能從事由用人單位另行安排的工作的； (二)勞動者不能勝任工作，經過培訓或者調整工作崗位，仍不能勝任工作的； (三)勞動合同訂立時所依據的客觀情況發生重大變化，致使勞動合同無法履行，經用人單位與勞動者協商，未能就變更勞動合同內容達成協定的。
第四十一條第一款	有下列情形之一，需要裁減人員二十人以上或者裁減不足二十人但占企業職工總數百分之十以上的，用人單位提前三十日向工會或者全體職工說明情況，聽取工會或者職工的意見後，裁減人員方案經向勞動行政部門報告，可以裁減人員： (一)依照企業破產法規定進行重整的； (二)生產經營發生嚴重困難的； (三)企業轉產、重大技術革新或者經營方式調整，經變更勞動合同後，仍需裁減人員的； (四)其他因勞動合同訂立時所依據的客觀經濟情況發生重大變化，致使勞動合同無法履行的。
第四十四條第一項	有下列情形之一的，勞動合同終止： (一)勞動合同期滿的。（註：除用人單位維持或者提高勞動合同約定條件續訂勞動合同，勞動者不同意續訂的情形外）
第四十四條第四項	有下列情形之一的，勞動合同終止： (四)用人單位被依法宣告破產的。
第四十四條第五項	有下列情形之　的，勞動合同終止： (五)用人單位被吊銷營業執照、責令關閉、撤銷或者用人單位決定提前解散的。

資料來源：「中華人民共和國勞動合同法」（自2008年1月1日起施行）；製表：丁志達。

二、經濟補償給付的規定

「勞動合同法」第四十七條規定，經濟補償按勞動者在本單位工作的年限，每滿一年支付一個月工資的標準向勞動者支付。六個月以上不滿一年的，按一年計算；不滿六個月的，向勞動者支付半個月工資的經濟補償（第一款）。

勞動者月工資高於用人單位所在直轄市、設區的市級人民政府公布的本地區上年度職工月平均工資三倍的，向其支付經濟補償的標準按職工月平均工資三倍的數額支付，向其支付經濟補償的年限最高不超過十二年（第二款）。

本條所稱月工資是指勞動者在勞動合同解除或者終止前十二個月的平均工資（第三款）。

又，「實施條例」第二十二條規定，以完成一定工作任務為期限的勞動合同因任務完成而終止的，用人單位應當依照「勞動合同法」第四十七條的規定向勞動者支付經濟補償。同條例第二十三條規定，用人單位依法終止工傷職工的勞動合同的，除依照「勞動合同法」第四十七條的規定支付經濟補償外，還應當依照國家有關工傷保險的規定支付一次性工傷醫療補助金和傷殘就業補助金。

「勞動合同法」第八十七條規定，用人單位違反規定解除或者終止勞動合同的，應當依照本法第四十七條規定的經濟補償標準的二倍向勞動者支付賠償金。

「實施條例」第二十五條規定，用人單位違反「勞動合同法」的規定解除或者終止勞動合同，依照「勞動合同法」第八十七條的規定支付了賠償金的，不再支付經濟補償。賠償金的計算年限自用工之日起計算。

三、無須支付經濟補償金條件

「勞動合同法」第三十九條規定，勞動者有下列情形之一的，用人單位可以解除勞動合同：

1.在試用期間被證明不符合錄用條件的。

2.嚴重違反用人單位的規章制度的。

3.嚴重失職，營私舞弊，給用人單位造成重大損害的。

4.勞動者同時與其他用人單位建立勞動關係，對完成本單位的工作任務造成嚴重影響，或者經用人單位提出，拒不改正的。

5.因本法第二十六條第一款第一項規定的情形致使勞動合同無效的。

6.被依法追究刑事責任的。

　　勞動者有上述所列情形之一的，用人單位可隨時解除勞動合同，而且無須向勞動者支經濟補償。

四、經濟補償給付的計算方式

　　「勞動合同法」第四十七條第三款規定的經濟補償的月工資，按照勞動者在勞動合同解除或者終止前十二個月的平均工資。

　　「實施條例」第二十七條規定，「勞動合同法」第四十七條規定的經濟補償的月工資按照勞動者應得工資計算，包括計時工資或者計件工資以及獎金、津貼和補貼等貨幣性收入。勞動者在勞動合同解除或者終止前十二個月的平均工資低於當地最低工資標準的，按照當地最低工資標準計算。勞動者工作不滿十二個月的，按照實際工作的月數計算平均工資。

　　「勞動合同法」第九十七條第三款規定，本法施行之日存續的勞動合同在本法施行後解除或者終止，依照本法第四十六條規定應當支付經濟補償的，經濟補償年限自本法施行之日起計算；本法施行前按照當時有關規定，用人單位應當向勞動者支付經濟補償的，按照當時有關規定執行。

第四節　經濟性裁員規定

　　經濟性裁員是用人單位行使解除勞動合同權的主要方式之一，是法律賦予了企業經營白主權。簡單的講，經濟性裁員就是指企業由於經營不善等經濟性原因，解僱多位勞動者的情形。

一、經濟性裁員的法定程序

根據「勞動合同法」規定，有下列情形之一，需要裁減人員二十人以上或者裁減不足二十人但占企業職工總數百分之十以上的，用人單位提前三十日向工會或者全體職工說明情況，聽取工會或者職工的意見後，裁減人員方案經向勞動行政部門報告，可以裁減人員：

1. 依照企業破產法規定進行重整的。
2. 生產經營發生嚴重困難的。
3. 企業轉產、重大技術革新或者經營方式調整，經變更勞動合同後，仍需裁減人員的。
4. 其他因勞動合同訂立時所依據的客觀經濟情況發生重大變化，致使勞動合同無法履行的（第四十一條第一款）。

按照原勞動部頒布的「企業經濟性裁減人員規定」第四條第二項規定，提出裁減人員方案，內容包括：被裁減人員名單，裁減時間及實施步驟，符合法律、法規規定和集體合同約定的被裁減人員經濟補償辦法（如**圖13-2**）。

二、裁員時優先留用人員規定

根據「勞動合同法」第四十一條規定，裁減人員時，應當優先留用下列人員：

1. 與本單位訂立較長期限的固定期限勞動合同的。
2. 與本單位訂立無固定期限勞動合同的。
3. 家庭無其他就業人員，有需要扶養的老人或者未成年人的（第一款）。

用人單位依照本條第一款規定裁減人員，在六個月內重新招用人員的，應當通知被裁減的人員，並在同等條件下優先招用被裁減的人員（第

提前三十日向工會或者向全體職工說明裁員理由及企業基本情況，並提供有關生產經營狀況資料。

提出裁員方案。內容包括：企業基本情況，裁員理由，裁員政策依據，裁減時間及實施步驟，符合法律、法規規定和集體合同約定的被裁減人員經濟補償辦法及補償標準，企業拖欠被裁減人員的工資報酬，社會保險費等情況，被裁減人員名單。

向勞動保障行政部門報告裁減人員備案的全部資料，並聽取勞動保障行政部門意見。

裁員方案備案通過後（即規定的備案等待期間已滿勞動保障部門未提出異議的）由用人單位正式公布裁減人員方案，並實施企業裁員。

由用人單位與被裁減人員辦理解除勞動合同手續並出具解除勞動合同書面通知，按照有關規定向被裁減人員本人支付經濟補償。並在十五日內為勞動者辦理檔案和社會保險關係轉移手續。

將所有資料立卷歸檔，以便查閱。裁員實施之日起六個月之內招用人員的，應首先招用原企業被裁減人員。

圖13-2　企業經濟性裁員程序

資料來源：〈企業經濟性裁員程序〉，成都市勞動保障信息網（http://www.cdldbz.gov.cn/PD0806111210/WD0811070400.files/企業經濟性裁員程序.doc）。

二款）。

　　被裁減人員，依據「勞動合同法」第四十六條第一款第四項規定，用人單位應當向勞動者支付經濟補償。經濟補償則依據「勞動合同法」第四十七條規定辦理。

第五節　競業限制與商業秘密保護

競業限制，從字面上的解釋為「禁止從事競爭性行業」，它是指對於特定行為具有特定關係的特定人的行為予以禁止的一種法律制度。競業禁止必須約定相應期限，以及給付相應補償。

一、競業限制的規範

「勞動合同法」在側重保護勞動者合法權益的同時，也根據實際需要，增加了維護用人單位合法權益的內容。它規定了在競業限制約定中可以約定違約金。用人單位與勞動者可以在勞動合同中約定保守用人單位的商業秘密和與知識產權相關的保密事項。

對競業限制的規範，「勞動合同法」第二十三條有如下的規定：

1.用人單位與勞動者可以在勞動合同中約定保守用人單位的商業秘密和與知識產權相關的保密事項（第一款）。

2.對負有保密義務的勞動者，用人單位可以在勞動合同或者保密協議中與勞動者約定競業限制條款，並約定在解除或者終止勞動合同後，在競業限制期限內按月給予勞動者經濟補償。勞動者違反競業限制約定的，應當按照約定向用人單位支付違約金（第二款）。

二、競業限制的人員

對競業限制的人員，「勞動合同法」第二十四條規定如下：

1.競業限制的人員限於用人單位的高級管理人員、高級技術人員和其他負有保密義務的人員。競業限制的範圍、地域、期限由用人單位與勞動者約定，競業限制的約定不得違反法律、法規的規定（第一款）。

2.在解除或者終止勞動合同後，前款規定的人員到與本單位生產或者經營同類產品、從事同類業務的有競爭關係的其他用人單位，或者

自己開業生產或者經營同類產品、從事同類業務的競業限制期限，不得超過二年（第二款）。

違反競業限制判決案例

範例 13-2

起因（雙方簽訂競業限制協議）

長沙楚○科技公司是一家經營醫藥包裝機械、食品包裝機械和其他通用機械的公司，總部設在寧鄉縣。2002年7月，彭先生入職楚○科技從事技術研發及設計工作，幾年內從技術員一直做到主設計師，且是楚○科技多項專利的職務發明創造發明人、設計人。

2007年11月1日，公司與彭先生簽訂勞動合同，約定合同期限為2007年11月1日起至2009年10月31日止。而作為高級科技人員，同月30日，雙方又簽訂「商業秘密保護與競業限制協議書」約定：彭先生在楚○科技任職期間及離職後二年內，未經公司書面同意，不得擅自生產、經營楚○科技同類產品或者從事與之存有競爭關係的業務活動，也不得為其他與楚○科技存在競爭關係的企業提供服務。

為了補償，合同還確認，在彭先生離職後二年內，由楚○科技逐月按照二千五百元／月的標準給予經濟補償；合同也規定，若彭先生違反約定應承擔違約金，違約金數額為其離職前一年度在公司獲得總收入的十倍。

審理（法院認為協議有效）

2008年3月15日，彭先生以身體不好為由請求辭職，楚○科技同意後雙方簽署解除勞動合同證明書。「我們在彭先生離職後，按合同約定逐月給他支付了經濟補償金。可最近我們發現彭先生在為與我公司存在直接競爭關係的某製藥機械公司的客戶調試設備，經過調查，我們認為他這種行為已經違反了競業限制的規定。」

楚○科技為此將彭先生告上了法庭，公司表示，彭先生離職前一

年度的總收入為81,191元，根據協定，他應該支付公司違約金811,910元。

寧鄉縣法院經審理後認為，楚○科技為了企業商業秘密的保護與彭先生簽訂的「商業秘密保護與競業限制協議書」合法有效。「這份合同約定以勞動者離職前一年度在用人單位獲得的總收入的十倍支付違約金，旨在嚴格約束勞動者競業限制行為，有效保護用人單位在激烈的市場競爭中賴以生存的商業秘密，結合被告按約定可獲得的競業限制經濟補償以及被告工資收入情況，我們認為原、被告約定的違約金數額在公平、合理的範圍內。」

法院對此案作出判決：彭先生繼續履行與楚○科技之間的競業限制義務至合同約定的2010年3月26日止並支付違約金811,910元。

資料來源：李廣軍，〈違反競業限制協議被判賠80萬〉，《長沙晚報》；引自：勞動仲裁網（http://www.ldzc.com）。

三、商業秘密的保護

法律要保護作為商業秘密的資訊，無非基於兩大理由：其一是出於尊重商業道德和維護競爭秩序；其二是出於激勵發明創造和保護人格權利。大陸商業秘密保護的主要法律依據是「中華人民共和國反不正當競爭法」。商業秘密的構成要件是：新穎性、秘密性、價值性及實用性。商業秘密的範圍是：技術信息（包括物理的、化學的、生物的或其他形式的載體所表現的設計、工藝、數據、配方、訣竅等形式）和經營信息（包括管理訣竅、客戶名單、貨源情報、產銷策略、招投標中的標底及標書內容等）（尹文清，2001）。

「反不正當競爭法」所稱「商業秘密」，是指不為公眾所知悉、能為權利人帶來經濟利益、具有實用性並經權利人採取保密措施的技術信息和經營信息（第十條）。

負責商業秘密保護工作的國家工商行政管理總局依「反不正當競

爭法」，發布了「中華人民共和國關於禁止侵犯商業秘密行爲的若干規定」，以爲執行的依據，對「商業秘密」規定爲：「所稱商業秘密，是指不爲公眾所知悉、能爲權利人帶來經濟利益、具有實用性並經權利人採取保密措施的技術信息和經營信息。」（第二條）並做如下的解釋：

1. 本規定所稱不爲公眾所知悉，是指該信息是不能從公開渠道直接獲取的。
2. 本規定所稱能爲權利人帶來經濟利益、具有實用性，是指該信息具有確定的可應用性，能爲權利人帶來現實的或者潛在的經濟利益或者競爭優勢。
3. 本規定所稱權利人採取保密措施，包括訂立保密協議，建立保密制度及採取其他合理的保密措施。
4. 本規定所稱技術信息和經營信息，包括設計、程序、產品配方、製作工藝、製作方法、管理訣竅、客戶名單、貨源情報、產銷策略、招投標中的標底及標書內容等信息。
5. 本規定所稱權利人，是指依法對商業秘密享有所有權或者使用權的公民、法人或者其他組織。

四、勞動者洩密的法津責任

根據「反不正當競爭法」的立法精神和相關法條，勞動者在職期間有義務根據企業相關保密制度，保守用人單位商業機密。換言之，保守商業機密是勞動者的法定義務，用人單位一般不需要額外支付保密費用。

勞動者洩露用人單位商業秘密，主要在勞動關係存續期間，或勞動關係解除後。用人單位與勞動者簽訂勞動合同時，對涉密人員可以依「勞動合同法」第二十三條的規定訂立保密協議（包括保密事項、勞動者保密義務、違約責任等條款），一旦發生違約，用人單位就可以依據保密追究洩密人的法律責任（熊偉、袁世梅、張楓，2009）。

五、減少商業秘密洩露的措施

用人單位除了加強保密協議的訂立工作外，應採取下列的措施，以避免勞動者洩露企業商業秘密的可能性：

(一)經常對勞動者進行保密教育

用人單位可利用開會、職工培訓班、內部報刊宣導等形式，對勞動者進行經常性的保密教育。教育培訓的內容應包括什麼是商業秘密、洩露商業秘密可能產生的嚴重後果等，從而樹立保護商業秘密人人有責的觀念，自覺承擔起保護商業秘密的義務。

(二)商業秘密防範措施要到位

用人單位要制定完善的防範措施提高防範能力，避免商業秘密外露。結合健全適用性和可操作性強的商業秘密保護規章制度。要妥善處置所有商業秘密檔，使得他人不得從廢棄檔、垃圾中重新得到這些資訊。

(三)控制商業秘密的接觸範圍

用人單位保護商業秘密的基本原則，就是把商業秘密知悉範圍控制在不影響科研、生產和經營正常運作的最低限度。用人單位的一切保密管理行為，都要把目標放在有效控制商業秘密的接觸範圍內，把重點放在知悉範圍的人員的管理上。

(四)加強人才流動的保密管理

用人單位與相關職工簽訂保密協議和競爭限制協議，是保護商業秘密的一種重要方式。規範職工在職期間或離職後一段時間內不得披露、使用或容許他人使用本用人單位商業秘密，保證涉及企業商業秘密的檔案資料和其他物品，不因勞動者離職而流失在外。

(五)建立洩密應急機制

在商業機密洩密事件之際，應盡快評估洩密對商業秘密的損害狀況，決定是否採取包括民事或刑事的方面的法律措施、評估所採取措施的

效果、收集證據證明洩密所造成的損害等（檀民，2008）。

　　商業秘密是用人單位的一項寶貴的無形資產，對用人單位在市場競爭中的生存和發展有著重要的影響，加強用人單位人力資源管理能有效地防止用人單位內部勞動者洩密發生，從而增強用人單位的核心競爭力，提高用人單位的效率和效益，實現技術領先同業的地步。

第六節　服務期違約規定

一、相關法規

　　「勞動合同法」第二十二條規定，除非勞動者接受過用人單位的培訓，簽訂服務期的協定外，勞動者單方解除或終止勞動合同不需向用人單位支付任何違約金。

　　1.用人單位為勞動者提供專項培訓費用，對其進行專業技術培訓的，可以與該勞動者訂立協議，約定服務期（第一款）。
　　2.勞動者違反服務期約定的，應當按照約定向用人單位支付違約金。違約金的數額不得超過用人單位提供的培訓費用。用人單位要求勞動者支付的違約金不得超過服務期尚未履行部分所應分攤的培訓費用（第二款）。
　　3.用人單位與勞動者約定服務期的，不影響按照正常的工資調整機制提高勞動者在服務期期間的勞動報酬（第三款）。

　　因此，用人單位在組織重要培訓或花費較高的專業培訓時，需要與接受培訓的職工簽訂相應費用支付條款和服務年限的培訓協議，並將支付的費用憑證留檔，在職工提出解除勞動合同時，可依法追訴。

二、關於解除勞動合同涉及的培訓費用問題

　　「勞動部辦公廳關於試用期內解除勞動合同處理依據問題的復函」

三、關於解除勞動合同涉及的培訓費用問題規定，用人單位出資（指有支付貨幣憑證的情況）對職工進行各類技術培訓，職工提出與單位解除勞動關係的，如果在試用期內，則用人單位不得要求勞動者支付該項培訓費用。如果試用期滿，在合同期內，則用人單位可以要求勞動者支付該項培訓費用，具體支付方法是：約定服務期的，按服務期等分出資金額，以職工已履行的服務期限遞減支付；沒約定服務期的，按勞動合同期等分出資金額，以職工已履行的合同期限遞減支付；沒有約定合同期的，按五年服務期等分出資金額，以職工已履行的服務期限遞減支付；雙方對遞減計算方式已有約定的，從其約定。如果合同期滿，職工要求終止合同，則用人單位不得要求勞動者支付該項培訓費用。如果是由用人單位出資招用的職工，職工在合同期內（包括試用期）解除與用人單位的勞動合同，則該用人單位可按照「違反『勞動法』有關勞動合同規定的賠償辦法」第四條第一項（用人單位招收錄用其所支付的費用）規定向職工索賠（如表13-2）。

表13-2　離職管理注意事項

- 熟悉勞動合同解除的法律規定，嚴格依法行事。
- 在勞動合同及用人單位規章中，明確規定違紀辭退的情形，透過有效引用過失辭退條款，來為日後辭退職工並解決辭退經濟補償金糾紛奠下基礎。
- 在勞動合同中明確規定競業限制條款，以避免職工離職造成的用人單位商業秘密損失。
- 對於違反培訓服務期或競業限制約定的職工，要求其支付違約金。
- 要求職工歸還所領的辦公物品及文件。
- 注意訴訟證據的保全。
- 及時結清工資、社會保險和應支付的經濟補償。
- 合理核算職工辭職給用人單位帶來的損失，以及要求職工賠償。
- 由於「勞動合同法」對勞動者擴大了權利保護，使職工的流動率更為容易，用人單位應做好人才規劃和儲備，以避免職工離職造成職位空缺。
- 雖然「勞動合同法」為了構建和諧穩定的勞動關係，而以法律引導用人單位與職工訂定無固定期限合同，使很多企業對於無固定期限合同具有排斥之心，惟實務上，無固定期限勞動合同並非乃不可解除之合同，只要企業具有合法之規章制度、明確的職位職責和考核機制，對於無固定期限合同的職工亦同樣可進行科學管理及合理淘汰。

資料來源：商志傑（2008），〈中國大陸勞動合同法解析及其對企業之影響〉，淡江大學中國大陸研究所碩士論文，頁212-213。

 結　語

　　用人單位單方解除（終止）勞動合同，應讓職工有申訴的機會，且不要造成員工的報復心理，若法律有規定的，應依法給予經濟補償，以避免被解除（終止）職工挾怨報復，間接也可減少或避免台商在大陸人身安全發生的機率。

第十四章

工會與黨組織

愛黨勝過媽，愛國勝過家；黨就是咱媽，國就是咱家；沒錢跟媽要，沒吃從家拿。

～大陸順口溜

　　工會的起源歷史，至今有三百多年的歷史。最早產生於資本主義私有制的國家，因此它是工人群眾進行階級的經濟鬥爭的產物，建立的目的主要是爲了提高工資而與資本家進行經濟鬥爭的組織。

　　依據馬克思的想法，工會是工人運動的必然產物。工人階級在與資產階級鬥爭的過程中，首先產生了自己的工會組織；後來在馬克思主義的指導下，成立了自己的政黨組織，工人階級在奪取政權以後，又建立了自己的國家組織。工會、政黨、國家，是工人階級的三種最基本的組織形式。

第一節　工會的性質和組織

　　中共在1950年頒布第一部「中華人民共和國工會法」（以下簡稱「工會法」）後，緊跟著計畫經濟走向市場經濟的時代潮流下，分別在1992年4月3日由第七屆全國人代會常務委員會第五次會議通過第一次修正案，以及2001年10月27日由第九屆全國人代會常務委員會第二十四次會議通過的第二次修正案，「工會法」計有七章五十七條（如**表14-1**）。

表14-1　「中華人民共和國工會法」綱目

章次	綱目	條文數
第一章	總則	第1～8條（共8條）
第二章	工會組織	第9～18條（共10條）
第三章	工會的權利和義務	第19～34條（共16條）
第四章	基層工會組織	第35～41條（共7條）
第五章	工會的經費和財產	第42～48條（共7條）
第六章	法律責任	第49～55條（共7條）
第七章	附則	第56～57條（共2條）

資料來源：「中華人民共和國工會法」（2001年10月27日第九屆全國人民代表大會常務委員會第二十四次會議通過，同日起施行）。

中共為了保護勞動者，「工會法」一直不斷加強工會在用人單位職工管理上扮演的角色。在集體合同、勞動合同的訂立、勞動爭議調解的介入，或工會幹部人員的保護等方面，均一步一步強化工會的力量（曾文雄，2008）。

一、工會的性質

中共「憲法」第三十五條規定，公民有結社自由。勞動者組織和參加工會是屬於結社自由範疇，是合乎「憲法」規定的。

「勞動法」第七條規定，勞動者有權依法參加和組織工會。工會代表和維護勞動者的合法權益，依法獨立自主地開展活動。

「工會法」第三條規定：「在中國境內的企業、事業單位、機關中以工資收入為主要生活來源的體力勞動者和腦力勞動者，不分民族、種族、性別、職業、宗教信仰、教育程度，都有依法參加和組織工會的權利。任何組織和個人不得阻撓和限制。」這一規定體現了工會的性質是階級性和群眾性的統一。表明了工會不是任何社會成員都可以加入的全民組織，它只能是工人階級的群眾組織，參加和組織工會是職工群眾自己意願的選擇和公民結社自由的權利。因而台商在大陸投資經營的企業，不論是以合資、合作或獨資的型態，也不論是以有限責任或股份有限公司形式，其聘僱的職工均可適用「工會法」，都有依法參加和組織工會的權利（如**表14-2**）。

表14-2　富士康成立工會

> 　　富士康因未於2006年底前主動成立工會，深圳市總工會組建工作組2006年12月31日直接進駐在富士康工廠外的龍華街道，現場設點招募富士康員工加入工會。最後有一百一十八名富士康員工登記入會，深圳市總工會組織部部長劉秦宣當場宣布，富士康工會工作委員會正式成立。
> 　　深圳市總工會副主席梁耀發指出，這種從企業外圍吸納員工加入工會的方式，是深圳市總工會的突破和創新，在全大陸尚屬首例。他希望富士康工會工作委員會積極依法展開活動，克服困難，在富士康員工中做好宣傳發動工作，把廣大員工吸收到工會組織中來。
> 　　早在2004年10月，大陸中華全國總工會發布的「工會法執法調研情況彙總」中，富士康與沃爾瑪、柯達、戴爾、三星等跨國公司同時被點名未依法組建工會的

（續）表14-2　富士康成立工會

跨國企業。

在抗拒多時後，沃爾瑪已於去（2006）年年中與中華全國總工會妥協，陸續在大陸各地分店成立工會組織。擁有約二十四萬名員工的台資企業富士康深圳龍華廠，就成為繼沃爾瑪後，大陸積極推動工會組織的重點企業。

廣東省總工會網站發布訊息指出，「根據中央領導關於加強外資企業黨建和工會建設的批示精神，以及2006年深圳市『黨建帶工建、黨工共建』工作方案，富士康科技集團被列為深圳市2006年三十家重點組建單位之一，具體由深圳市工交工會、市民營工委負責推進有關工作」。

《南方日報》報導，這次組建工會並非沿用傳統「企業內部成立工會」的模式，而是採取「自下而上」，由深圳市總工會派出機構吸收會員，並由深圳市工交工會主席段心清出任富士康工會工作委員會主席。

對於富士康遭強行設立工會，深圳台商協會會長黃明智表示，台商多已耳聞但不太討論。他指出，過去台商對在企業內部成立工會是會擔心的，這幾年深圳較具規模的台商都已紛紛設立工會，還沒聽說過有工會鬧事或集體與企業主談判的事情發生。台商現在對成立工會已經較無疑慮，但也不願張揚。

今（2007）年以來，深圳市總工會、富士康黨委及企業工會籌備組積極運作下，終於在3月25日上午召開工會聯合會成立大會，並由七十一名會員代表選舉產生第一屆委員會及經費審查委員會。富士康工會已有一千一百五十三名員工加入。

資料來源：林則宏（2007），〈深圳市總工會主導富士康成立工會〉，《經濟日報》（2007/01/02）；引自：《兩岸經貿雜誌》（2007年1月號）；林則宏（2007），〈富士康工會成軍逾千人入會〉，《經濟日報》（2007/03/27，A5版）。

二、工會的組織原則

依據「工會法」第二條規定，工會是職工自願結合的工人階級的群眾組織。其具體組織的原則可分為下列幾類說明：

(一)基層工會

基層工會組織的工作，對於保障職工的合法權益，具有重要的作用。根據「工會法」第十條第一款規定，企業、事業單位、機關有會員二十五人以上的，應當建立基層工會委員會；不足二十五人的，可以單獨建立基層工會委員會，也可以由兩個以上單位的會員聯合建立基層工會委員會，也可以選舉組織員一人，組織會員開展活動。女職工人數較多的，

可以建立工會女職工委員會，在同級工會領導下開展工作；女職工人數較少的，可以在工會委員會中設女職工委員。這是最廣泛的一種形式，也就是台商投資大陸企業所須建立的工會組織。

根據「工會法」第十四條第二款規定，基層工會組織具備「民法通則」規定的法人條件的，依法取得社會團體法人資格（如**圖14-1**）。

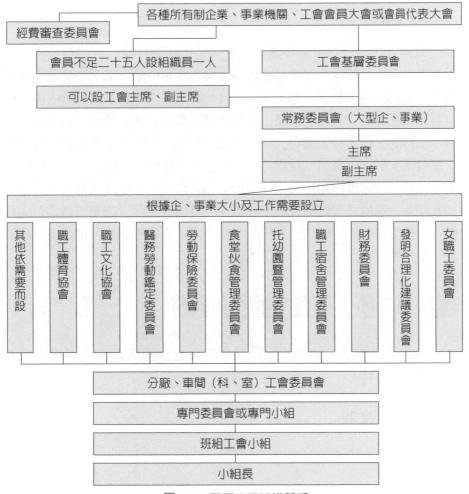

圖14-1 基層工會組織體系

資料來源：曾文雄（2001），〈大陸新修正「工會法」對台資企業之影響〉，《兩岸經貿月刊》，第120期（2001/12/10），頁43。

(二)地方各級總工會

由縣級以上地方建立地方各級總工會（第十條第三款）。

(三)全國的或地方的產業工會

同一行業或者性質相近的幾個行業，可以根據需要建立全國的或者地方的產業工會（第十條第四款）。

(四)中華全國總工會

全國建立統一的中華全國總工會（第十條第五款）。中華全國總工會具有「官方」背景，與中華全國婦女聯合會、中華全國工商業聯合會等處於相同的級別，並且工會工作人員（指經選舉產生的基層工會主席、副主席及工會委員，包括各級總工會和產業工會的組成人員，在各級工會組織中工作的工作人員）具有大陸「刑法」意義上的國家工作人員的身分。「工會法」第十一條第二款規定，上級工會可以派員幫助和指導企業職工組建工會，任何單位和個人不得阻撓；如有違反，依據同法第五十一條第二款規定，對依法履行職責的工會工作人員進行侮辱、誹謗或者進行人身傷害，構成犯罪的，依法追究刑事責任；尚未構成犯罪的，由公安機關依照「治安管理處罰條例」的規定處罰。

第二節　工會的權利和義務

依據「工會法」的規定，企業中基層工會的職責（包括權利與義務）主要內容有：

一、工會的權利

「工會法」規定的工會權利有：

(一)糾正權

企業、事業單位違反職工代表大會制度和其他民主管理制度，工會

有權要求糾正，保障職工依法行使民主管理的權利（第十九條第一款）。

　　法律、法規規定應當提交職工大會或者職工代表大會審議、通過、決定的事項，企業、事業單位應當依法辦理（第十九條第二款）。

(二)合同簽訂權

　　工會幫助、指導職工與企業以及實行企業化管理的事業單位簽訂勞動合同（第二十條第一款）。

　　工會代表職工與企業以及實行企業化管理的事業單位進行平等協商，簽訂集體合同。集體合同草案應當提交職工代表大會或者全體職工討論通過（第二十條第二款）。

(三)人事管理監督權

　　企業、事業單位處分職工，工會認為不適當的，有權提出意見（第二十一條第一款）。

　　企業單方面解除職工勞動合同時，應當事先將理由通知工會，工會認為企業違反法律、法規和有關合同，要求重新研究處理時，企業應當研究工會的意見，並將處理結果書面通知工會（第二十一條第二款）。

　　職工認為企業侵犯其勞動權益而申請勞動爭議仲裁或者向人民法院提起訴訟的，工會應當給予支持和幫助（第二十一條第三款）。

(四)法律監督及交涉權

　　企業、事業單位違反勞動法律、法規規定，侵犯職工勞動權益情形，工會應當代表職工與企業、事業單位交涉，要求企業、事業單位採取措施予以改正（第二十二條第一款）。

(五)勞動安全監督權

　　工會依照國家規定對新建、擴建企業和技術改造工程中的勞動條件和安全衛生設施與主體工程同時設計、同時施工、同時投產使用進行監督（第二十三條）。

(六)安全生產建議權

工會發現企業違章指揮、強令工人冒險作業,或者生產過程中發現明顯重大事故隱患和職業危害,有權提出解決的建議,企業應當及時研究答覆;發現危及職工生命安全的情況時,工會有權向企業建議組織職工撤離危險現場,企業必須及時作出處理決定(第二十四條)。

(七)調查權

工會有權對企業、事業單位侵犯職工合法權益的問題進行調查,有關單位應當予以協助(第二十五條)。

(八)安全生產事故調查處理權

職工因工傷亡事故和其他嚴重危害職工健康問題的調查處理,必須有工會參加。工會應當向有關部門提出處理意見,並有權要求追究直接負責的主管人員和有關責任人員的責任(第二十六條)。

(九)停工、怠工事件參與解決權

企業、事業單位發生停工、怠工事件,工會應當代表職工同企業、事業單位或者有關方面協商,反映職工的意見和要求並提出解決意見(第二十七條)。

(十)勞動爭議調解參與權

工會參加企業的勞動爭議調解工作(第二十八條第一款)。

此外,「社會保險法」第九條也規定,工會依法維護職工的合法權益,有權參與社會保險重大事項的研究,參加社會保險監督委員會,對與職工社會保險權益有關的事項進行監督。

二、工會的義務

「工會法」規定的工會義務有:

罷工動員靠QQ短信

範例
14-1

　　本田工潮最重要的一步棋，是（2010年）5月17日的全廠一千七百名工人「工廠散步」的成功。工潮聯絡和策動所依靠的，並不是工人領袖，而是QQ群及手機短信。資方及工會一直沒有察覺的動員能量，其實還有工人們的兄弟情深。他們早在進入本田之前，很多都已經是職校的同學，少年知交，情義相照，再利用網絡動員，一呼百應。

　　最早開始「工廠散步」的是軸物科。5月17日正是他們帶頭。在這之前，他們已有向同廠舊同學群發出短信，署名是「團結就是勝利」，大家利用這個口號再創建自己的標記，並在QQ上建立多個群組，定下「散步」日期，當軸物科工人「散步」開始後，便向其他同學發送短信，當「散步」擴散到變速器組裝科以及鑄造機械科時，再發出短信給齒輪加工科，然後再蔓延到採購科及全廠。

資料來源：朱一心，〈罷工動員靠QQ短信〉，《亞洲週刊》，第24卷第23期（2010/06/13），頁31。

(一)協助處理停工、怠工事件

　　工會協助企業、事業單位做好工作，盡快恢復生產、工作秩序（第二十七條）。

(二)提供法律服務

　　縣級以上各級總工會可以為所屬工會和職工提供法律服務（第二十九條）。

(三)協助做好勞動福利

　　工會協助企業、事業單位、機關辦好職工集體福利事業，做好工資、勞動安全衛生和社會保險工作（第三十條）。

(四)教育和組織職工

工會會同企業、事業單位教育職工以國家主人翁態度對待勞動，愛護國家和企業的財產，組織職工開展群眾性的合理化建議、技術革新活動，進行業餘文化技術學習和職工培訓，組織職工開展文娛、體育活動（第三十一條）。

(五)評選勞動模範

根據政府委託，工會與有關部門共同做好勞動模範和先進生產（工作）者的評選、表彰、培養和管理工作（第三十二條）。

(六)對勞動法規、政策與行政措施提供建議

國家機關在組織起草或者修改直接涉及職工切身利益的法律、法規、規章時，應當聽取工會意見（第三十三條第一款）。

縣級以上各級人民政府制定國民經濟和社會發展計畫，對涉及職工利益的重大問題，應當聽取同級工會的意見（第三十三條第二款）。

縣級以上各級人民政府及其有關部門研究制定勞動就業、工資、勞動安全衛生、社會保險等涉及職工切身利益的政策、措施時，應當吸收同級工會參加研究，聽取工會意見（第三十三條第三款）。

縣級以上地方各級人民政府可以召開會議或者採取適當方式，向同級工會通報政府的重要的工作部署和與工會工作有關的行政措施，研究解決工會反映的職工群眾的意見和要求（第三十四條第一款）。

各級人民政府勞動行政部門應當會同同級工會和企業方面代表，建立勞動關係三方協商機制，共同研究解決勞動關係方面的重大問題（第三十四條第二款）。

從上述工會的權責可知，工會雖然是代表勞方的一級組織，但是也並非無條件地站在勞方立場上的，比如說企業一旦發生職工停工、怠工（大陸工人無罷工權利）的情形，工會有職責緩解勞資矛盾，協助企業盡快恢復生產、工作秩序；另外從正面來看，工會可凝聚員工向心力，進一步提高生產力。

第三節 基層工會組織與主席產生

　　組織制度，是指通過制定法律和規章，形成對組織的結構、運行和人員管理實行有效調控的一種措施體系。基層工會組織是直接面對職工群眾的最基本單位。它的建立和健全對於整個工會運動起著基礎性的作用，只有基層工會的組織體系健全，運行正常，基層工會充滿活力，工人運動和工會運動才會生機蓬勃。

一、基層工會組織

　　依據「工會法」第四章「基層工會組織」條文，有如下的規定：

　　企業、事業單位研究經營管理和發展的重大問題應當聽取工會的意見；召開討論有關工資、福利、勞動安全衛生、社會保險等涉及職工切身利益的會議，必須有工會代表參加（第三十八條第一款）。

　　企業、事業單位應當支持工會依法開展工作，工會應當支持企業、事業單位依法行使經營管理權（第三十八條第二款）。

　　公司的董事會、監事會中職工代表的產生，依照公司法有關規定執行（第三十九條）。

　　基層工會委員會召開會議或者組織職工活動，應當在生產或者工作時間以外進行，需要占用生產或者工作時間的，應當事先徵得企業、事業單位的同意（第四十條第一款）。

　　基層工會的非專職委員占用生產或者工作時間參加會議或者從事工會工作，每月不超過三個工作日，其工資照發，其他待遇不受影響（第四十條第二款）。

　　企業、事業單位、機關工會委員會的專職工作人員的工資、獎勵、補貼，由所在單位支付。社會保險和其他福利待遇等，享受本單位職工同等待遇（第四十一條）。

　　各級人民政府和企業、事業單位、機關應當為工會辦公和開展活動，提供必要的設施和活動場所等物質條件（第四十五條）。

二、企業工會主席產生

為健全完善企業工會主席產生機制，充分發揮工會主席作用，切實履行工作職責，增強工會組織凝聚力，中華全國總工會頒布的「企業工會主席產生辦法（試行）」規定，中華人民共和國境內企業和實行企業化管理的事業單位、民辦非企業單位的工會主席產生適用本辦法（第二條）。上一級工會應對企業工會主席產生進行直接指導（第四條）。

「企業工會主席產生辦法（試行）」主要規定有：

1. 企業行政負責人（含行政副職）、合夥人及其近親屬，人力資源部門負責人，外籍職工不得作為本企業工會主席候選人（第六條）。
2. 企業工會換屆或新建立工會組織，應當成立由上一級工會、企業黨組織和會員代表組成的領導小組，負責工會主席候選人提名和選舉工作（第七條）。
3. 企業工會主席候選人應以工會分會或工會小組為單位醞釀推薦，或由全體會員以無記名投票方式推薦，上屆工會委員會、上一級工會或工會籌備組根據多數會員的意見，提出候選人名單。企業工會主席候選人應多於應選人（第八條）。
4. 企業工會主席一般應按企業副職級管理人員條件選配並享受相應待遇。公司制企業工會主席應依法進入董事會（第十九條）。
5. 職工二百人以上的企業依法配備專職工會主席。由同級黨組織負責人擔任工會主席的，應配備專職工會副主席（第二十一條）。
6. 企業工會主席任期未滿，企業不得隨意調動其工作，不得隨意解除其勞動合同。因工作需要調動時，應當徵得本級工會委員會和上一級工會同意，依法履行民主程序（第二十二條第一款）。
7. 工會專職主席自任職之日起，其勞動合同期限自動延長，延長期限相當於其任職期間；非專職主席自任職之日起，其尚未履行的勞動合同期限短於任期的，勞動合同期限自動延長至任期期滿。任職期間個人嚴重過失或者達到法定退休年齡的除外（第二十二條第二款）。

8.罷免、撤換企業工會主席須經會員大會全體會員或者會員代表大會
　全體代表無記名投票過半數通過（第二十二條第三款）。

9.由上級工會推薦並經民主選舉產生的企業工會主席，其工資待遇、
　社會保險費用等，可以由企業支付，也可以由上級工會或上級工會
　與其他方面合理承擔（第二十三條）。

第四節　工會的經費和財產

　　為了確保工會的任務和權利的順利實現，更好地發揮工作的作用，
除了「工會法」在總則第四條第三款規定：「國家保護工會的合法權益不
受侵犯。」外，還對工會開展工作的保障做了以下的規定：

一、工會經費

　　工會經費的五項來源渠道為：

1.工會會員繳納的會費。
2.建立工會組織的企業、事業單位、機關按每月全部職工工資總額的
　百分之二向工會撥繳的經費（撥繳的經費在稅前列支）。
3.工會所屬的企業、事業單位上繳的收入。
4.人民政府的補助。
5.其他收入（第四十二條第一款）。

　　企業、事業單位無正當理由拖延或者拒不撥繳工會經費，基層工會
或者上級工會可以向當地人民法院申請支付令；拒不執行支付令的，工會
可以依法申請人民法院強制執行（第四十三條）。

二、工會經費的用途

　　工會經費主要用於為職工服務和工會活動。經費使用的具體辦法由
中華全國總工會制定（第四十二條第三款）。

三、工會經費的管理

「工會法」第四十四條規定，工會應當根據經費獨立原則，建立預算、決算和經費審查監督制度（第一款）。工會會員大會或者會員代表大會有權對經費使用情況提出意見（第三款）。

四、工會活動的保障

各級人民政府和企業、事業單位、機關應當爲工會辦公和開展活動，提供必要的設施和活動場所等物質條件（第四十五條）。

範例 14-2

工會組織架構與任務

組織架構	
總公司工會	設主席一人，副主席一人，並設置工會委員會（由生產委員、組織委員、文體委員、女工委員、宣傳委員、財務委員、勞動保護委員、員工業餘教育委員及協調委員聯合組成），並設置仲裁委員會。
各廠工會分會	設分會主席一人，為總公司工會委員會之當然委員，下設各職能委員。

任務
・工會代表員工行使與企業間之勞資契約締結。
・工會委員會執行工會會員大會之決議並主持工會之日常工作。
・協調委員會參與協調勞資關係與調解勞動爭議，處理員工申訴案件之勞資協商。
・各廠工會分會檢查並監督工會委員會與企業對會員大會決議事項之執行。
・各廠工會分會皆應被知會大過以上之獎懲，也應主動留意廠內獎懲異常狀況。
・審理急難救助金之申請及發放金額。
・舉辦有益員工身心之各項活動。

資料來源：〈第十一章工會與生活輔導室〉，《寶元工業集團員工手冊》，頁49-50。

五、工會財產

工會的財產、經費和國家撥給工會使用的不動產，任何組織和個人不得侵占、挪用和任意調撥（第四十六條）。工會所屬的為職工服務的企業、事業單位，其隸屬關係不得隨意改變（第四十七條）。

範例 14-3

富士康需要一個更好的工會

協商提升33%的工資，跳樓絕不是好方法。

昨日，富士康宣布，深圳工廠四十二萬員工的月工資從900元提升到1,200元。這個全球最大的電子元件和電腦組件加工廠因此而登上頭條。

美國知名公司如蘋果、惠普和戴爾都很依賴於富士康的勞動力，但今（2010）年，富士康員工跳樓身亡的就多達十人，美國方面希望富士康能作出反應，而該公司目前也是壓力巨大，為防止更多的跳樓慘案，宿舍陽台已經安裝了安全欄。

但安全欄無法從根本上解決公司的勞工問題。

工人們除了抱怨富士康工作的高度保密性以外，經常還有人對加班過多、公司的軍事化管理表示不滿。員工表示在生產線上為了舒展背部，還需要故意將原件掉在地上，然後彎腰去撿。

在週二的華爾街D8峰會上，蘋果公司總裁史蒂夫‧賈伯斯表示，蘋果公司對整個產業鏈的工作環境都有監測，包括富士康。

他說：「富士康不是血汗工廠，他只是一個工廠，但是天啊，他們居然還配備有餐館、電影院、醫院和游泳池，對一個工廠而言，這是很不錯的。但今年的跳樓事件，目前已經死了十三個人，確實很麻煩，但還是低於美國平均十萬人就有十一人自殺的頻率。」

「我們都已經知道了」賈伯斯說道，而上周他透過與 Jay Yerex 的電子郵件第一次公開對這次事件發表評論也是用了同樣的話。他

將富士康的情況與家鄉加利福尼亞帕洛阿爾托一連串的模仿自殺相比較，帕洛阿爾托的一些高中生故意跳到鐵軌中央被火車壓死。與這些典型的美國學生相比，賈伯斯認為，那些從貧困的農村來到富士康的員工，他們更加不適應第一次離家。

「所以我們正努力調查發生了什麼事情，更重要的是，我們正在試圖尋求幫助之道。」

「所以你們在找心理醫生幫忙嗎？」Swisher問道，根據賈伯斯的分析，這樣問也是合情合理的。

顯然，富士康的勞工問題，確切來說是整個中國的勞工問題，並不是賈伯斯所能解決的。但卻有一個相對簡單的解決方法，那就是已經服務工人和雇主三百多年的工會，允許員工協商工資和工作環境。

上週Jay Yerex發給賈伯斯的附件就是呼籲富士康工會根據中國的工會法重組，以便透過勞資雙方代表進行談判來維護員工的權利。

資料來源：菲利普‧埃爾默‧德威特撰文，諶慧敏譯（2011），〈富士康需要一個更好的工會〉，《財富》（Forture）；引自：陳寅主編，《外眼看深圳》，深圳報業集團出版社，頁36-37。

第五節　企業民主管理

企業實行民主管理，在「工會法」和「中國工會章程」中都有明確規定。工會依照法律規定，通過職工代表大會或其他形式，組織職工參與本單位的民主決策、民主管理和民主監督，維護職工合法權益；動員和組織職工參與經濟建設，完成生產任務和工作任務。

國務院1986年頒布的「全民所有制工業企業職工代表大會條例」，因缺乏專項明確的法律、法規進行規範，除了國有和集體所有制企業外，外商企業普遍不設置職工代表大會的組織。江蘇省人民代表大會常務委員會乃在2007年9月27日立法通過「江蘇省企業民主管理條例」，接著各省、市也紛紛仿效出台相關的企業民主管理的條例。

一、企業民主管理制度的功能

根據「江蘇省企業民主管理條例」第三條規定，企業實施民主管理制度的功能是：

1. 企業實行民主管理，應當堅持有利於保障職工合法權益、有利於企業發展的原則（第三條第一款）。
2. 企業應當建立民主管理制度，通過職工代表大會、平等協商和集體合同、職工董事和職工監事、企業事務公開等形式，組織職工參與管理，保障職工行使民主權利（第三條第二款）。
3. 職工應當依法行使民主權利，支持企業依法經營和管理（第三條第三款）。

二、職工代表大會行使的職權

根據「江蘇省企業民主管理條例」第二章「企業職工代表大會」的規定，其重要條文如下：

1. 職工代表大會行使下列職權：
   (1) 審議通過集體合同草案和勞動安全衛生、女職工權益保護、工資調整機制等專項集體合同草案。
   (2) 選舉參加平等協商的職工方協商代表和職工董事、職工監事，聽取其履行職責情況報告。
   (3) 討論企業有關勞動報酬、工作時間、休息休假、勞動安全衛生、保險福利、職工培訓、勞動紀律以及勞動定額管理等直接涉及職工切身利益的規章制度草案或者重大事項方案，提出意見。
   (4) 對企業經營管理和勞動管理提出意見和建議。
   (5) 圍繞企業經營管理和職工生活福利等事項，徵集職工代表大會代表提案和合理化建議。
   (6) 監督企業執行勞動法律法規、實行企業事務公開、履行集體合

同和勞動合同、執行職工代表大會決議和辦理職工代表大會提
案的情況。

(7)法律法規規定的其他權利（第六條）。

2.國有、集體企業以及國有、集體控股企業職工代表大會除行使第六
條規定的職權外，還行使下列職權：

(1)聽取和審議企業生產經營管理重大決策，企業重組、改制、破
產和裁員的實施方案，企業中高級管理人員的勞動報酬、廉潔
從業情況的報告。

(2)通過有關勞動報酬、工作時間、休息休假、生活福利、獎懲與
裁員、企業改制職工分流安置等涉及職工切身利益重大事項的
方案。

(3)民主評議和監督企業中高級管理人員，提出意見和建議（第七
條第一款）。

集體企業職工代表大會有權選舉和罷免企業中高級管理人員，
制定、修改企業章程，決定企業經營管理的重大問題（第七條
第二款）。

3.職工代表大會的代表名額，按照下列規定確定：

(1)職工不足一百人的企業召開職工代表大會的，代表名額不得少
於三十名。

(2)職工一百人以上一千人以下的企業，代表名額以四十名為基
數，職工每超過一百人，代表名額增加七名。

(3)職工一千人以上五千人以下的企業，代表名額以一百名為基
數，職工每超過一千人，代表名額增加二十五名。

(4)職工超過五千人的企業，代表名額不得少於二百名（第九條第
一款）。

在職工代表大會屆期內，職工人數有明顯變化的，代表名額
應當按照前款規定作出調整，並由企業工會報上一級工會備
案（第九條第二款）。職工代表大會代表中，企業董事會成
員、執行董事、中高級管理人員不得超過代表總名額的百分之
二十。女代表比例應當與女職工人數所占比例相適應（第九條

第三款）。

4.職工代表大會代表應當依法行使代表的職權，眞實反映職工意見，向選區內職工報告職工代表大會情況和履行代表職責情況，接受職工的民主監督（第十條第一款）。職工代表大會代表因參加職工代表大會組織的各項活動占用工作時間的，視爲提供正常勞動（第十條第二款）。

5.職工代表大會每屆任期與企業工會相同，爲三年或者五年（第十一條第一款）。經上一級工會同意，職工代表大會可以提前或者延期換屆，但提前或者延期換屆時間不得超過半年（第十一條第二款）。

6.職工代表大會每年至少召開一次，會議議題由企業工會聽取職工意見後與企業經營者協商確定（第十二條）。

三、職工董事和職工監事

根據「江蘇省企業民主管理條例」第四章「職工董事和職工監事」的規定，其重要條文如下：

1.國有獨資公司、兩個以上的國有企業或者其他兩個以上的國有投資主體投資設立的有限責任公司的董事會中應當有職工董事，其人數由公司章程規定。其他有限責任公司和股份有限公司的董事會中，可以有職工董事（第十八條第一款）。有限責任公司和股份有限公司的監事會中應當有適當比例的職工監事，其比例由公司章程規定，但不得低於監事會成員總數的三分之一（第十八條第二款）。

2.職工董事、職工監事由公司職工通過職工代表大會、職工大會等形式民主選舉產生（第十九條第一款）。職工董事、職工監事候選人中應當有公司工會負責人。公司高級管理人員不得作爲職工董事、職工監事候選人（第十九條第二款）。

四、企業事務公開

　　根據「江蘇省企業民主管理條例」第五章「企業事務公開」的規定，其重要條文如下：

1.企業應當向職工公開下列內容，接受職工民主監督：
　(1)企業章程和有關勞動報酬、工作時間、休息休假、勞動安全衛生、保險福利、職工培訓、勞動紀律以及勞動定額管理等直接涉及職工切身利益的規章制度。
　(2)除商業秘密外的企業發展規劃和生產經營情況。
　(3)平等協商和簽訂、履行集體合同情況。
　(4)用工管理和簽訂、履行勞動合同情況。
　(5)繳納職工社會保險、住房公積金、補充保險、企業年金情況。
　(6)勞動安全衛生以及女職工權益保護情況。
　(7)職工獎懲情況和裁員方案。
　(8)法律法規和企業章程規定的其他事項（第二十一條第一款）。
　　國有、集體企業以及國有、集體控股企業還應當公開除商業秘密外的企業投資和生產經營重大決策方案、重大技術改造方案、年度生產經營目標及完成情況、大額資金使用、工程建設項目的招投標、大宗物資採購供應、企業重大資產權屬變化以及企業中高級管理人員的選聘和任用情況等內容（第二十一條第二款）。
2.企業可以通過下列形式公開企業事務：
　(1)召開職工代表大會。
　(2)職工董事、職工監事參加董事會、監事會。
　(3)設立企業事務公開欄和企業網站、企業報刊、板報。
　(4)召開企業情況發布會。
　(5)法律法規和企業章程規定的其他形式（第二十二條）。

五、監督檢查

根據「江蘇省企業民主管理條例」第六章「監督檢索」之第二十四條規定，企業工會在企業民主管理中履行下列職責：

1. 承擔職工代表大會工作機構的任務，組織選舉職工代表大會代表，籌備召集職工代表大會，徵集提案，督促企業執行職工代表大會決議。
2. 負責處理職工代表大會閉會期間的企業民主管理日常工作，組織職工代表大會代表開展巡視活動。
3. 代表職工與企業進行平等協商，簽訂集體合同，幫助和指導職工簽訂勞動合同，並督促履行。
4. 配合做好企業事務公開工作，組織職工民主評議企業事務公開情況，收集、反饋職工意見和建議，並督促企業予以改進。
5. 為職工董事、職工監事履行職責提供服務。
6. 接受、辦理職工的申訴和建議。
7. 建立企業民主管理工作檔案，定期向上一級工會報告民主管理工作情況。

以暴力、威脅等手段阻撓職工行使民主管理權利造成嚴重後果的，或者對依法履行職責的職工代表大會代表、職工董事、職工監事和工會工作人員進行侮辱、誹謗或者進行人身傷害的，由公安機關依照「中華人民共和國治安管理處罰法」的規定處罰；構成犯罪的，依法追究刑事責任（第二十九條第二款）。

第六節　工會與黨的關係

黨（中國共產黨）和工會是領導與被領導關係。黨對工會實行統一領導，使工會組織堅持正確的政治方向，同黨中央在政治上、思想上、行動上保持高度一致。實現黨的領導，應通過工會內部黨組織的活動和共產

黨員的先鋒模範作用，使黨的主張經過工會的民主程序，變成工會的決議和職工的自覺行動，得到貫徹落實，工會還受同級黨委和上級工會組織的雙重領導。

一、界定黨與工會的關係

中國共產黨作為執政黨，是中國工人階級的先鋒隊，而工會則是工人階級的群眾組織，兩者的親密關係是不言而喻的。

「中國工會章程」總則開宗明義的界定了黨與工會的關係：中國工會是中國共產黨領導的職工自願結合的工人階級群眾組織，是黨聯繫職工的橋樑和紐帶，是國家政權的重要社會支柱，是會員和職工利益的代表。

「工會法」規定，工會必須遵守和維護憲法，以憲法為根本的活動準則，以經濟建設為中心，堅持社會主義道路、堅持人民民主專政、堅持中國共產黨的領導、堅持馬克思列寧主義、毛澤東思想、鄧小平理論，堅持改革開放，依照工會章程獨立自主地開展工作（第四條）。

這就從根本上明確了黨與工會的相對地位，以及處理黨與工會相互關係的基本準則（如**表14-3**）。

二、工會和黨的關係

在工會和黨的關係上，堅持黨對工會的領導，是中國工會運動的一個法律原則，中共絕不會放棄這一原則。但由於市場經濟需要勞動力市場的勞方代表，也為了防止工會領導過分脫離群眾而被工會拋棄而另組工會，黨在加強對於工會領導的同時，又要求工會獨立自主的開展工作。

獨立自主的提出，增加了工會的活動空間和活動自主性，這主要表現在對於工會活動內容和活動方式並不干涉，並在一定程度上給予鼓勵。黨對於工會在堅持基本原則的前提下，獨立自主和創造性地展開工作是支持和鼓勵的（常凱，2001）（如**表14-4**）。

深圳首家台資企業設中共黨組織

　　據報導，富士康企業集團上週六（十二月十五日）舉行黨委成立大會，在一百四十四名有選舉權的中共正式黨員中，投票選出七名黨委委員，五名紀委委員。郭台銘並未參加儀式，惟在書面賀詞說：「集團黨委的成立，是中國共產黨在新形式下鞏固和擴大階級基礎與群眾基礎的一個範例，也是集團創造新局面的開始。」並稱讚黨員幹部「踏實肯幹，積極進取」。

　　報導說，成立大會現場深圳寶安區龍華鎮富士康廠房的禮堂內，「彩旗飄揚，喜氣洋洋，禮堂布置得十分鮮亮。『堅持馬列主義、毛澤東思想、鄧小平理論、貫徹三個代表主要思想』的巨大橫幅掛在會場中央。上午九點，黨員大會在雄壯的『中華人民共和國國歌』聲中開幕。大會嚴格按照黨章規定的程序進行，在『國際歌』聲中結束。」

資料來源：白德華（2001），〈深圳首家台資企業設中共黨組織〉，《中國時報》（2001/12/19，頭版）。

表14-3　中國共產黨基層組織的法源

法源類別	內容
中國工會章程	中國工會是中國共產黨領導的職工自願結合的工人階級群眾組織，是重要的社會政治團體（總則）。
中華人民共和國公司法	在公司中，根據中國共產黨章程的規定，設立中國共產黨的組織，開展黨的活動。公司應當為黨組織的活動提供必要條件（第十九條）。
中國共產黨章程	企業、農村、機關、學校、科研院所、街道社區、社會團體、社會仲介組織、人民解放軍連隊和其他基層單位，凡是有正式黨員三人以上的，都應當成立黨的基層組織（第二十九條）。
中華人民共和國工會法	工會必須遵守和維護憲法，以憲法為根本的活動準則，以經濟建設為中心，堅持社會主義道路、堅持人民民主專政、堅持中國共產黨的領導、堅持馬克思列寧主義、毛澤東思想、鄧小平理論，堅持改革開放，依照工會章程獨立自主地開展工作（第四條）。

資料來源：丁志達（2010），「大陸台商人力資源管理實務研習班」講義，共好企業管理顧問公司編印。

表14-4　台資企業內部成立黨組織的功能

- ‧加強思想工作任務。
- ‧加強對工會的控制。
- ‧保護員工的合法權利。
- ‧蒐集台商經營資訊。
- ‧掌握台商人際關係與台籍幹部動態。
- ‧了解台商的政治傾向。

資料來源：石開明（2001），〈台資企業內部成立中共黨組織：頂新集團才是第一家〉，《聯合報》（2001/12/20）。

 ## 結　語

　　台商企業沒有組織工會不違法，因為「勞動法」第七條僅規定勞動者有權依法參加和組織工會。但由於大陸職工勞動維權意識的覺醒，台商應該對工會的任務與特性有所認知，審慎因應，同時也要了解中國共產黨在工會運作中所扮演的角色，了解這層關係，妥善規劃人事組織，才能構築雙方（用人單位與工會）良性互動的勞動關係。

第十五章

勞動爭議處理

種田的不怕飛蝗，買賣的不怕蝕光，就怕打官司上公堂。

～大陸順口溜

「勞動合同法」施行後，各種新型勞資糾紛數量激增，據不完全統計，勞動爭議仲裁委員會受理的案件，企業敗訴率高達80%，即使最終勝訴，企業在訴訟的過程中也需要花費大量的人力物力，為此承擔很多不必要的成本。

第一節　勞動爭議概論

勞動爭議又稱勞動糾紛，是指勞動關係當事人之間實現勞動權利和履行勞動義務產生分歧而引起的爭議。具體說來，是指用人單位和與之形成勞動關係的勞動者之間，因履行「勞動法」、「勞動合同法」、「社會保險法」等有關勞動法規所確定的勞動權利義務產生分歧而引起的爭議。

「中華人民共和國勞動爭議調解仲裁法」（以下簡稱「調解仲裁法」）自2008年5月1日起施行，這是大陸推出「勞動合同法」後，另一部和勞動者切身相關的法律，作為勞動法體系中勞動爭議處理的一個程序法，是解決勞動爭議發生之後如何處理的法律（如**表15-1**）。

表15-1　勞動關係預警指標體系

名稱	內容	指標
契約指標	勞動合同	簽訂率、履約率
	集體合同	簽訂數目、履約率
	勞動爭議	發生的頻率、調解成功率
	規章制度	缺勤率、曠工率
競爭指標		員工滿意度、員工流失率

資料來源：張軍，〈構建勞動關係預警機制〉，《企業管理》，總第347期（2010/07），
頁74。

一、勞動爭議的範圍

由於勞動關係具有連續性的特徵，在連續的勞動關係過程中，因雙方當事人意見不一致發生勞動爭議是十分正常的。

「調解仲裁法」第二條明確規定，中華人民共和國境內的用人單位與勞動者發生的下列勞動爭議，適用本法：

1. 因確認勞動關係發生的爭議。
2. 因訂立、履行、變更、解除和終止勞動合同發生的爭議。
3. 因除名、辭退和辭職、離職發生的爭議。
4. 因工作時間、休息休假、社會保險、福利、培訓以及勞動保護發生的爭議。
5. 因勞動報酬、工傷醫療費、經濟補償或者賠償金等發生的爭議。
6. 法律、法規規定的其他勞動爭議。

勞動關係內容的廣泛性，決定著勞動爭議範圍的大小。凡是勞動關係存在的地方都有爭議存在的可能。

二、勞動爭議仲裁的特點

「調解仲裁法」立法的主要特點有：

(一)勞動爭議仲裁不收費

勞動爭議仲裁不收費。勞動爭議仲裁委員會的經費由財政予以保障（第五十三條）。這就減輕爭議當事人，特別是對勞動者來說，大大降低了其維權成本。

(二)勞動仲裁申請時效延長

勞動爭議申請仲裁的時效期間為一年。仲裁時效期間從當事人知道或者應當知道其權利被侵害之日起計算（第二十七條第一款）。

勞動關係存續期間因拖欠勞動報酬發生爭議的，勞動者申請仲裁不

受本條第一款規定的仲裁時效期間的限制；但是，勞動關係終止的，應當自勞動關係終止之日起一年內提出（第二十七條第四款）。

(三)仲裁期限不得超過六十天

仲裁庭裁決勞動爭議案件，應當自勞動爭議仲裁委員會受理仲裁申請之日起四十五日內結束。案情複雜需要延期的，經勞動爭議仲裁委員會主任批准，可以延期並書面通知當事人，但是延長期限不得超過十五日。逾期未作出仲裁裁決的，當事人可以就該勞動爭議事項向人民法院提起訴訟（第四十三條第一款）。仲裁庭裁決勞動爭議案件時，其中一部分事實已經清楚，可以就該部分先行裁決（第四十三條第二款）。

(四)部分案件實行「一裁終局」

下列勞動爭議，除本法另有規定的外，仲裁裁決為終局裁決，裁決書自作出之日起發生法律效力：

1. 追索勞動報酬、工傷醫療費、經濟補償或者賠償金，不超過當地月最低工資標準十二個月金額的爭議。
2. 因執行國家的勞動標準在工作時間、休息休假、社會保險等方面發生的爭議（第四十七條）。

此處所稱「除本法另有規定的外」，是指本法第四十八條的規定，即勞動者對仲裁裁決不服的，可以自收到仲裁裁決書之日起十五日內向人民法院提起訴訟。用人單位則沒有直接向人民法院提起訴訟的權利，而應當履行裁決書所裁定的法律責任。

(五)明確舉證責任的歸屬

舉證責任，是指當事人在訴訟中對自己的主張加以證明，並在自己的主張最終不能得到證明時承擔不利的法律後果的責任。

在勞動爭議案件的舉證問題上，「最高人民法院關於審理勞動爭議案件適用法律若干問題的解釋」中免除了勞動者的一些舉證責任規定，因用人單位作出的開除、除名、辭退、解除勞動合同、減少勞動報酬、計算勞動工作年限等決定而發生的勞動爭議，用人單位負舉證責任（第十三

條）。

「調解仲裁法」規定，發生勞動爭議，當事人對自己提出的主張，有責任提供證據。與爭議事項有關的證據屬於用人單位掌握管理的，用人單位應當提供；用人單位不提供的，應當承擔不利後果（第六條）。

由於「調解仲裁法」立法上有以上的特點，用人單位要做好日常的考勤記錄、培訓記錄、績效記錄等相關文件並存檔，在辦理職工入職、離職手續時，注意按法律程序辦事，並留下可待追溯的證據（燕超，2008）（如**表15-2**）。

三、勞動爭議處理渠道

根據「調解仲裁法」的規定，有權處理勞動爭議的渠道有：

1. 發生勞動爭議，勞動者可以與用人單位協商，也可以請工會或者第三方共同與用人單位協商，達成和解協議（第四條）。
2. 發生勞動爭議，當事人不願協商、協商不成或者達成和解協議後不履行的，可以向調解組織申請調解；不願調解、調解不成或者達成調解協議後不履行的，可以向勞動爭議仲裁委員會申請仲裁；對仲裁裁決不服的，除本法另有規定的外，可以向人民法院提起訴訟（第五條）。

表15-2　準備和保存相關的法律文本

- · 勞動紀律規章制度文本簽收單
- · 嚴重違紀行為記錄表
- · 績效管理（考核）制度
- · 業績評估報告
- · 失職行為記錄表
- · 不能勝任調崗通知書
- · 不能勝任工作培訓報告
- · 解除勞動合同理由通知書

資料來源：丁志達（2008），「大陸勞動爭議處理技巧研習班」講義，中華企業管理發展中心編印。

第二節 勞動爭議類型

　　勞動爭議的類別十分複雜，從用人單位違反勞動者就業權、勞動報酬、休息休假、勞動保護及福利等傳統爭議內容外，延伸到勞動者無視合同，違約跳槽、競業限制、服務期等問題，形形色色的勞動爭議涉及了勞動活動的方方面面（如**表15-3**）。

　　有關勞動爭議的項目與內容，說明如下：

表15-3　造成勞動爭議的原因

> ・因職工不良習性（偷竊、拿回扣等）違反用人單位規章制度所受到懲罰不滿而引起爭議。
> ・因用人單位規章制度違法（遊走法律灰色地帶）遭職工舉報而引起爭議。
> ・台籍幹部對大陸勞動法規認知不清，導致管理偏差而引起的爭議。
> ・因勞動合同內容引發的爭議糾紛案件。勞動合同的內容在權利、義務上有違法違規現象。
> ・企業拖欠、扣發職工工資，欠繳職工的社會保險統籌金等引發的糾紛案件。
> ・「勞動合同法」是一部偏向勞動者保護的法律，而「勞動爭議調解仲裁法」規定，勞動爭議仲裁不收費（第五十三條）。勞動者有持無恐，引發用人單位管理上動則得咎。
> ・勞動爭議舉證責任落在用人單位身上，無證據就不容易贏得官司，而讓職工躍躍欲試。
> ・一些用人單位組織架構中，未設立「人事單位」及專門人員來負責處理、關心單位內日常的勞動關係，仍然採取傳統的「兵來將擋，水來土掩」的方式，粗糙的管理模式，使得勞動關係惡化，爭議不斷。
> ・忽視「職前培訓」的重要性，在勞動者入職後，就馬上投入生產單位工作，勞動者對用人單位的規章制度一無所知，只能靠日積月累的「道聽塗說」方式片段得到「不正確」的信息，在「似是而非」無從印證下，一經「有心人士」（各省份的地下領袖）挑撥與鼓動，勞動爭議因而產生。
> ・大陸盛行一種「黑牌律師」的行業，專門招攬「離職職工」來面談，探討其離職原因，找出用人單位違法行為，例如加班費少給、勞動合同解除（終止）末拿到經濟補償金、末參加社會保險等等，這個行業就專門替這種離職職工代打勞動官司（仲裁、上訴），從中牟利，也使得勞動爭議事件數量有增無減。

資料來源：丁志達（2008），「大陸勞動爭議處理技巧研習班」講義，中華企業管理發展中心編印。

一、勞動報酬

它是指按照國家統計局規定應統計在職工工資總額中的各種勞動報酬，包括最低工資、有規定標準的各種獎金、津貼和補貼、工資的支付形式、拖欠工資和剋扣工資等。

二、保險

它是指社會保險，包括工傷保險、基本醫療保險、生育保險、失業保險、基本養老保險和病假待遇、死亡喪葬撫恤等社會保障待遇的爭議。例如投保工資總額項目、投保費率等。

三、福利

它是指用人單位用於補助職工及其家屬和舉辦集體福利事業的費用，包括集體福利費、職工上下班交通補助費、探親路費、取暖補貼、生活困難補助費等。

四、勞動合同

它是指簽訂勞動合同、試用期、變更勞動合同、解除（終止）勞動合同、經濟補償或違約金等發生的爭議。

五、勞動紀津

它是指因除名、辭退和辭職、離職發生的爭議。

六、培訓

它是指用人單位職工在職期間因培訓發生的爭議，比較多的涉及培訓費賠償問題，如勞動者培訓期滿回用人單位工作，服務未滿規定的工作期限而提前解除勞動合同，勞動者應按約定賠償培訓費的爭議。

七、勞動保護

　　它是指為保障勞動者在勞動過程中獲得適宜的勞動條件而採取的各項保護措施，包括工作時間和休息時間、休假制度的規定，各項保障勞動安全與衛生的措施，女職工的勞動保護規定，未成年人的勞動保護規定等。

八、工作時間

　　它是指因工作時間、休息日、法定休假日、探親假、婚喪假、年休假、女職工生育假、超時加班、加班費率而發生的爭議（如**表15-4**）。

表15-4　常見的勞動爭議類別

勞動爭議類別	項目
試用期解約	·新進職工試用期間被解約，用人單位未說明原因而引起爭議。 ·在試用期間的職工提出解除勞動合同，但用人單位不給薪資。 ·用人單位未明文規定服務多久期限前離職者，服裝費用需扣繳，在職工離職時，人事單位予以扣服裝費，引發爭議。 ·試用期間工傷，用人單位未依法替試用期職工加入社會保險，又不支付醫療費或給予合理補償，產生爭議。
降薪或減薪	·因工作不滿意而減薪，引發不服。 ·因降職、降薪引發不滿。 ·營運良好，但許久不調薪，引發職工不滿。 ·答應職工調薪而未實現。 ·工作量提高，報酬未合理反應。 ·聘用有經驗者，入職後發現工作表現未如預期而減薪。
請假	·請假不准或遭責難，引發爭議。 ·請假未依法處理而予以扣薪。 ·請假多遭解職，引發不滿。
工作調整	·公司調動職務前未充分溝通，引起誤會、造成有些人離職、有些人消極抵制、有些人無理取鬧。 ·工作調到不同廠區、不同縣市，引起不滿。
員工違規罰款	·職工違反規定之扣款辦法未事先告知與簽認而引起爭議。 ·因員工疏忽，造成公司財務損失或客訴之扣款。 ·職工遲到、早退之扣款。 ·員工作業疏忽或未按標準規範作業的扣款。 ·員工因生病、生育、結婚的請假遭到扣款。

（續）表15-4　常見的勞動爭議類別

勞動爭議類別	項目
職工工傷	・工傷爭議。 ・工傷損失之補償爭議。 ・工傷給假爭議。 ・職工罹災的補償爭議。
工廠安全	・設施安全不足。 ・安全衛生管理不善，例如廁所、宿舍、食堂之設施不良，引發職工抱怨或抵制用餐等。
加班加點	・加班工時過多。 ・加班未依照規定核定及給薪。
福利	・未依規定投保社會保險。 ・未準時發薪。 ・處罰不公。
經濟補償金	・用人單位主動終止、解除勞動合同（包括裁員），未依照「勞動合同法」相關規定，給予經濟補償金。

資料來源：林森福（2002），《2002年創造和諧勞資關係之策略》，頁118-120。

 # 第三節　勞動爭議調解

　　勞動爭議調解，是指調解委員會對企業與勞動者之間發生的勞動爭議，在查明事實、分清是非、明確責任的基礎上，依照國家勞動法律、法規，以及依法制定的企業規章和勞動合同，透過民主協商的方式，推動雙方互諒、互讓，達成協定，消除紛爭的一種活動。

一、調解組織

　　根據「調解仲裁法」規定，發生勞動爭議，當事人可以到下列調解組織申請調解：

　　1.企業勞動爭議調解委員會。
　　2.依法設立的基層人民調解組織。
　　3.在鄉鎮、街道設立的具有勞動爭議調解職能的組織（第十條第一

款）。

二、企業勞動爭議調解委員會

企業勞動爭議調解委員會由職工代表和企業代表組成。職工代表由工會成員擔任或者由全體職工推舉產生，企業代表由企業負責人指定。企業勞動爭議調解委員會主任由工會成員或者雙方推舉的人員擔任（第十條第二款）。

調解雖然不是勞動爭議處理的必經程序，但卻是勞動爭議處理制度中的「一道防線」，對解決勞動爭議起著很大的作用，尤其是對於希望仍在原用人單位工作的職工，透過調解解決勞動爭議當屬首選步驟。它具有及時、易於查明情況、方便爭議當事人參與調解活動等優點，是勞動爭議處理制度的重要組成部分。

三、勞動爭議調解期限

勞動爭議的調解期限，是指當事人和調解委員會申請和完成勞動爭議調解所必須遵循的時間。勞動爭議調解期限有兩種：一種是當事人申請調解的期限；另一種是調解委員會受理和調解的期限。規定調解期限是為了保證勞動爭議得到及時處理，避免久拖不決。

「調解仲裁法」規定，自勞動爭議調解組織收到調解申請之日起十五日內未達成調解協議的，當事人可以依法申請仲裁（第十四條第三款）。達成調解協議後，一方當事人在協議約定期限內不履行調解協議的，另一方當事人可以依法申請仲裁（第十五條）。

調解較之於仲裁、訴訟，不僅爭議處理成本較低，而且可以最大限度地維持勞動關係的穩定與和諧，因此雙方當事人應重視協商與調解在勞動爭議處理中的重要作用（彭光華、余敏，2008）。

第四節　勞動爭議仲裁

勞動爭議仲裁，是指勞動爭議仲裁機構根據勞動爭議當事人的請求，對勞動爭議的事實和責任依法做出判斷和裁決，並對當事人具有法律約束力的一種勞動爭議處理方式。

從「調解仲裁法」的內容來看，三分之二的條款都在規定仲裁。第三章第一節規定的是仲裁的「一般規定」；第二節規定的是仲裁的「申請和受理」；第三節規定的是仲裁的「開庭和裁決」（如**表15-5**）。

一、勞動爭議仲裁委員會與職責

勞動爭議仲裁委員會由勞動行政部門代表、工會代表和企業方面代表組成。勞動爭議仲裁委員會組成人員應當是單數。

勞動爭議仲裁委員會依法履行下列職責：

表15-5　當事人在仲裁活動中的權利與義務

當事人的權利	當事人的義務
‧當事人有提起仲裁申請、答辯、變更申訴、撤訴的請求，要求勞動爭議仲裁委員會公正調解和裁決的權利。 ‧當事人有委託代理人參加仲裁活動的權利。 ‧當事人有申請回避的權利。 ‧當事人有提出主張、提供證據的權利。 ‧當事人有自行和解和請求和解的權利。 ‧當事人有不服仲裁裁決向人民法院起訴的權利。 ‧當事人有要求人民法院予以強制執行的權利。	‧申訴方應如實提出書面申請和有關證據，並按被訴人數提供同等數量的副本。 ‧被訴人應如期如實按書面申請的副本提交答辯書和有關證據。 ‧雙方當事人按規定的時間準時參加勞動爭議調解、仲裁活動。 ‧當事人有遵守仲裁庭紀律和程序的義務。 ‧當事人有如實陳述案情、提供證據、回答仲裁員提問的義務。 ‧當事人有尊重對方當事人和其他仲裁參加人的義務。 ‧當事人有自覺履行發生效力的仲裁調解書和仲裁書的義務。

資料來源：丁志達（2011），「大陸招工管道與勞動合同簽訂技巧」講義，中國青年創業協會總會編印。

1.聘任、解聘專職或者兼職仲裁員。

2.受理勞動爭議案件。

3.討論重大或者疑難的勞動爭議案件。

4.對仲裁活動進行監督（第十九條第二款）。

二、提交書面材料

申請人申請仲裁應當提交書面仲裁申請，載明下列事項：

1.勞動者的姓名、性別、年齡、職業、工作單位和住所，用人單位的
名稱、住所和法定代表人或者主要負責人的姓名、職務。

2.仲裁請求和所根據的事實、理由。

3.證據和證據來源、證人姓名和住所（第二十八條第二款）。

當事人可以委託代理人參加仲裁活動。委託他人參加仲裁活動，應
當向勞動爭議仲裁委員會提交有委託人簽名或者蓋章的委託書，委託書應
當載明委託事項和許可權（第二十四條）（如**表15-6**）。

表15-6　勞動仲裁委託代理人須知

1.當事人委託代理人參加仲裁活動的，由勞動爭議仲裁委員會對代理人資格進行審查。
2.職工當事人委託並特別授權代理人參加仲裁活動的，除經勞動爭議仲裁委員會批准的以外，本人仍應出庭參加仲裁庭審。
3.當事人可以委託一至二名代理人參加勞動仲裁活動。委託他人參加勞動仲裁的，當事人必須向勞動爭議仲裁委員會提交有委託人簽名或蓋章的委託書，委託書應當明確委託事項和許可權。 授權委託書僅寫「全權代理」而無具體授權的，代理人無權代為承認、放棄、變更仲裁請求，進行和解，請求和接受調解。
4.當事人應在開庭前將授權委託書送交勞動爭議仲裁委員會。代理人的代理許可權發生變更或被解除代理的，當事人應當書面告知勞動爭議仲裁委員會。
5.當事人可以委託下列人員作為代理人： (1)律師。 (2)當事人的近親屬。 (3)有關的社會團體或者所在單位推薦的人。 (4)有正當理由經勞動爭議仲裁委員會許可的其他公民。

（續）表15-6　勞動仲裁委託代理人須知

> 無民事行為能力、限制民事行為能力或者可能損害被代理人利益的人，以及勞動爭議仲裁委員會認為不適合作代理人的人，不能作為勞動仲裁代理人。
> 6.當事人委託律師作為代理人的，代理人應提交律師事務所開具的介紹信，仲裁工作人員應查驗律師執業證書。
> 7.當事人委託近親屬為代理人的，應提供當事人戶籍所在地公安機關出具的親屬證明或公證機關出具的親屬關係證明書。
> 8.當事人委託有關的社會團體或所在單位推薦人為代理人的，應提供社會團體或單位開具的證明。
> 9.有正當理由經勞動爭議仲裁委員會許可的其他公民，主要指以下情形之一：
> (1)取得了法律職業資格證或律師資格證的公民。
> (2)獲得企業法律顧問資格的公民。
> (3)從事法學研究、教育工作的公民。
> (4)從事勞動保障部門、工會組織、企業協會工作的公民。
> (5)法律規定的其他法律工作者。
> 10.無民事行為能力和限制民事行為能力的職工的監護人是他的法定代理人，可由其法定代理人代為參加仲裁活動；法定代理人之間相互推諉責任或法定代理人不明確的，由勞動仲裁委員會為其指定代理人。
> 11.死亡職工可由其利害關係人作為當事人參加仲裁活動。利害關係人應提供戶籍所在地公安機關或公證機關出具的相關證明，並經勞動爭議仲裁委員會許可。
> 12.公民代理人參加勞動仲裁活動不得向當事人收取報酬。當事人與代理人應簽訂不收費的協議書，並提供給勞動爭議仲裁委員會。不向勞動爭議仲裁委員會提供不收費協議的，勞動爭議仲裁委員會有權取消其代理資格。
> 13.委託代理人提供虛假證明、證件，欺騙勞動爭議仲裁委員會的，勞動爭議仲裁委員會應當取消其代理資格。

資料來源：〈勞動仲裁委託代理人須知〉，廣東省勞動爭議仲裁網（http://www.gd.lss.gov.cn/ldtzw/zc/zczn/tqzb/ysdb/t20060703_6036.htm）。

三、開庭與裁決

「調解仲裁法」第三章第三節共有二十一條，以下條文是對雙方當事人規定的重要事項：

仲裁庭應當在開庭五日前，將開庭日期、地點書面通知雙方當事人。當事人有正當理由的，可以在開庭三日前請求延期開庭。是否延期，由勞動爭議仲裁委員會決定（第三十五條）。

申請人收到書面通知，無正當理由拒不到庭或者未經仲裁庭同意中途退庭的，可以視為撤回仲裁申請（第三十六條第一款）。被申請人收到

書面通知，無正當理由拒不到庭或者未經仲裁庭同意中途退庭的，可以缺席裁決（第三十六條第二款）。

當事人在仲裁過程中有權進行質證和辯論。質證和辯論終結時，首席仲裁員或者獨任仲裁員應當徵詢當事人的最後意見（第三十八條）。

當事人提供的證據經查證屬實的，仲裁庭應當將其作為認定事實的根據（第三十九條第一款）。勞動者無法提供由用人單位掌握管理的與仲裁請求有關的證據，仲裁庭可以要求用人單位在指定期限內提供。用人單位在指定期限內不提供的，應當承擔不利後果（第三十九條第二款）。

仲裁庭應當將開庭情況記入筆錄。當事人和其他仲裁參加人認為對自己陳述的記錄有遺漏或者差錯的，有權申請補正。如果不予補正，應當記錄該申請（第四十條第一款）。

當事人申請勞動爭議仲裁後，可以自行和解。達成和解協定的，可以撤回仲裁申請（第四十一條）。

仲裁庭在作出裁決前，應當先行調解（第四十二條第一款）。調解達成協議的，仲裁庭應當製作調解書（第四十二條第二款）。調解書應當寫明仲裁請求和當事人協議的結果。調解書由仲裁員簽名，加蓋勞動爭議仲裁委員會印章，送達雙方當事人。調解書經雙方當事人簽收後，發生法律效力（第四十二條第三款）。調解不成或者調解書送達前，一方當事人反悔的，仲裁庭應當及時作出裁決（第四十二條第四款）。

仲裁庭裁決勞動爭議案件，應當自勞動爭議仲裁委員會受理仲裁申請之日起四十五日內結束。案情複雜需要延期的，經勞動爭議仲裁委員會主任批准，可以延期並書面通知當事人，但是延長期限不得超過十五日。逾期未作出仲裁裁決的，當事人可以就該勞動爭議事項向人民法院提起訴訟（第四十三條第一款）。仲裁庭裁決勞動爭議案件時，其中一部分事實已經清楚，可以就該部分先行裁決（第四十三條第二款）。

下列勞動爭議，除本法另有規定的外，仲裁裁決為終局裁決，裁決書自作出之日起發生法律效力：

1. 追索勞動報酬、工傷醫療費、經濟補償或者賠償金，不超過當地月最低工資標準十二個月金額的爭議。

2.因執行國家的勞動標準在工作時間、休息休假、社會保險等方面發生的爭議（第四十七條）。

第五節　勞動爭議訴訟

勞動爭議訴訟，指勞動爭議當事人不服勞動爭議仲裁委員會的裁決，在規定的期限內向人民法院起訴，人民法院依照民事訴訟程序，在勞動爭議雙方當事人和其他訴訟參與人的參加下，依法對勞動爭議案件進行審理和解決勞動爭議案件的活動。此外，勞動爭議的訴訟，還包括當事人一方不履行仲裁委員會已發生法律效力的裁決書或調解書，另一方當事人要求人民法院強制執行的活動。

勞動爭議訴訟是法院以民事訴訟的方式來審理和解決勞動爭議案件，實體上適用「勞動法」、「勞動合同法」，程序上適用「民事訴訟法」。訴訟程序是處理勞動爭議的最終程序。

「勞動爭議調解仲裁法」規定，下列情況發生時，當事人可以依法提起訴訟：

勞動者對本法第四十七條規定的仲裁裁決不服的，可以自收到仲裁裁決書之日起十五日內向人民法院提起訴訟（第四十八條）。

用人單位有證據證明本法第四十七條規定的仲裁裁決有下列情形之一，可以自收到仲裁裁決書之日起三十日內向勞動爭議仲裁委員會所在地的中級人民法院申請撤銷裁決：

1.適用法律、法規確有錯誤的。
2.勞動爭議仲裁委員會無管轄權的。
3.違反法定程序的。
4.裁決所根據的證據是偽造的。
5.對方當事人隱瞞了足以影響公正裁決的證據的。
6.仲裁員在仲裁該案時有索賄受賄、徇私舞弊、枉法裁決行為的（第四十九第一款）。

工傷賠償引起的糾紛

2008年2月屈某到一家民企工作，工資實行計件工資制。2009年1月，屈某在工作時，因廠房發生爆炸導致受傷，2009年5月經傷殘鑑定為八級傷殘。屈某隨即於2009年8月提起雇員受害賠償訴訟，被裁定駁回起訴。2009年11月，屈某向當地勞動局申請工傷議定，經勞動能力鑑定確定為八級。2010年4月，屈某向當地勞動爭議仲裁委員會申請仲裁，要求終止與該企業的勞動關係，並要求該企業支付各種工傷待遇計97,829.2元。雙方對仲裁結果中「終止勞動關係、支付伙食補助費、護理費、單位應繳養老保險金」四項內容均無異議，只是對「誤工期限」以及屈某的工資標準存在分歧。該企業遂又訴至法院，該企業認為，屈某從受傷之日起至傷殘鑑定日止，誤工時間只有四個月，其月平均工資應為911元，為此提請法院判令只支付屈某各種工傷待遇20,042元。法院經審理認為，屈某因工負傷，依照法律規定應享受工傷保險待遇。由於該企業未依法為屈某繳納工傷保險金，故應當按有關規定向屈某支付。

按照法律規定，誤工期限只能計算至被告第一次傷殘等級評定時止，為四個半月時間，雙方爭執補償標準即工資基數，因該企業提供的工資表不完整，又對屈某提供的工資記錄不認可，根據「勞動爭議調解仲裁法」第六十條的規定，工資表屬於用人單位掌握管理的，用人單位無法提供的，應當承擔不利後果。法庭故以當地統計局公布的2008年度職工月平均工資1,766元為被告工資基數，計算屈某應得的停工留薪期間工資、一次性傷殘補助金等費用，合計52,232元。

資料來源：沈海燕，〈工傷引起的糾紛〉，《人力資源》，總第326期（2010/12），頁56。

人民法院經組成合議庭審查核實裁決有前款規定情形之一的，應當裁定撤銷（第四十九第二款）。

仲裁裁決被人民法院裁定撤銷的，當事人可以自收到裁定書之日起十五日內就該勞動爭議事項向人民法院提起訴訟（第四十九條第三款）。

當事人對本法第四十七條規定以外的其他勞動爭議案件的仲裁裁決不服的，可以自收到仲裁裁決書之日起十五日內向人民法院提起訴訟；期滿不起訴的，裁決書發生法律效力（第五十條）。

當事人對發生法律效力的調解書、裁決書，應當依照規定的期限履行。一方當事人逾期不履行的，另一方當事人可以依照民事訴訟法的有關規定向人民法院申請執行。受理申請的人民法院應當依法執行（第五十一條）。

 ## 第六節　勞動爭議預防

勞動爭議預防，是指對勞動關係的雙方當事人之間可能會產生勞動爭議的問題環節採取必要的措施進行預先防範。簡言之，它就是把勞動爭議由事後的消極處理轉為事先採取積極措施，把勞動爭議消除在萌芽狀態，從而防止勞動爭議的發生。

用人單位在預防勞動爭議的發生上，要從下列幾項來著手：

1. 在管理體制上，應充分重視工會（職代會）組織建設和職能發揮，盡快建立和完善勞資協商機制，打造勞動爭議主動預防和有效處理的「防火牆」。

2. 在管理流程上，必須強化人力資源管理，特別是勞動管理流程的要求和控制。招聘入職、在職輪調、離職管理的全程流程，需要按照標準化操作，並蒐集在人力資源管理中的各項細節檔案，做好歸檔工作。

3. 在管理制度上，用人單位應當按照法律要求，修改完善績效管理、薪酬發放、勞動管理等方面的基礎制度，確保企業用工中按勞取酬、優勝劣汰，和以人為本的價值觀得到直接體現。

4.在管理隊伍上，用人單位應設立專門處理勞動關係的窗口，人力資源管理者要提高自身勞動法律知識和勞動關係管理的技能，掌握一定的勞動爭議實務處理技巧，並具備良好的溝通表達能力及人際關係協調能力，慎重處理問題職工，力求大事化小，小事化無；積極主動對職工進行法律、法規知識培訓，宣導正確的法律知識，避免因對政策的誤解引發勞動爭議與矛盾（韓智力，2008）。

在日常管理上，用人單位應加強中高階管理層人員在人力資源管理、勞動政策法規、勞動爭議預防處理方面的培訓；在制度化的基礎上力求人性化管理；在涉及職工切身利益的有關決議前，必須進行法律風險評估（鍾永棣，2008）。

「調解仲裁法」專門設立一章來規範調解行為，指出發生勞動爭議應首先考慮通過企業內部調解來化解矛盾，人力資源管理者就應當作好調解委員會的設立及運轉工作，爭取將勞資雙方的矛盾化解在企業內部（王澍，2008）。

結　語

「調解仲裁法」減輕了職工主張勞動權益的經濟負擔，縮短了勞動爭議處理週期，延長仲裁時效，加重用人單位舉證責任，掃除很多職工在仲裁（訴訟）程序上的障礙，方便其主張權利。因此，對台商而言，在人事管理、勞動法令的嫻熟方面，要格外重視，以免動輒被訴，增加人事成本，耗費處理時間跟精力，甚而疲於奔命（曾文雄，2007）。

第十六章

台籍幹部管理

鄉愁是一灣淺淺的海峽，我在這頭，大陸在那頭。

〜余光中，〈鄉愁〉

　　全球經濟的發展，使得許多企業的經營管理必須跨越國界延伸至海外。西進，不少台商因此在大陸找到事業的第二春。這塊充滿「廉價生產要素」的沃土，滋養了傳統產業到電子業，從珠江流域延伸到長江流域，有人失敗，也有人成功，更有人成為世界第一。再加上2002年，中國加入了世界貿易組織（World Trade Organization, WTO）後，內銷市場的開放，服務業也如雨後春筍般的在大陸各地冒出頭，所衍生的台籍幹部（expatriate，以下簡稱台幹）派駐大陸工作的管理問題已不容忽視。

範例 16-1 中國成功之鑰可借鏡

　　時代雜誌曾以「地獄的十年」專文檢討美國的弊病，稍早美國總統歐巴馬訪問中國前，時代也曾批評美國在最近的金融風暴中像欲振乏力的老人，而中國的表現有如活力充沛的年輕人，美國可向中國借鏡五項成功之道：

一、勇往直前，目標遠大

　　中國充滿「向前衝」的動力，到處在施工，包括一萬六千公里的高速鐵路網，而美國充斥「別在我家後院」心態，近十年來基礎建設投資大減，歐巴馬的7,870億美元經濟振興方案中僅1,440億美元投資基礎建設，中國的人民幣四兆（5,850億美元）刺激方案將在未來兩年把半數經費投入基礎建設。

二、重視教育，向下扎根

　　中國數十年來大力投資教育，識字率已達90%，比美國的86%還高。中國學生作功課時間是美國學生的兩倍，甚至小學生週末也去補習數學。未來中國不僅提供廉價勞工，也能提供「聰明勞工」。

三、重視孝道，照顧老人

　　美國的老人住安養院是理所當然，中國觀念則認為把父母送入老人院是恥辱。美國老年人將由2007年的3,800萬人增至2030年的7,200萬人，安養院將嚴重不足。

四、賺多花少，儲蓄習慣

　　美國人需要改掉寅吃卯糧的惡習。金融海嘯後，美國家庭儲蓄率由4%增至6%，但距離中國家庭的20%還得加把勁。美國有1.4兆美元預算赤字，中國則有2.1兆美元外匯存底。

五、高瞻遠矚，造福後代

　　中國政府和很多中國人的努力都為長遠之計。中國人刻苦耐勞，是因為可以帶給下一代更美好的生活。

資料來源：朱小明編譯（2009），〈中國5成功之鑰可借鏡〉，《聯合報》（2009/12/01，A2版）。

第一節　派外人員甄選

　　跨國經營，必須派員前往國外，外派之幹部必須在文化適應上有相當的彈性，在領導方法上也能調整自己的風格，在管理能力上，更需要有全方位經營的潛力（司徒達賢，1998）。

　　台商在大陸地區投資設廠，開創期，應傾向派遣具有開創性格的幹部；等到工廠試產之後進入生產期，此時應派駐大量技術人員；工廠管理逐漸走向正軌化，則應派遣具有實務經驗的管理人才。

　　在台幹甄選與任用方面，具有專業技術與管理能力是基本條件，但仍須以人品及責任心為重，因為台幹在外面的一舉一動都代表了總公司。

　　凡具有下列資質的人，比較符合派外工作：

1.有毅力、耐力、責任感與企圖心（竭心盡力）的人。

海外發展，台幹應有的認知

範例
16-2

- 我們是站在別人的土地上，踩人家的地、頂人家的天。
- 公司營業是要獲利，個人工作亦為謀生，非來玩樂，曚混度日。要思考：當地人比我們的優勢如何？我們的劣勢如何？我們要如何增強個人的優勢？個人整體的正分（優勢）與負分（劣勢）相抵後，是否還是正數？
- 珍惜人才：對部屬是否教育、關懷、提升價值？
- 對人性、生命的價值要存感謝：台幹對當地同仁及部屬是否心存感謝？無法取得本地化的支持，便無法在當地有競爭優勢。
- 滿清政府統治中原之所以成功，因其重用漢人，所以胸懷、架勢、大格局才能成就明日的企業。

資料來源：〈蕭登波總裁對駐外台幹新春期勉談話摘要〉，《南良月刊》，第3期（2006/03出刊），（http://km.namliong.com.tw/monthly/show_content.php? action=read & publishid=89）。

2. 具情緒穩定和抗壓性強（不能一旦受到挫折，就想馬上辭職，或要求調職），且心胸開闊的人。
3. 有生意眼光，對當地社會發展有充分了解，能開拓市場的人。
4. 具有專業技術與管理能力，能獨當一面的人。
5. 受企業主信任，能了解公司產品知識的人。
6. 要有積極、冷靜且具有協調與整合能力的人。
7. 要有國際觀的視野，跨文化適應能力（同理心），沒有政治偏見，且能與當地人和睦共處，協調折衝的人。
8. 有親和力及良好的語言表達能力的人。
9. 會蒐集、分析與運用當地資訊的人。
10. 日常管理決策快速且具有判斷力的人。
11. 對派外工作有強烈意願，家人（配偶）願全力支持，且身體健康、私生活檢點，嚴以律己的人。

此外，台商對於長期、短期人力的指派任務及資格需求也要事先規劃，要以國際投資之策略與觀點來思考，以宏觀的角度來制定人才派遣制度，才能使派外人員適才適所，發揮所長。例如日本公司的外派人員的平均任期年限是四、五年，使得派外人員有更多的時間來適應當地的工作環境。

第二節　行前準備事項

當員工決定要被派駐大陸時，首先要蒐集當地的各種生活、工作環境方面的資訊（包括安全與治安資訊），以及檢視個人的健康與保險等事項，完整的行前事先規劃與安排，是赴大陸工作與生活不可欠缺的預備作業。

一、赴任前的資料蒐集與分析

1.調查與了解當地歷史、文化、宗教、風俗習慣與生活方式。了解與學習當地禁忌事項，是赴任前必須學習的課程。
2.調查與了解當地的政治情勢、治安狀況、經濟發展與勞動環境及勞動法令，預先認知其風險程度。
3.調查與了解當地的道路交通、醫療水準、飲食文化與日常用品供應狀態，預先規劃出在當地的生活方式。
4.蒐集大陸各地台商協會地址、電話之資料。

二、身心安全訓練

1.接受安全指導訓練。每一位台幹要有自我確保安全的心理準備，這是身心安全對策的關鍵。
2.向曾到大陸工作經驗之前輩請教，其經驗的提供應該是非常有用的資訊。
3.參加政府及民間訓練機構的行前講習。

4.閱讀有關介紹大陸的專業書刊，以便累積對大陸政經文化的認知，
　獲取正確觀念。例如，財團法人海峽交流基金會編印的《大陸旅行
　實用手冊》、《台商大陸生活手冊》。

範例
16-3

廣州市警方提示

- 跌入陌生女子的色情陷阱，隨時有生命危險或會被搶。
- 騙子專門唱雙簧戲，以搶獲貴重物品平分的方式，金蟬脫殼行騙，貪心者最容易上當。
- 騙子瞄準剛下班的外地人，偷聽通電話的親友姓名後，假冒你的親友來騙你的財務，切勿上當。
- 私下兌換外幣，十有八九是詐騙的陷阱，甚至被搶被盜。
- 陌生人自稱是久未見面的朋友，花言巧語騙得約會後，施用連環計騙人手機。
- 請不要將貴重物品放在駕駛室內，防止被撬盜。
- 慎防歹徒打電話冒充你的親友詐騙錢財，如發現接待你的不是親友本人，請馬上求助核實。
- 私下兌換外幣屬非法行為，並引發大量被騙、被搶案件，兌換外幣請到銀行辦理。
- 拾物私分、以請你吃飯為名借手機打電話，是歹徒詐騙的常用手法，請不要貪心，以免上當。
- 請將貴重物品和現金交酒店保管，以防歹徒假冒你的客戶入房行竊。
- 走路請走人行道，防飛車搶最有效。
- 出入搭乘公共交通工具，金銀手飾盡量不要外露，是被防搶的好方法。

資料來源：廣州市三元里派出所。

三、健康規劃與管理

1. 赴任前的健康檢查。
2. 赴任前蒐集與整理有關全民健保與醫療資訊。
3. 攜帶必要的藥品。由於醫療水準的落差，可能無法在當地買到某些日常藥品或特殊用藥，最好事先從台灣帶過去服用（要有醫生的處方箋）。
4. 由於兩岸用詞不同，在與醫生討論病情後，應事先準備寫有中英文的診斷書與處方箋，以備不時之需。

四、保險規劃

1. 參加海外意外保險與人壽保險。
2. 慎選附加服務的險種，如海外急難救助之項目是必要的保險附加服務（蕭新永，2001）。

第三節　行前培訓計畫

　　大多數企業在對駐外人員提供跨文化培訓時，採用的是一種「四點」培訓方法，即出發前的培訓、到任後培訓、歸國前培訓和歸國後培訓。這「四點」以及各點之間的任何時間點上，組織可以對所有的成員提供從課堂培訓、在線培訓，到以現場指導為基礎的支持、評估和諮詢等活動（林新奇，2004）。

　　有助於台商順利派遣台幹在大陸任職，出發前的行前培訓至關重要。職前培訓主要包括：行前考察、文化意識培訓、實務培訓與了解當地法規等。

一、行前考察

　　「行前考察」是了解派外人員是否適任當地工作環境的最佳方式。

在正式派駐之前，先讓員工到大陸投資地區見習，讓員工利用這一段學習時間去真正了解自己是否適合在當地工作。計畫周全的海外行前考察，也可以給其配偶一個親身體驗的機會，使她（他）們可以判斷是否可以適應當地的生活形式。

二、文化意識培訓

國際人力資源培訓的主要內容有對文化的認識，譬如敏感性訓練、語言學習、跨文化溝通及衝突管理、地區環境模擬等。由於人們的文化價值觀是其個性的基本特徵之一，而且是一種比較持久的信念，可以確定個人、群體或社會選擇什麼樣的生存型態、行為模式或交往準則，以及藉以

範例
16-4

體驗中國生活

類別	說明
對外派經理人做心理測試	送經理人到中國之前，先評估這些外派候選人，檢查他們的「柔性」特質，例如，對不同文化的人是否能開放心胸，容易與他們共事並信賴他們，以及適應不同環境而改變自我的能力等。
對家人進行評估	外派人員的家人前往中國之前，和他們面談。確定配偶也同樣具備開放與隨和的個性。
行前「實地走訪」	先送家人實地走訪一番，造訪行程中可以參觀住宅、國際學校、醫院、娛樂場所，及外派人員將來上班的辦公室。
行前準備與訓練	為經理人及其家人提供中國相關的簡報或文化訓練。
語言訓練	外派家庭參與語言學習課程。雖然很少人可以學會流利的中文，但是懂一點中文可以讓他們更了解中國。
提供彈性支援及專屬福利	為外派人員量身打造福利制度，讓外派人員與家人可以選擇哪些福利對他們最有益。
持續關心他們的家人	關心外派人員帶到中國的配偶，即使只是一些簡單舉動，也可以讓他們覺得獲得支持。

資料來源：范悅安（Juan Antonio Fernandez）、安若麗（Laurie Ann Underwood）著，洪慧芳譯（2006），《中國CEO：20位外商執行長談中國市場》，財訊出版，頁300。

判斷是非、好壞、美醜和愛憎等，因此個性很容易引起文化衝突，如種族的優越感、不恰當的管理習慣、不同的感性認識、溝通誤會，以及文化態度等問題。接受跨文化培訓是防止和解決文化衝突的有效途徑，使之迅速適應當地環境並發揮有效作用。如果外派人員不理解（或至少是不接受）投資地區的文化，在派駐任期時可能會面臨諸多困境（趙曙明等，2001）。

範例 16-5　短期大陸出差人員須注意事項

- 配合當地公司的作息時間，準時上下班、不遲到、不早退。
- 注意服裝儀容，打領帶，切勿穿運動衫、涼鞋等休閒服裝上班。
- 不使用違法軟體，不在辦公室內玩電腦遊戲等。
- 上班時間勿進行工作外事情，以為表率。
- 注意團隊合作，出差人員之間要互相支援，以完成任務為最終目標，避免本位主義發生。
- 出差人員若產生意見相左時，應私下協調解決，避免在大陸職工面前公開爭辯。
- 不談論兩地（台灣與大陸）技術的差異來凸顯優越感。
- 不提及在台灣工作上有關的薪資福利。
- 不談政治問題。
- 不到黑市換人民幣。
- 不要比較兩地居住條件與環境。
- 不可擺闊，不比較兩地的物價水平。
- 不可談及總公司內部問題。
- 不可有優越感，要注意禮貌，盡量自己動手。

資料來源：丁志達（2011），「大陸職工管理實務應用講座班」講義，財團法人中華工商研究院編印。

三、實務培訓

除了跨文化培訓外，企業也必須進行各方面實際業務的培訓，諸如管理培訓、技術培訓、制度培訓、操作培訓等各方面都應考慮到，不應該有所偏廢，只不過根據企業發展的階段特點，可以有所側重而已。

四、了解當地法規

在大陸投資，必須了解當地的稅法、勞動法規（含勞動合同）、安全衛生及其進出口貨物的關稅等，以免觸法，惹上官司。

把行前考察、跨文化意識培訓、實務培訓和熟悉當地法規四者相結合，是派外人員出發前培訓項目的有效組成部分。

第四節　派外人員待遇制度

派外人員之薪資有其市場行情，台幹對於前往生活條件比台灣差的地區意願較低，為了鼓勵台幹接受這類的海外職務，台商給的酬勞條件都不錯，除了照領原薪外，還包括給付台幹搬家費、免費提供住處、生活津貼、艱苦地區津貼、子女教育費、探親假、眷屬探親機票、醫療保險等。

一、待遇政策

台商在規劃台幹的待遇政策時，必須考慮下列幾個因素：

1. 必須能吸引員工願意到大陸工作，且能留住員工在大陸長期發展。
2. 必須具有競爭力，而且要做到對派外人員的激勵性作用。
3. 必須具有吸引員工願意輪調到大陸工作。
4. 必須對台幹駐外期間食宿、住房、子女教育、配偶工作等問題的妥善安排。

企業對派外人員提供的勞動條件調查

範例 16-6

企業名稱	勞動契約	薪資福利	退休金	社會保險	職業災害	回任制度	勞資爭議
A企業（消費性電子產品製造業）	長期出差。簽訂單份勞動契約，認為只有工作地變化。	原薪資＋外派津貼25%與其他各款津貼。	由母公司持續依勞退新制提撥。	原社會保險，津貼未納入工資計算。	勞保、旅遊平安保險跟海外醫療門診。	無回任制度，鼓勵長期派駐。	無法回任者只能離職。
B企業（水泥及水泥製品製造業）	離職派駐。勞工由母公司離職另加入派遣公司並被派遣至大陸，另與之簽訂勞動合同。	原薪資＋大陸薪資＋派外津貼。	舊制回母公司會承認年資；新制由派遣公司提撥。	台灣與大陸皆為勞工持續投保。	除當地保險申請外，回台申請海外就醫協助。	除階段性任務外，無事先規劃回任制度。	改由派遣公司僱用，在權益上影響有存疑。
C企業（網際網路相關業）	雙邊僱用。除原勞動契約外，大陸亦簽訂勞動合同。另有簽訂派駐合約。	原有薪資＋派外津貼。依大陸當地規定之薪資給予，其他由台灣給予。	舊制公司會承認年資，新制尚未想到完善的解決方式。	以最低薪資或二萬元以下投保。	勞保職災給付、勞工意外險之投保。	無回任制度，希望勞工於大陸落地生根。	勞保未按實際薪資投保，對於勞保各項給付與退休金皆有影響。
D企業（鞋類製造業）	長期出差。勞動契約未做任何變更。	薪資會依照至大陸職位而有所增加，出差期間費用皆以差旅費處理。	依據勞退法令辦理。	依據台灣勞工保險法令辦理。	依據台灣勞保職業災害相關法令辦理。	無回任制度規劃，欲提早回任者僅能離職。	在大陸當地違反重大事項，如包二奶即解僱勞工，是否有違反勞基法解僱事由之疑義。
E企業（紡織成衣類）	早期離職派駐，現為調職派駐。雙邊僱用。	皆為原有薪資＋派外津貼，給予方式有差異。另有家屬津貼。	調職派駐將依台灣法令辦理，離職派駐則無，由勞工自行負擔。	同退休金。	以台灣勞保職災相關法令辦理。	無回任制度。	包二奶等議題如影響至公司營運，以依此原因解僱勞工而產生爭議。
F企業（半導體製造業）	單一勞動契約派駐。維持母公司勞動契約。	原有薪資＋派外津貼。	依據台灣勞退法令辦理。	依據台灣勞工保險法令辦理。	以台灣勞保職災相關法令辦理。	並無事先規劃回任，但勞工若欲回任，經了解與確認後會安排回台。	派駐勞工不願接受公司命令回任，以曠職三日解僱。

資料來源：翁思敏，（2010/10）〈派駐大陸工作勞動權益之探討〉，國立政治大學勞工研究所碩士論文，頁33，47-48。

員工派駐大陸工作管理辦法

第一章　總則

第一條　（主旨）

為使本公司派駐大陸工作員工（以下簡稱派駐人員）之管理有所遵循，特訂定本辦法。

第二條　（適用對象）

派駐人員係指公司正式聘僱任用之員工，經指派赴大陸地區工作至少一年（含）以上者。

第三條　（名詞定義）

公司：係指在台灣登記設立的公司。

駐在地：係指投資大陸事業的所在地。

依親（探親）眷屬：係指派駐人員的配偶及未婚的子女。

子女教育補助費：係指高中（職）、初中和小學每學期的學、雜費。

第四條　（保留在台職等與薪資）

派駐人員保留其在公司之職等（職稱）及其薪資，每月本薪照給。返台復職後，公司承認其在駐在地服務年資，依法享有特別休假累計增加的休假日數，但駐外工作期間暫停使用特別休假，以定期返台探親假取代之。

第五條　（任滿返台職務安排）

派駐人員任滿返台，公司提供以不低於原職之職位為原則，或另派相等職位之工作。

第二章　派駐人員管理

第六條　（人事管理）

派駐工作期間，其差假、考勤、考績、獎懲等事項，由駐在單位主管負責。

第七條　（作息時間）

派駐人員之出勤及作息（含法定節假日、例假日）悉以駐在單位之規定為準，但基於業務上的需要，駐在單位得隨時調整之，並採用工作責任制，超時工作不支付加班費。

第八條　（工作守則）

派外人員應遵守駐在單位之管理規章制度，其負責之工作或業務應向指定的主管報告，並應遵守當地之法令規定，以避免觸法，損及公司、駐在單位之商譽與企業形象。

第九條　（績效考核）

駐外人員駐外期間之績效考核，由派駐當地的主管評核。但有關調薪幅度、晉升職位，則由總公司（台灣）人事單位統籌辦理。

第三章　駐外津貼與福利

第十條　（駐外地薪資）

駐外人員在當地之薪資（人民幣），由駐在單位核給，按月支付。但年

終獎金、分紅額度則依據總公司（台灣）規定核發之。

第十一條（服務津貼）

　　駐外第一年期間，每月依在台灣所領本薪之35%支領服務津貼。

　　駐外一年以上，每月依在台灣所領本薪之40%支領服務津貼。

　　服務津貼，按當月份駐外人員實際停留在大陸之日數支付。

第十二條（住宿及生活津貼）

　　駐外人員之住宿，由駐在單位統籌安排，以提供宿舍為原則。宿舍之基本水、電、瓦斯、家具、清潔管理、娛樂設備等費用，由駐在單位支付。

第十三條（飲食）

　　駐外人員之三餐伙食，由駐在單位統籌安排打理，但休假日外出的私人活動用餐則需自理。

第十四條（人身保險）

　　駐外人員繼續保留在台投保之勞保、健保及退休金提撥，惟個人自付保費，則每月從其個人領取的薪資中扣繳。

　　駐外人員派駐期間，公司另外為個人（不包括依親眷屬、探親眷屬）加保「意外傷害醫療險三十萬元（新台幣，以下同）」、「意外傷害險一千萬元」及「旅遊平安險一千萬元」，保費由公司全額負擔。

第十五條（福利）

　　駐外人員駐外期間享有公司福委會提供之各項福利措施，但因個人無法參加返台福委會定期舉辦之活動，則福委會將折算現金數額後，按駐外人數一次撥給駐在單位統籌運用。另，駐外人員亦享有駐在單位之各項福利、社會保險措施。

第十六條（交通）

　　駐外人員往返台灣與駐在地之經濟艙機票（船票），陸地交通工具費用，檢據實報實銷。

第十七條（搬遷費）

　　駐外人員首次啟程及任期屆滿返台，所帶超過十公斤以內的行李，檢據核銷。

第十八條（返台探親）

　　有配偶留台的駐外人員，在當地工作每屆滿二個月得返台探親一次，停留期間九天（含往返當日及回公司述職一天，以下同）。

　　單身赴任的駐外人員，在當地工作每屆滿二個半月得返台探親一次，停留期間九天。

　　有依親眷屬的駐外人員，在當地工作每屆滿三個月得返台探親一次，停留期間九天。

第四章　眷屬依親、探親補助

第十九條（申請資格條件）

　　派駐人員任期一年以上者，得報經駐在單位主管同意後攜眷（限配偶及子女）至大陸共同生活。

第十九條（交通費、行李超重費補助）
　　　　首次到大陸依親眷屬，及派駐人員任期屆滿返台，除提供每位來回機票（船票）及搭乘陸地汽車費用外，每位眷屬若攜帶的行李超重十公斤以內，費用由公司支付。

第二十條（生活起居）
　　　　駐在單位免費提供依親眷屬的駐外人員一套住房居住與三餐伙食供應。

第二十一條（返台探親費用補助）
　　　　駐外人員依親眷屬，每年二次，由公司全額提供每人來回經濟艙機票（船票）返台探親。

第二十二條（子女教育補助）
　　　　依親眷屬的子女，需在大陸地區就學時，每學期的學、雜費補助款，公司依照當地或附近台商子弟學校收費標準（高中、初中、小學）補助（但須扣除教育部每年補助台商子弟在大陸就學的補助款）。

第二十二條（探親費用補助）
　　　　眷屬未隨駐外人員依親，每年二次，由公司全額提供給眷屬（配偶及子女）每人來回經濟艙機票（船票）前往探親。

第二十三條（其他）
　　　　依親、探親眷屬的台胞證簽證、加簽費用憑證報銷。但個人旅行保險費用自行負擔。

第五章　一般行政事務規定

第二十四條（駐在地出差規定）
　　　　駐外人員因業務需要而至大陸其他地區（內地）出差，應按照駐在地單位國內出差辦法規定辦理。

第二十五條（返台行程報備）
　　　　派駐人員每次返台探親（含依親眷屬），均應填妥「駐外人員返台行程表」（如附件）電傳公司管理部門，以利後續出境作業手續的經辦。

第二十六條（離職規定）
　　　　駐外人員自請退休或離職者，應於一個月前提出申請，經核准並辦妥職務交接或離職移交手續後始得離職。

第六章　附則

第二十七條（施行日期與修正）
　　　　本辦法經總經理核准後公布施行，修正時亦同。

附表：駐外人員返台行程表（略）

資料來源：丁志達（2010），「大陸人事勞動管理實務研習班」講義，中華民國勞資關係協進會編印。

二、薪資名目

因派外人員需要離鄉背井，且肩負企業擴展營運範圍的重責大任，因此，派外人員待遇制度設計的基本策略，是指除原在國內領取的基本待遇之外，再給予某種程度的優渥津貼或特別安排，使能有效激勵員工願意赴海外工作。

(一)本薪

本薪（底薪）通常是計算海外工作津貼的基準。台幹之本薪部分應與在國內服務時本薪相同，一旦歸國工作時，就很容易可以銜接國內薪資給付制度。

(二)海外工作津貼

給付海外（艱困地區或高消費地區）工作津貼，其目的在於因派外地區的生活環境（氣候與自然環境）、文化的差異（語言溝通）、疾病與衛生、娛樂設施或政治環境複雜而給予的補貼。一般為本薪的10～50%。

(三)生活津貼

生活津貼（攜眷依親補貼）是依當地的生活水準，以及依台幹攜眷赴任人數而訂定不同的生活津貼標準，可依定額方式或依在台原領的本薪加成給付。

(四)搬家費補助

搬家費補助通常包括搬遷、運輸和儲存的費用、臨時生活費、電器、家具或汽車的購買的補貼，以及租房訂金相關的費用。

(五)住房分配

台幹若有攜眷赴任，則需提供安全、舒適的住房，同時盡量幫助依親的眷屬安排適合的工作。單身赴任則應提供宿舍居住。

(六)探親休假

一般台商每年都會定期提供來回機票，以及較長的假期給派外人員返台探親，與家人團聚（每次返台探親假日數，探親假期間是否到公司上班都要事先規範清楚）。

(七)福利

未前往大陸地區依親的眷屬（配偶），每年提供數張的來回機票作爲探親之用。

(八)醫療與意外保險

台幹參加的保險，除在國內的勞工保險（含職災保險）、全民健康保險（醫療險）、團體保險（壽險、意外險、住院醫療險）外，部分台商還會爲台幹額外加保旅遊平安險、住院醫療保險等。

範例 16-8　駐外人員（台幹）給付項目

給付項目	條件
海外津貼	加給0.4倍（依本薪計算）
育才計畫獎金	依公司營運及個人表現給付
員工分紅・年終獎金	
特別的晉升與調薪規範	每半年（每年6月及12月）提出調薪申請
攜眷者返台休假	每年二次
單身返台休假	每工作八週休假七天
不返台之機票補貼	補貼二千元人民幣外，可在派駐地休假二天
意外險	加保意外險五百萬
依親眷屬	免費加入團體保險
參加社會保險（大陸地區）	公司負擔
搬家費	公司負擔
未依親眷屬	每年一次探親或旅遊補助，金額上限四千元人民幣
全身健康檢查	每年提供一次

資料來源：某大上市電子科技公司。

(九)子女教育補助

台幹攜眷同往赴任，相關子女在當地就學的學雜費補助（一般補助到其子女高中畢業）。

(十)個人所得稅

一般台商係針對兩地（大陸與台灣）個人所得稅率不同的部分加以補貼。

(十一)歸國後的職位保障

妥善安排台幹歸國復職後之職位安排與諮商。

第五節　工作挑戰與壓力

富士康集團總裁郭台銘說：「每個人每天都會有時間的壓力、品質的壓力、成本的壓力及業績的壓力，沒有壓力不是工作，而是玩耍。」

台幹的工作挑戰與壓力

範例 16-9

(一)文化差異與工作壓力

台籍幹部在大陸的工作任務可說是全職能與「7～11」的時間。許多台籍幹部住在工廠宿舍裡，一天二十四小時隨時待命，為了達成目標，趕上進度，必須不眠不休地連續工作。

在大陸工作過的人都有這樣的感受：由於工作的現場環境、人際關係、價值觀、生活型態、邏輯思維等文化差異而形成溝通上的障礙，使得兩岸即使是同文同種卻產生「不同義」甚至「雞同鴨講」的局面，必須花更多的心力來教導、跟催、糾正，而導致身心的疲乏。

另外，家庭關係、未來生涯前程、兩岸敵對的政治態勢等變化，也使他們懷著不安的情緒，以致有許多台籍幹部經常出現焦慮、疲倦

以及情緒不穩、脾氣壞的症狀。

(二)低階高用與能力落差

有些台籍幹部，大都以比原來在台灣更高職位及職責派駐在大陸，如果原來是課長，就委以經理任用，這時就會產生能力是否足夠的問題。

(三)家庭關係與感情生活

台籍幹部的家庭關係因兩岸阻隔，以及大陸女子的善解人意而起變化。許多台籍幹部在晚上每思及彼岸家人，尤其擔心家人會發生意外事故而心生懸念，無法釋懷。

(四)子女教育與異地生活

由於兩岸教育體制與意識型態不一，致台商及台籍幹部對子女教育問題無法解決，也多少會影響台籍幹部的工作情緒與任職意願。

在大陸，雖然大城市（如上海、北京）有國際學校，也有當地的初、高中附設國際班，暫時滿足台商需要，但是國際學校學費昂貴常令人裹足不前，更何況也並非散居各地的台商及台籍幹部都能幸運地獲得這樣的安排。

如果派遣的企業對攜眷子女的就學學費不做通盤規劃與補助的話，台籍幹部子女的就學問題仍然存在。

有部分企業在派遣管理中允許甚至鼓勵台籍幹部攜家帶眷，且給予以居住在公家規劃的宿舍或承租的住房內，除供應家具設備外，並另請阿姨擔任伙食、清潔等雜務，使台籍幹部無後顧之憂。

(五)未來的生涯規劃與前程問題

在大陸台商企業任職的台籍幹部跳槽事件時有所聞，有的甚至放棄原來在台灣漫長的年資，忍痛犧牲唾手可得的退休金及時擇木棲息，就連返任以後職位晉升有望的派遣員工，都為自己到底能被派遣多久，何時可以返任而大傷腦筋。換言之，許多台籍幹部處在一個不確定性的就業生涯上，看不見企業未來發展的遠景與自己能否在企業

發展的前程中占有一席之地。

　　台商企業並沒有辦法給台籍幹部這些承諾事項，使他們對未來有茫茫然之感，尤其是外聘的空降部隊更是心有戚戚焉。

(六)學習成長的意願與機會

　　一位原具有宏觀視野的台籍幹部，都會把目前的工作及職位當作事業來經營，他是不滿足於現狀的，因此如何在組織內外獲得學習成長的機會，是部分台籍幹部尋求突破的動力。但仍有許多台籍幹部工作之餘耽湎於娛樂場所。

資料來源：李仲明，〈大陸台幹的管理問題與改善對策〉，精機集團通訊網站
　　　　　（http://www.or.com.tw/web/magazine/management.php?MagazineCategory
　　　　　ID=8&MagazinePageID=173&Volume=21）。

台幹派駐大陸工作所面臨的挑戰與壓力，約可分為下列幾項：

1. 業績壓力：台商到大陸投資，就是要拉出與競爭對手的各項成本負擔壓力，達到薄利多銷的經營策略，這對台幹業績達成率的要求就是一種挑戰。
2. 面對工作環境的壓力：人地生疏，但又必須建立當地的人脈關係，讓業務順利推展開來。例如與當地政府官員打交道，與附近社區民眾敦親睦鄰活動，以及了解當地的行政法令（如稅法、勞動法、關稅法等），以免觸法。
3. 競爭對手的壓力：當競爭對手得知某台商企業已到大陸投資後，也會評估是否跟進，一旦成行，就打消了原台商「捷足先登」取得降低人事成本的競爭優勢。
4. 供應商的壓力：在台灣地區，大部分的供應廠商（衛星工廠）就在公司的附近，訂貨、送貨，迅速、便捷；在大陸設廠，有些材料供應商並未一起前往大陸設廠生產，一旦缺料，停工就成為一種挑戰。

5.管理職工的壓力：在國內投資「人親土親」，到海外投資則是「土不親，人也不親」。因兩岸人民的生長、教育背景所產生的思維模式與文化差異性造成的「隔閡」，管理大陸職工對台幹的領導與統御能力是一大挑戰。

6.家庭的壓力：台幹到大陸工作，對已婚者而言，配偶與子女是否依親的問題；對未婚者而言，親人（年邁父母親）照顧的問題，都會面臨如余光中教授所寫的〈鄉愁〉作品中提到的「鄉愁是一灣淺淺的海峽，我在這頭，大陸在那頭」的惆悵。

7.自我提升的壓力：台幹到大陸工作，基本上是去傳授「功夫」，但幾年工作下來，找不出「練功」的時間，對未來的前途何去何從，產生一種莫名其妙的恐慌與不安。

範例
16-10

台幹毆打大陸女工遭羈押事件始末

案情簡介

1992年6月7日，廈門台資企業集○工業公司（製鞋廠）一名江西籍的女工，因為不滿工作調動，遷怒於工廠內大陸籍的女組長，以剪刀刺傷女組長之臉部（事後送醫縫了六針）；另一位台灣派駐之王姓針車科長也因上前勸阻手部也因而劃傷。廠方其他幹部隨後立即向公安報案，並將傷者先行送醫，然後將該名當事女工找來進行了解，由於公安人員遲遲未至，該名女工態度又惡劣，台籍幹部情急之下動手毆打該名女工，引起該女工之不滿，遂向公安投訴，指稱台籍幹部在大眾場合讓她難堪。

事發後，該數位台籍幹部一直都沒事，也曾經先後返台洽公或休假。未料在7月17日上午，公安人員來到工廠，以「公然侮辱」罪名，將台籍幹部三人逮捕，收押禁見。

處理經過與結果

消息傳回台灣的公司，李董事長立即前往廈門營救被押幹部，同時並要求海基會透過大陸海協會設法營救，廈門地區三十多家台商也隨即聚集商議營救辦法。

經過了海基會與台商多途徑的出面聯繫與協調，以及該公司李董事長親自奔走廈門、北京兩地關說，終於在各方聲援之下，三名被告在7月25日由廈門集美檢察院，以觸犯中共「憲法」第三十八條之規定，構成侮辱罪，本應對被告判以刑罰，但鑑以三被告羈押後坦白認罪，態度良好，有悔罪之表現，依據中共「刑法」第三十二條及「刑事訴訟法」第一百四十二條之規定，對三被告免以起訴，立即釋放，並要求三名被告賠償7,741元人民幣之經濟損失，至此事件終告落幕。

法律依據

中華人民共和國公民的人格尊嚴不受侵犯。禁止用任何方法對公民進行侮辱、誹謗和誣告陷害（「憲法」第三十八條）。

刑罰分為主刑（管制；拘役；有期徒刑；無期徒刑；死刑）和附加刑（罰金；剝奪政治權利；沒收財產）（「刑法」第三十二條）。

對於犯罪情節輕微，依照刑法規定不需要判處刑罰或者免除刑罰的，人民檢察院可以作出不起訴決定（「刑事訴訟法」第一百四十二條第二款）。

資料來源：張宜旻（1997），〈大陸台商勞動關係之研究〉，國立東華大學大陸研究所碩士論文，頁85-86。

　　上述的論述，就是台幹到大陸工作所必須面臨的挑戰與壓力，但又必須要克服的。

第六節　歸國生涯規劃

　　歸國管理通常被視為出國任職過程的最後一個環節。台幹在完成了階段性的派外工作後，就會被召回國內工作。歸國對台幹而言又是面臨新的挑戰，這種挑戰被稱為歸國衝擊（re-entry shock）或反向文化衝擊（reverse culture shock）。

一、返廠情怯

　　往往能夠預料到在一個新的工作地點的生活會不一樣，但很少有人會對歸國後所面臨的適應問題有所準備。結果是，歸國任職給台幹帶來的創傷體驗比在外派地區工作所遭遇的更加嚴重。一般歸國人員會出現下列的情境：

1.俗話說：「人一走，茶就涼。」派外人員意味著遠離了權力核心，以及傳統的升遷路線。眼看從前的同事已經晉升為自己的上司，而自己實際上反而被降級了。因而在歸國之前，有可能未接受到新工作指派，事先並不知道自己的新職務、新工作而擔憂不已。

2.派外人員在大陸工作期間的工作自主性高，授權度也高（大陸環境
複雜多變，許多決策無法事事請示，充分授權，採取因地制宜之行
動），一旦回國工作後，自主性低，授權度收回，因而發生不能適
應他原先熟悉的工作環境。

3.派駐大陸幹部在大陸工作所學到的新知識、新技巧與建立的人脈關
係，往往回國後沒有機會派用上場，因而心情很「憂鬱」。

4.派外人員回國後，重新適應本國文化時，可能碰到一些困難（例如
物價高、社會新聞多等），先前派駐大陸時，好不容易適應了當地
文化，回國後卻要重新接受與適應。

5.派外人員早習慣了派外期間所提供給他們高品質、高規格的當地生
活品質。例如出門有「車」、假日可打免費「高爾夫球」、孩子上
「貴族學校」、薪資（含津貼）優渥，如今返國後，一切「特權」
煙消雲散，感到時不予我，挫折不已。

6.派外人員如與大陸人結婚，返國後，限於目前我國法律的規定，與
大陸配偶只能偶聚偶散，情繫兩岸情，情何以堪（如**表16-1**）。

二、生涯規劃

　　派外人員的職業生涯規劃是一項難題，成功的機率並不高，主要的
原因是台商到大陸投資後，就逐步縮編本地的經營規模，本地企業成為
「總部」或「研發中心」，而製造生產單位在少有擴充規模的前提下，台
幹的返國就任原職位與工作是不容易的，特別是管理職的人員。

　　派外人員生涯規劃成功因素，大約有下列幾點可供參考：

1.台商繼續在本地（台灣）擴廠，返廠任職工作機會大，生涯規劃容
易。

2.台商繼續在大陸各地設廠或擴廠（店），公司又有完整有輪調（互
換工作的）機制，則台幹生涯規劃的風險較小。

3.台幹在大陸任職滿一年後，要有個人職涯發展的危機感，報名參
加工作附近的高校攻讀高階管理碩士學位班（Executive Master of
Business Administration, EMBA），以增加自己的實力，也就是懂得

表16-1　大陸配偶現制與舊制之比較表

項目	民國98年8月14日修正施行後（現制）	民國98年8月14日修正施行前（舊制）	兩岸條例條文
階段	團聚→依親居留4年（每年居住逾183日）→長期居留2年（每年居住逾183日）→定居	團聚2年→依親居留4年（每年居住逾183日）→長期居留2年（每年居住逾183日）→定居	第17條
取得身分證時間	6年	8年	第17條
工作權	經許可在臺依親居留、長期居留，不用申請工作證，即可工作	經許可在臺依親居留，符合條件，需要先申請工作證，始可在臺工作；經許可在臺長期居留，不用申請工作證，可在臺工作	第17條之1
強制出境前陳述意見	因從事與許可目的不符之活動或工作、有事實足認有犯罪行為或有事實足認為有危害國家安全或社會安定之虞，主管機關強制出境前，得召開審查會，當事人有陳述意見的機會	強制出境前，無陳述意見之機會，主管機關亦無須召開審查會	第18條
父母與子女的關係	依子女設籍地區之規定	以父之設籍地之規定	第57條
遺產繼承	取消繼承動產不得逾200萬元的限制；經許可長期居留，可以繼承不動產	繼承動產不得逾200萬元、不能繼承不動產	第67條

附註、參考法規
(一)「台灣地區與大陸地區人民關係條例」第17條、第17條之1、第18條、第57條、第67條
(二)「大陸地區人民進入台灣地區許可辦法」
(三)「大陸地區人民在台灣地區依親居留長期居留或定居許可辦法」
(四)「大陸地區人民申請進入台灣地區面談管理辦法」
(五)「大陸地區人民按捺指紋及建檔管理辦法」
資料來源：行政院大陸委員會（2010/12），《牽手台灣──大陸配偶在臺生活資訊手冊》，頁18。

範例

16-11

台幹職涯規劃的不歸路

派駐地點	職稱	派任時間	生涯規劃	備註
瀋陽	總經理	二年	回任後調總經理室,工作四個月後年滿五十五歲(工作二十三年)申請自願退休	派任前的職位為品質處處長
	人力資源經理	二年	回任後調訓練部,工作五個月後辭職,轉任新店市某外商人力資源處處長	派任前的職位為人力資源處資深專門委員
	財務經理	二年	回任原單位(財務部)工作	
	工程經理	二年	回任原單位(工程部)工作	
福州	總經理	三年	回任後調至總經理室,工作一年半,年滿五十五歲申請退休,轉任某媒體科技公司任職	派任前的職位為裝機部經理
	人力資源經理	一年	回任後調至工程部門,工作一年後被資遣	派任前為人力資源處任用部經理
	財務經理	三年	回任原單位(財務部)工作	
	工程經理	三年	回任原單位(工程部)工作	
杭州	總經理	二年	回任後,申請優退離職,移民加拿大	派任前為業務處處長
	人力資源經理	二年	回任後,安插在人力資源處任用部,申請資遣被拒絕,乃辭職,自行創業	派任前為人力資源處訓練部訓練專員
	財務經理	二年	回任原單位(財務部)工作	
	工程經理	二年	回任原單位(工程部)工作	
上海	總經理	四年	在工作任內滿六十歲退休。回國後擔任某媒體技術公司顧問	派任前為副總經理
	人力資源經理	三年	調回公司後一個月辭職,應徵到某台商企業派駐上海工作	派任前為品質處主任
	財務經理	二年	回任原單位(財務部)工作	
	工程經理	二年	回任原單位(工程部)工作	

資料來源:國內某通訊電子公司。

找出時間來「練功」（自我充實）（如**表16-2**）。

4.任期屆滿前半年，應主動提醒總公司的人力資源部門主管留意個人
回任後的職缺遞補準備，未雨綢繆，也是生涯規劃容易成功的基
礎。

表16-2　教育部認可大陸地區高等學校名單

院校名稱	所在地	網址
上海交通大學	上海市	http://www.sjtu.edu.cn/
大連理工大學	遼寧省	http://www.dlut.edu.cn/
山東大學	山東省	http://www.sdu.edu.cn/
中山大學	廣東省	http://www.sysu.edu.cn/
中央民族大學	北京市	http://www.muc.edu.cn/
中央美術學院	北京市	http://www.cafa.edu.cn/
中央音樂學院	北京市	http://www.ccom.edu.cn/
中南大學	湖南省	http://www.csu.edu.cn/
中國人民大學	北京市	http://www.ruc.edu.cn/
中國科學技術大學	安徽省	http://www.ustc.edu.cn/
中國海洋大學	山東省	http://www.ouc.edu.cn/
中國農業大學	北京市	http://www.cau.edu.cn/
天津大學	天津市	http://www.tju.edu.cn/
北京大學	北京市	http://www.pku.edu.cn/
北京師範大學	北京市	http://www.bnu.edu.cn/
北京航空航天大學	北京市	http://www.buaa.edu.cn/
北京理工大學	北京市	http://www.bit.edu.cn/
北京體育大學	北京市	http://www.bsu.edu.cn/
四川大學	四川省	http://www.scu.edu.cn/
吉林大學	吉林省	http://www.jlu.edu.cn/
同濟大學	上海市	http://www.tongji.edu.cn/
西北工業大學	陝西省	http://www.nwpu.cdu.cn/
西北農林科技大學	陝西省	http://www.nwsuaf.edu.cn/
西安交通大學	陝西省	http://www.xjtu.edu.cn/
東北大學	遼寧省	http://www.neu.edu.cn/
東南大學	江蘇省	http://www.seu.edu.cn/
武漢大學	湖北省	http://www.whu.edu.cn/
南京大學	江蘇省	http://www.nju.edu.cn/
南開大學	天津市	http://www.nankai.edu.cn/

（續）表16-2　教育部認可大陸地區高等學校名單

院校名稱	所在地	網址
哈爾濱工業大學	黑龍江省	http://www.hit.edu.cn/
重慶大學	重慶市	http://www.cqu.edu.cn/
浙江大學	浙江省	http://www.zju.edu.cn/
清華大學	北京市	http://www.tsinghua.edu.cn/
復旦大學	上海市	http://www.fudan.edu.cn/
湖南大學	湖南省	http://www.hnu.edu.cn/
華中科技大學	湖北省	http://www.hust.edu.cn/
華東師範大學	上海市	http://www.ecnu.edu.cn/
華南理工大學	廣東省	http://www.scut.edu.cn/
廈門大學	福建省	http://www.xmu.edu.cn/
電子科技大學	四川省	http://www.uestc.edu.cn/
蘭州大學	甘肅省	http://www.lzu.edu.cn/

資料來源：教育部認可41所大學（985工程及學校名單），大學相關資訊（http://www.studychina.tw/undergraduate/un_infor.htm）。

5.識時務者爲俊傑，個人利用在大陸建立的人脈關係，經常自我探索自行創業的可能性，或「待價而沽」準備「跳槽」（如表16-3）。

表16-3　回任人員最在意的事項

事項	關注比例（%）
職業生涯／就業	63
改變生活習慣	59
目前的工作績效	58
與同事的關係	55
被組織內有影響力的人評估工作	49
適應國內的生活	48
回國後公司的支持	47
家庭生活受到不利的影響	26
居住條件	18
與雇主的關係	17

資料來源：皇甫梅鳳，〈破解外派員工回任難題〉，《人力資源》，總第326期（2010/12），頁26。

第七節　大陸生活須知

　　台灣與大陸血緣相連、語言相通、地緣相近，前往大陸就業的台幹為數眾多。台幹在大陸地區就業跟在台灣地區的工作環境截然不同，諸如要簽訂勞動合同、申請就業許可證與暫住證、生病就醫、依親子女的教育、個人所得稅的申報、遺失台胞證（護照）的補發等問題，都要有所了解，當問題發生時，才能用最短時間解決問題，並保證不會產生後遺症。

範例
16-12

大陸驚爆台生結夥搶劫

　　在昆山華東台商子女學校及上海台商子女學校，分別傳出有七名和四名學生涉嫌結夥搶劫；這些涉案台生可能將面臨十年至三年不等的刑期。

　　在上海犯案的四名台生，是今（2011）年2月在淮海路行搶一名女子皮包，而被當場逮捕；至於在昆山犯案的七名台生，則是在今（2011）年3月間多次持刀對路人行搶，甚至有一次還在法院附近犯案。

　　對於這起令兩岸震驚的台生結夥搶劫事件，上海台商子女學校表示，這四名涉嫌行搶的學生，由於案情較為單純，且非屬連續犯；當地司法機關在考量涉案學生年紀都很輕，並且在犯後都深表後悔，因此給予緩刑機會。而華東台商子女學校則表示，涉案的七名學生，其中有五人是未成年，已獲「取保候審」，目前已轉至其他學校就讀；其餘二人因剛成年，預計審判結果可能會在這幾日出爐。

資料來源：葉志堅，〈大陸驚爆台生結夥搶劫　4人緩刑、5人獲保、2人在押〉，今日新聞網（2011/11/05）（http://www.nownews.com/2011/11/05/91-2755161.htm#ixzz1ddXYSjjR）。

一、簽訂勞動合同

按照「台灣香港澳門居民在內地就業管理規定」第十一條規定，用人單位與聘僱的台幹應當簽訂勞動合同，並依照「社會保險費徵繳暫行條例」的規定，參加社會保險，享受社會保險待遇。

另外，用人單位與聘僱台幹終止或解除勞動合同，用人單位應當自終止、解除勞動合同之日起十個工作日內，到原發證機關辦理就業證註銷手續（第十二條）。

二、就業許可證

依據「台灣香港澳門居民在內地就業管理規定」第四條規定，台、港、澳人員在內地就業實行就業許可制度。用人單位擬聘僱或者接受被派遣台、港、澳人員的，應當為其申請辦理「台港澳人員就業證」（以下簡稱就業證）；經許可並取得就業證的台、港、澳人員在內地就業受法律保護；就業證由人力資源和社會保障行政部門統一印製。

三、暫住證

台幹申請獲准在大陸地區工作後，應持「就業證」到當地公安機關申請辦理暫住手續。由於大陸某些部門如「海關」、「車輛管理所」等實施之管理辦法都與暫住證制度掛勾，取得暫住證可以在運送物品進入大陸、購買汽車、申辦駕駛執照上提供一些的便利。

四、生病就醫

具有健保身分的台幹（含依親生活的眷屬，持有健保卡者），當在大陸地區臨時發生緊急的傷病或分娩，必須在當地醫療機構就醫，自門（急）診治療當天或出院當天起六個月內得向健保局申請自墊醫療費用的核退（如**表16-4**）。

表16-4　全民健保對大陸醫療費用給付規定

> 　　台灣地區人民在大陸就醫，持下列資料可逕向中央健康保險局所屬地區分局申請給付（健保局免費服務電話：0800-212369；0800-030598）
>
> 　　1.醫療費用核退申請書。
> 　　2.醫療費用收據正本及費用明細。
> 　　3.診斷書或診斷證明文件。
> 　　4.當次出入境證明文件。
>
> 　　在大陸地區就醫，申請核退住院五日（含）以上的自墊醫療費用核退案件，申請文件（包括：醫療費用收據正本、費用明細、診斷書或證明文件等）必須先在大陸地區公證處辦理公證書，再持公證書正本向國內財團法人海峽交流基金會（地址：台北市民生東路3段156號16樓，電話：02-27187373）申請驗證後，才可以採認。

資料來源：財團法人海峽交流基金會編印，《台商大陸生活手冊》（2009年9月5版1刷），頁110。

五、子女教育

　　目前大陸地區經教育部核准立案的台商子女學校共有三所，分別為東莞台商子弟學校、華東台商子女學校和上海台商子女學校。三所學校從小學、初中到高中學制一應俱全。

　　教育部並自2002學年起，開辦大陸台商子女（特別是在福建省工作的台幹子女）可轉赴金門、馬祖的中、小學就讀（如**表16-5**）。

六、個人所得稅

　　為因應大陸地區「個人所得稅法」、「個人所得稅法實施條例」之施行，往返大陸地區台幹，將因為在大陸地區之停留時間不同，必須課徵不同範圍之所得稅（如**表16-6**）。

　　台幹在大陸地區工作，個人所得稅的繳稅部分，可分為下列幾項說明。

(一)每月工資收入課稅

　　根據大陸稅法規定，台幹在大陸一個納稅年度（1月1日至12月31日）中連續或累積在大陸居住期間超過九十天，則其來源於大陸境內的所

表16-5　台商子女在大陸地區就學問題

學費補助	高中及國民中、小學每人每學年補助新台幣三萬元。 幼稚園部分比照國內發放幼兒教育券實施方案，每人每學年補助新台幣一萬元。 學生團體保險之補助，準用高級中等學校辦理學生平安保險辦法規定，由本部按學生人數補助保險費用。每人補助金額不得超過台灣地區學生之上限。
返台轉學學籍認證	1.台商子女就讀大陸地區初中、小學回台後如欲繼續就讀國民中小學，依國民教育相關法令規定，憑足資證明之文件逕向戶籍所在地之學區國民中、小學申請編入適當年級就讀；如係就讀於教育部備案之大陸台商子弟（女）學校，則視同台灣本地區學校，持該校學籍證件向戶籍所在地之學區國民中、小學申請就讀即可。 2.至於台商子女就讀大陸地區高級中學回台後欲就讀公私立高中者，持大陸高級中學成績證明，經大陸公證處公證，並經海基會驗證後，至教育部中部辦公室或戶籍所在地之主管教育行政機關（台北市、高雄市），換發同等學歷證明書即可報考各校轉學考試；如係就讀於教育部備案之大陸台商子弟（女）學校，持該校學籍證件即可報考各校轉學考試。

資料來源：財團法人海峽交流基金會編印，《台商大陸生活手冊》（2009年9月5版1刷），頁88。

表16-6　兩岸個人所得稅的主要差異

個人所得稅	大陸地區	台灣地區
課稅主權範圍	屬人主義	屬地主義
稅率	3%～45%	6%～40%
繳納方式	扣繳	申報

製表：丁志達。

得，無論是由大陸境內雇主支付或境外雇主支付，均需在大陸申報納稅。至於申報所得稅的高低，由當地地方稅務局裁量和判斷。

(二)一次性獎金課稅

台幹個人取得全年一次性獎金（包括年終加薪）的計算繳納個人所得稅算法為：用全年一次性獎金總額除以十二個月，按其商數對照工資、薪金所得項目稅率表，確定適用稅率和對應的速算扣除數，計算繳納個人所得稅。

例如某甲（台幹）每月薪資為人民幣12,000元，2012年1月，用人單

位擬給予某甲一個半月的一次性獎金，則某甲一次性獎金為人民幣18,000元（不包含當月工資），其計算公式為：18,000元÷12（個月）＝1,500元（找出適用稅率10%及速算扣除額人民幣105元），則一次獎金應納稅額＝1,500元×10%－105元（累計扣除額）＝45元（課稅金額）。

(三)個人所得稅全員全額扣繳申報

依據「個人所得稅全員全額扣繳申報管理暫行辦法」第三條規定，全員全額扣繳申報，是指扣繳義務人在代扣稅款的次月內，向主管稅務機關報送其支付所得個人的基本信息、支付所得數額、扣繳稅款的具體數額和總額以及其他相關涉稅信息。

(四)避稅法則

大陸財政部和國家稅務總局批准免稅的所得項目，對台幹適用的主要有下列幾項：

1.台幹以非現金形式或實報實銷形式取得的住房補貼、伙食補貼、洗衣費。

範例
16-13

納稅義務人納稅申報

納稅義務人有下列情形之一的，應當按照規定到主管稅務機關辦理納稅申報：

(一)年所得十二萬元以上的。

(二)從中國境內兩處或者兩處以上取得工資、薪金所得的。

(三)從中國境外取得所得的。

(四)取得應納稅所得，沒有扣繳義務人的。

(五)國務院規定的其他情形（第一款）。

年所得十二萬元以上的納稅義務人，在年度終了後三個月內到主管稅務機關辦理納稅申報（第二款）。

資料來源：「個人所得稅法實施條例」第三十六條（自2011年9月1日起施行）。

2.台幹以非現金形式或實報實銷形式取得的搬遷費。

3.台幹按合理標準取得境內、外出差補貼。

4.台幹取得的探親費，但僅限於外籍個人在中國受僱與其家庭所在地
（包括配偶或父母居住地）之間搭乘交通工具且每年不超過二次。

5.台幹取得的語言培訓費、子女教育費（史芳銘，2005）。

又，依據「台灣地區與大陸地區人民關係條例」第二十四條第一項
規定，台灣地區人民、法人、團體或其他機構有大陸地區來源所得者，應
併同台灣地區來源所得課徵所得稅。但其在大陸地區已繳納之稅額，得自
應納稅額中扣抵（**表16-7**）。

七、遺失證件的處理

台幹如在大陸地區遺失「台胞證」時，應先向公安部門報案，取得
報案證明後再向公安機關出入境部門申請補發「台胞證」，或單次進出大
陸地區之「臨時台胞證」。

表16-7　台幹薪資規劃

·不要由非居民納稅人變成居民納稅人（超過五年）。連續在大陸工作五年的台籍幹部，要利用連續離境三十天可中斷五年計算期的類似作法，避免被課徵全球收入的稅務風險。
·在掌握當地稅務局可接受的申報底線後，可將部分高所得者薪資分一部分在境外支付。
·在中國大陸分項扣稅未改變時，中國大陸薪資所得稅率可達45%，可充分透過將收入分配到勞務所得等方式，降低適用稅率。
·為合法降低台幹在中國大陸的稅負，台商企業對於福利部分應盡量避免以現金補貼（含依職務高低的定額補貼），而應改採取實報實銷或非現金形式支付住房補貼、伙食補貼、回台探親費、子女教育費等，而目前大陸尚未明訂企業出差伙食補助費和誤餐費的標準，各台商企業可以自行依實際狀況訂定。
·若中國大陸公司有盈餘，台幹可以透過公司盈餘分配給境外公司扣繳10%的情形，在境外將股利以職工分紅的方式私下分配給台幹，但有一定的稅務風險。
·如非必要，台幹職稱不要太過高階（包括總經理、副總經理、各職能總管理師、總監及其他類似公司管理層的職務）。
·外派員工薪資增加之稅負，公司應提早規劃。

資料來源：倪維（2008），《透析中國稅務：因應中國大陸2008年新企業所得稅法》，
　　　　　台北市進出口商業同業公會出版，頁258。

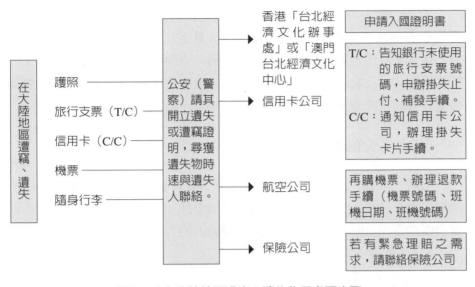

圖16-1　在大陸地區遭竊、遺失物品處理步驟

資料來源：高孔廉主編（2010），《大陸旅行實用手冊》，頁66。

　　台幹如在大陸地區遺失「護照」時，由深圳進入香港者，向香港「台北經濟文化辦事處」（電話：852-25301187，香港金鐘道89號力寶中心第1座40樓），或由珠海進入澳門者，向澳門「台北經濟文化中心」（電話：853-28306282，澳門新口岸宋玉生廣場411-417號皇朝廣場5樓J-O座）申請「入國證明書」後，再搭機返台。如循「小三通」途徑返台，可洽請移民署金門縣服務處（電話：886-82-323701）或連江縣服務站（電話：886-836-23741）協助返台（如**圖16-1**）。

第八節　人身安全保障

　　1978年，中國大陸推動以「改革開放」為主軸的新經濟政策，實行所謂的社會主義市場經濟體制，開啓了與世界各國經貿往來的大門。而台灣地區也於1978年11月2日開放准許民眾赴大陸探親，從此台胞到大陸探親、旅遊、經商絡驛不絕，但隨之而來的人身安全也開始亮起紅燈。

　　造成台幹人身安全的事件頻頻發生，一方面由於大陸近年來隨著經濟改革的不斷深入與經濟結構性調整，大量工人下崗，以及農村富餘勞動力不斷湧入城市，造成社會治安惡化；另一方面，由於台幹與大陸職工之間的矛盾，以及大陸法律體制，如海關的反走私手段過嚴苛，有時也會影響到台幹的人身安全（如**表16-8**）。

一、人身安全的防範

　　台幹到大陸工作，要遵守當地法令，更要謹言慎行，不要碰觸政治議題，潔身自好，不談政治，以避免惹禍上身，並確保個人生命安全。就實務面而言，可歸納下列幾項「趨吉避凶」的方法供參考。

(一)遵守當地法令

　　台幹在大陸工作時，即可能因為不熟悉大陸的法律規定或是兩岸認知的差異，遭大陸有關單位以違反大陸有關法令為由，予以拘留、羈押或被限制出境。例如因觸犯「國家安全法」遭到逮捕、違反稅務規定（如偷

表16-8　台商人身安全常見的案例

- ・違反大陸稅務規定（如偷逃漏稅）致遭羈押。
- ・涉嫌非法經營（例如從事人民幣兌換、非法經營證券業務等）。
- ・因觸犯大陸國家安全法而遭拘捕。
- ・非法攜帶文物出境。
- ・違法攜帶超額外幣出境。
- ・攜帶色情物品與涉及大陸禁止之政治刊物。
- ・涉嫌合同詐騙、網路詐騙。
- ・從事色情網站。
- ・末依正常通關程序進出大陸。
- ・涉嫌嫖妓及假結婚案件致遭居留。
- ・因工安事件（火災、爆炸）造成人員傷亡。
- ・侵犯智慧財產權（仿冒商標、專利、著作權）。
- ・因酒後或無照駕車肇事。
- ・違法安裝衛星天線。
- ・涉及其他刑事或民事案件（包括經貿糾紛）遭大陸有關機關扣留證件限制出境等。

資料來源：財團法人海峽交流基金會編印（2009），《台商大陸生活手冊》，頁120-
　　　　　121。

逃、漏稅）遭到羈押、違反攜帶超額外幣出境、攜帶涉及大陸禁止之政治刊物入境等，致遭大陸有關單位扣留。

(二)管理借重陸幹

台幹在大陸管理職工，應禁止任意對大陸職工進行涉及人身的辱罵、體罰職工，這不僅觸犯大陸「勞動法」的規定，同時亦違反了大陸「刑法」及「治安管理處罰條例」的規定，輕者受到口頭批評或罰款處分，嚴重者可能被判刑入獄。

不要把自己推上「火線」，主動與大陸職工溝通，傾聽大陸職工意見及建議，給與大陸幹部相對較優渥的待遇，利用「台幹管理陸幹，陸幹

範例 16-14

離職員工夜劫宿舍　殺台商妻

桃園縣龍潭鄉朱○馴的妻子翁○枝，5月29日深夜在丈夫投資的大陸廣州市番禺區聖誕燈飾工廠台商宿舍內遇害，公安第二天宣布破案，凶手是四男一女工廠離職員工，因翁婦在他們闖進工廠搶奪時激烈反抗才下手殺她。

朱○馴說，他在番禺區與友人投資聖誕燈飾工廠多年，和妻子翁○枝（68歲）平時住在工廠的台商宿舍，前天深夜十一時，他和妻子在宿舍二樓睡覺時，突遭五名蒙面歹徒闖入搖醒，動手圍毆他們夫妻後綑綁，並蒙住眼睛與塞住嘴巴，其中一人搶走他手上的手錶。

朱○馴說，他當時被蒙住眼睛，不知發生什麼事，只聽到太太慘叫幾聲，及歹徒翻箱倒櫃的聲音，後來他沒聽到聲音，心想歹徒可能離開了，就設法掙脫繩索拿下蒙面布，才看到太太被割喉，已經流血過多死亡，屋內所有值錢物品與現金等財物也都被搶走。

公安調查發現：犯案的五名蒙面歹徒都是工廠的離職員工，因熟悉工廠與台商宿舍周邊環境，才會潛入工廠涉嫌強盜。

資料來源：楊孟立、劉愛生，〈離職員工夜劫宿舍　殺台商妻〉，《聯合報》（2011/05/31，A10版）。

管理職工」的間接操作手法，以避免惹禍上身；解除（終止）勞動合同，應依法給予經濟補償金，以避免被辭退職工挾怨報復。這些作法，相信將可減低台幹在大陸人身安全遭受侵害之事件發生。

(三)慎選保安人員

多數台商的廠房都設於郊區，唯一的安全保護措施，就是門禁管理，但知人知面不知心，這些來自內陸地區的年輕保安人員的素質良莠不齊，不少工作表現不佳者，一旦被辭退後，在心存報復的不正常心理作祟下，往往就成了鋌而走險的殺手。例如多年前，在東莞的吳姓台商陳屍在宿舍的血案事件，廣東省公安人員在偵破這起命案時，發現是該廠保安人員與工廠工人聯手犯案而起。所以，保安人員的聘僱要謹慎。

(四)避免財務糾紛

俗話說：「鳥為食亡，人為財死。」私人金錢的往來，一但「借方」不守承諾，「翻臉」成仇，人身安全堪慮。所以，台幹不要私自與大陸職工有金錢往來；不要私自與大陸職工買賣東西（例如古董、草藥、土產或特殊違禁物品）；不與大陸官員、大陸幹部打牌、賭博；收、繳現

範例 16-15

大陸職工對某台籍經理人的印象紀錄

正面肯定部分	有待觀察部分
· 邏輯思維能力強，會化繁為簡，理順問題。	· 太尊重部屬的意見（人治），指示問題缺少果斷力。
· 溝通協作能力強（心胸開闊）。	· 管理缺乏魄力（採中庸之道）
· 會吸收新知。	· 問題解決拖泥帶水，稀釋了問題對策的時效性（表達語詞含糊不清楚）。
· 富同理心（待人處事）。	· 偏重成果導向，不重視細節。
· 有獨到的見解。	· 引進新產品觀念的速度不夠快、準。
· 信息樂意分享（能提攜部屬）。	· 技術出身，管理經驗較欠缺。
· 人性化管理（尊重大家意見）。	· 識人還要加強，容易偏袒某些職工，較少關懷不會「吵」的職工。
· 不會瞧不起人（性情溫和）。	· 技術花心思，管理較少花心思。
· 會承擔責任（不會諉過他人）。	

資料來源：丁志達針對廣東省東莞市樟木頭鎮某台商電子公司田野調查記錄。

金，不要假手無當地戶籍的職工經辦，這都是可避免因處理財物不當所造成的困擾或殺機。

(五)避免招搖擺闊

台幹在大陸期間，切記財不露白，從穿戴、住宅、交通工具、收付款狀況、薪資發放等都可能給歹徒製造搶奪機會。大陸人貧富差距懸殊，盡量配合大陸當地人民的生活水準及風俗習慣，不要在大陸人面前炫耀個人在台灣的高收入；公司發放薪資用銀行轉帳核發；個人在交際應酬時，不要招搖擺闊（穿名牌服飾、開名車招搖過市），顯露台幹「高人一等」的身分，須知財大氣粗，容易遭來「無妄之災」。入境隨俗，尊重當地人，謹慎交往，以求和氣生財。

(六)居家安全防範

生活樸實單純是保命的重要法則。工廠有提供宿舍時，就要避免在外租屋獨居，同時應嚴禁大陸職工出入台幹宿舍，以防止職工勾結當地不良份子對台幹進行搶劫；公司未提供宿舍須在外租屋者，一定要仔細選擇居家周邊環境，最好住在台商密集居住區的地段，彼此可以有所照應，並做好各項住家安全防護，例如防火、防盜等措施。

範例 16-16

東莞台商一家三口喪火場

位於東莞市鳳崗鎮雁田怡安工業區的廣○工藝製品有限公司一樓，九月二日凌晨四點疑似電線走火引發火災，來自高雄的陳○旭和妻子蘇○珍、兒子陳○翰受困火場。由於現場濃煙太大，三人都是被濃煙嗆死。

發生火災的台商工廠主要經營工藝品加工，一樓為加工工廠，二樓為辦公室和展廳，三樓為倉庫和值班室。陳○旭是受僱於該工廠的台籍幹部，剛到東莞工作一年多。

資料來源：汪莉絹，〈東莞台商一家三口喪火場〉，《聯合報》（2010/09/04，A17版）。

(七)小心夜晚外出

大陸下崗失業問題仍然嚴重，流竄各地打工的數千萬民工，龍蛇混雜，尤其一些城鄉相鄰的「三不管」地帶，成為地方上治安的死角。夜幕低垂之際，正是行搶（偷竊）的最好時機，趁著犯案後夜色昏暗，遠避他鄉，在「幅員廣大」、「人海茫茫」中，如何找到凶嫌破案，的確有一定的難度。台幹為避免被偷、被搶，夜晚不要單獨走夜路，單飛離營，流連夜生活或外宿；如果夜晚一定要外出，相約而行，避免個人行動落單，以防萬一。台商需注意走在路上應防止摩托車（機動車）靠近搶劫，往返宿舍尤需注意前後是否有人跟蹤或接近。

(八)避免感情出軌

俗話說：「色字頭上一把刀」，台幹在大陸包二奶、召妓、賭博、玩樂等「惡形惡狀」時有耳聞。少數台幹因與「大陸妹」感情糾紛而造成的被殺害事件也屢見不鮮。本來要「衣錦返鄉，光宗耀祖」，卻落得「人財兩空，無顏見家鄉父老」的地步，何苦來哉？

(九)自我約束保身

台幹平日言行就要保持低調，畢竟台幹是「境外人士」，「非我族類」，說話不能「理直氣壯」，否者容易「遭惹」而引來「報復」；如台

範例 16-17

汕頭台協創會會長被砍殺身亡

汕頭台商協會創會會長葉○權，十月二十五日傍晚七點應酬結束、步出餐廳後，遭不明人士搶劫，由於葉○權頑強抵抗，搶匪便持刀將他刺傷，由於位置接近頸部動脈，因而失血過多身亡。

年近七十的葉○權，二十五年前就進入汕頭投資，當地人脈關係相當好，主要經營陶瓷事業，當初汕台郵輪首航成功，他是重要的推手之一。

資料來源：陳思豪，〈汕頭台協創會會長葉○權被砍殺身亡〉，《聯合報》（2011/10/27，A13版）。

幹要涉足聲色場所，抒解「工作壓力」，更要「結伴而行」，但須避免邀約大陸職工一起到娛樂場所「歡樂唱」；不要邀請大陸幹部到家聚會，避免住家「豪宅」設備曝光，引起「殺機」；不要隨便進入他人民房，避免被「誣贓」。

　　台幹要入境隨俗，知法守法，加強風險意識，注意自身安全，當可避免上述事件發生。

二、發生人身安全意外處理

　　台幹在大陸地區的人身安全一旦受到威脅時，似可採用下列的管道來設法解困：

(一)當事人自行解決

　　利用當地人脈關係協助解決，但此舉風險較大，應慎防協助方藉機斂財，避免「賠了夫人又折兵」，得不償失；或延聘大陸律師循著司法途徑協助處理，以保障當事人合法權益。

(二)向大陸地區有關單位求助

　　台幹可透過大陸各地的台商協會、地方政府相關政法或經貿單位、各地台灣事務辦公室（簡稱台辦）以及海峽兩岸關係協會（電話：010-83536622）等單位請求協助。

(三)向台灣地區有關單位請求協助

　　在台之親屬及友人，則可透過行政院大陸委員會、財團法人海峽交流基金會、經濟部大陸台商經貿服務中心等單位求助。

範例
16-18

台籍男在陸詐騙判無期

設籍台中市的男子曾○杰（三十四歲，在大陸娶妻），因涉及兩岸詐騙案，昨（12/04）天被大陸浙江台州法院判處無期徒刑，並沒收全部財產。

曾○杰被大陸公安關押期間，桃園地檢署主任檢察官黃錦秋去（2010）年6月間，曾透過刑事局安排，兩度利用視訊偵訊他。黃錦秋說，曾○杰是江○吉、賴○宏兩岸詐騙集團大陸洗錢與架設機房集團重要幹部（按：江、賴兩人2010年6月都在台灣被捕），專門負責在大陸找大頭帳戶並協助匯款，是很重要的「水站」（地區負責人）。另與曾○杰同案的大陸嫌犯陳○松，則被大陸浙江台州法院判處有期徒刑十四年，處罰金一百萬元人民幣；曾○強判處有期徒刑十年，處罰金五十萬元人民幣。

根據大陸檢察機關指控，2009年5月至8月間，曾○杰等人詐騙範圍涉及全大陸十八個省市三百二十人，金額達一千九百九十萬餘元人民幣。

資料來源：本報記者／連線報導，〈台灣同罪最重7年　台籍男在陸詐騙判無期〉，
　　　　　《聯合報》（2011/12/05，頭版）。

結　語

台幹到大陸工作是企業國際化下的就業選項，台幹出遠門謀生，就要確實遵守當地法規，私人行為要自我檢點，管理大陸職工要放下身段，同時要不斷充實自己的「絕活」技能，建立人脈關係，才能快樂出門，平安回家，再創職業生涯第二春。

第十七章
大陸知名企業人力資源管理

> 不管黑貓白貓，捉到老鼠就是好貓。
>
> ～鄧小平語錄

在全球化、技術日新月異的二十一世紀，企業的生存與發展，靠的是人才管理。如何識人、育人、用人、留人，這都是人力資源管理戰略的要項。本章特選六家在大陸改革開放後才作大作強的台商（富士康科技集團、裕元工業集團）、本地商（海爾集團、華為技術公司）和外商〔廣州寶潔有限公司、愛立信（中國）有限公司〕獨到、出色的以「以人為本」的人力資管理的運作模式，作為學習的樣版。

第一節　富士康科技集團

富士康科技集團（以下簡稱富士康）是以台灣鴻海精密工業公司為主的跨國性企業。1988年投資中國大陸，是集開發、設計與精密製造於一體，整合機器人、精密機械及模具、網路平台、奈米技術與熱傳導技術等高新領域的創新型國際化集團，是全球最大的電腦連接器和電腦準系統生產商。該集團投資大陸以來，已逐步形成富有自身特色的經營、運籌、育才與發展模式。

一、企業文化

企業文化是一群人長期工作在一起，久而久之形成的共同認可和尊重的價值觀。富士康最強的競爭力是企業文化，它有四個特徵：

第一是辛勤工作的文化，每個人都要腳踏實地辛勤工作。

第二是負責任的文化，工作交給你，你就應該把事情做好。

第三是團結合作並且資源共享的文化，就是工作時團結合作，但又彼此分享資源。

第四是有貢獻就有所得，也就是一分耕耘一分收穫的企業文化。

富士康的企業文化是一種融合的文化，講求集合、整合、融合。不管是山西人、山東人、湖南人，還是四川人，經過文化融合後，就可派到各地去歷練。

二、人才招募管道

在人才招募方面，富士康組建專業成熟的招聘團隊，主要從下列六個渠道來招才。

1. 招募大學畢業生：被錄用的畢業生，在集團組織的新員工培訓中，被稱為「新幹班」學員（如圖17-1）。
2. 網路招聘：招募信息發布快速、保留期長、可反覆查閱，而且覆蓋面廣，不受地域和時間的限制。
3. 回聘離職員工：富士康一直與那些離職的優秀職工保持聯繫，及時與他們交流工作心得，並在恰當的時機邀請他們返回公司工作。
4. 獎勵「伯樂」：富士康建立舉薦優秀人才的獎勵制度，鼓勵內部員工推薦優秀人才，發給獎金。
5. 建立社會人際網絡：透過各種社會網絡尋找全球各地標竿企業的優

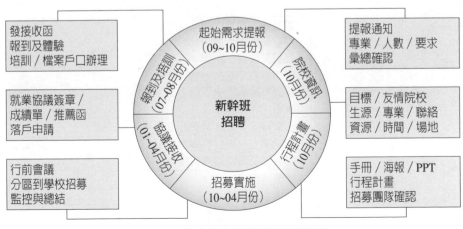

圖17-1　富士康年度招聘日程總計畫

資料來源：富士康集團網站（http://hr.foxconn.com）。

秀人才，引進「海歸派」（海外留學生）的菁英人才。

6.成立「獵龍隊」，專獵人才：專門到社會上和其他企業內打探人才
信息，挖掘特殊人才，追蹤聘用。

三、新幹班的培訓

「新幹班」是富士康為快速培養優秀基層技術及管理幹部，實現集
團人才本土化、科學化、國際化戰略目標而採用的一種育才模式，培養對
象為大學本科畢業生。學員需要經過入職培訓、現場歷練和培育養成三個
成長階段。

範例 17-1

富士康的用人標準

程序	內容	面試與考察重點
一選	個性／內在特質	・從儀態、舉止、言談判斷。 ・採用人才測評系統，了解面試者的成長環境、價值觀、習慣、愛好等。
二選	工作意願	・應聘者的求職動機及對職位的興趣。 ・應聘者家庭因素、所在地理位置等對工作影響程度的評估。
三選	三心	・基層員工看責任心。 ・中層員工看上進心。 ・高階主管看企圖心。
四選	努力程度	・敬業奉獻及吃苦耐勞精神。 ・接受挑戰承受心理壓力的程度。 ・學習及提升的能力。
五選	工作歷練	・社會鍛鍊、工作經驗和本專業相關知識。
六選	專業技能	・專業深度、廣度及專業成果。 ・應聘職位具備的專業技能。
七選	教育背景	・學歷證書。 ・知識掌握程度。

資料來源：徐明天（2007），《郭台銘與富士康》，中信出版社（2007/11），
頁229。

(一)入職培訓

入職培訓的主要重點是熟悉富士康文化，培訓期間一週，使學員在心理上開始由知識文化學習者向產品創造者過渡，講師群均由集團各單位的高階主管擔當。

(二)現場歷練

從學生到企業人的角色轉換。學員集中培訓後，由各業務單位安排到生產現場進行為期六個月的實習和歷練。

(三)培育養成

對於新幹班學員考核合格者，富士康制定了「一年培育，三年養成」的規劃。在崗位工作的同時，根據崗位應知、應會的要求，進行相應的知識、技能和態度的訓練，一年內達到助理工程師的要求；再利用三年時間把學員培育成為合格的各類工程師管理人員，具備獨立處理事務的能力，成為能夠獨當一面的優秀人才。

四、生活照顧

在生活照顧方面，富士康約有下列幾項特色：

(一)138計畫

富士康針對核心幹部有一個「138計畫」，即經過一年勞動合同考核後，繼續簽三年期合同，並在此三年中獲得獎金、補貼、住房等相關福利，工作滿八年後，可無償獲得公司補貼住房一套或等值的現金。在2010年，富士康花了人民幣三億七千萬元買下八百七十戶套房，分配給在富士康工作達一定年資且績效良好的員工（胡釗維、林易宣，2010）。

(二)設有食堂

廠區建有多處食堂，提供各色豐富的餐飲。湖南菜、四川菜、廣東菜、北方菜都有，菜餚、麵點、米飯種類豐富，任挑任選。不但要吃飽，還要吃得健康。富士康建立了農產品基地，專門供應公司的糧食、蔬菜、

肉、蛋、牛奶，保證食品的綠色環保。

(三)春節返鄉專車

每年春節前，富士康幫助員工解決返鄉過節車票難買的困難，不但出面跟鐵路、公路有關部門聯繫購買車票，還爲員工預訂專車，送員工回家過年。

(四)免費上網

富士康修建了圖書館和數碼銀狐生活館（休閒網吧，一次可容納二千五百人同時上網）。職工工作之餘可以到圖書館看書，或坐在網吧舒適的沙發座椅上品酌香濃的咖啡，衝浪上網。

(五)員工健康保健

爲保障職工身體健康，富士康設立了自己的醫院診所，每年花費人民幣三千多萬元定期爲全體職工體檢，並建立個人健康檔案，實施健康狀況定期追蹤。每年花費人民幣七千多萬元爲職工免費洗衣（工作服），同時也設立了體育場、游泳館、健身房等運動場館，便於職工平時鍛鍊身體。

範例 17-2

社會保險與商業保險

富士康集團的職工除了享有工傷保險外，還享有養老保險、失業保險、醫療保險、商業保險。

(一)養老保險

具有深圳常住戶口的職工，養老保險費每月由公司繳納職工工資的9%，個人繳納5%，其中11%納入個人帳戶，3%納入共濟基金，暫住戶口每月由公司繳納職工工資的8%，個人繳納5%，其中11%納入個人帳戶，2%納入共濟基金。當職工按規定繳納一定年限的保險金，符合國家規定的退休條件時就可按月領取養老金。據「廣東省社

會養老保險條例」第十七條規定：1998年7月1日後參加工作的，養老金由基礎性養老金和個人帳戶養老金兩部分構成，其中基礎性養老金按退休時上年度所在市職工月平均工資的20%發放，個人帳戶養老金按退休時個人帳戶積累的1/120發放。

(二)失業保險

據「廣東省失業保險條例」和國務院「失業保險條例」，單位應按其職工上年度月平均工資總額的2%，職工按本人上年度月平均工資總額的1%繳納失業保險金。當被保險人同時具備下列條件的，可以領取失業保險金：(1)在法定勞動年齡內非自願性失業；(2)本人及單位按規定參加失業保險並連續繳費滿一年以上；(3)進行失業登記；(4)有求職要求並接受職業介紹和就業指導。失業保險金按原單位所在地最低工資標準的80%，逐月計發。

(三)醫療保險

據「深圳市基本醫療保險暫行規定」相關規定：具有深圳市常住戶口的在職職工的綜合醫療保險費，按其月工資總額的9%繳交，其中用人單位繳交7%，職工個人繳交2%；職工繳費月工資不得低於市上年度職工月平均工資的60%，不得高於300%，超過部分免交醫療保險費；具有深圳市暫住戶口的職工的住院醫療保險費，由用人單位按市上年度職工月平均工資的2%繳交，個人不負擔。

參加綜合醫療保險的，具有深圳市常住戶口的在職職工，住院基本醫療費用由共濟基金支付90%，個人現金支付10%。門診基本醫療費用，由個人帳戶支付；參加住院醫療保險的，具有深圳市暫住戶口的職工，住院基本醫療費用由共濟基金支付90%，個人現金支付10%，門診基本醫療費用自理。

(四)商業保險

富士康集團就集團職工向有關人壽保險公司投保了團體人身意外傷害險和員工福利團體健康險。其中團體人身意外傷害險含工傷與非

工傷，即因工受傷的職工可獲得工傷保險和商業保險雙重賠償；員工福利團體健康險含住院、門診、疾病死亡，當職工患病或非因公負傷住院時，其所支付合理醫療費用的90%由社保機構支付，剩下的10%可透過商業保險要求保險公司賠償。

資料來源：新「工傷保險條例」及相關問題之解析，「鴻橋」電子版網站（http://www.honhai.com.tw/honqiao/law_100_32.htm）。

(六)其他康樂休閒活動

在富士康廠區內，設有商場、銀行、餐廳、飯館、茶樓等生活配套設施。2006年，廠區內成立了自己的電視台，有八個檔目，包括新聞、職工才藝、生產安全等內容。同時，也成立了藝術團、曲藝社、戶外運動俱樂部、讀書俱樂部等職工社團（徐明天，2007）。

富士康科技總裁郭台銘說：「我希望大家努力合作，辛苦的過程可以換來年終豐富的收割。」印證了經營的成功，就是要打拚才能雙贏。

第二節　裕元工業集團

裕元工業集團（以下簡稱「裕元工業」）是台灣寶成集團旗下的一家實力雄厚的跨國集團企業。在廣東省東莞、中山、珠海、黃江等地有生產基地，專業生產NIKE（耐吉）、ADIDAS（愛迪達）、REEBOK（銳步）等世界知名品牌運動鞋、休閒鞋和慢跑鞋，是世界最大的製鞋企業。

一、層級組織結構

裕元工業在生產組織上採用了層級組織結構，設立班長、組長、課長等管理階層，以實現管理的有序化，保證生產的正常進行。新進職工在上崗前必須接受培訓，熟悉生產的技能，提高工作效率，減少次品率。

範例
17-3

裕元工業集團事業部層級結構

董事長
主席
董事總經理
執行董事
非執行董事
董事長秘書

第一事業部	第二事業部	第三事業部
總經理	總經理	總經理
副總	副總	副總
執行協理	執行協理	執行協理
協理	協理	協理
副協理	副協理	副協理
執行經理	執行經理	執行經理
經理	經理	經理
副經理	副經理	副經理
廠長	廠長	廠長
副廠長	副廠長	副廠長
課長	課長	課長
組長	組長	組長
班長	班長	班長

資料來源：劉震濤、殷存毅、楊君苗、徐昆明（2006），《台商企業的中國經驗：
　　　　六大企業立足中國的策略》，台灣培生教育出版，頁279。

　　製鞋是一種勞力密集型的產業，提高職工的生產效率是提升整個生產效率的一個有效方法。在生產淡季時（一般每年的4月和9月），裕元工業不解僱員工，而是採取放長假的辦法，這樣旺季一旦來臨，職工能回廠繼續生產，實際上減少了引進職工的成本，提高了效率。

二、加班費支付

裕元工業實施嚴格的工時管理制度。每週總工作時間不超過六十小時，加班時間一般為每週一、二、四、五的晚上三小時和週六白天，總計加班時數不超過二十小時，同時支付正常工作時間1.5倍的工作報酬，週六則支付2倍的報酬。

範例 17-4

裕元工業的勞動條件

人事制度	
公司用人原則	公開、公平、公正。
工作時間	每天八小時，每週五天，其餘時間上班計給加班費。
加班費	星期一至星期五八小時以外的延時加班以1.5倍計算；星期六和星期天上班以2倍計算；法定假日上班則以3倍計算。
員工休假	按國家勞動法規定休假。
獎金	每月根據員工工作績效發放績效獎金，年終期間對員工進行考核，並按等級發放年終獎。
薪資	公司新進文員或儲備幹部在試用期內薪資標準依入職時之最高學歷確定，每年兩次升遷調薪。
福利制度	
娛樂休閒設施	足球場、田徑場、燈光籃球場、投影廳、歌舞廳、工會俱樂部、小型公園、乒乓球台；組建有文藝活動隊，節假日常有文藝晚會等。
文化設施	教培中心、閱覽室、圖書館、員工活動中心、文化廣場、幼稚園、有企業報《裕元之聲》和雜誌《NIKE在裕元的足音》。
社會保險	公司建有軟、硬體完備的裕元醫院，為員工提供醫療服務，公司負擔部分費用；公司按當地社保局規定為員工辦理各類保險，如社會養老保險、工傷保險、失業保險及醫療保險，同時還為員工辦理意外傷害險。
其他	公司生活區內設有自選商場、餐館、郵局、活動中心、成人夜校、圖書室等，方便員工日常生活；公司為職員提供食宿。

資料來源：〈裕元工業集團──東莞裕元製造廠〉，好前途網站（http://www.haoqiantu.cn/CJ537468.html）。

三、社區管理生產模式

東莞裕元工業行政中心及其屬下工廠（高步鎮）位於東莞市的東江河畔，緊鄰東莞市郊區，主要是負責組裝全球各大名牌運動鞋，分布在鎮上的幾個廠區內，分別就是ADIDAS（愛迪達）社區、REEBOK（銳步）社區、NIKE（耐吉）社區等知名品牌的代工生產基地。這種方式一方面可以實現部分的廠區自治，另外，由於每家運動鞋廠都有一些所謂的特殊商業機密，以社區管理生產方式將不同品牌的職工分開管理，也滿足了代工客戶不希望其他廠家窺伺商業機密要求，可謂一舉兩得。每個品牌製造社區中，配備了員工宿舍、餐廳、診所、商店和娛樂場所。職工在品牌社區內就近休息、用餐、上班，大大節省了通勤時間，提高了效率，還減少了因外來人口增加而帶來的當地社會不穩定因素及治安問題。

四、勞動條件

由於一些國際組織和媒體的呼籲，以及因此引起消費者市場反應，品牌商越來越注意自身的企業形象，包括產品是否環保、有沒有使用童工、生產過程是不是人權管理等。所以，裕元工業不斷提高對各地工廠的環境、安全、消防、衛生（平均三十個職工有一個廁所可使用）、人員管理等方面的要求，以避免來自人權組織的尖銳批評和訂單的損失。同時，裕元工業在董事會中專門有一名董事負責勞工安全問題（如**表17-1**）。

五、夜間高中

裕元工業的高埗寶元工業區與當地石龍職業中學聯合創立了國家承認學歷的一所夜間高中，讓員工在廠區內安心學習。夜間高中每週一、三、五晚上和星期日早上上課，每次上課廠裡都派車接送老師，風雨無阻。職工就學是完全免費的。

表17-1　大陸地區各工廠SARS預防措施落實情況檢查表

地區＿＿＿＿＿＿＿廠＿＿＿＿＿＿

區域	序號	檢查項目	落實情況	備註
廠區	1	是否成立工廠應急小組？有無具體應急流程？		
	2	是否專人負責指導防治工作的開展？		
	3	是否提供應急所需之資源（如：人員、費用、車輛等）？		
	4	是否對生產、工作環境進行全面清潔消毒，消除衛生死角，配備抽風設備，保持空氣流通？		
	5	是否指派專人進行體溫檢測？		
	6	各單位是否每日切實執行測量體溫，並造冊登記？		
	7	對測量體溫超過38℃者，是否呈報行政主管、應變小組並予以隔離檢查？		
	8	是否確實執行禁假制度？		
	9	對在廠外租房住宿人員是否進行登記造冊、重點監控？		
	10	是否對正在休假之人員進行登記造冊？		
	11	是否對休假及出差回來之人員進行隔離觀察（含港、台幹）？		
	12	是否控制加班時間，避免免疫力降低？		
	13	是否出刊專欄、專刊或其他方式進行防護宣傳？是否宣導員工搞好個人衛生、勤洗手，並保持工作場所和生活場所環境衛生及空氣流通；減少外出，避免到人群聚集或空氣不流通的地方；均衡飲食、適當休息及運動，增強免疫力；避免不必要的探病，有病及時看醫生？		
	14	各隔離區的管理人員及護理人員是否進行過培訓？		
	15	外來客人進入廠區，是否進行登記，並配備口罩和量測體溫？		
	16	是否設立招待客人之隔離會客室？業務人員與客人交談時是否配戴口罩？		
醫療中心	1	是否加強對非典型肺炎知識宣傳，讓廣大員工認識非典型性肺炎的防病、治病知識，防止近距離親密接觸？		
	2	被隔離人員是否配戴口罩？		
	3	是否組織醫務人員學習有關非典型肺炎的發病原因、臨床表現、預防治療措施，提高對該病的警惕性？		
	4	是否設置可疑患者隔離觀察病房？		
	5	是否組織對全園區公共區域、宿舍空氣消毒？		
	6	是否對隔離病房、病區值班室、更衣室、病區走道等定期進行消毒？		
	7	病房有人的情況下，病房是否通風，每天上、下午是否各消毒一次？		
	8	病房無人的情況下，每天是否消毒最少一次？		
	9	是否對病房、走廊、檢查室、治療室、辦公室等場所地面進行每天三次消毒？		

（續）表17-1　大陸地區各工廠SARS預防措施落實情況檢查表

地區_____廠

區域	序號	檢查項目	落實情況	備註
醫療中心	10	是否對桌子、椅子、凳子、床頭櫃、門把手、病歷夾等每天消毒一次？		
	11	對病房門口、病區出入口放置的消毒腳墊是否及時補充消毒液？		
	12	病人的排泄物、分泌物是否及時進行消毒處理？		
	13	每一病床是否放置加蓋容器，痰具每天是否消毒一次？		
	14	病人使用的被服、口罩等是否及時消毒？		
	15	進入隔離區的工作人員是否配戴十二層棉紗口罩？		
	16	接觸病人的醫護人員是否配戴口罩？		
	17	治療裝置使用前是否進行消毒？		
	18	對病人住過的房間和所在的車間、辦公室及可能接觸過的空氣、地面、牆壁、家具、日常用品等物品連續三日進行消毒；病人用過的床上用品、衣物是否進行消毒處理？		
	19	病人檢查時所使用的X光室、B超室等的空氣、地面、牆壁、通道、儀器、物品等是否消毒處理？		
	20	醫院使用完之藥品，廢棄物等是否進行妥善處理？		
隔離區	1	工廠是否設立隔離區？		
	2	隔離區的通風是否良好？是否有足夠的通風設備？		
	3	隔離區的環境是否符合傳染病要求？		
	4	隔離區能否隨時辦理入住？		
	5	隔離區是否有專人負責管理？		
	6	隔離區是否有指派專門醫務人員對隔離人員進行定期體檢？		
	7	隔離人員的外出是否得到管制？		
	8	是否嚴禁探訪？		
	9	是否有專人負責送飯、送水及其他服務？		
	10	就餐人員是否統一使用一次性飯盒，使用的飯盒是否放於隔離區內指定的桶內？		
	11	是否由專人負責清掃及處理垃圾？		
	12	是否對隔離區人員定期進行心理諮詢及宣傳？		
	13	進入隔離區的工作人員是否按照醫務人員防護要求進行防護？		
	14	隔離區的房間是否每日上、下午各進行一次空氣、物品消毒？		
	15	對隔離區的地面、牆壁、門窗是否每日一次進行消毒？		
	16	對隔離區樓層走道的牆壁、地面和所有的公用樓梯是否每日進行一次消毒？		
	17	對床上用品、毛巾、家具、日常用品等物體的表面使用前後是否進行消毒？		

（續）表17-1　大陸地區各工廠SARS預防措施落實情況檢查表

地區＿＿＿＿＿＿廠

區域	序號	檢查項目	落實情況	備註
宿舍	1	宿舍是否定期進行消毒？		
	2	宿舍內是否保持通風？		
	3	非本棟宿舍人員是否嚴禁進入？		
	4	當值舍監／保衛有無私放非本棟宿舍人員進入？		
	5	是否有請假、換休、出差人員名單？		
	6	對請假、換休、出差回來之人員是否要求到醫療中心接受檢查（出東莞市外之人員）？		
	7	請假／輪休等在宿舍的人員，是否要求進行量測體溫控制？		
餐廳	1	餐廳工作人員是否配戴口罩、手套？		
	2	是否對食具進行嚴格消毒？		
	3	是否嚴禁工作人員用手直接接觸食物？		
	4	工作人員工作之前是否洗乾淨手？		
	5	工作人員是否每日測量體溫？		
	6	廚房是否嚴禁非工作人員出入？		
	7	餐廳是否保持通風？		
	8	衛浴設備勘查。		

備註：SARS事件是指嚴重急性呼吸系統綜合症（Severe Acute Respiratory Syndrome, SARS），於2002年在中國廣東省順德市首先發現，並擴散至東南亞乃至全球，直至2003年中期疫情才被逐漸消滅的一次全球性傳染病疫潮。

資料來源：寶元工業有限公司。

六、台幹管理

　　隨著裕元工業的發展，也不斷地改善台幹的待遇，提高其薪資及其在當地的生活條件。在黃江鎮裕元工業園，爲來自台灣的管理人員專門蓋了公寓、餐廳、托兒所、游泳池、保齡球場、高爾夫球場等設施，還給這些台幹定期休假返台與家人團聚的機會（劉震濤、楊君苗、殷存毅、徐昆明，2006）。

　　寶成集團總裁蔡其瑞說：「溝通是追求完美的必要過程。」印證了領導者的重視溝通，是勞資和諧的磐石。

第三節　海爾集團

海爾集團（以下簡稱海爾）創立於1984年，是山東省青島市的一家大型的家電製造企業，在世界同行業中處於技術領先水準。

一、海爾文化

海爾文化以觀念創新為先導、以戰略創新為方向、以組織創新為保障、以技術創新為手段、以市場創新為目標，伴隨著海爾從無到有、從小到大、從大到強、從中國走向世界，海爾文化本身也在不斷創新、發展。員工的普遍認同、主動參與是海爾文化的最大特色。

二、人力資源中心

人力資源中心在海爾是一個非常重要的服務部門，它下設生產效率組（主要針對各產品副業本部）、市場效率組（主要針對商流、物流、資金流等推進本部）、中心主管和培訓部三個子部門。前二者通過從內部市場獲得需要提高效率的訂單，將訂單分別傳遞給人力主管和人事、分配、用工、培訓管理員，由他們操作完成訂單，滿足客戶需求以獲得報酬；在這個過程中，人力主管、分配管理員、用工保險管理員、人事管理員分別從中心主管和培訓部獲得信息、政策、平台等方面的支持，從而形成以生產效率組、市場效率組為核心，中心主管和培訓部為支柱的流程體系。至此，集團內部各個機構部門人力資源的規劃、吸收、培訓、考評、管理統一由人力資源開發中心負責（孫健，2002）。

三、招聘錄用

為豐富企業的人力儲備，適時補充人力，海爾每年都會根據人力資源中心下達的人力資源規劃，從各高校畢業生中挑選部分優秀份子加入海爾；對生產一線員工則採用校企合作模式（如圖17-2）。

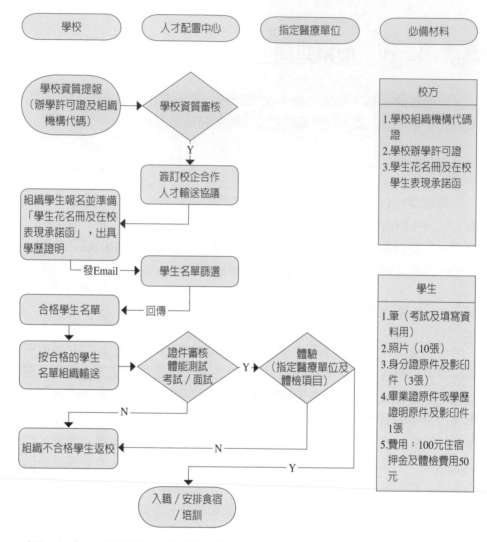

（註：上述中Y代表合格，N代表不合格）

說明：1.海爾集團歡迎各中專／職高／技校學校前來洽談校企合作事宜，進行實習生或畢業生輸送。

　　　2.學校須具備辦學許可證及相關資質證明，學制須為二年以上（即在校的學生畢業前提前一年到企業實習）。

圖17-2　海爾的校企合作輸送流程圖

資料來源：〈海爾的校企合作輸送流程圖〉，海爾集團網站（http://www.haier.cn/hr/for_wokers.jsp）。

範例
17-5

海爾集團招聘作法

招聘作法	說明
校園徵才	參與海爾校園招聘的方式有三種：登錄海爾網站，或者中華英才網投遞簡歷；透過學校就業網和電子布告欄系統（Bulletin Board System, BBS）資訊的鏈結進入校園招聘介面投遞簡歷。
筆試	筆試篩選，包括綜合和英語兩部分，筆試的時間為九十分鐘。個別崗位，如財務等須加試專業試題。 筆試主要考核學生的思維能力、創新能力以及英語水準。
面試	筆試結束後兩週以內透過短信、電話或郵件的方式邀請筆試合格的同學參加面談，時間以具體的通知為准。 參加面談時要攜帶個人簡歷、畢業生推薦表、協議書原件、身分證、學生證、成績單、外語等級證、電腦等級證及其他證書的原件與影本，未參加統一體檢的學生須攜帶體檢報告。
勞動合同	海爾集團與新入職員工簽訂三年的勞動合同。

資料來源：海爾集團網站（http://www.haier.cn/hr/for_wokers.jsp）。

海爾對新員工的招聘錄用，通常採用「因事擇人、知事識人」、「任人唯賢、知人善用」、「嚴愛相濟、指導幫助」的方式。

四、賽馬不相馬

海爾認為人人是人才，企業缺的不是人才，而是出人才的機制，因而提出了「賽馬不相馬」的人才選拔機制。通過賽馬賽出了人才就用，但用了的人不等於不需要監督。

賽馬機制包含三條原則：一是公平競爭，任人唯賢；二是職適其能，人盡其才；三是合理流動，動態管理。在用工制度上，實行一套三工（優秀員工、合格員工、試用員工）並存，動態轉換的機制。

在幹部管理制度上，海爾對中層幹部分類考核，每一位幹部的職位都不是固定的，屆滿輪換，其人力資源開發和管理的要義是，充分發揮每個人的潛在能力，讓每個人每天都能感受到來自企業內部和市場的競爭壓力，又能夠將壓力轉換成競爭的動力，這就是企業持續發展的秘訣。

五、授權與監督

海爾制定了三條規定：在位要受控，升遷靠競爭，屆滿應輪崗。

在位要受控，有兩個涵義：一是幹部主觀上要能夠自我控制、自我約束，有自律意識；二是集團要建立控制體系，控制工作方向、工作目標，避免犯方向性錯誤；再就是控制財務，避免違法違紀。

升遷靠競爭，是指有關職能部門應建立一個更為明確的競爭體系，讓優秀的人才能夠順著這個體系上來，讓每個人既感到有壓力，又能夠盡情施展才華，不至於埋沒人才。

屆滿應輪崗，是指主要幹部在一個部門的時間應有任期，屆滿之後輪換部門。這樣做是防止幹部長期在一個部門工作，思路僵化，缺乏創造力與活力，導致部門工作沒有新局面。輪流制對於年輕的幹部還可增加鍛鍊機會，成為多面手，為企業今後的發展培養更多的人力資源。

另外，海爾內部採用競爭上崗制度，空缺的職務都在公告欄統一貼出來，任何員工都可以參加應聘。海爾建立了一套較為完善的激勵機制，包括責任激勵、目標激勵、榮譽激勵、物質激勵等，這對於處處感到壓力的海爾員工來說，無疑是一種心理調節器。

六、海爾大學

海爾大學始建於1999年12月，是海爾專門為培養出國際水準的管理人才和技術人才而為內部員工興建的培訓基地。它完全按照現代化的教學標準來建設，並與國際知名教育管理機構合作，為參訓員工提供的各項硬體和軟體環境都是一流的。

為調動各級人員參與培訓的積極性，海爾還將培訓工作與激勵（升遷、輪崗等）緊密結合，不僅是重視培訓的表現，而且是提高培訓效果的重要手段。

海爾集團的培訓原則、方針和培訓目標

範例 17-6

為確保所有影響產品質量的每項工作的能力需求因素被識別，使本組織的培訓活動具有明確的行動方向，本集團特制定了培訓原則和培訓方針，用以作為整體培訓需求的總輸入。

培訓原則

瞄準母本，找出差距，需什麼學什麼，缺什麼補什麼，急用先學，立竿見影。

培訓方針

以海爾文化為基礎，日清管理（Overall Every Control and Clear, OEC）基本上崗資格為中心，以提高員工實際崗位技能為重點，以市場終極效果為目標，建立國際化人才培養的機制，使每個人均成為戰略業務單位（Strategic Business Unit, SBU）。

培訓目標

1. 建立內部培訓教材庫和內部培訓案例庫，為後續培訓工作提供充足的資源。
2. 培養高級、中級、初級及新入職員工，保證所有人員全部合格上崗。
3. 重點推進一線員工的技能培訓，為保證產品品質提供人力資源。
4. 每年進行崗位資格認定，所有的崗位在三年內全部認定一遍。

上述培訓方針和培訓目標，是本集團培訓管理體系適宜性和有效性的追求，培訓管理者和實施者應在相關的崗位上，確保集團的培訓方針和培訓目標得以實現。

資料來源：「海爾培訓管理手冊」。

七、績效管理制度

海爾的績效實行的是全方位考評制度。通過上級、下級的「市場鏈」，及本人、同事、領導的客觀評價，力求使考績完全符合「三公原則」（公平、公正、公開）。

考評方法規定，表揚和批評都要有具體人名和主要事實、特殊事實。表揚的內容尚可空缺，但批評的內容不得空缺，否則將對單位主要負責人進行處罰。受到表揚和批評的幹部都要按規定給予加分（加薪）和減分（罰款）。

八、紅、黃牌制度

從1986年起，海爾始終堅持對中層以上幹部實行的紅、黃牌制度。每月評出績效最好的掛紅牌（表揚），最差的掛黃牌（批評），並同工資掛勾。對於幹部考核結果的張榜地點，從集團到各事業部一律都設在人流最集中的員工食堂門口，十分引人注目。

九、薪資制度

海爾採用多種形式並存的薪酬制度。對生產員工實行點數法（點是指員工在勞動過程的體力和腦力消耗的基本計量單元；崗位點數是根據操作複雜程度、崗位體力要求、工作危險程度等來確定）的工資計算方法；研發及銷售人員採用市場業績衡量的績效連接報酬辦法，企業人員平均收入在同行業中屬中等偏上水準。

十、以人為本

海爾實施的是「以人為本」的人力資源管理戰略。透過召開懇談會、員工代表大會、同樂會、設立「心橋信箱」等形式，為企業上下的疏通開創了渠道；透過「上班滿負荷、下班減負荷」、「排憂解難小分隊」解決了員工的後顧之憂；透過提供勞保福利、醫療保障、解決職工子女入托等

具體問題，形成了員工對企業的歸屬感、認同感（孫健、王東，2007）。

範例 17-7

海爾集團一線工人招聘

類別	項目	基本要求
招聘標準	學歷	中專／職高／技校及同等學歷，須有畢業證原件或學歷證明
	年齡	十八至二十三週歲
	身分證	本人正式身分證原件
	身高	符合崗位操作及安全要求
	視力	符合操作崗位要求
	健康標準	無影響團體健康的傳染疾病
	體能素質	符合崗位作業要求
薪資、福利等相關政策	薪資	工資發放時間：每月15日，以工資卡的形式發放 工資＝基本工資＋中夜班津貼＋加班費 月度根據表現發放創新獎、效率獎 年終獎：根據公司效益、個人表現考核兌現 每年3／4月份參考當地公布工資水準調整一次 1.中夜班津貼：中班7元／人／天，夜班10元／人／天 2.加班費：8小時外算加班（平時延點加班1.5倍工資、公休加班2倍工資、法定節假日加班3倍工資）
	住宿	提供職工公寓，由物業統一管理，並配備洗浴、電視、超市、餐廳及健身器材等
	保險	按國家規定投繳社會保險
	福利	1.工作餐補貼（6元／天）統一以餐費充值卡形式兌現 2.統一提供工作服（每年二套），提供崗位必要的勞動保護用品 3.每年7至9月份提供高溫補貼 4.春節往返提供免費包車或報銷車資相關費用 5.每年春節發放年貨
	培訓	公司免費為員工提供企業文化、安全以及各類專業技術或知識培訓，定期進行多技能培訓，並根據技能等級調整技能補貼
	休息時間	符合國家勞動法規定的作息時間，具體工作時間根據事業部生產訂單計畫執行
	職業發展	1.試用期結束後可以根據表現轉正定崗，與海爾集團指定的人力資源和社會保障單位簽訂人事代理合同 2.轉正後根據定期技能等級評比進行崗位升遷及工資補貼的相關調整
	文娛活動	集團創辦大型內部刊物《海爾人報》等，每年舉辦職工同樂會

資料來源：〈海爾集團一線工人招聘〉，中華校企網（http://www.517191.com/shownews_no.asp?id=7752）；製表：丁志達。

海爾集團執行長與創辦人張瑞敏說：「永遠戰戰兢兢，永遠如履薄冰。」也許這就是海爾成功之道。

第四節　華為技術有限公司

華為技術有限公司（以下簡稱華為）是一家總部位於廣東省深圳市的生產銷售通信設備的公司，為世界各地通信運營商及專業網路擁有者提供硬體設備、軟體、服務和解決方案。經營活動準則是要求全體員工保持高度的職業道德行為標準。

一、多元化與無歧視

華為在國際化的同時也致力於在全球經營的本地化。華為向本地員工開放管理崗位，使公司在全球形成一個多元化的管理團隊，組織各種活動推行跨文化理解，提高團隊凝聚力。

華為規定招聘員工不應有種族、性別、地區、國籍、年齡、懷孕或殘疾方面的歧視。同時，華為還建立反歧視政策，並遵守當地在勞動法方面的要求，並為身體不便的員工提供必要的便利設施，如專門的過道和洗手間等。

二、任職資格

華為建立任職資格體系的目的是：規範人才的培養和選拔；樹立有效培訓和自我學習的標竿，以資格標準牽引員工不斷學習、不斷改進，保持持續性發展，激勵員工不斷提高其職位勝任能力。

任職資格以職位管理為基礎，以任職能力為核心，按照任職資格標準，通過規範的程序，對員工的任職能力進行客觀公正的認證。任職資格為職位晉升、薪酬確定等人力資源管理提供重要依據。

華為的任職資格雙向晉升通道，與崗位需求相結合，使有管理能力和管理潛質的員工順利成長為管理者，同時也使潛心鑽研技術、有技術特長的員工透過自己的努力順利成長為某個專業／業務領域的專家，為員工的職業成長提供了廣闊的空間。

華為校園招聘作法

範例
17-8

步驟	作法
第一步 （校園推介會）	每年的11至12月份，華為都要在全國高校密集的城市舉行推介會。一般的流程是先介紹華為的基本情況，包括產品、公司現狀、企業文化等。然後是安排一、二個華為近年招聘的新員工對參加招聘會的人進行有關自己在華為如何成長的演說。最後就是接收簡歷了。
第二步 （筆試）	華為的招聘人員在收來的簡歷中選取一些符合公司要求的畢業生，並通知他們來筆試。 筆試主要是專業知識和個人素質測試。目的是考察應聘者對基本專業知識的掌握程度和應聘者的個人素質，包括智商、情商、個人素養等。
第三步 （面試）	經過筆試的選拔，華為會通知筆試成績不錯的畢業生來參加面試。面試的主要目的是確認應聘對象的能力是否與公司的要求相符。 面試的內容涉及專業知識、個人的知識面和個人素質。作為一個應聘市場部的畢業生，華為面試的主要內容就會涉及到該生對行銷理論的掌握程度、個人心態、基本的業務素質。華為希望挑選一個有理想，能吃苦，能夠尊重別人且能自重，謙虛能容納別人的人加入他們的團隊。 面試會有好多次數，因為一個面試官不可能對應聘者進行完全的了解。對於銷售人員的面試來說，一般開始的時候面試的是專業知識方面的，面試官也是華為招聘大軍中的市場部抽調過來的人。 接下來的面試是有關個人素質方面的，面試官主要是人力資源部的專家。最後環節的面試官是市場部裡的中高層人員，他們擁有最終的決定權。 整個面試過程要持續二至五天。應聘者需要有耐心，還要做好充分的準備。
第四步 （公司考察和宴會）	面試合格的應聘者會被招聘人員組織參觀華為在本地的公司，或者被邀請到一家星級飯店洽談。 在此過程中，應聘者可以更加深入的了解華為，從而吸引那些優秀的學子加盟華為。 這個環節一個必演節目就是現場簽協議。華為要在競爭對手招聘之前就要把人才圈到自己的懷裡，不給競爭對手任何喘息的機會。
說明	應屆畢業生報到時的路費和行李托運費等可以享受實報實銷：從學校所在地到深圳的單程火車硬臥車票、市內交通費（不超過一百元）、行李托運費（不超過二百元）、體檢費（不超過一百五十元）。 上述費用所有票據在報到後的新員工培訓期間統一收取、報銷，並在報到的當月隨工資發放。

資料來源：校園招聘網（http://www.xyzp.com.cn）／孫健、王東（2007），《中國四大企業的管理模式——從海爾、聯想、華為、萬向到現代管理的中國式經驗》，企業管理出版社，頁254-256。

三、職業培訓

為了幫助新進員工盡快適應公司文化，華為大學對新員工的培訓涵蓋了企業文化、產品知識、行銷技巧以及產品開發標準等多個方面。針對不同的工作崗位和工作性質，培訓時間從一個月到六個月不等。

華為的在職培訓計畫，包括管理和技術兩方面。不同的職業資格、級別及員工類別會有不同的培訓計畫，為每位員工的事業發展提供有力的幫助。

除了為員工提供了多種培訓資源，幫助其進行自我提升外，華為大學還設有能力與資格鑑定體系，對員工的技術和能力進行鑑定。

四、導師制度

華為建立了一套有效的導師制度，幫助新進員工盡快適應其工作。部門領導為每一位新進員工指派一位資深員工為其導師，為其答疑解惑，在工作生活等方面進行幫助和指導，包括對公司周圍居住環境的介紹，及幫助他們克服剛接手工作時可能出現的困難等。

在新員工成為正式員工的三個月裡，導師要對新進員工的績效負責，新進員工的績效也會影響到導師本人的工作績效。

除了針對新進員工所開展的導師制度外，在每個部門，都配有一群資深的教授專家團隊，為員工提供顧問支援；團隊成員大多為來自各所名牌大學的教授，以及一些研發中心退休的老專家。他們將員工在工作或生活中遇到問題時，利用自己豐富的工作和生活經驗，向員工提出成效（新點子）的建議，以及接受進一步的諮詢。

五、績效考核制度

華為的績效考核強調以責任結果為價值導向，力圖建立自我激勵、自我管理、自我約束的機制，透過管理者與員工之間持續不斷地設立目標、輔導、評價、反饋、實現績效改進和職工能力的提升。

在績效考核體系中，華為採取了以平衡計分卡為主要的績效考核工具，主要從客戶、財務、內部流程及學習成長四個角度，綜合公司級、部長級、員工級的績效三個部分，來考察員工的表現。

對於績效無法達到崗位要求的員工，華為會對該名員工進行下崗培訓，首先分析出員工欠缺的地方，制定培訓需求，從而幫助員工提高績效（孫健、王東，2007）。

六、薪酬福利

在華為，不僅遵守當地法律規定的最低工資標準要求，而且還推行了極具競爭力的薪酬體系。為使公司在市場競爭中立於不敗之地，華為的人力資源部與海氏（Hay Group）和美世（Mercer）等顧問公司長期合作，定期進行工資資料調查，根據調查結果和公司業績對員工薪酬進行相應調整。華為給員工的不僅有高工資，還有股權和其他待遇。

員工獎金支付根據員工個人季度工作所負的責任、工作績效及主要完成項目的情況而定，同時也會考慮總薪酬給付的情況。根據薪酬政策，每年對薪酬計畫進行審查和修改，以保證該項計畫能在市場競爭和成本方面保持平衡。

華為建立了一套面向所有員工的社會保障和福利機制，這一機制高於當地政策的要求，同時還包括了強制性的社會保險和額外福利等（華為網站，http://www.huawei.com/tc/catalog.do?id=1596）。

七、工作環境

華為一直努力為員工提供舒適的辦公環境。華為負責員工關係的部門會定期調查員工工作環境，如組織環境調查和客戶滿意度調查，其中包括工作場所環境的監測機制、年度體檢。除了華為內部的檢查以外，華為還引進外部權威驗證機構（如Det Norske Veritas, DNV）執行檢查，確保為員工提供更好的工作環境（華為網站，http://www.huawei.com/tc/catalog.do?id=1569）。

範例
17-9

路費、行李托運等費用補貼

您到公司深圳總部報到，乘坐的交通工具不做限定。公司在您報到後，按您畢業院校到深圳的路程遠近，補貼一定數額的費用（含差旅費、來程計程車費、行李托運費及寄存費等）。

補貼將隨報到的當月工資稅前發放，來程的所有票據在培訓期間統一收取。

補貼標準如下：

畢業院校所在省／市	補貼金額	畢業院校所在省／市	補貼金額
黑龍江、吉林、新疆、內蒙古	1,700元	浙江、四川、安徽、重慶、貴州、雲南	1,000元
遼寧、甘肅、寧夏、青海	1,500元	湖南、湖北、江西、海南	800元
北京、天津、陝西、山東	1,300元	廣西、福建	500元
上海、江蘇、山西、河南、河北	1,100元	廣東	200元

資料來源：〈華為2011年應屆畢業生報到須知〉，華為網址（http://career.huawei.com/career/zh/campus/pages/Bulletin/Bulletin.aspx?bulletinId=46201a5d-0460-4440-b846-706aefa24e0b）。

八、員工俱樂部

華為成立了各種俱樂部，旨在豐富員工生活，提高員工生活品質。俱樂部負責組織包括野餐、舞會、體育、攝影以及唱歌比賽等在內的各種活動。

員工俱樂部建有一個可供員工進行內外交流溝通的網路，為員工提供各種內容的資訊，包括健康、生活、交通、子女、教育、旅遊及舞蹈培訓等。俱樂部鼓勵員工回報社會，比如向紅十字會、受災地區以及向華為建立的希望小學捐款。此外，華為還有一個旨在使員工家屬更好了解華為的「家庭日」活動計畫（華為網站，http://www.huawei.com/tc/catalog.do?id=1591）。

九、溝通管道

華爲員工可以向自己的直接主管提出自己的意見和建議，也可以按照公司的開放政策，向更上一級的領導提出他們的問題。華爲溝通管道包括總裁信箱、開放日、員工關係部專家、合理化建議箱等（華爲網站，http://www.huawei.com/tc/catalog.do?id=1593）。

華爲集團創辦人任正非說：「人才是企業的財富，技術是企業的財富，市場資源是企業的財富……而最大的財富是對人的能力的管理，這才是眞正的財富。」華爲清楚的人才策略是其事業永續發展的保證。

第五節 廣州寶潔有限公司

寶潔公司（Procter & Gamble, P&G），是一家美國消費日用品生產商，也是目前全球最大的日用品公司之一。總部位於美國俄亥俄州（Ohio）辛辛那堤（Cincinnati）市。寶潔公司成立的宗旨，是在現在和未來的世世代代確保每個人有更高的生活品質。

1988年寶潔公司在廣州成立了在中國的第一家合資企業──廣州寶潔有限公司〔以下稱廣州寶潔〕，從此，開始了寶潔投資中國大陸市場的歷程。

領導才能、信任、主人翁精神、積極求勝和誠實正直是廣州寶潔的核心價值觀。在2000年2月24日正式成立了黨委與紀委，此舉屬在華跨國公司的「首例」。

一、校園招聘程序

廣州寶潔進入中國的第二年，就開始在國內一些知名大學進行校園招聘，它因此成爲第一家在中國內地舉辦校園招聘的跨國公司。

廣州寶潔一直把校園招聘作爲人力資源管理的根基來經營，一般從每年11月中下旬開始，寒假前後結束。

　　校園招聘程序主要包括：前期的廣告宣傳、邀請大學生參加其校園招聘介紹會、網上申請、筆試、面試，發出錄用通知書給學生本人及學校。

　　廣州寶潔發放錄取通知後，會進行富有溫情的「招聘後期溝通」，人力資源部人員要定期與錄用人保持溝通和聯繫，確認已開始辦理有關入職、離校手續。

範例 17-10

廣州寶潔校園招聘活動

招聘程序	說明
前期的廣告宣傳	派送招聘手冊，招聘手冊基本覆蓋所有的應後屆畢業生，以達到吸引應後屆畢業生參加其校園的招聘會的目的。
邀請大學生參加其校園招聘介紹會	校領導講話、播放招聘專題影片、寶潔公司招聘負責人詳細介紹公司情況、招聘負責人答學生問、發放寶潔招聘介紹會介紹資料。
網上申請	從2002年開始，寶潔將原來的填寫郵寄申請表改為網上申請。畢業生透過訪問寶潔中國的網站，點擊「網上申請」來填寫自傳式申請表及回答相關問題。這實際上是寶潔的一次篩選考試。
筆試	主要包括三部分：解難能力測試、英文測試、專業技能測試。
面試	面試分兩輪。第一輪為初試，一位面試經理對一個求職者面試，一般都用中文進行。面試人通常是有一定經驗，並受過專門面試技能培訓的公司部門高級經理。面試時間大概在三十至四十五分鐘。 通過第一輪面試的學生，寶潔公司將出資請應聘學生來廣州寶潔中國公司總部參加第二輪面試。除提供免費往返機票外，面試全過程在酒店或寶潔中國總部進行。
發出錄用通知書給本人及學校	寶潔公司在校園的招聘時間大約持續兩週左右，而從應聘者參加校園招聘會到最後被通知錄用大約有一個月左右。

資料來源：〈解析寶潔獨特的人才招聘戰略〉，品牌世家網站（http://biz.ppsj.com.cn/2009-7-26/183426838.html）。

二、人才培訓機制

全方位的培訓是廣州寶潔培養人才的重要途徑之一。人才培訓機制以如何協助員工在公司內部持續成長與成功爲重點。

(一)入職訓練

新進員工加入廣州寶潔後，會接受短期的入職訓練。其目的是讓新進員工了解公司的宗旨、企業文化、政策及公司各部門的職能和運作方式。同時，會派一位經驗豐富的經理，悉心對其日常工作加以指導和培訓。

(二)在職訓練

廣州寶潔透過爲每一個員工提供獨具特色的培訓計畫，和極具針對性的個人發展計畫，使他們的潛力得到最大限度的發揮。

在廣州寶潔，最核心的培訓不是課堂上的培訓，而是經理對下屬一對一的培養與幫助。除了一對一的輔導談話外，還推行「早期責任」制度，即新進員工從加入廣州寶潔的第一天起，就要承擔責任，迅速進入狀態。

(三)職業生涯規劃

廣州寶潔的員工職業生涯規劃體系中，體現著雙方互動的因素。每年的年度考評時，先由職工表達自己對未來的期望與規劃，然後再由主管提出自己的建議與看法，雙方商議之後，共同構思未來的生涯規劃，同時，爲了順利達成所規劃的目標，員工需要補強哪些部分，改善哪些部分，接受哪些訓練，以及接受哪些項目指派等，以期有效提升員工的能力，並朝所設定的目標前進。

三、績效評估體系

廣州寶潔的績效評估體系是通過一定的考核指標，給每位員工的工作績效公正合理的評價。評比分三個等級，當人力資源部鬼集到主管的初

步評分之後，會根據部門的不同，召集該部門的所有主管，將區域內同部門下一個層級的所有人員一起比較，讓所有的主管一起對所有部屬進行評估與討論，然後確認每位部屬的最後評分。

在評估過程中，採用全方位的績效評估模式，由被評估者自己、上司、同事、部屬分別提出意見，並由直屬上司與被評估者兩者討論。只有雙方達成共識，並且都在評估表上簽字之後，整個年度的評估才算完成，然後才能呈給主管閱覽簽字（如**圖17-3**）。

四、薪酬體系

薪酬體系是指透過工資、福利措施等，對於為廣州寶潔做出貢獻的員工予以報酬，並激勵其工作積極性的過程。

(一)具有競爭性的工資

廣州寶潔每年都會委託國際知名的諮詢顧問公司做工資市場調查，

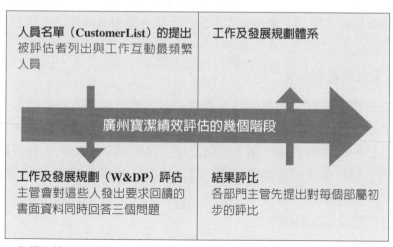

· 你認為被評估者有哪些事情應該要開始做（該做而未做）？
· 有哪些事情應該繼續做（繼續保持或加強）？
· 有哪些事情不應該做而做（不該做而做）？

圖17-3　廣州寶潔績效評估的幾個階段

資料來源：時驊（2006），《寶鹼行銷攻略》，如意文化事業，頁197。

然後根據調查結果及時調整工資水準，從而確保員工的群體平均收入具有競爭力，並且20%的優秀員工能夠得到比平均水準更高的薪酬。

(二)福利制度

廣州寶潔的福利項目包括：社會保險、住房公積金、醫療福利、假期等。其中，住房公積金包括住宿安排、房租補貼等。

在醫療方面，為員工提供醫療服務，員工只需支付小部分的門診費用和極少部分的住院費用。同時，為員工提供人壽保險、人身意外傷害保險、全球差旅意外保險等，保險費全部由廣州寶潔負擔。

(三)獎勵計畫

廣州寶潔的獎勵計畫，十分具有特色和吸引力，包括：

1. 一般獎勵計畫：服務工作滿六個月的正式員工，在五年後將會收到一股寶潔普通股的全部價值（包括股價的所有增值部分），以及分配到全部股息作為獎勵。
2. 週年服務紀念計畫：對員工任職週年的承認與慶賀，透過該計畫來表達對員工的忠誠及所做貢獻的感謝。
3. 股票選擇計畫：正式職工可選擇在參加該項計畫的第六年到第十年間的任何一年，得到相當於一定數量的寶潔普通股的增值部分。

廣州寶潔把人才視為公司最寶貴的財富。重視人才並培養和發展人才，多次被評為業內「最受尊敬」的公司（時驊，2006）。

2010年8月5日，「中華英才網」發布了「2010中國大學生最佳雇主人氣調查報告」，廣州寶潔再次入選該調查排行榜的「TOP10」（前10名）。它受到中國大學生的持續追捧，是它推行了人性化管理，為客戶也為雇員創造高品質的生活，堅持其「在現在和未來的世世代代，確保每個人有更高的生活質量」的企業宗旨的結果（周師恩，2010：40-41）。

第六節　愛立信（中國）有限公司

　　愛立信（Telefonaktiebolaget L. M. Ericsson）公司成立於1876年，總部設在瑞典斯德哥爾摩（Stockholm）。它是世界領先的電信解決方案和服務供應商，產品組合包括移動和固定網路基礎設施，以及針對運營商、企業客戶和開發商的寬頻和多媒體解決方案。

　　1892年和中國簽訂第一張訂單；1985年在北京成立在中國第一家辦事處；1992年成立愛立信在華最大的合資公司；1994年成立愛立信（中國）有限公司〔下稱簡稱愛立信（中國）〕。

一、願景與價值觀

　　愛立信以「構建人類全溝通世界」（To be the prime driver in an all-communicating world）為願景，以「卓越營運」為目標，以「專業進取、尊愛至誠、鍥而不捨」為核心價值，處處體現於總公司的管理模式和員工的工作方式中，並由此帶來一種健康向上的企業文化和精神，進而在公司創設出一種奮發、進取、和諧、平等的工作氣氛，為員工塑造強大的精神支柱，把員工與公司打造成統一的共同體。

二、人力資源部門組織

　　愛立信（中國）的人力資源部門工作，分為三部分：(1)專家型人力資源，負責薪酬福利、績效考核、培訓發展等，在政策上、流程上做研究，讓人力資源經理去貫徹；(2)人力資源經理，依據各事業部人數比例配備人事經理，做諮詢支持；(3)支援服務中心，主要工作範圍是發放工資、人事數據調整、招聘、檔案管理等行政性的日常工作（儀修銀，2006）。

範例
17-11

願景與價值觀

願景	構建人類全溝通世界	愛立信確信，我們正在創建一個沒有時空限制的通信世界，一個「溝通自如」的世界。在這個世界裡，無論是聲音、數據、圖片、還是影像，都可以隨時隨地輕鬆傳遞，人們的生活品質和生產效率由此大大提升，全球資源將得以更充分的利用。
價值觀	專業進取	真正的專業進取精神，不是簡單奉行既定的業務實踐。它所觸發的行為能幫助我們在不斷提升自己同時也使公司得到發展，這種行為包括積極的態度、合作的本能，以及跨越障礙尋找機遇的好奇心。
	尊愛至誠	當我們彼此尊重時，會更容易去傾聽和學習，更樂於同他人分享知識與技能。這些習慣可以很自然延伸到我們對待客戶的態度上，他們理所應當受到尊重。無論在愛立信內部還是外部，我們沒有哪個單獨個人能像我們作為一個整體時那樣強大。
	鍥而不捨	當我們的才智和信念遇到挫折時，我們必須發揚鍥而不捨的精神。它將幫助我們贏得客戶的尊重和忠誠。鍥而不捨意味著承諾，使我們成為他們前進道路上真正的合作夥伴。

資料來源：〈願景與價值觀〉，愛立信（中國）網站（http://ericssoncampus.dajie.com/ericsson/other/e27）。

三、招聘選拔原則

　　愛立信（中國）每年會招聘大學應屆畢業生，一般分三、四次進行。這些新來的大學生大部分會接受培訓，時間為剛進入公司的一年內。還有一部分在不同崗位上輪換，一年以後決定他適合哪個崗位。

　　愛立信（中國）對應聘者不做應試性質的考試，而是進行全面素質的考察。一般會使用一個考察工具，按照這個工具開發出面試的問卷，再加上一些考察環節，形成了完整的面試考察體系。測試應聘者的「預示指數」也是其中一個環節，它甚至可以測試出候選人是否誠實地回答了問題。當然，這些考察大部分是定性的，並且沒有對與錯之分。

由於面試工作量很大，愛立信（中國）人資單位一般不做具體工作，而是交給一些合作公司去做。通常，這些公司會對有效簡歷進行第一輪篩選，選出專業與空缺職務相吻合的應聘者，進入第二輪面試。

對於主動從愛立信（中國）辭職的員工，愛立信（中國）一樣敞開大門歡迎，這些員工回來以後，並不因此影響其待遇（后東升主編，2006）。

四、人才培訓

在愛立信（中國），人才的培養並不限於只是針對內部員工，同時還透過對產業價值鏈上相關企業的人才的培養來促進產業的發展。1997年在北京成立了「愛立信中國學院」，其目標是創造一個國際性的學習環境，為愛立信在中國的員工、客戶、供應商提供長期的發展與學習機會。

愛立信（中國）的能力模型是所有人力資源配置的基礎。任何崗位的描述都是通過個人素質（Personal Traits）、專業技術能力（Professional Competence）、業務能力（Business Competence）、人際關係能力（Human Competence）的維度來體現的（如圖17-4）。

圖17-4　愛立信（中國）的能力模型

資料來源：編輯部（2006），〈人本主義──愛立信的人才管理之道〉，《展望》（*Outlook*）雙月刊，第1期，頁49。

五、績效評價系統

　　愛立信（中國）的績效評價系統內容包括：結果和成績（目標、應負責任、關鍵結果領域）和績效要素（態度表現、能力）兩方面。最終的績效評價結果是兩部分內容評估結果加權後的總和，兩者分別占60%和40%。

　　目標結果，一般以量化指標進行衡量；應負責任的成績，一般以責任標準來考核。績效要素包括：主動性、解決問題、客戶導向、團隊合作和溝通；對管理者的評估還包括領導、授權和其他要素（后東升主編，2006）。

範例 17-12

愛立信（中國）的激勵機制

類別	說明
適配原則（Fit）	在人力資源與職位匹配上，盡可能使職工在工作崗位上可以充分發揮自己的專長和技能。這樣，職工會感覺到自己的價值所在，以積極的心態投入到工作中。
職業發展（Career）	愛立信為每一種工作類別都規劃了系統的職業發展途徑。職工可以根據自身特點選擇在專業技術或管理方面的職業發展路徑。
內部提升（Within）	愛立信的「管理梯隊計畫」和「技術專家人才計畫」是覆蓋全公司範圍的晉升機制。
能力管理（Competence）	愛立信的能力管理體系非常完善。從能力管理的政策到模型、流程及實施都有精確的定義和規範，針對每一個工作崗位都有詳細的能力需求描述，通過管理流程對界定的「能力差」提出解決方案，並予以執行。
目標（Objectives）	愛立信實施完善的績效考核體系，使職工明確知道自己的工作與公司整體目標的關連性。個人目標緊密聯繫部門及公司的目標，在每一年中跟蹤管理，並在年底給員工以反饋。通過這個過程，職工會明白自己對公司的貢獻，進而形成良好的歸屬感。
自治（Autonomy）	公司給予職工在工作中做決策的空間，並通過崗位描述予以規範。充分的授權會很大程度的激勵職工增加對於工作內容的責任感。

資料來源：編輯部（2006/03），〈人本主義　愛立信的人才管理之道〉，《展望》（Outlook）雙月刊，第1期，頁47-48。

六、薪酬管理體系

以人員價值、崗位和業績付薪是愛立信（中國）制定薪酬標準的基礎。在固定工資的基礎上，還採用短期獎金計畫來激勵員工實現既定目標。此外，愛立信（中國）以股票價格為基準的長期獎金計畫，為關鍵員工的留用起到了積極的作用。

愛立信（中國）根據「勞動法」及各項法律、法規，為員工繳納各項社會保險，並在政策允許的範圍內按上限標準執行。同時，還給員工辦理了多種補充保險，以及提供補充住房基金、提供班車、運動補助、體檢等福利項目。

七、內部溝通體系

在愛立信（中國），規劃多種媒介體對職工服務，包括員工和管理層的溝通渠道。

(一)我們共用（We Share）

愛立信（中國）透過名為「我們共用」（We Share）的郵箱，隨時向每位員工透過電子郵件發布公司內部信息，讓每一位員工都能及時有效地掌握與公司相關的一手資料。

(二)總裁十分鐘（10 minutes with Mats）

在每兩個月，透過愛立信（中國）內網站發布的「總裁十分鐘」中，愛立信大中華區總裁透過視頻親自回答員工提出的問題。

(三)對話管理層（Talk to management）

員工可以隨時透過網上該頻道的「建議箱」，匿名發送郵件，對公司和業務的任何方面提出問題、建議或投訴，並點名由哪一位高級管理人員（副總裁以上）予以回答。公司向員工承諾有問必答，並將回答公布於網上。此舉搭建了最高管理層與員工之間的直接交流平台，大大增強了管理的透明度。

(四)對話（Dialogue）

　　愛立信（中國）每季委託第三方公司在全球所有愛立信機構內進行名為「對話」（Dialogue）的員工滿意度調查。調查圍繞管理與領導、創新、目標執行、個人發展、溝通、激勵機制、薪酬福利、授權及工作壓力等方面設定問題，員工匿名回答，由第三方將答案分類總結發給各層經理人員。

　　經理根據調查結果制定薄弱項的改進方案，並將調查結果和改進方案與員工分享（展望編輯部，2006）。

八、效率計畫

　　面對全球經濟發展減緩的大環境，愛立信全面啓動「效率計畫」。效率計畫，是愛立信實施的透過對公司內部機構的調整和裁員提高營運效率，達到有效的成本控制和節約，並使全球機構的運作更趨合理。

　　在2002年，愛立信實施的全球裁員過程中，愛立信（中國）員工也被列入裁員計畫內。在實施裁員計畫期間，公司在和員工溝通時，各部門都相互配合，注意溝通細節，以給員工更多的尊重，並且積極給員工的下一個工作做推薦。

　　實施裁員方案時，愛立信（中國）考慮到員工會有一段找工作的困難期，公司給予了員工超越市場行情的經濟補償金，以便員工能夠度過謀職的困難期，尋找下一個工作，這樣員工能夠接受被裁員的事實（儀修銀，2006）。

　　作爲源自北歐文化的企業，愛立信（中國）對員工的尊重和關愛做得相當優秀。無怪乎2006年1月4日，由中央電視台（CCTV）經濟頻道《絕對挑戰》節目與智聯招聘聯合舉辦的「2005CCTV中國年度雇主調查」，愛立信（中國）在此次評選中不僅當選「2005CCTV十大年度最佳雇主」，還被評爲「大學心目中最佳雇主」榮譽稱號（展望編輯部，2006）。

■ 結　語

　　沒有痛苦就沒有收穫。這些知名企業在關鍵時刻把握機遇的洞察
力，以及其創業的精神，以人為本的人才管理，在大陸改革開放後，開疆
闢地，卓然有成，成為業界的翹楚，是值得學習的典範。

名詞解釋

一般性監督檢查 係指勞動監察機構並未發現用人單位有任何違反勞動法的
行為而對其進行的例行檢查、不定期檢查。

三大工程 係指「工廠安全衛生規程」、「建築安裝工程安全技術規
程」、「工人職工傷亡報告規程」，是勞動保護管理方面
的重要法規。

三同時制度 係指在大陸境內的一切生產性建設項目的安全衛生設施，
都必須與主體工程同時設計、同時施工、同時投入生產和
使用的法律制度。

三來一補 係指來料加工、來件裝配、來樣定貨和補償貿易，簡稱
「三來一補」。

工作時間 係指勞動者根據國家的法律規定，在一個晝夜或一週之內
從事本職工作的時間。

工傷保險 係指依法為在生產、工作中遭受事故傷害或患職業疾病的
勞動者及其親屬提供醫療救治、生活保障、經濟補償、醫
療和職業康復等物質幫助的一種社會保險制度。

工傷護理費 係指職工因工致傷，經過醫院證明完全喪失工作能力的，
勞動鑑定委員會確認，飲食起居需要扶助的發給一定數額
的護理費。

工資 係指用人單位按照法律、法規的規定和集體合同與勞動合
同的約定，依據勞動者提供的勞動數量和品質直接支付給
本單位勞動者的貨幣報酬。

工資支付 主要包括：工資支付項目、工資支付水準、工資支付形
式、工資支付對象、工資支付時間，以及特殊情況下的工
資支付。

工資形式 按照勞動消耗和勞動成本支付工資的方式。主要有計件工
資、計時工資、浮動工資、提成工資、獎金和各種工資性
津貼等。

工資集體協商	係指工會（職工代表）與企業代表依法就企業內部工資分配制度、工資分配形式、工資收入水準等事項進行平等協商，在協商一致的基礎上簽訂工資協議的行為。
工資總額	係指一定時間內直接支付給職工的全部勞動報酬總額，其組成項目由國家統一規定。現階段工資總額由計時工資、計件工資、獎金、津貼和補助、加班加點工資和特殊情況下支付的工資六部分組成。
工種	企業中按職工從事生產活動的性質和技術內容劃分的工作種類。工種劃分的粗細程度，根據各部門的生產特點和勞動分工需要而定。如機械製造廠的工種，可粗分為鑄工、金工。鑄工又可細分為爐前工、造型工、澆注工、清砂工等；金工可細分為車工、鉗工、銑工等。
工齡	職工以工資收入為生活資料的全部或主要來源的工作時間。工齡的長短決定職工能否享受勞動保險及保險金的多寡以及年休假的天數。工齡的計算分為「一般工齡」和「連續工齡」兩種。

四劃

不定時工作制	係指根據法律規定在特殊條件下實行的，每日無固定的工作時間，是使用於因生產特點、工作特殊需要或職責範圍的關係，無法按標準工作時間衡量或需要機動作業的勞動者的一種工作時間安排（包括：高級管理人員、外勤人員、推銷人員、部分值班人員、長途運輸人員、計程車司機、裝卸工）。
不能勝任工作	係指不能按要求完成勞動合同中約定的任務或者同工種、同崗位人員的工作量，但用人單位不得故意提高定額標準使勞動者無法完成。
五大畢業生	係指按國家規定的審批程序批准，國家教委備案的廣播電視大學、職工大學、職工業餘大學、高等學校舉辦的函授和夜間大學畢業生（成人教育）。
五期保護	女職工月經期、孕期、產期、哺乳期、更年期的勞動保護的通稱。

五劃

| 四六工作制 | 係指在化學、煤炭企業中試行的一種勞動組織形式，即每晝夜組織四班進行生產，每班工作六小時。 |

四班三運轉	係指用四個班的工人輪流接替三個班生產的一種輪班工作制度。
四懂四會	企業要求職工對設備操作技術水平和熟練程度應知應會的基本點。「四懂」指懂原理、懂結構、懂性能、懂用途;「四會」指會使用、會保養、會檢查、會排除故障。
失業保險	係指勞動者因失業而暫時中止生活來源的情況下,在法定期間內從國家和社會獲得物質幫助的一種社會保險制度。
平等協商	係指企業工會代表職工與企業就涉及職工合法權益等事項進行商談的行為。
未成年人	係指年滿十六歲,未滿十八歲的勞動者。
正常勞動	係指勞動者按依法簽訂的勞動合同約定,在法定工作時間或勞動合同約定的工作時間內從事的勞動。勞動者依法享受帶薪年休假、探親假、婚喪假、生育(產)假、節育手術假等國家規定的假期間,以及法定工作時間內依法參加社會活動期間,視為提供了正常勞動。
生育保險	係指婦女勞動者因為懷孕、分娩而暫時中斷勞動時,獲得生活保障或者物質幫助的一種社會保險制度。
用人單位	係「勞動法」創設的法律概念,是勞動法律關係的主體,是指具有用人權利能力和用人行為能力,使用一名以上職工並且向職工支付工資的單位。
用工制度	亦稱「用人制度」。國家機關、企業、事業單位任用職工的各種制度的統稱。

六劃

休息時間	廣義上指勞動者按照國家的法律規定,不從事工作而自己自由支配的時間,是勞動者在工作時間之外的所有休息時間的總和,包括工作日內的休息時間、工作日間的休息時間、工作週之間的休息時間、法定的節假日休息時間、探親假休息時間和年休假休息時間等。狹義的休息時間僅指工作日內的休息時間、工作日間的休息時間和工作週之間的休息時間。
仲裁	係指勞動爭議仲裁機構對當事人申請解決的勞動爭議依法居中裁斷的一種處理爭議的方法。
企業補充養老保險	係指由企業根據自身經濟實力,在國家規定的實施政策條件下為本企業職工所建立的一種輔助性的養老保險。

447

同工同酬	同工同酬是勞動法確立的一項分配原則。係指用人單位對於從事相同工作崗位、付出相同勞動、取得相同工作業績的勞動者,支付大體相同的勞動報酬。
合同爭議	係指因約定權利而發生的爭議,即因解釋和履行集體合同、勞動合同而發生的爭議。
因工傷亡	在因工傷亡事故中發生的傷亡,或者在工作區域因工作原因或者符合勞動法規規定的類似傷亡。
成人教育	係指對從事各種生產或工作崗位的成年人所進行的教育和訓練。它與基礎教育、職業技術教育、普通高等教育都是大陸教育制度重要組成部分。
行業性工資集體協商	係指在同行業企業相對集中的區域,由行業工會組織代表職工與同級企業代表或企業代表組織,就行業內企業職工工資水準、勞動定額標準、最低工資標準等事項,開展集體協商、簽訂行業工資專項集體合同的行為。

七劃

利益爭議	係指因為確定或變更勞動條件而發生的經濟爭議。

八劃

事業單位	係指國家為了社會公益目的,由國家機關舉辦或者其他組織利用國有資產舉辦的,從事教育、科研、文化、衛生、體育、新聞出版、廣播電視、社會福利、救助減災、統計調查、技術推廣與實驗、公用設施管理、物資倉儲、監測、勘探與勘察、測繪、檢驗檢測與鑑定、法律服務、資源管理事務、質量技術監督事務、經濟監督事務、知識產權事務、公證與認證、資訊與諮詢、人才交流、就業服務、機關後勤服務等活動的社會服務組織。
和解	係指勞動爭議雙方當事人之間自行協商,就爭議的解決達成一致意見的處理方法。
夜班勞動	指當日22點至次日6點時間從事勞動或工作。
定員	係指企業、事業單位在一定的生產技術組織條件下,確定各類人員配備的質量要求和數量界限。
定編	係指確定機關、企業、事業單位的機構設置。
定額	係指在一定生產技術組織條件下,為計量生產經營活動中人力、物力、財力的利用、消耗等所規定的限額。

法律爭議	係指因法定權利而產生的，即在執行國家關於工資、工時、勞動保護、社會保險、獎勵、懲罰、辭退的規定時發生的爭議。
直系血親	具有直接血緣關係的親屬，即生育自己和自己所生育的上下各代親屬。不論父系或母系，子系或女系，都是直系血親。如父母與子女、祖父母與孫子女、外祖父母與外孫子女等。
社會保障	係指國家依法對遭遇勞動風險的職業勞動者，提供一定物質補償和幫助的社會保障法律制度。
社會活動	它包括：依法行使選舉權或被選舉權；當選代表出席鄉（鎮）區以上政府、黨派、工會、青年團、婦女聯合會等組織召開的會議；出任人民法院證明人；出席勞動模範、先進工作者大會、「工會法」規定的不脫產工會基層委員會委員因工會活動占用的生產或工作時間；其他依法參加的社會活動。
社會養老保險	係指國家通過立法的形式，保證勞動者在年老喪失勞動能力時，能夠從社會獲得物質幫助的一種收入保障制度。
非全日制用工	係指以小時計酬為主，勞動者在同一用人單位一般平均每日工作時間不超過四小時，每週工作時間累計不超過二十四小時的用工形式。非全日制用工雙方當事人任何一方都可以隨時通知對方終止用工。終止用工，用人單位不向勞動者支付經濟補償。
非標準工作時間	係指在特殊情況下使用的不同於標準工作時間的工作時間。

九劃

保健津貼	係指對在有害身體健康的環境中工作的職工，為保證其特殊的營養需要，保護其身體健康而建立的津貼，如高溫、粉塵、有害氣體、接觸放射性、潛水等環境中工作的職工，健康會受到一定影響，需要加強營養，增強體質。
保健食品	為了補助從事有害健康作業職工的特殊營養需要，增強抵抗職業性毒害的能力，由企業按照規定的標準免費給職工的保健飲料或食品。

剋扣	係指用人單位對履行了勞動合同規定的義務和責任，保質保量完成生產工作任務的勞動者，不支付或未足額支付其工資。
威脅	係指以公民及其親友的生命、健康、榮譽、名譽、財產等造成損害為要挾，迫使對方做出違背真實的意思表示的行為。
洗理費	係指國家為了減輕職工生活負擔，提高職工勞動積極性而發給職工用於洗澡、理髮的費用。

十劃

個人的爭議	係指勞動者一方的人數為三人以下的於用人單位發生的勞動爭議。
個人儲蓄性養老保險	它是大陸多層次養老保險體系的一個組成部分，是由職工自願參加、自願選擇經辦機構的一種補充保險形式。
個別爭議	係指發生在單個勞動者與用人單位之間的勞動爭議。
兼職	係指在職的專業技術人員在完成本職工作的前提下，經本單位同意，利用業餘時間或占用一部分工作時間為聘用單位服務的一種形式。在不改變隸屬關係的情況下，可以接受其他單位的聘請兼任技術顧問，也可以兼職講課、講學及承擔設計、研究、諮詢等任務。
浮動工資	亦稱「效益工資」。職工的勞動報酬隨企業經營狀況和個人勞動貢獻大小，按照工資制度規定的辦法上下浮動。
特種作業	係指對操作者本人、他人和周圍設施有重大危害的作業。其範圍包括：電工作業、鍋爐司爐、壓力容器操作、爆破作業、金屬焊接作業、煤礦井下瓦斯檢驗、機動車輛、（船舶）駕駛、輪機操作、建築登高作業和有關的其他作業。從事特種作業的人員須經專門培訓和有權機關發證才能上崗操作。
疾病保險	係指勞動者及其供養的親屬由於患病或非因工負傷後，在醫療和生活上獲得物質幫助的一種社會保險制度。
破產重整	係指經由利害關係人的申請，在審判機關的主持和利害關係人的參與下，對具有重整原因和經營能力的債務人，進行生產經營上的整頓和債權債務關係上的清理，以期擺脫財務困境，重獲經營能力的特殊法律程序。
退休	係指勞動者因年老或傷、病，喪失勞動能力，按照有關規定退出生產或工作崗位進行休養。

除四害	係指消滅蒼蠅、蚊子、老鼠、蟑螂，簡稱「除四害」。
除名	職工無正當理由經常曠工，經批評教育無效，連續曠工時間超過十五天，或者一年以內累計曠工時間超過三十天，企業行政依法從職工名冊中除掉其姓名。

十一劃

商業秘密	係指不為公眾所知悉、能為權利人帶來經濟利益、具有實用性並經權利人採取保密措施的技術信息和經營信息。從其範圍來看，它包括產品配方、製作工藝和方法、管理訣竅、客戶名單、貨源情況、產銷策略等資訊。商業秘密不同於專利權，和著作權也不一樣，它不是靠外在法律的強制和法律的保護，而是靠企業自身內在的保密程度。只要能夠長久保守秘密，商業秘密就能長久給企業帶來經濟利益。
基礎工資	在結構工資中，大體維持職工本人基本生活費的部分。從領導幹部到一般工作人員，均實行相同的基礎工資。
婚喪假	係指勞動者本人結婚以及勞動者的直系親屬死亡時依法享受的假期。
專項集體合同	係指用人單位與本單位職工根據法律、法規、規章的規定，就集體協商的某項內容簽訂的專項書面協議。
崗位工資制	按照職工在勞動中的不同崗位確定勞動報酬的一種工資形式，是計時工資的一種形式。這種工資形式的主要特點是，按照工作難易、勞動輕重、責任大小以及勞動環境確定工資標準，同一崗位可以規定一個或者幾個工資標準。職工只有達到各個崗位的工作要求，才能頂崗勞動，並按崗位工資標準領取工資。
晚育	係指已婚婦女二十四週歲以上或晚婚婦女生育第一個孩子為晚育。
晚婚	係指男二十五週歲、女二十三週歲以上結婚為晚婚。婚假天數給予增加。
第三產業	係指對國民經濟按三項產業所作的劃分：第一產業是農業，第二產業是工業和建築業，第三產業即除此之外的其他各業，主要包括流通部門、為生產和生活服務的部門、為提高科學文化水平和居民素質服務的部門。

脫產培訓	係指職工暫時脫離生產（工作）崗位接受專業訓練的教育形式。
處分權	係指勞動監察機構對於用人單位違反勞動法的行為依法予以處罰的權利。
許可	許可（Certification）是透過行政行為建立的橋樑和紐帶，是透過法律途徑建立就業門檻。
連續工齡	亦稱「本企業工齡」。職工在本單位連續工作的時間。計算時，職工如曾離職應自最後一次回本單位工作之日起計算。

十二劃

最低工資	係指勞動者在法定工作時間或依法簽訂的勞動合同約定的工作時間內，提供了正常勞動的前提下，用人單位支付給勞動者的最低勞動報酬。
最低工資標準（最低工資率）	係指單位勞動時間的最低工資數額。
勞務市場	係指在國家勞動計劃和政策的指導下，運用市場競爭機制對社會勞動力供求雙方提供訊息和交流的場所。使具有勞動能力並願為他人提供勞務的勞動者，以市場為媒介與需要用人單位或個人之間以達成勞務交換關係。目前勞務市場主要有職業介紹所和人才交流中心等。
勞動合同	勞動者與用人單位確立勞動關係、明確雙方權利和義務的協議。其條款主要包括用人單位的名稱、住所和法定代表人或者主要負責人，勞動者的姓名、住址和居民身分證或者其他有效身分證件號碼，勞動合同期限、工作內容和工作地點、工作時間和休息休假、勞動報酬、社會保險、勞動保護、勞動條件和職業危害防護，以及法律、法規規定應當納入勞動合同的其他事項。訂立和變更勞動合同，應當遵循平等自願、協商一致的原則，不得違反法律、法規。勞動合同一經簽訂，就受到法律保護，雙方必須嚴格遵照執行。

勞動合同終止	係指勞動合同期滿或者當事人約定的勞動合同終止條件出現，一方或雙方當事人消滅勞動關係的法律行為。從勞動合同終止的概念中可知，終止勞動合同的情形有兩種：一種是勞動合同期滿，雙方當事人均有權終止勞動合同；另一種是當合同中約定的終止合同的條件出現時，勞動合同也可以終止。勞動者在醫療期、孕期、產期和哺乳期內，勞動合同期限屆滿時，勞動合同的期限應自動延續至醫療期、孕期、產期和哺乳期滿為止。
勞動合同解除	係指勞動合同訂立後，尚未全部履行以前，由於某種原因導致勞動合同一方或雙方當事人提前中斷勞動關係的法律行為。勞動合同的解除分為法定解除和約定解除兩種。根據「中華人民共和國勞動法」的規定，勞動合同既可以由單方依法解除，也可以雙方協商解除。
勞動合同續訂	係指勞動合同期限屆滿，經雙方協商一致，可以續訂勞動合同。
勞動合同變更	係指履行勞動合同過程中由於情況發生變化，經雙方當事人協商一致，可以對勞動合同部分條款進行修改、補充。勞動合同的未變更部分繼續有效。
勞動合同期限	分為有固定期限、無固定期限和以完成一定的工作為期限。無固定期限的勞動合同是指不約定終止日期的勞動合同。以完成一定工作為期限是指以工作結束的時間為合同終止期限的勞動合同。
勞動安全法	係指國家為了防止勞動者在生產和工作過程中的傷亡事故，保障勞動者的生命安全和防止生產設備遭到破壞而制定的各種法律規範。
勞動安全衛生	係指直接保護勞動者在勞動或工作中的生命和身體健康的法律制度。
勞動安全衛生檢查制度	係指國家有關行政部門以及企業本身對企業執行勞動安全衛生有關法律規定的情況定期或不定期檢查的制度。
勞動安全衛生認證制度	係指在生產經營過程進行之前，依法對參與生產經營活動主體的能力、資格以及其他安全衛生因素進行審查、評估，並確認其條件的制度。
勞動行為能力	係指以勞動者能夠以自己的行為依法行使勞動權利和履行勞動義務的能力。

勞動制度	它不僅指用工制度，還包括就業、工資分配、社會保險、職業培訓、勞動安全衛生制度。
勞動法	一般係指國家最高立法機構頒布的全國性、綜合性的勞動法，即法典式勞動法。
勞動法體系	係指構成勞動法律部門中不可缺少的相互間有內在聯繫的法律規範的統一體。其內容包括就業促進制度、勞動合同和集體合同制度、工作時間和休息休假制度、工資制度、勞動安全衛生制度、女職工和未成年工特殊保護制度、職業培訓制度、社會保險和福利制度、勞動爭議制度、監督檢查制度等。
勞動爭議	係指勞動關係雙方當事人之間因勞動權利和勞動義務發生的糾紛和爭議。
勞動爭議仲裁員	係指仲裁委員會依照法定程序和條件聘任的具體行使仲裁權的人員。
勞動爭議調解委員會	係指在用人單位內部依法設立的，負責調解本單位勞動爭議的組織。
勞動保護	係指為了保障勞動者在勞動過程中獲得適宜的勞動條件而採取的各項保護措施。
勞動派遣	勞務派遣，亦稱人力資源派遣，是近年勞務市場根據市場需求而開辦的新的勞務仲介服務項目，是一種新的用人方式。用人單位可以根據自身工作和發展需要，透過正規勞務派遣公司，派遣所需要的各類人員（銷售人員／文員／普通技工／勞務工等）。實行勞務派遣後，實際用人單位與勞務派遣組織簽訂「勞務派遣合同」或派遣協定，勞務派遣組織與勞務人員簽訂「勞動合同」，實際用人單位與勞務人員簽訂「上崗協議」。
勞動紀律	係指勞動者在勞動過程中所應遵循的勞動規則和勞動秩序。
勞動就業	係指具有勞動能力的公民在法定年齡內自願從事某種有一定勞動報酬或經營收入的社會活動。
勞動義務	係指根據勞動法律規範的要求，勞動者在勞動和工作過程中應當履行的基本勞動義務。其內容包括：完成勞動任務、提高職業技能、執行勞動衛生規程、遵守勞動紀律職業道德。

勞動監察	它由勞動行政主管部門對單位和勞動者遵守勞動法律、法規、規章情況進行檢查，並對違反勞動法律的行為予以處罰。
勞動監察建議權	係指勞動監察機構對用人單位執行勞動法的情況進行檢查、調查後，就監督檢查過程中所涉及的問題，向用人單位或有關部門提出建議的權利。
勞動監察員	係指具體執行勞動監察的專職或兼職人員。
勞動監察處分權	係指勞動監察機構對於用人單位違反勞動法的行為依法予以處罰的權利。
勞動監察檢查權	係指勞動監察機構及勞動監察員依法對用人單位執行勞動法的情況進行檢查的權利。
勞動衛生法（勞動衛生規程）	係指國家為了改善勞動條件、保護勞動者在勞動過程中的身體健康，防止有毒有害物質的危害和防止職業病的發生所採取的各種防護措施的法律規範的總稱。
勞動關係	係指在運用勞動能力、實現勞動過程中，勞動者與用人單位（勞動使用者）之間的社會勞動關係。
勞動權利	係指任何具有勞動能力且願意工作的人，都有獲得有保障的工作的權利。
勞動權利能力	係指勞動者根據勞動法的規定，能夠享有勞動的權利和承擔勞動義務的能力，是勞動者作為勞動法律關係主體必須具備的前提條件之一，如公民自十六週歲起具有勞動權利能力。
勞動鑑定	係指對職工傷病、職業病致殘（完全喪失勞動能力、大部分喪失勞動能力、部分喪失勞動能力）所進行的等級鑑定。
就業服務	係指為勞動力供需雙方提供的一系列服務活動。
提成工資制	適用於企業的一種工資制度，屬於計件工資制的範疇。指職工的工資總額按照企業營業額或純利潤的一定比例提取，然後再按各人的技術水平和工作量進行分配，也可以直接按個人的營業額或所創造的利潤提取一定的比例作為職工本人的工資。
欺詐	係指一方當事人故意告知對方當事人虛假的情況，或者故意隱瞞真實的情況，誘使對方當事人做出錯誤意思表示的行為。

無效勞動合同	係指違反法律、行政法規的勞動合同，以及採取欺詐、威脅等手段訂立的勞動合同，屬無效的勞動合同。無效的勞動合同，從訂立的時候起，就沒有法律約束力。勞動合同的無效由勞動爭議仲裁委員會或者人民法院確認。
童工	係指未滿十六週歲，與單位或者個人發生勞動關係從事有經濟收入的勞動者或者從事個體勞動的少年、兒童。
結構工資制	亦稱分解工資制。指由幾種職能不同的工資結構組成的工資制度。按照職能的不同，分為基礎工資、職務工資、工齡工資和獎勵工資四個組成部分。
集體合同	係指集體協商雙方代表根據法律、法規的規定，就勞動報酬、工作時間、休息休假、勞動安全衛生、保險福利等事項，在平等協商一致基礎上簽訂的書面協議。集體合同和勞動合同不同，它不規定勞動者個人的勞動條件，而規定勞動者的集體勞動條件。
集體合同爭議	係指代表和維護全體職工共同利益的工會，與用人單位由於簽訂集體合同而發生的爭議。
集體協商（談判）	係指用人單位工會或職工代表與相應的用人單位代表，就勞動標準和勞動條件進行商談，並簽訂集體合同的行為。
集體爭議	係指勞動者一方的人數在三人或三人以上，並且具有共同理由而發生的勞動爭議。
傷亡事故	係指職工在勞動過程中發生的人身傷害、急性中毒事故。

十三劃

經濟性裁員	它是因用人單位的原因解除勞動合同的情形。「勞動法」第二十七條及「勞動合同法」第四十一條的規定，經濟性裁員是企業因生產經營調整或發生嚴重困難以及勞動合同訂立時所依據的客觀經濟情況發生重大變化，需要裁減人員二十名以上或總人數10%以上的。
群眾監督	係指勞動行政部門、其他行政部門、工會組織以外的任何組織和個人對於違反勞動法律、法規的行為進行監督，它是監督檢查體系中不可缺少的組成部分。
補充保險	係指除了國家基本保險以外，用人單位根據自己的實際情況為勞動者建立的一種保險。它用來滿足勞動者高於基本保險需求的願望，包括補充醫療保險、補充養老保險。補充保險的建立依用人單位的經濟承受能力而定，由用人單位自願實行，國家不作強制的統一規定。

補貼	津貼的一個部分。為保證職工工資水平不受物價上漲或變動影響而支付的各種補貼，如副食品價格補貼、肉類等價格補貼、糧價補貼、煤價補貼、房貼、水電貼等。
試用期	係指用人單位對新招收的勞動合同職工進行思想品德、勞動態度、實際工作能力、身體情況等進行進一步考察的時間期限。試用期是一個約定的條款，如果雙方沒有事先約定，用人單位就不能以試用期為由解除勞動合同。
違反勞動法責任	係指勞動關係主體因違反勞動法律、法規而依法應當承擔的法律後果。
違約金	係指合同當事人在合同中預先約定的當一方不履行合同或不完全履行合同時，由違約的一方支付給對方的一定金額的貨幣。在勞動合同中，只允許勞動者保守商業秘密事項和服務期事項約定違約金，除此以外，用人單位不得和勞動者約定由勞動者承擔的違約金。

十四劃

境外就業仲介	係指為中國公民境外就業或者為境外雇主在中國境內招聘中國公民到境外就業提供服務。
實得工資	係指職工實際領取的，已扣除各種稅收和費用之後的全部貨幣工資。
監督檢查	係指依法享有監督檢查權的機構、組織或者個人對用人單位遵守勞動法律、法規的情況進行監督和檢查的制度。
綜合計算工作制	係指分別一週、月、季、年等為週期，總和計算工作時間，但其平均日工作時間和平均週工作時間應於法定標準時間基本相同（包括：交通、鐵路、郵電、水運、航空、漁業；地質及資源勘探、建築、製鹽、製糖、旅遊）。
認證	認證（Certification）是透過市場機制建立的橋樑和紐帶，是透過市場機制建立就業門檻。

十五劃

廠規廠法	係指工廠內部各項規章制度的總稱。包括：勞動時間、勞動紀律、勞動保護、工資福利、社會保障、職業教育以及其他管理規則等。
撫卹金	為了幫助和慰問死者家屬、傷殘人員而發給一定數額的撫慰救濟費用。撫卹金有革命軍人殘廢金、革命軍人犧牲撫卹金、職工因工傷亡撫卹金等。

標準工作時間	係指根據法律規定正常情況下的工作時間，分為標準工作日和標準工作週。
養老保險 （年金保險）	係指勞動者因年老或病殘喪失勞動能力而退出勞動崗位時，從國家和社會獲得物質補償和幫助的一種社會保險制度。

十六劃

獨生子女證	係指女方在四十九週歲以內，只有一個孩子的育齡夫妻，經本人申請，所在單位核實，由鄉（鎮）人民政府，街道辦事處發給「獨生子女證」。憑證在子女十六週歲以內享受每月領取市人民政府規定的獨生子女父母獎勵金，子女入托兒所、幼兒園的托費和管理費按規定給予報銷部分費用，城鎮分配住房（包括被拆遷戶的安置），農村調整自留地和安排基地時，有關單位可以按二個子女計算。

十七劃

縮短工作時間	係指法定特殊條件或特殊情況下少於標準工作時間的長度的工作時間（包括：從事夜班工作、未成年勞動者、哺乳期十二個月內）。

十八劃

職工福利 （集體福利）	係指行業或單位為滿足職工物質文化生活，保證職工及親屬的一定生活品質而提供的工資收入以外的津貼、設施和服務的社會福利項目。
職工檔案	係指企業在招用、調配、培訓、考核、獎懲、選拔和任用等工作中，形成的有關職工個人經歷、政治思想、業務技術水平、工作表現以及工作變動等情況的文件材料。是歷史地、全面地考察職工的依據，國家檔案的組成部分。
職業介紹	係指有關部門和機構依法為用人單位招用人員和勞動者求職與就業所提供的就業仲介服務。
職業介紹機構	係指依法設立的，從事職業介紹服務工作的專門機構。
職業分類	係指國家根據社會經濟發展、技術進步和勞動力管理的需要，對所有職業，按照勞動者所從事的工種的類別和一定的劃分原則進行的歸類界定。

職業危害	係指勞動者在從事職業活動中，由於接觸生產性粉塵、有害化學物質、物理因素、放射性物質而對勞動者身體健康所造成的傷害。
職業技能鑑定	係指對勞動者的職業技能依法進行技術等級資格的考核和認定。
職業病	係指勞動者在生產勞動及其他職業活動中，接觸職業性有害因素引起的疾病。
職業培訓	係根據現代社會職業需求以及勞動者的從業意願和條件，對要求就業和在職的職業培訓，又稱職業教育或職業技能培訓，係指對具有勞動能力、尚未工作的公民、在職人員、失業人員，依據職業技能標準進行職業技能能力、理論知識的教育和訓練。
職業資格	係指對勞動者從事某一職業所必需的學識、技術和能力的基本要求，包括從業資格和職業資格。
職業資格證書	係透過政府認定的考核鑑定機構，按照國家規定的職業技能標準或任職資格條件，對勞動者的技能水準或職業資格進行客觀公正、科學規範的評價和鑑定結果，是勞動者具備某種職業所需要的專門知識和技能的證明。
職業道德	係指從業人員在職業活動中應該遵循的行為準則，是一定職業範圍內特殊道德要求，即整個社會對從業人員的職業觀念、職業態度、職業技能、職業紀律和職業作風等方面的行為標準和要求。
職稱	係指專業技術幹部的職務。它反映著專業技術人員的學術水準、業務能力、工作成就、工作資歷。例如：技術幹部分為高級工程師、工程師、助理工程師、技術員。
轉正定級	實行學徒制、熟練期或者見習期的新進職工，試用期滿以後經考核合格，規定轉為正式職工並確定其相應的行政級別及工資等級。
醫療保險	通常把疾病保險中在醫療方面獲得的服務的物質幫助稱為「醫療保險」。
醫療期	係指用人單位職工因患病或非因工負傷而停止工作治病休息，用人單位不能解除勞動合同的時限。

二十劃

競業限制　　　係指為避免用人單位的商業秘密被侵犯，員工依法定或約定，在勞動關係存續期間或勞動關係結束後的一定時期內，不得到生產同類產品或經營同類業務且具有競爭關係的其他用人單位兼職或任職，也不得自己生產與原單位有競爭關係的同類產品或經營同類業務。對於競業限制的補償金數額，法律上也沒有一個明確和權威的規定，按照深圳和珠海的相關規定，補償金的數額須不少於該員工年收入的三分之二和二分之一，如果補償金支付的數額較少，法院通常也會判決該競業禁止協議無效。

二十二劃

權利爭議（實現既
定權利的爭議）　　係指因為執行勞動法律、法規和勞動合同、集體合同規定的勞動條件而發生的爭議。

參考文獻

大陸新聞中心（2009）。〈2033年 大陸將達15億人口〉。《聯合報》（2009/12/18，A18版）。

尹文清（2001）。〈商業秘密保護 競業禁止〉。《人才市場報人力資源管理週刊》（2001/11/3，22版）。

王澍（2008）。〈新法實施：企業如何面對〉。《人力資源》，總第277期（2008/06上半月），頁17。

史芳銘（2005）。〈台籍幹部個人所得稅規劃實務〉。《Shoetech雜誌》（2005/07），頁31。

司徒達賢（1998）。《海峽兩岸之組織與管理：地區多元化策略與組織設計》。台北：遠流，頁71。

全總女職工部編（1992）。《中華人民共和國婦女權益保障法講話》。中國工人出版社出版，頁50-72。

何語（2008）。〈台商在大陸投資困境與克服方針〉講義。台北市進出口商業同業公會編印，頁3。

余敏、彭光華（2009）。〈架設維護和諧勞動關係的「紅綠燈」〉。《HR人力資源》（2009/02），頁64。

周師恩（2010）。〈寶潔「八最」及其啟示〉。《企業管理》，總第352期（2010/12），頁40-41。

周斌（2008）。〈「以罰代管」的法律診斷〉。《人力資源》，總第279期（2008/07上半月），頁69-70。

杭州市勞動局（1994）。「中華人民共和國勞動法」宣傳資料，頁3。

林新奇主編（2004）。《國際人力資源管理》。上海：復旦大學出版，頁260-261。

后東升主編（2006）。《36家跨國公司的人才戰略：愛立信——職業精神相互尊重》。中國水利水電出版社出版，頁209-211。

洪桂彬（2010）。〈年終獎八大問題析疑〉。《人力資源》，總第316期（2010/02），頁54-55。

孫健（2002）。《海爾的人力資源管理：前言》。企業管理出版社出版，頁7。

孫健、工束（2007）。《中國四大企業的管理模式——從海爾、聯想、華為、萬向到現代管理的中國式經驗》。企業管理出版社，頁80-99。

徐明天（2007）。《郭台銘與富士康》。中信出版社，頁228-244。

時驊（2006）。《寶鹼行銷攻略：寶鹼的人才機制》。如意文化事業，頁183-207。

袁明仁（1999）。〈台商經理人如何塑造本土企業文化及建立管理模式〉。《台商張老師月刊》，第10期（1999/02/28），頁2。

袁明仁（2000）。〈德國跨國企業如何制定大陸投資戰略計畫〉。《台商張老師月刊》，第22期（2000/02/29），頁10。

袁明仁（2004）。〈工傷糾紛及工傷給付爭議〉。《台商張老師月刊》，第72期（2004/04/15），頁24。

商志傑（2008）。〈中國大陸勞動合同法解析及其對企業之影響〉。淡江大學中國大陸研究所碩士論文，頁211。

常凱（2001）。〈從行政化到市場化：中國工會運動的發展與轉變〉。《兩岸勞動條件與勞資爭議研討會大會手冊》，頁98。

康榮寶（2010）。〈富士康事件魔鬼藏在那裡？〉。《聯合報》（2010/05/23，A23版）。

張馳（2009）。〈無規矩不成方圓：抓住四個系統，構建企業規章制度體系〉。《HR人力資源》（2009/02），頁70-71。

張馳（2009）。〈無規矩不成方圓：抓住四個系統，構建企業規章制度體系〉。《HR人力資源》（2009/02），頁72-73。

張緯良（1999）。《人力資源管理》。華泰文化事業出版，頁461。

陳人豪（2001）。〈兩岸員工工作價值觀與工作特性對工作態度之影響〉。國立中央大學人力資源研究所碩士論文，頁10。

陳家聲（1996）。《1996年台灣地區產業人力資源年鑑：大陸地區三資企業的人力資源管理》。中國時報出版，頁64。

彭光華、余敏（2008）。〈我國調解制度存在的問題及現行調解方法〉。《人力資源》，總第277期（2008/06上半月），頁14。

曾文雄（2007）。《大陸台商勞動管理手冊：勞動爭議處理》。行政院大陸委員會出版，頁155。

曾文雄（2008）。《大陸台商勞動管理手冊：工會組織》。行政院大陸委員會出版，頁88。

黃孟復主編（2011）。《中國中小企業職工工資狀況調查》。社會科學文獻出版社出版，頁72-74。

新華通訊社（2010/12）。《2010年中華人民共和國年鑑》。中華人民共和國年鑑社出版，頁31。

經濟部投資業務處編（2004）。《立足台灣、布局全球的典範：台商海外投資業
　　經驗彙編（中國大陸）》，頁12。

葉維弘（2009）。〈把握好人工成本管理的重要環節〉。《人力資源》，總第
　　309期（2009/10上半月），頁66。

葉維弘（2009）。〈節日加班工資究竟如何算〉。《人力資源》，總第301期
　　（2009/06上半月刊），頁71。

熊偉、袁世梅、張楓（2009）。〈企業人力資源管理與商業秘密的保護〉。《商
　　場現代化》，第577期（2009/06上旬刊）。

趙永樂、王培君（2001）。《勞動合同管理技巧：企業集體勞動合同的管理》。
　　上海交通大學出版社出版，頁156-159。

趙曙明、彼得‧道林（Peter J. Dowling）、丹尼斯‧韋爾奇（Denice E. Welch）
　　（2001）。《跨國公司人力資源管理》。北京：中國人民大學出版社出版，
　　頁125-132。

儀修銀（2006）。〈愛立信：做「中意員工」的首選雇主〉。《展望》
　　（OUTLOOK）雙月刊，第1期，頁53-54。

劉軍勝（2008）。〈什麼樣的制度規範具有約束力？〉。《企業管理》，總第
　　320期（2008/04），頁61-62。

劉震濤、楊君苗、殷存毅、徐昆明（2006）。《台商企業的中國經驗》。台灣培
　　生教育出版，頁66。

劉興陽（2009）。〈康師傅：將文化融進選育用留〉。《HR經理人》，總第304
　　期（2009/07下半月），頁38-44。

編輯部（2003）。〈HR探索：肯德基全員管理訓練方略〉。《人力資源》，總
　　第178期（2003/06），頁30。

編輯部（2006）。〈人本主義：愛立信的人才管理之道〉。《展望》
　　（OUTLOOK）雙月刊，第1期，頁46-57。

編輯部（2010）。〈流動就業人員醫保將實現跨省轉移接續〉。《人力資源》，
　　總第316期（2010/02），頁50。

燕超（2008）。〈新法實施：企業如何面對〉。《人力資源》，總第277期
　　（2008/06上半月），頁17。

蕭新永（2001）。〈台籍幹部派駐大陸前的準備工作〉。《台商張老師月刊》，
　　第34期（2001/02/15），頁26。

檀民（2008）。〈商業秘密的保護與管理〉。《企業管理》，總第317期
　　（2008/01），頁83。

鍾永棣（2008）。〈新法實施：企業如何面對〉。《人力資源》，總第277期

（2008/06 上半月），頁18。

韓智力（2008）。〈四項基本方略預防勞動爭議〉。《人力資源》，總第277期
　　　（2008/06 上半月），頁15。

蘭奇威、鄭長宏（2003）。〈陪審團制獎懲管理　有效化解勞資衝突〉。《經濟
　　　日報》（2003/11/22，15版台商指南）。

〈1986年，「鐵飯碗」被打破了〉，德州宣傳網：

http://www.sddzxc.gov.cn/Html/kdz/2008/9/089282143546318.html

〈什麼是勞動關係？〉，中華人民共和國中央人民政府網站：

http://www.gov.cn/banshi/2005-06/01/content_3029.htm

〈生育保險的作用〉，勞動社會保障部／引自北京網站：http://ldjy.beijing.cn/
　　　shbx/sybx/n214032010.shtml

〈違反集體合同責任的免除條件是什麼？〉，中國勞動諮詢網：

http://www.51labour.com/html/79/79276.html

〈實施末位淘汰制小心違反勞動法〉，新華網：

http://news.xinhuanet.com/legal/2005-12/12/content_3908728.htm

中華全國總工會勞動保護部網站：

http://www.acftulb.org/template/10001/file.jsp?cid=38&aid=3284

華為網站：http://www.huawei.com/cn/corporate_information.do

管理叢書 11

大陸台商人力資源管理

作　　者／丁志達
出 版 者／揚智文化事業股份有限公司
發 行 人／葉忠賢
總 編 輯／閻富萍
特約執編／鄭美珠
地　　址／22204 新北市深坑區北深路三段 260 號 8 樓
電　　話／(02)8662-6826
傳　　真／(02)2664-7633
網　　址／http://www.ycrc.com.tw
　E-mail　／service@ycrc.com.tw
印　　刷／鼎易印刷事業股份有限公司
　ISBN　／978-986-298-026-2
初版一刷／2012 年 1 月
定　　價／新台幣 550 元

國家圖書館出版品預行編目（CIP）資料

大陸台商人力資源管理／丁志達著. -- 初版. --
新北市：揚智文化, 2012.01
面；　公分. -- (管理叢書；11)

ISBN 978-986-298-026-2(平裝)

1.人力資源管理　2.中國

494.3   100026739

NOTE...

NOTE...